W0258426

Dr. Gerhard Löcherbach

Bewertung von Faktoren

Bd. 24 der Reihe
„Betriebswirtschaftliche Beiträge"

Der Ansatz sogenannter Opportunitätskosten in Entscheidungsrechnungen ist vor allem dann üblich, wenn nicht alle entscheidungsrelevanten Informationen berücksichtigt werden oder berücksichtigt werden können, aber auch etwa in speziellen Entscheidungssituationen wie der der Entscheidung zwischen Eigenfertigung und Fremdbezug. Zur Bestimmung solcher Opportunitätskosten (im Sinne von Grenzgewinnen) wird in der neueren Literatur gern auf Ergebnisse der Theorie der linearen Programmierung zurückgegriffen. Inwieweit die Opportunitätskosten wirklich mit den Werten der zugehörigen Dualvariablen bzw. mit den Simplex-Multiplikatoren übereinstimmen und welche Bedeutung den Opportunitätskosten als Bestandteilen der wertmäßigen Kosten zukommt, untersucht Löcherbach auf der Grundlage einer von ihm dargestellten und von ihm auch i. w. entwickelten Theorie entscheidungsorientierter Kostenwerte, die in die Kostenwerttheorie im Sinne Heinens einzuordnen ist. Löcherbach weist damit gleichzeitig die Möglichkeiten, vor allem aber die Grenzen des auf Schmalenbach zurückgeführten Konzepts, der wertmäßigen Kosten auf.

**Betriebswirtschaftlicher Verlag
Dr. Th. Gabler, Wiesbaden**

Löcherbach

Bewertung von Faktoren

Band 24 der Schriftenreihe

Betriebswirtschaftliche Beiträge

Dr. Gerhard Löcherbach

Bewertung von Faktoren

Ein Beitrag zur Theorie entscheidungsorientierter Kostenwerte

Betriebswirtschaftlicher Verlag Dr. Th. Gabler · Wiesbaden

ISBN-13: 978-3-409-28015-0   e-ISBN-13: 978-3-322-87903-5

DOI: 10.1007/978-3-322-87903-5

Vorwort

Stehen einem Entscheidungssubjekt Güter zur Verfügung, so bieten sich ihm prinzipiell zwei Arten der Verwendung dieser Güter an, nämlich der Konsum als unmittelbare sowie die Investition oder die Produktion (im weiteren Sinne) als mittelbare Verwendung. Die Ergebnisse der Produktion, die Produkte, wiederum können unmittelbar oder mittelbar über den Tausch mit Gütern anderer Entscheidungssubjekte dem Konsum zugeführt werden.

In einem globalen Entscheidungsmodell kann davon ausgegangen werden, daß das Entscheidungssubjekt die alternativen Möglichkeiten der Verwendung der ihm zur Verfügung stehenden Güter nach Maßgabe seiner Zielvorstellungen bewerten und die für es günstigste Verwendungsmöglichkeit bestimmen kann. Unterliegen jedoch der Entscheidung lediglich Produktionsprogramme, deren Bestandteile, die Produkte, ausschließlich zum Tausch vorgesehen sind, so sind nur die alternativen Produktionsprogramme zu bewerten. Die in die Produkte eingehenden und dem Entscheidungssubjekt unmittelbar zur Verfügung stehenden Güter, die Faktoren, entziehen sich demnach einer unmittelbaren Bewertung.

In der vorliegenden Arbeit wird nun versucht, auf der Basis des partiellen Modells der Entscheidung über Produktionsprogramme eine allgemeine Theorie der Bewertung von Faktoren bei gegebenem optimalen Produktionsprogramm zu entwickeln. Unterstellt werden dabei neben der Sicherheit sämtlicher notwendigen Daten bei den detaillierten Ausführungen insbesondere die Kurzfristigkeit und die Linearität. Die Ergebnisse der Bewertung der Faktoren, hier als *entscheidungsorientierte Kostenwerte* bezeichnet, entsprechen den Werten, die den Faktoren gemäß dem Konzept der wertmäßigen Kosten zugemessen werden. Insoweit ist die Arbeit einzuordnen in die Kostenwerttheorie im Sinne Heinens.

Es wird nicht nur unter anderem gezeigt, welche Bedeutung die entscheidungsorientierten Kostenwerte haben — sie sollen und können im allgemeinen lediglich die (mittelbare) Bewertung der Faktoren beziehungsweise der Faktorverbräuche durch das Entscheidungssubjekt bei optimaler Entscheidung wiedergeben — und wie sie unter den genannten Prämissen mit Hilfe des optimalen Simplex-Tableaus zu bestimmen sind; es wird vielmehr unter anderem auch der Zusammenhang zwischen dem *Grenznutzen* als einem Bestandteil des entscheidungsorientierten Kostenwertes und dem zugehörigen *Zielfunktionskoeffizienten* im optimalen Simplex-Tableau analysiert.

Herrn Professor Dr. *Günter Sieben* bin ich für seine Unterstützung bei der Anfertigung dieser Arbeit sehr dankbar. Auch Herrn Professor Dr. *Josef Kloock* danke ich für viele Anregungen. Zu besonderem Dank verpflichtet bin ich meinem Kollegen, Herrn Dr. *Thomas Schildbach,* der immer bereit war, Probleme aus meiner Arbeit mit mir zu diskutieren, und mir sehr viel Zeit und Geduld geopfert hat. Danken möchte ich nicht zuletzt Herrn Professor Dr. *Hans Münstermann* für die Aufnahme dieser Arbeit in die Schriftenreihe „Betriebswirtschaftliche Beiträge".

Gerhard Löcherbach

Inhaltsverzeichnis

Einleitung

Wird davon ausgegangen, daß "Wirtschaften ... nichts anderes als die fortgesetzte Wahl zwischen verschiedenen Möglichkeiten"[1] ist und daß einem in diesem Sinne wirtschaftenden Entscheidungssubjekt Güter zur Verfügung stehen, über deren Verwendung es zu entscheiden hat, so bieten sich ihm prinzipiell zwei Arten der Verwendung an.[2] Es kann ein gegebenes Gut einer unmittelbaren Verwendung zuführen, nämlich dem Konsum als "Gebrauch oder Verbrauch von ... Gütern zum Zwecke der Bedürfnisbefriedigung"[3], oder einer mittelbaren Verwendung, die darin besteht, daß das Gut - in Verbindung mit anderen Gütern - in ein neues Gut umgewandelt wird. Eine solche Umwandlung kann die zeitliche Verlagerung der unmittelbaren Verwendung, also eine zeitliche Konsumverlagerung oder Investition,[4] beinhalten oder aber die Produktion im weitesten Sinne, die die Lagerung von Gütern, deren Umformung im technischen Sinne, den Handel mit Gütern[5] und die Bereitstellung von Dienstleistungen umfaßt[6]. Die Ergebnisse der Produktion, die Produkte, unterliegen wiederum einer Entscheidung, nämlich der, ob sie direkt oder indirekt über den Tausch mit Gütern anderer Entscheidungssubjekte[7] dem Konsum zugeführt werden sollen.

---

1) Röpke (1958), S. 32 (im Original kursiv, der Verf.). Vgl. auch Schmalenbach (1919), S. 269; Schmalenbach (1963), S. 129, und Heinen (1970), S. 23.

2) Vgl. zu den folgenden Ausführungen Schildbach (1973), S. 4f.

3) Schildbach (1973), S. 4.

4) Vgl. Schildbach (1973), S. 4f.

5) Vgl. Schildbach (1973), S. 5.

6) Vgl. zum Beispiel Mayer (1925b), S. 1108, der auch die bloße Lageveränderung von Gütern explizit in den Produktionsbegriff mit einbezieht; Stackelberg (1932), S. 337, der unter Produktion "ein Bereitstellen einer bestimmten Menge (eines Gutes) innerhalb einer bestimmten Zeit" versteht, und Gutenberg (1969), S. 1f.

7) Vgl. Schildbach (1973), S. 5.

Die Wahl unter mehreren Möglichkeiten des Handelns, also
die Entscheidung zwischen mehreren Handlungsalternativen
oder Alternativen, erfordert jedoch allgemein, soll sie
nicht willkürlich oder ausschließlich nach dem Zufalls-
prinzip[1] erfolgen, die Vergleichbarkeit dieser Alternativen. Vergleichbarkeit von Alternativen bedeutet dabei
zumindest, daß diese nach Maßgabe ihrer Vorziehenswürdigkeit für das Entscheidungssubjekt so geordnet werden
können, daß die oder eine beste Alternative festgestellt
werden kann. Die Feststellung der Vorziehenswürdigkeit
von Alternativen wiederum impliziert, daß das Entscheidungssubjekt gemäß ihm eigener Zielvorstellungen den
Grad der Zielerfüllung der Alternativen mißt. Dieser
Messungsvorgang wird auch als Bewertung, das Ergebnis
der Messung auch als Wert bezeichnet.[2]

---

1) Etwa durch das Werfen eines (idealen) Würfels.

2) Vgl. Sieben e.a. (HdB), S. 1 und S. 4, und die um-
   fangreiche Literatur zum Begriff des Wertes und der
   Bewertung bzw. zu verwandten Begriffen, zum Beispiel
   Schmalenbach (1919), S. 269f., S. 273f. und S. 274ff.;
   Mayer (1923); Mayer (1924); Mayer (1925a); Mayer
   (1925b); Zuckerkandl (1925); Rosenstein-Rodan (1927);
   Böhm-Bawerk (1928); Mayer (1928); Weiß (1928);
   Stackelberg (1932), S. 34o und S. 347; Schmalenbach
   (1947); Schmalenbach (1948); Mellerowicz (1952);
   Langen (1954); Bouffier (1956); Montaner (1956);
   Wittmann (1956); Koch (1958); Kosiol (1958), S. 29ff.;
   Lauschmann (1958); Marx (1958); Bouffier (196o);
   Möller (196o); Röper (196o); Weber e.a. (1961);
   Albach (1962), S. 1o7ff.; Engels (1962); Pausenberger
   (1962); Mellerowicz (1963), insbesondere S. 198ff.;
   Schmalenbach (1963), insbesondere S. 129ff. und S.
   211ff.; Dlugos (1964), S. 49of.; Kloidt (1964); Kosiol
   (1964), S. 31ff.; Michel (1964); Pohmer (1964); Hax
   (1965a); Opfermann - Reinermann (1965); Mellerowicz
   (1966), S. 65f.; Münstermann (1966a); Münstermann
   (1966b), insbesondere S. 11ff.; Buchner (1967); Buhr
   (1967); Hax (1967); Vischer (1967), S. 112; Gäfgen
   (1968), S. 98ff. und S. 137ff.; Krelle (1968);
   Mellerowicz (1968), S. 222ff.; Lücke (1969), S.
   242ff.; Sieben (1969); Zieschang (1969); Adam (197o);
   Chmielewicz (197o), Sp. 1948 und Sp. 1951; Franke -
   Laux (197o); Gerth (197o); Hasenack (197o); Heinen
   (197o), insbesondere S. 3o9ff.; Mattessich (197o);
   Moews (197o); Pohmer - Bea (197o); Beier (1973), S.
   431ff.; Matschke (1973) und Sieben - Schildbach (ET).

Dementsprechend muß das Entscheidungssubjekt die alternativen Möglichkeiten der Verwendung der ihm zur Verfügung stehenden Güter bewerten nach Maßgabe seiner Zielvorstellungen. Wird ein Modell, das diese Entscheidungssituation darstellt, als globales Entscheidungsmodell bezeichnet, so beschäftigt sich die Literatur vorwiegend mit partiellen Entscheidungsmodellen, die nur Teilgesamtheiten aller Alternativen berücksichtigen. Hierzu zählen insbesondere die auch dieser Arbeit im folgenden zugrundeliegenden Modelle der Bewertung von Produktionsprogrammen, deren Bestandteile, die Produkte, ausschließlich zum Tausch, und zwar zumeist gegen Geld, vorgesehen sind. Diese Modelle können als so vollständig bezeichnet werden, daß sie die Bestimmung eines optimalen Produktionsprogramms, das heißt des Produktionsprogramms, das den höchsten Zielerfüllungsgrad für das Entscheidungssubjekt besitzt, im angeführten eingeschränkten Sinne ermöglichen, soweit dies mit Modellen überhaupt zu erreichen ist.[1]

Wird indes bei diesen Modellen berücksichtigt, daß die Produkte durch Umwandlung von Gütern, die dem Entscheidungssubjekt ursprünglich zur Verfügung standen und nunmehr Faktoren[2] genannt werden, entstehen[3], so erscheint es als durchaus sinnvoll, auch die Güterverbräuche, die also nicht dem unmittelbaren Konsum dienen und deren Verwendungsart bereits festliegt, in irgendeinem Sinne zu bewerten. Eine solche Bewertung von Faktoren beziehungsweise von Faktorverbräuchen wurde bereits von Vertretern der Grenznutzenlehre unternommen[4] und wurde

---

1) Vgl. insbesondere Jacob (1962); Vischer (1967); Ellinger e.a. (197o), Sp. 118off.; Kilger (197o), S. 673ff.; Kilger (1973a) und Rieper (1973).

2) Faktoren sind also Güter, die ausschließlich der Produktion von anderen Gütern, die nur zum Tausch vorgesehen sind, dienen.

3) Vgl. S. 6.

4) Vgl. zum Beispiel Mayer (1928).

bis in die Gegenwart fortwährend diskutiert[1]. Dabei waren jedoch überwiegend ganz spezielle Zielvorstellungen des Entscheidungssubjektes unterstellt, insbesondere die der Gewinn- und die der Erlösmaximierung.[2] Eine allgemeine Theorie der Bewertung von Faktoren, die für beliebige Zielvorstellungen und für beliebige Entscheidungsfelder, das heißt hier beliebige Mengen alternativer Verwendungsmöglichkeiten der zur Verfügung stehenden Faktoren für die Produktion von Produkten, die ausschließlich zum Tausch vorgesehen sind, anwendbar ist, dürfte indes bislang fehlen.[3]

In dieser Arbeit wird versucht, eine solche allgemeine Theorie der Bewertung von Faktoren bei gegebenem optimalen Produktionsprogramm zu entwickeln. Damit ein geschlossenes Modell im vorgegebenen beschränkten Rahmen dargestellt werden kann, wird die Sicherheit der Daten angenommen. Hinzu kommen bei den detaillierten Ausführungen weitere Prämissen, insbesondere die der Li-

---

1) Vgl. zum Beispiel Schmalenbach (1919); Schmalenbach (1947); Plaut (1953); Plaut (1955); Engelmann (1958); Koch (1958); Kosiol (1958); Plaut (1958); Walther (1958); Engelmann (1959); Fettel (1959); Held (1959); Koch (1959); Riebel (1959); Mellerowicz (1963); Schmalenbach (1963); Dlugos (1964); Kosiol (1964); Michel (1964); Thielmann (1964); Hax (1965a); Kern (1965); Menrad (1965); Opfermann - Reinermann (1965); Samuels (1965); Hartmann (1966); Koch (1966b); Mellerowicz (1966); Münstermann (1966a); Buchner (1967); Buhr (1967); Hax (1967); Layer (1967); Riebel (1967); Amey (1968); Bernhard (1968); Mellerowicz (1968); Lücke (1969); Schmidt-Sudhoff (1969); Zieschang (1969); Adam (1970); Banse (1970); Böhm - Wille (1970); Franke - Laux (1970); Hasenack (1970); Heinen (1970); Holzer (1970); Jürgensen (1970); Kilger (1970); Riebel (1970a); Ruffner (1970); Männel (1971); Roth (1971); Weber (1972); Swoboda (1973) und Sieben - Schildbach (KR).

2) Vgl. zum Beispiel Buhr (1967); Adam (1970) und Heinen (1970).

3) Vgl. Heinen (1970), S. 118 und S. 156. Einige Autoren unterlassen offensichtlich bewußt die Entwicklung einer allgemeinen Theorie der Bewertung von Faktoren bzw. Faktorverbräuchen. Vgl. zum Beispiel Kosiol (1964), S. 34 und S. 93, und Heinen (1970), S. 320.

nearität und die der Kurzfristigkeit. Diese Beschränkung
der Aussagen erscheint insofern vertretbar, als sie in
der diesbezüglichen Literatur ebenfalls vorgenommen wird
und in der vorliegenden Arbeit gleichzeitig versucht
werden soll, die in der Literatur bereits vorhandenen
speziellen Ansätze einer solchen Bewertungstheorie in
ein einheitliches, geschlossenes Modell zu integrieren.

Die vorliegende Arbeit ist einzuordnen in die Kostenwerttheorie im Sinne Heinens[1], die nach Heinen neben der
Produktionstheorie eine Grundlage und einen Bestandteil
der Kostentheorie darstellt.[2] Ziel der Arbeit in diesem
Sinne ist die Bestimmung von Werten für Faktoren bei optimaler Entscheidung des Entscheidungssubjektes. Diese
Werte, die im folgenden entscheidungsorientierte Kostenwerte[3] genannt werden, dienen somit der im noch zu prä-
zisierenden Sinne richtigen Bewertung von Faktoren bei
optimaler Entscheidung.[4] Es soll jedoch bereits hier
darauf hingewiesen werden, daß diese Bewertung im allgemeinen nicht in der Lage ist, eine optimale Entscheidung
zu ermöglichen.[5] Sie soll und kann vielmehr im allgemeinen nur die Bedeutung der Faktoren beziehungsweise
der Faktorverbräuche für das Entscheidungssubjekt bei
optimaler Entscheidung messen.

---

1) Vgl. Heinen (197o), insbesondere S. 3o9ff. Vgl. auch
   Kosiol (1964), S. 93ff.

2) Vgl. Heinen (197o), S. 119f., S. 156, S. 163 und S.
   363. Vgl. auch zum Beispiel Kloock (1969), S. 12, S.
   42 und S. 61ff.

3) Zum Begriff des Kostenwertes im sprachlogischen Sinne
   vgl. zum Beispiel Hasenack (197o),Sp. 943.

4) Vgl. insbesondere Engels (1962), S. 11, Fußnote 21,
   aber auch zum Beispiel Hax (1967), S. 75o, und
   Zieschang (1969), S. 95.

5) Dies versucht Adam nachzuweisen. Vgl. Adam (197o),
   zum Beispiel S. 17, S. 46, S. 185ff. und S. 196ff.
   Vgl. auch beispielsweise Chmielewicz (197o), Sp.
   1951; Hasenack (197o), Sp. 942 und Sp. 944; Heinen
   (197o), S. 75, und Mattessich (197o), Sp. 11o6, die
   ebenfalls die Ansicht vertreten, die Bewertung von
   Faktoren ermögliche die optimale Entscheidung.

Damit die Ausführungen nicht unnötig mit mathematischen Erörterungen belastet werden, wird im Anhang eine Theorie der (Primalen) Linearen Programmierung dargestellt, auf deren Aussagen jeweils verwiesen wird.

1 Die Bestimmung des bei Sicherheit optimalen Produktionsprogramms einer Unternehmung

Jeder Mensch hat Bedürfnisse[1], seien es Bedürfnisse, wie sie in den sogenannten Elementartrieben[2] zum Ausdruck kommen, oder seien es Bedürfnisse subtilerer Art, wie etwa das Streben nach Macht über andere Menschen. Aus den Bedürfnissen resultiert das Begehren eines jeden Menschen, sie mithilfe von dazu geeigneten Mitteln zu befriedigen.

Ist die Menge der zur Befriedigung eines Bedürfnisses eines Menschen geeigneten und ihm zur Verfügung stehenden Mittel knapp im Verhältnis zu der zur Befriedigung dieses Bedürfnisses notwendigen Menge, dem Bedarf,[3] so wird dieses Bedürfnis als wirtschaftlich bezeichnet.[4] Unter Wirtschaften wird dementsprechend jedwedes Handeln verstanden, dessen Ziel es ist, mithilfe von Gütern als knappen Mitteln ein möglichst hohes Maß an Bedürfnisbefriedigung zu erzielen.[5] Diese Definition ist natürlich nur sinnvoll, wenn mindestens ein Gut auf verschiedene Weise Bedürfnisse zu befriedigen in der Lage ist.[6] Wirtschaften bedeutet also in diesem Sinne Entscheiden über die Art oder Wählen der Art der Verwendung von knappen Gütern.[7]

Gemäß der bereits angeführten[8] Unterscheidung der zwei Grundarten der Verwendung von Gütern durch ein Entschei-

---

1) Zum Begriff des Bedürfnisses vgl. zum Beispiel Mayer (1924) und Montaner (1956).

2) Etwa dem Lebenstrieb.

3) Vgl. Mayer (1924), S. 451.

4) Vgl. Mayer (1924), S. 451.

5) Vgl. zum Beispiel Schildbach (1973), S. 2.

6) Vgl. auch die Transferprämisse bei Münstermann (1966a), S. 24.

7) Siehe auch S. 6.

8) Siehe S. 6.

dungssubjekt lassen sich der Bereich des Konsums sowie der der Investition und der Produktion voneinander abgrenzen.[1] Beide Bereiche dienen dem Ziel der Bedürfnisbefriedigung. Im folgenden soll jedoch der Konsum als unmittelbare Verwendung von Gütern außer acht gelassen werden. Basis der folgenden Ausführungen ist vielmehr die Unternehmung als das Instrument des Unternehmers, wie das Entscheidungssubjekt in diesem Zusammenhang genannt wird, das mittels der Umwandlung der dem Unternehmer zur Verfügung stehenden Güter in andere Güter direkt oder indirekt über den Tausch der Bedürfnisbefriedigung des Unternehmers dient.[2] Außer Ansatz bleiben sollen desweiteren die Investitionen als zeitliche Verlagerungen des Konsums von Gütern[3] und die Produktion von Gütern, die unmittelbar dem Konsum des Unternehmers zugeführt werden können. Berücksichtigt wird somit im folgenden nur die Produktion von solchen Gütern, die ausschließlich zum Tausch gegen andere Güter vorgesehen sind.[4]

1.1 Der Produktionsprozeß in der Unternehmung

Zweck der Unternehmung im hier unterstellten Sinne ist die Umwandlung von dem Unternehmer zur Verfügung stehenden Gütern in andere Güter, die Produkte der Unternehmung, die ausschließlich zum Tausch vorgesehen sind. Dieser Tausch wird als Absatz und der Ort des Tausches

---

1) Zu den Schwierigkeiten einer solchen Abgrenzung vgl. Schildbach (1973), S. 4ff.

2) In der Literatur gibt es unterschiedliche Auslegungen des Begriffs der Unternehmung. Zum Begriff der Unternehmung als Instrumentes eines Entscheidungssubjektes zur Erreichung seines Zieles vgl. zum Beispiel Sieben (1969), S. 6ff.; Heinen (1970), S. 25ff., und Matschke (1973), S. 34f., als Instrumentes mehrerer Entscheidungssubjekte zur Erreichung ihrer Ziele vgl. zum Beispiel Heinen (1971), S. 26, und Schildbach (1973), S. 1ff., sowie in der Abgrenzung zum Begriff des Betriebes vgl. zum Beispiel Gutenberg (1969), S. 493ff.

3) Siehe S. 6.

4) Siehe S. 8f.

als Absatzmarkt bezeichnet. Die Güter, die in die Produktion eingehen, brauchen dem Unternehmer indes nicht notwendig unmittelbar zur Verfügung zu stehen. Vielmehr soll zugelassen werden, daß sie auch durch Tausch gegen solche ihm unmittelbar zur Verfügung stehende Güter erworben werden können. Dieser Tausch wird Beschaffung und der Ort dieses Tausches Beschaffungsmarkt genannt.[1] Der Begriff der Beschaffung beziehungsweise des Beschaffungsmarktes soll dabei so weit gehalten sein, daß damit auch die Güter erfaßt werden, die dem Unternehmer unmittelbar zur Verfügung stehen, wie seine Arbeitskraft und sein Kapital. Die Güter, die mit dem Ziel der Umwandlung in ausschließlich zum Tausch vorgesehene Produkte in diesem Sinne auf dem Beschaffungsmarkt der Unternehmung beschafft werden, wurden als Faktoren bezeichnet.[2]

Die Unternehmung ist somit nicht isoliert von der Umwelt zu betrachten. Sie ist vielmehr "zwischen zwei Märkten eingespannt"[3], nämlich zwischen ihrem Beschaffungsmarkt und ihrem Absatzmarkt, und über diese in die gesamte Wirtschaft integriert.

Ziel dieses Kapitels ist, den in der Unternehmung stattfindenden Prozeß der Transformation[4] von Faktoren in Produkte, das heißt die Produktion[5], unter Berücksichtigung des Beschaffungs- und des Absatzmarktes der Unternehmung modellmäßig darzustellen.[6]

---

1) Dabei soll im folgenden angenommen sein, daß die auf diese Weise beschafften Güter sofort verfügbar sind.

2) Siehe S. 8.

3) Ak Hax (1972), S. 766.

4) Zum Begriff der Transformation von Gütern vgl. etwa Kloock (1969), S. 44.

5) Die Begriffe der Produktion bzw. der Transformation werden hier im weitesten Sinne verwandt. Siehe auch S. 6. Häufig werden sie jedoch enger gefaßt. Vgl. zum Beispiel Kloock (1969), S. 5; Kern (1970), S. 7, und Ak Hax (1972), S. 767f. und S. 778f.

6) Vgl. hierzu die Literatur zur Produktionstheorie, insbesondere Gutenberg (1969); Kloock (1969); Krelle (1969) und Heinen (1970), S. 165ff.

1.1.1 Die Unternehmung zwischen ihrem Beschaffungs- und ihrem Absatzmarkt

Die Tätigkeit der Unternehmung umfaßt also drei
Bestandteile, den der Beschaffung von Faktoren,
den der Umwandlung von Faktoren in Produkte und
den des Absatzes von Produkten.[1] Es ist nun denkbar,
daß der Beschaffungs- oder der Absatzmarkt der Unternehmung insoweit unbeschränkt sind, daß der Unternehmer alle vorstellbaren Arten von Produkten absetzen oder alle
vorstellbaren Arten von Faktoren beschaffen kann. Die
Unterstellung solcher Marktgegebenheiten dürfte jedoch
unrealistisch sein. Realistischer dürfte vielmehr die
Annahme sein, daß der Beschaffungsmarkt der Unternehmung
und deren Absatzmarkt nicht nur quantitativ, sondern
auch qualitativ beschränkt sind. Das heißt, daß nicht
nur die Anzahl der Einheiten des jeweils beschaffbaren
Faktors und die der Einheiten des jeweils absatzfähigen
Produktes, sondern auch die Anzahl der verschiedenen Arten von beschaffbaren Faktoren und die der verschiedenen
Arten von absatzfähigen Produkten beschränkt sind.

Für eine Beschreibung des Transformationsprozesses in
der Unternehmung ergeben sich dann drei Ansatzmöglich-
keiten:
1. Es wird davon ausgegangen, daß die verschiedenen Arten der absatzfähigen Produkte festgelegt sind. Dann
   sind die dazu notwendigen Faktoren zu bestimmen. Eine
   solche Situation ist etwa bei der Gründung einer Unternehmung als rechtlicher Einheit denkbar.
2. Die verschiedenen Arten der beschaffbaren Faktoren
   sind bekannt. Dann sind die daraus herstellbaren[2]
   Produkte zu ermitteln. Eine solche Situation ist etwa

---

1) Vgl. auch zum Beispiel Heinen (1970), S. 24, S. 68
   und S. 118f.
2) Der Begriff der Herstellung wird als mit dem der Produktion synonym angesehen.

beim Kauf einer Unternehmung als rechtlicher Einheit
denkbar.

3. Sowohl die Arten der absatzfähigen Produkte als auch
die der zur Produktion verwandten Faktoren sind gegeben.

Die der dritten Möglichkeit entsprechende Situation wird
dieser Arbeit zugrunde gelegt.

1.1.2 Beschreibung der von der Unternehmung herstellbaren Produkte

Als Produkt wurde jedes Ergebnis der Umwandlung von Faktoren bezeichnet, das unmittelbar zum Absatz vorgesehen
ist.[1] Hier wird der Begriff des Produktes oder Erzeugnisses noch zusätzlich dahingehend eingeschränkt, daß es
unmittelbar vom Absatzmarkt aufgenommen wird. Güter, die
sich noch in der Unternehmung befinden, gelten also nicht
als Produkte, auch nicht solche, die in einem Lager zum
Absatz bereitgehalten werden. Die Lagerung von Gütern
gehört ebenso wie der Handel mit Gütern und die techni-
sche Umformung von Gütern zum Bereich der Produktion.[2]
Auf der anderen Seite ist der Produktbegriff so allgemein gehalten, daß dazu ebenso Dienstleistungen, auch
erzwungene[3], wie von der Unternehmung nicht benötigte
und an den Absatzmarkt abgegebene Faktoren[4] zählen.[5]

---

1) Siehe S. 6 und S. 8.

2) Siehe S. 6.

3) Wie die Einziehung der Lohnsteuer für den Staat.

4) Etwa nicht benötigtes Kapital des Unternehmers oder
   Rohstoff, der zwar zum Zwecke der Produktion anderer
   Güter beschafft, jedoch nicht vollständig verbraucht
   wurde.

5) Anstelle des Begriffes des Produktes wird auch der
   der Leistung verwandt. Vgl. zum Beispiel Kosiol
   (1958), S. 23f.; Mellerowicz (1963), S. 189; Kosiol
   (1964), S. 28 ; Menrad (1965), S. 52; Zieschang
   (1969), S. 92f.; Heinen (1970), S. 24; Holzer (1970),
   Sp. 414, und Riebel (1971b), S.151. In der vorliegenden Arbeit wird der Begriff des Produktes bzw. der
   des Erzeugnisses vorgezogen, da der der Leistung

Nach Annahme ist die Anzahl der verschiedenen Arten der
absatzfähigen Produkte vorgegeben. Diese Prämisse ist
auch für den Fall vertretbar, daß eine "ewige" Unternehmung unterstellt wird, die also nicht nach einer gewis-
sen Zeitspanne aufgegeben wird; denn es ist üblich, auch
dann von einem endlichen Planungszeitraum auszugehen, da
Prognosen, die bei zukunftsbezogenen Modellen notwendig
sind, nur für begrenzte Zeiträume als sinnvoll angesehen
werden können. Wird dabei die Tatsache berücksichtigt,
daß jede Änderung der Produktion, insbesondere aber jede Umstellung auf andere Produktarten Zeit erfordert, so
kann die Unternehmung im endlichen Planungszeitraum auch
nur endlich viele verschiedene Produktarten herstellen.
Wird obendrein die Sicherheit aller notwendigen Daten
unterstellt, kann davon ausgegangen werden, daß unter
anderem die von der Unternehmung im Planungszeitraum
herstellbaren Produktarten bekannt sind. Diese (globale)
"Sicherheitsprämisse" soll in der vorliegenden Arbeit
als gegeben angenommen werden.[1]

Die Anzahl der dem Unternehmer bekannten absatzfähigen

Fortsetzung der Fußnote 5 der vorherigen Seite!

    nicht einheitlich gehandhabt wird und da zum Beispiel
auch in irgendeinem Sinne bewertete Produkte als Lei-
stungen bezeichnet werden. Vgl. etwa Kosiol (1958),
S. 11; Mellerowicz (1963), S. 19o, und Kosiol (1964),
S. 2o. Zu ähnlich weiten Fassungen des Produktbe-
griffes vgl. beispielsweise Kosiol (1958), S. 24;
Mellerowicz (1963), S. 19of.; Kosiol (1964), S. 28;
Krelle (1969), S. 2; Zieschang (1969), S. 93; Heinen
(1970), S. 24, und Holzer (1970), Sp. 414. Gutenberg
zum Beispiel verwendet dagegen einen engeren Begriff.
Vgl. Gutenberg (1969), S. 3.

1) Siehe S. 9. Zu der Prämisse der Sicherheit der Daten
vgl. zum Beispiel Stackelberg (1932), S. 553;
Münstermann (1966a), S. 22f.; Mellerowicz (1968), S.
252 und S. 361; Kloock (1969), S. 21 und S. 67;
Franke - Laux (1970), S. 4o2; Hax (1970a), Sp. 1171;
Heinen (1970), S. 1o3 und S. 1o6; Männel (1971), S.
229f., und Bühler - Dick (1972), S. 677.

Erzeugnisarten sei n.[1] Jedes der Produkte ist Ergebnis
einer Kombination mehrerer Faktoren, das heißt, zur Herstellung jedes Produktes sind mehrere Faktorarten notwendig.[2] Ein Produkt gilt nun im folgenden als vollständig beschrieben, wenn angegeben ist, welche Faktorarten und wieviele Einheiten der einzelnen Faktoren für
die Herstellung des Produktes insgesamt benötigt werden.
Ist x_j die Anzahl der von Produkt j im Planungszeitraum
hergestellten Einheiten für j = 1,...,n, so enthält die
vollständige Beschreibung des Produktes j drei Angaben:

1. die der Anzahl x_j der insgesamt hergestellten Einheiten dieses Produktes,

2. die der dazu benötigten Faktorarten, etwa in Gestalt
   einer Liste M_j, in der die Faktorarten der Reihe nach
   aufgezählt sind, und

3. die der Anzahlen der von den einzelnen Faktorarten
   jeweils benötigten Einheiten, etwa in Gestalt einer
   Liste R_j, in der je Faktorart die benötigten Anzahlen
   festgehalten sind (j = 1,...,n).[3]

Ohne Einschränkung kann dabei davon ausgegangen werden,
daß zu jedem Produkt genau eine solche vollständige Beschreibung existiert.[4] Die Kenntnis des Listenpaares M_j
und R_j, die nach der Sicherheitsprämisse als gegeben angenommen wird, ist in der Wirtschaftspraxis Resultat
überwiegend technischer Analysen des zugehörigen Produk-

---

1) Hierbei wird durchaus zugelassen, daß einzelne Erzeugnisarten nicht im gesamten Planungszeitraum produziert werden.

2) Dies gilt selbst für eine Produktion einfachster Art.
   Siehe auch S. 6. Vgl. auch zum Beispiel Mayer (1928),
   S. 1206.

3) Damit ist auch gewährleistet, daß ein gegebenes Produkt eine genau bestimmte Qualität und einen genau bestimmten strukturellen Aufbau aufweist. Vgl. auch zum
   Beispiel Kloock (1969), S. 22. Mit Qualitätsproblemen
   setzt sich etwa Lücke auseinander. Vgl. Lücke (1973).

4) Dies kann dadurch erreicht werden, daß ein "ursprüngliches" Produkt j aufgespalten wird in so viele "abgeleitete" Produkte, wie unterschiedliche Listenpaare
   M_j und R_j vorhanden sind (j = 1,...,n).

tes j (j = 1,...,n).[1]

1.1.3 Beschreibung der Faktoren als von der Unternehmung für die Herstellung ihrer Produkte benötigter Güter

Bei der vollständigen Beschreibung der n Produkte der Unternehmung werden alle Güter berücksichtigt, die mit dem Ziel der Umwandlung in diese Produkte auf dem Beschaffungsmarkt der Unternehmung beschafft werden und die als Faktoren bezeichnet wurden.[2] Für die verschiedenen, insgesamt denkbaren Faktorarten[3] gibt es in der

---

1) Vgl. zum Beispiel Kosiol (1964), S. 26o, und Kilger (197o), S. 33, S. 53, S. 63, S. 79 und S. 581.

2) Siehe S. 8 und S. 14.

3) Hierzu zählen die dem Unternehmer unmittelbar zur Verfügung stehenden Faktoren wie seine Arbeitskraft, sein Kapital, in Verbindung mit diesen seine Zeit, seine Informationen sowie sein Wagnis und die im Tausch erworbenen Faktoren wie die Arbeitskraft, das Kapital, in Verbindung hiermit die Zeit, die Informationen, die Wagnisse und allgemein die Produkte anderer Entscheidungssubjekte. Vgl. zum Beispiel Schmalenbach (1919), S. 275; Stackelberg (1932), S. 334ff. und S. 34o; Kosiol (1958), S. 13, S. 21f. und S. 33f.; Engels (1962), S. 164 und 166ff.; Pausenberger (1962), S. 16; Mellerowicz (1963), S. 3ff., S. 6ff., S. 14ff., S. 17f., S. 19ff. und S. 36ff.; Schmalenbach (1963), S. 13f.,S.47f., S. 211ff., S. 219ff., S. 222ff., S. 231ff., S. 24of., S. 241ff., S. 243ff., S. 3o7ff. und S. 396; Dlugos (1964), S. 496f.; Kosiol (1964), S. 19, S. 2off. und S. 132ff.; Pohmer (1964), S. 313ff., S. 331, S. 335ff. und S. 344; Buchner (1967), S. 355, S. 359ff. und S. 361ff.; Hax (1967), S. 752 und S. 754f.; Mellerowicz (1968), S. 224ff., S. 233 und S. 251f.; Gutenberg (1969), S. 2ff. und S. 11ff.; Kloock (1969), S. 18ff., S. 42, S. 61, S. 67, S. 68ff., S. 1o6ff. und S. 121ff.; Zieschang (1969), S. 91 und S. 14o; Adam (197o), S. 18ff., S. 65ff. und S. 117ff.; Chmielewicz (197o); Franke - Laux (197o), S. 399; Heinen (197o), S. 28, S. 58ff., S. 223ff. und S. 437ff.; Kilger (197o), S. 97, S. 127ff., S. 691, S. 716, S. 717ff., S. 721ff. und S. 723ff.; Sommer (197o); Vodrazka (197o), Sp. 1o59; Ak Hax (1972), S. 768; Spaetling (1972);Steffen (1972); Zimmermann (1972); Baugut (1973); Berthel (1973); Böhrs (1973), S. 368; Schildbach (1973), S. 4; Swoboda (1973), S. 353f.; Wild (1973); Zipse (1973), S. 176; Schoenfeld (1974) und Weiermair (1974), S. 1o8.

Literatur unterschiedliche Klassifikationsschemata. Wird
etwa die Art der Verwendung der Faktoren in der Produktion berücksichtigt, so werden reine Nutzungsgüter, Ge-
brauchsgüter und Verbrauchsgüter[1] oder Güter, deren
Verwendung willentlich, erzwungen oder als zeitlicher
Vorrätigkeitsverbrauch stattfindet,[2] unterschieden.
Hierzu gehört auch die Gegenüberstellung von Potential-
und Repetierfaktoren[3] oder die von teilbaren und nicht
teilbaren Faktoren[4]. Üblich ist ebenfalls die Gliederung in Real- und Nominalgüter[5] und die in Elementar-
faktoren und dispositive Faktoren[6].

Unter Berücksichtigung der Tatsache, daß die Tätigkeit
der Unternehmung nicht nur in der Umwandlung von Gütern,
sondern auch in der Beschaffung und in dem Absatz von
Gütern besteht,[7] sollen in Anlehnung an Heinen[8] die

---

1) Etwa bei Heinen (197o), S. 61f. Zu den reinen Nut-
   zungsgütern gehören Grundstücke, vgl. zum Beispiel
   Mellerowicz (1963), S. 7, und Informationen, vgl.
   Wild (1973), S. 621. Zu den Gebrauchsgütern zählen
   alle Güter, deren Einheiten zu einer mehrmaligen Verwendung geeignet sind. Verbrauchsgüter sind solche
   Güter, deren Einheiten jeweils nur einmal verwandt
   werden können.

2) Etwa bei Kosiol (1964), S. 24. Beim willentlichen
   Verbrauch unterscheidet Kosiol den Sofortverbrauch
   und den Gebrauch oder Dauerverbrauch sowie beim er-
   zwungenen Verbrauch den technisch-ökonomischen und
   den staatlich-politischen Zwangsverbrauch. Vgl.
   Kosiol (1964), S. 24 und S. 133.

3) Etwa bei Heinen (197o), S. 223.

4) Etwa bei Heinen (197o), S. 223, der die teilbaren
   Faktoren mit den Repetierfaktoren und die nicht (beliebig) teilbaren Faktoren mit den Potentialfaktoren
   identifiziert.

5) Etwa bei Kosiol (1958), S. 13.

6) Etwa bei Gutenberg (1969), S. 8. Zu den Elementarfak-
   toren zählt Gutenberg die Arbeitsleistungen, Be-
   triebsmittel und Werkstoffe, zu den dispositiven Faktoren die Geschäfts- und Betriebsleitung mit der Planung und der Betriebsorganisation. Vgl. Gutenberg
   (1969), S. 8.

7) Siehe S. 15.

8) Vgl. Heinen (197o), S. 118f.

Faktorarten im folgenden gegliedert werden in solche,
die "zum Zwecke der Beschaffung"[1], in solche, die "zum
Zwecke der Leistungserstellung"[2] (Produktion im engeren
Sinne[3]), und in solche, die "zum Zwecke der Leistungsverwertung"[4], also des Absatzes, eingesetzt werden.
Diese Gliederung unterstreicht die Bedeutung des Be-
schaffungs- und des Absatzmarktes für die Unternehmung,
die besonders hervortritt, wenn die Beschaffungs- oder/
und die Absatzmöglichkeiten der Unternehmung
relativ zu den Möglichkeiten der Produktion im engeren
Sinne beschränkt sind.[5]

Die Anzahl der insgesamt zur Herstellung der n Produkte
der Unternehmung notwendigen Faktorarten sei m.[6] Jeder
dieser Faktoren geht in ein Produkt oder in mehrere der

---

1) Heinen (1970), S. 119.

2) Heinen (1970), S. 119.

3) Der Begriff der Produktion im engeren Sinne ergibt
   sich also aus dem der Produktion im weiteren Sinne,
   wenn die Beschaffungs- und die Absatzaktivitäten unberücksichtigt bleiben. Vgl. auch Heinen (1970), S.
   119.

4) Heinen (1970), S. 119.

5) Die Notwendigkeit der Berücksichtigung des Beschaf-
   fungs- oder/und des Absatzmarktes hat Schmalenbach
   bereits 1919 angedeutet. Vgl. Schmalenbach (1919), S.
   277ff. und S. 280. Vgl. hierzu auch zum Beispiel
   Stackelberg (1932), S. 35of. und S. 566; Albach
   (1962), S. 113; Bussmann (1963), S. 142; Schmalenbach
   (1963), S. 167 und S. 182; Kosiol (1964), S. 29;
   Gutenberg (1965); Mellerowicz (1966), S. 66; Vischer
   (1967); Alewell (1970); Hax (1970a); Kilger (1970),
   S. 97, S. 130 und S. 691; Marzen (1970); Sundhoff
   (1970); Weinhold-Stünzi (1970); Kruschwitz (1971), S.
   132; Beier (1973); Kilger (1973a); Koch (1973) und
   Rieper (1973).

6) Da jedes Produkt durch Kombination von endlich vielen
   Faktorarten hergestellt wird und die Anzahl der Produkte endlich ist, ist auch die Anzahl der insgesamt
   benötigten Faktorarten endlich. Siehe auch S. 17.

Produkte ein[1] und läßt sich somit beschreiben durch die Angabe der Produkte, für die er verwandt wird, und durch die Angabe der Verbräuche je Einheit dieser Produkte. Zur vollständigen Beschreibung eines Faktors genügen indes nicht, wie bei den Produkten,[2] diese Angaben in Verbindung mit der Anzahl der verbrauchten Einheiten; es muß noch die maximale Anzahl der verfügbaren Einheiten des Faktors hinzukommen. Daß jeder Faktor nur in beschränktem Maße in die Produktion eingehen kann, resultiert einerseits aus der Beschränktheit der dem Unternehmer unmittelbar zur Verfügung stehenden Güter und damit der des Beschaffungsmarktes und andrerseits aus der des Absatzmarktes.[3]

Ist b_i die maximale Anzahl der verfügbaren Einheiten des Faktors i und r_i die zur Produktion der n Produkte benötigte Anzahl der Einheiten dieses Faktors mit $r_i \leq b_i$ für i = 1,...,m, so enthält die vollständige Beschreibung des Faktors i vier Angaben:

1. die der maximalen Anzahl b_i der verfügbaren Einheiten dieses Faktors,

2. die der Produkte, zu deren Herstellung dieser Faktor benötigt wird, etwa in Gestalt einer Liste M_i', in

---

1) Heinen unterscheidet hierbei isolierte und kombinative Verwendung eines Faktors. Vgl. Heinen (197o), S. 333. Er berücksichtigt dabei jedoch nicht, daß auch in den von ihm angeführten Beispielen einer isolierten Verwendung im Grunde eine kombinative Verwendung stattfindet; denn zum Beispiel erfordert "die direkte (absatz-) marktliche Verwertung ... (eines) Faktors ohne Be- und Verarbeitung", Heinen (197o), S. 333, neben dem betrachteten Faktor selbst auch noch Absatzaktivitäten, das heißt also mindestens zwei Faktoren.

2) Siehe S. 18.

3) Siehe S. 15. Da der Absatz zur Produktion gehört, erübrigen sich somit analoge Beschränkungen bei der Produktbeschreibung; denn maximale Absatzmengen von Produkten werden hier als Beschränkungen der Verfügbarkeit der zugehörigen (Absatz-) Faktoren aufgefaßt. Siehe hierzu S. 21.

der diese Produktarten der Reihe nach aufgeführt
sind,[1]

3. die der Anzahlen der für eine Einheit des jeweiligen
Produktes benötigten Einheiten dieses Faktors, etwa
in Gestalt einer Liste R_i', in der je Produktart die
benötigten Anzahlen festgehalten sind, und

4. die der Anzahl r_i der insgesamt benötigten Einheiten
dieses Faktors ($i = 1,\ldots,m$).[2]

Ähnlich wie bei der Produktbeschreibung kann auch bei
der Faktorbeschreibung davon ausgegangen werden, daß zu
jeder Faktorart genau eine solche vollständige Beschreibung existiert.[3] Die Kenntnis des Listenpaares M_i' und
R_i', die gemäß der Sicherheitsprämisse vorausgesetzt
wird, ist ebenfalls Ergebnis im wesentlichen technischer
Analysen der Faktorart i ($i = 1,\ldots,m$).[4]

1.1.4 Die Transformation der Faktoren in die Produkte

Zweck der Produktion in der Unternehmung ist die Herstellung der Produkte. Ist x_j die Herstellmenge des Produktes j für $j = 1,\ldots,n$, so wird $\underline{x}$ mit $\underline{x}^T :=$
$(x_1,\ldots,x_n)$[5] Produktionsprogramm genannt,[6] die "Fest-

---

1) Diese Beschreibung ist also vollständig nur für die
vorgegebene Unternehmung; denn selbstverständlich muß
zugelassen werden, daß ein Faktor auch zur Produktion
von von der Unternehmung nicht hergestellten Produkten geeignet ist.

2) Die vollständige Beschreibung der Faktoren ist also
erst möglich, wenn die Anzahlen der insgesamt hergestellten Einheiten der n Produkte gegeben ist.

3) Siehe S. 18.

4) Vgl. Heinen (1970), S. 483f., der auf die sogenannten
"engineering production functions" zur Beschreibung
von Faktoren hinweist.

5) Vektoren werden im folgenden als Spaltenvektoren dargestellt und mit unterstrichenen kleinen Buchstaben
bezeichnet; Zeilenvektoren werden entsprechend durch
ein hochgestelltes "T" gekennzeichnet. Siehe hierzu
S. 291, Fußnote 3.

6) Vgl. zum Beispiel Ellinger e.a. (1970), Sp. 1180.

legung der Herstellmengen je Produktart wird als Programmplanung bezeichnet"[1]. Ein Produktionsprogramm $\underline{x}$ ergibt sich somit durch Umwandlung der dazu notwendigen Einsatzmengen $r_1,\ldots,r_m$ der m Faktoren, also durch Transformation des gesamten Faktorverbrauchs $\underline{r}$ mit $\underline{r}^T :=$ $(r_1,\ldots,r_m)$. Diese Transformation ergibt sich durch Zusammenfassung der Beschreibungen der Faktoren beziehungsweise der der Produkte und wird üblicherweise als Produktionsfunktion bezeichnet.[2] Dementsprechend soll auch in der vorliegenden Arbeit davon ausgegangen werden, daß einerseits durch ein realisiertes Produktionsprogramm $\underline{x}$ der dadurch verursachte Faktorverbrauch $\underline{r}$ und daß andrerseits durch einen realisierten Faktorverbrauch $\underline{r}$ das dadurch erzielte Produktionsprogramm $\underline{x}$ eindeutig bestimmt ist, daß also $\underline{r} = A(\underline{x})$ beziehungsweise $\underline{x} = A'(\underline{r})$ gilt mit A und A' als Funktionen im Sinne von eindeutigen Zuordnungen.[3] A und A' können als Vektorfunktionen wie folgt zerlegt werden:

$$\underline{r} = A(\underline{x}) = \begin{pmatrix} a_1(\underline{x}) \\ \vdots \\ a_m(\underline{x}) \end{pmatrix} \quad \text{beziehungsweise}$$

$$\underline{x} = A'(\underline{r}) = \begin{pmatrix} a_1'(\underline{r}) \\ \vdots \\ a_n'(\underline{r}) \end{pmatrix}.$$

$a_i(\underline{x})$ gibt dann den Faktorverbrauch des Faktors i an, $a_j'(\underline{r})$ die Herstellmenge des Produktes j (i = 1,...,m;

---

1) Ellinger e.a. (197o), Sp. 118o.

2) Vgl. etwa Heinen (197o), S. 165.

3) Dies wird angenommen etwa bei Gutenberg (1969), S. 29o; Kloock (1969), S. 21 und S. 43f.; Ellinger e.a. (197o), Sp. 1181, und Heinen (197o), S. 166 und S. 221. Auf die Problematik der Annahme der Eindeutigkeit von A' soll allgemein nicht weiter eingegangen werden. Für den Spezialfall linearer Transformationen läßt sich jedoch die Haltbarkeit der Prämisse der Eindeutigkeit von A' nachweisen. Siehe hierzu S. 73ff.

- 25 -

$j = 1,\ldots,n)$.[1]

Bei dieser Darstellung der Produktion ist jedoch noch zu berücksichtigen, daß die Produktionsprogramme realisierbar sein müssen, das heißt, daß die zugehörigen Faktorverbräuche beschränkt sind durch $\underline{b}$ mit $\underline{b}^T := (b_1,\ldots,b_m)$ als maximal verfügbaren Mengen der m Faktorarten.
Werden sowohl negative Faktorverbräuche als auch negative Herstellmengen ausgeschlossen, so läßt sich nunmehr die Produktion in der Unternehmung wie folgt beschreiben:

$\underline{x} \geqq \underline{o}_n$[2] ist das Produktionsprogramm,

$\underline{r} \geqq \underline{o}_m$ ist der zugehörige Faktorverbrauch und es gilt:

$$\underline{r} = A(\underline{x}) = \begin{pmatrix} a_1(\underline{x}) \\ \vdots \\ a_m(\underline{x}) \end{pmatrix} \leqq \underline{b} \text{ beziehungsweise}$$

$$\underline{x} = A'(\underline{r}) = \begin{pmatrix} a_1{}'(\underline{r}) \\ \vdots \\ a_n{}'(\underline{r}) \end{pmatrix} \text{ mit } \underline{r} = A(\underline{x}) \leqq \underline{b}.$$

Die Anzahl n der verschiedenen, von der Unternehmung hergestellten Produktarten wird Produktionsbreite,[3] die Anzahl m der insgesamt benötigten Faktorarten wird Produktionstiefe[4] genannt. Ist $n > 1$, werden also mehrere

---

1) a_i entspricht der Funktion g, $a_j{}'$ der Funktion f bei Heinen. Vgl. Heinen (1970), S. 166.

2) $\underline{o}_n$ ist der Nullvektor des R^n. Siehe S. 285, Fußnote 3, und S. 288, Fußnote 3.

3) Etwa bei Ak Hax (1972), S. 773. Vgl. auch zum Beispiel Mellerowicz (1963), S. 221, der den Terminus "Erzeugungsbreite", und Kloock (1969), S. 17, der den Begriff "Breite des Verkaufssortiments" benutzt.

4) Etwa bei Ak Hax (1972), S. 772. Vgl. auch zum Beispiel Gutenberg (1969), S. 187, und Heinen (1970), S. 366. Sobald in einer Unternehmung überhaupt produziert wird, ist m immer größer als 1. Siehe S. 18.

Produkte hergestellt, heißt die Produktion verbunden.[1]

Als Spezialfall einer Produktion soll hier der herausgestellt werden, bei dem die Transformationsfunktionen A und A' linear sind, sich also durch Matrizen $\underline{A}$ beziehungsweise $\underline{A}'$ [2] darstellen lassen. $\underline{A}$ ist dann eine (m,n)-Matrix und $\underline{A}'$ eine (n,m)-Matrix. Ist a_{ij} Element von $\underline{A}$ und a_{ji}' Element von $\underline{A}'$ für i = 1,...,m und j = 1,...,n, so ergibt sich folgende Beschreibung der Produktion in der Unternehmung:

$\underline{x} \geq \underline{o}_n$ ist das Produktionsprogramm,

$\underline{r} \geq \underline{o}_m$ ist der zugehörige Faktorverbrauch und es gilt:

$$\underline{r} = \underline{A}\underline{x} = \begin{pmatrix} a_{11} & \cdots & a_{1n} \\ \vdots & & \vdots \\ a_{m1} & \cdots & a_{mn} \end{pmatrix} \cdot \begin{pmatrix} x_1 \\ \vdots \\ x_n \end{pmatrix} \leq \underline{b} \text{ beziehungsweise}$$

$$\underline{x} = \underline{A}'\underline{r} = \begin{pmatrix} a_{11}' & \cdots & a_{1m}' \\ \vdots & & \vdots \\ a_{n1}' & \cdots & a_{nm}' \end{pmatrix} \cdot \begin{pmatrix} r_1 \\ \vdots \\ r_m \end{pmatrix} \text{ mit } \underline{r} = \underline{A}\underline{x} \leq \underline{b}.$$

a_{ij} gibt hierbei die Anzahl der Einheiten des Faktors i an, die zur Herstellung einer Einheit des Produktes j benötigt werden (i = 1,...,m; j = 1,...,n). Demnach enthält die Matrix $\underline{A}$ im wesentlichen die Liste R_j der Beschreibung des Produktes j und die Liste R_i' der Beschreibung des Faktors i für i = 1,...,m und j = 1,...,n [3]: R_i' ist identisch mit dem i-ten Zeilenvektor $\underline{a}_{i.}^T$:= $(a_{11},...,a_{in})$ von $\underline{A}$, R_j entspricht bis auf Multiplikation mit der Herstellmenge x_j dem j-ten Spaltenvektor $\underline{a}_{.j}$ von $\underline{A}$ mit $\underline{a}_{.j}^T$:= $(a_{1j},...,a_{mj})$. Die Matrix $\underline{A}$ wird deshalb im folgenden auch als Prozeßmatrix bezeichnet.[4]

---

1) Etwa bei Stackelberg (1932), S. 342.

2) Matrizen werden im folgenden mit unterstrichenen großen Buchstaben bezeichnet.

3) Siehe S. 18 und S. 23.

4) Vgl. in ähnlichem Sinne zum Beispiel Kilger (1970), S. 694. Da die Matrix $\underline{A}'$ in der vorliegenden Arbeit lediglich aus mathematischen Gründen verwandt wird, wird auf ihre Interpretation verzichtet.

Sei nun allgemein EF $:= \{\underline{x} : \underline{o}_m \leqq A(\underline{x}) \leqq \underline{b}, \underline{x} \geqq \underline{o}_n\}$ die Menge aller von der Unternehmung realisierbaren Produktionsprogramme,[1] so enthält EF zumindest das triviale Produktionsprogramm $\underline{o}_n$[2]. In der Regel kann jedoch davon ausgegangen werden, daß der Unternehmer mehrere nicht-triviale Produktionsprogramme realisieren kann. Dann ist er gezwungen, sich für eins zu entscheiden. Für diese Entscheidung muß er jedoch in der Lage sein, die verschiedenen realisierbaren Produktionsprogramme miteinander zu vergleichen, er muß sie bewerten können nach Maßgabe seiner Zielvorstellungen, so daß er dann ein in diesem Sinne bestes Produktionsprogramm auswählen kann.

1.2 Die Bewertung des von der Unternehmung hergestellten Produktionsprogramms

Die Produkte der Unternehmung dienen nach Annahme[3] nicht unmittelbar der Bedürfnisbefriedigung des Unternehmers; sie sollen vielmehr am Absatzmarkt der Unternehmung gegen andere Güter getauscht werden, über die der Unternehmer dann zu entscheiden hat, ob sie für den Konsum, die Investition oder die Produktion vorzusehen sind. Nun tritt der Unternehmer im allgemeinen jedoch nicht nur mit einem Produkt an den Absatzmarkt der Unternehmung heran, sondern mit einem ganzen Produktionsprogramm. Er muß somit in der Lage sein, Produktionsprogramme zu bewerten nach Maßgabe ihrer Vorziehenswürdigkeit im Sinne der letztlich von ihm angestrebten Bedürfnisbefriedigung. Dies geschehe anhand des Nutzens, den der Unternehmer dem jeweiligen Produktionsprogramm beimißt.[4] Als Nutzenfunktion N des Unternehmers wird dementsprechend die Abbildung bezeichnet, die jedem reali-

---

1) Ellinger e.a. sprechen von zulässigen Produktionsprogrammen. Vgl. Ellinger e.a. (1970), Sp. 1181.

2) Es wird also nichts produziert und nichts verbraucht.

3) Siehe S. 8f. und S. 13.

4) Ähnlich bei Opfermann - Reinermann (1965), S. 212.

sierbaren Produktionsprogramm $\underline{x}$ der Unternehmung den dadurch eindeutig bestimmten Nutzen $N(\underline{x})$ zuordnet. Der Nutzen eines Produktionsprogramms wird auch Wert des Produktionsprogramms genannt, die Zuordnung von Werten zu Produktionsprogrammen Bewertung.[1] Zur Vereinfachung der nachfolgenden Ausführungen wird angenommen, daß die Nutzenfunktion reellwertig ist, das heißt, daß die Werte reelle Zahlen sind.[2]

Die Menge EF der realisierbaren Produktionsprogramme[3] stellt das Entscheidungsfeld des Unternehmers dar, die realisierbaren Produktionsprogramme sind die Alternativen des Unternehmers.[4] Die Realisation jeder dieser Alternativen, das heißt der Absatz jedes der realisierbaren Produktionsprogramme, ist nun zwingend mit dem zugehörigen Faktorverbrauch verknüpft.[5] Die Faktoren als in den Produktionsprozeß eingesetzte Güter sind jedoch in einem globalen Entscheidungsmodell vom Unternehmer ebenfalls einer Bewertung im Hinblick auf ihren (mittelbaren) Beitrag zur Befriedigung seiner Bedürfnisse zu unterziehen.[6] In der hier angenommenen Entscheidungssi-

---

1) Der Wert eines Produktionsprogramms mißt also nach diesem Ansatz nicht notwendig unmittelbar dessen Bedeutung für die Bedürfnisbefriedigung des Unternehmers, sondern stellt einen aus dem Tausch am Absatzmarkt der Unternehmung abgeleiteten Nutzen dar. Zur allgemeinen Theorie des Wertes und der Bewertung sei auf S. 7 und die dort angegebene Literatur verwiesen.

2) Zu allgemeinen Nutzenfunktionen vgl. etwa Gäfgen (1968), S. 144ff.

3) Siehe S. 27.

4) Infolge der Sicherheitsprämisse kann jeder Handlungsalternative genau ein Produktionsprogramm zugeordnet werden; ohne Einschränkung können deshalb die realisierbaren Produktionsprogramme als Konsequenzen solcher Handlungsalternativen mit diesen identifiziert werden. Zu den Begriffen des Entscheidungsfeldes und der Alternativen vgl. etwa Engels (1962), S. 18, und Sieben – Schildbach (ET), S. 9ff.

5) Siehe S. 23ff.

6) Siehe S. 8.

tuation wird indes vorausgesetzt, daß diese Güter ihrer
Verwendung nach festgelegt sind.[1] Eine unmittelbare Bewertung der Faktoren, die diese mit den Produkten vergleichbar macht im Hinblick auf ihren Beitrag zur Bedürfnisbefriedigung, erübrigt sich demnach.

Dennoch wird im folgenden davon ausgegangen, daß der Unternehmer die ihm offenstehenden Alternativen nicht bewertet, ohne zu berücksichtigen, wie diese Alternativen
realisiert werden; es wird unterstellt, daß sich die
Nutzenfunktion des Unternehmers in zwei Bestandteile
zerlegen läßt, von denen der eine ausschließlich absatzmarktorientiert und der andere ausschließlich beschaffungsmarktorientiert ist. Der absatzmarktorientierte Bestandteil der Nutzenfunktion wird im folgenden Absatznutzen, der beschaffungsmarktorientierte Bestandteil
wird Beschaffungsnutzen genannt. Ist $\underline{x}$ ein realisiertes
Produktionsprogramm, so wird der Absatznutzen von $\underline{x}$ mit
$E(\underline{x})$ und der Beschaffungsnutzen von $\underline{x}$ mit $K(\underline{x})$ bezeichnet.[2]

Gemäß dem hier vorgetragenen Ansatz entspricht $E(\underline{x})$ somit dem vom Produktionsprogramm $\underline{x}$ über den Tausch am Absatzmarkt realisierten Beitrag zur Bedürfnisbefriedigung
des Unternehmers, $K(\underline{x})$ mißt hingegen den Beitrag zur Bedürfnisbefriedigung, der aus dem durch die Produktion
von $\underline{x}$ verursachten Faktorverbrauch $\underline{r} = A(\underline{x})$ resultieren
würde, wenn diese Faktoren nicht zur Produktion verwandt
würden.

Der Beschaffungsnutzen $K(\underline{x})$ hängt über die Transformati-
onsfunktion A beziehungsweise A' vom Produktionsprogramm

---

1) Siehe S. 8.

2) Da hier von einem Totalmodell ausgegangen wird,
   braucht die Lagerung von Gütern in der Unternehmung
   nicht explizit berücksichtigt zu werden.

ab, das heißt von der Entscheidung über Produktionsprogramme. Deshalb ist im allgemeinen davon auszugehen, daß
diese "Bewertung" des zugehörigen Faktorverbrauchs $\underline{r}$ =
$A(\underline{x})$ nicht mit der Bewertung des Faktorverbrauchs $\underline{r}$ im
oben angeführten globalen Entscheidungsmodell[1] überein-
zustimmen braucht, da das diesen Ausführungen zugrundeliegende Modell als Partialmodell nicht alle Verwendungsmöglichkeiten für diese Faktoren berücksichtigt.[2]

Bewertet werden hier also nur Produktionsprogramme, und
zwar anhand der Nutzenfunktion N des Unternehmers, die
aufgespalten ist in den absatzmarktorientierten Absatznutzen E und den beschaffungsmarktorientierten Beschaffungsnutzen K. Ein Beispiel für eine solche Zerlegung
der Nutzenfunktion liefert der Gewinn als Differenz aus
Einnahmen und Ausgaben.[3] Eine solche Aufspaltung der
Nutzenfunktion läßt sich auch in der Investitionstheorie
beim Vorteilhaftigkeitsvergleich von Investitionsalternativen feststellen.[4]

Das unternehmerische Ziel enthält somit zwei Ergebnisde-
finitionen.[5] Der Absatznutzen $E(\underline{x})$ eines realisierten
Produktionsprogramms $\underline{x}$ entspricht dem Partialerfolg des
einen Ergebnisses der "Alternative" $\underline{x}$, und der Beschaf-

---

1) Siehe S. 8.

2) Von der Betrachtung ausgeschlossen sind nämlich der
   Konsum und die Investition. Siehe S. 13.

3) Vgl. zum Beispiel Heinen (197o), S. 1o3. Vgl. auch
   Buchner (1967), der die "Kosten" als "negative Ziel-
   variable in der unternehmerischen Planungsrechnung"
   untersucht.

4) Wenn Investitionsalternativen mit gleichem Kapitaleinsatz anhand ihrer Erfolge oder wenn Investitionsalternativen mit übereinstimmenden Erfolgen anhand
   ihrer Kapitaleinsätze miteinander verglichen werden.
   Vgl. zum Beispiel Sieben (1967). Hierbei können dann
   beim Vorteilhaftigkeitsvergleich die übereinstimmenden Größen (der Kapitaleinsatz oder der Erfolg) außer
   acht gelassen werden, so daß der Nutzen auf nur einen
   Bestandteil reduziert werden kann.

5) Vgl. Sieben (1969), insbesondere S. 14off.

fungsnutzen $K(\underline{x})$ entspricht dem Partialerfolg des anderen Ergebnisses der "Alternative" $\underline{x}$.[1] Durch Berücksichtigung der Artenpräferenz AP des Unternehmers mittels der Funktion AP mit etwa $AP(E) := +1$ und $AP(K) := -1$ läßt sich dann der Nutzen $N(\underline{x})$ eines Produktionsprogramms $\underline{x}$ als Totalerfolg von $\underline{x}$ wie folgt darstellen:

$$N(\underline{x}) = AP(E) \cdot E(\underline{x}) + AP(K) \cdot K(\underline{x}) = E(\underline{x}) - K(\underline{x})$$
für alle $\underline{x} \in EF$[2].

Durch entsprechende Modifikation der Artenpräferenzfunktion AP kann dann die jeweilige Stellung des Unternehmers zum Beschaffungs- und zum Absatzmarkt der Unternehmung berücksichtigt werden. Handelt der Unternehmer beispielsweise ausschließlich absatzmarktorientiert, ist etwa die Artenpräferenzfunktion AP mit $AP(E) := +1$ und $AP(K) := o$ anzusetzen, so daß $N(\underline{x})$ mit $E(\underline{x})$ übereinstimmt;[3] handelt er etwa ausschließlich beschaffungsmarktorientiert,[4] so gilt etwa: $AP(E) := o$ und $AP(K) := -1$, so daß $N(\underline{x})$ gleich $-K(\underline{x})$ ist.

Wird nun ein Produktionsprogramm $\underline{x}$ mit $\underline{x}^T = (x_1, \ldots, x_n)$ realisiert, so interessiert häufig, welcher Beitrag zum

---

1) In diesen Partialerfolgen sind also bereits die Höhen- und die Zeitpräferenz des Unternehmers berücksichtigt. Noch nicht einbezogen ist die Artenpräferenz des Unternehmers, die dessen Stellung zu den beiden Partialerfolgen wiedergibt. Sieben stellt die Ermittlung von Partialerfolgen dar für den Fall, daß in ihnen die Höhen- und die Artenpräferenz, nicht aber die Zeitpräferenz berücksichtigt ist. Vgl. Sieben (1969), S. 151ff. Zur Definition der Begriffe Ergebnis, Höhen-, Arten- und Zeitpräferenz vgl. Sieben (1969), S. 16f.

2) Diese Vorgehensweise stimmt nicht völlig überein mit der bei Sieben. Bei Sieben sind $AP(E) \cdot E(\underline{x})$ und $AP(K) \cdot K(\underline{x})$ die Partialerfolge der beiden Ergebnisse von x. Vgl. Sieben (1969), S. 153. Die hier vorgenommene Modifikation dient jedoch ausschließlich der besseren Verständlichkeit der Ausführungen der vorliegenden Arbeit. Im folgenden wird von der Zerlegung $N = E - K$ der Nutzenfunktion N ausgegangen, soweit keine andere Darstellung unterstellt wird.

3) Dies trifft etwa zu beim Ziel der Einnahmenmaximierung.

4) Zum Beispiel beim Ziel der Ausgabenminimierung.

Nutzen $N(\underline{x})$ einem einzelnen Produkt zuzumessen ist. Für das Produkt j sei dieser Beitrag als Wert N_j des Produktes j bezeichnet (j = 1,...,n). Im allgemeinen muß nun zugelassen werden, daß N_j vom gesamten Produktionsprogramm $\underline{x}$ abhängt, weil einerseits die Herstellung von x_j Einheiten des Produktes j in Verbindung mit der Produktion der übrigen Produkte stattfindet und weil andrerseits die Bewertung der Herstellmenge x_j des Produktes j in Verbindung mit der Bewertung der Herstellmengen der übrigen Produkte vollzogen wird (j = 1,...,n). Enthält das Entscheidungsfeld EF des Unternehmers mit $\underline{x}$ auch das Produktionsprogramm $\underline{x} - x_j\underline{e}_j^{n}$ [1], so bietet sich als Maß für den Wert N_j des Produktes j die Änderung $N(\underline{x}) - N(\underline{x} - x_j\underline{e}_j^{n})$ an, die sich ergibt, wenn einerseits vom Produkt j nichts hergestellt wird und wenn andrerseits vom Produkt j die Herstellmenge x_j produziert wird (j = 1,...,n). [2] Es ergibt sich somit:

Ist mit $\underline{x}$ auch $\underline{x} - x_j\underline{e}_j^{n}$ ein realisierbares Produktionsprogramm, so wird definiert:

$$N_j = N_j(\underline{x}) := N(\underline{x}) - N(\underline{x} - x_j\underline{e}_j^{n}) \quad (j = 1,...,n).$$

N_j gibt den Nutzenbeitrag der gesamten Herstellmenge x_j des Produktes j wieder (j = 1,...,n). Zur Bestimmung des Beitrags einer bestimmten Einheit eines Produktes zum gesamten Nutzen kann nun analog vorgegangen werden. Ist mit $\underline{x}$ auch $\underline{x} - \underline{e}_j^{n}$ [3] ein realisierbares Produktionsprogramm, so wird $n_j(x_j) := N(\underline{x}) - N(\underline{x} - \underline{e}_j^{n})$ als Wert der letzten Einheit oder als Grenznutzen des Produktes j bezeichnet[4], und entsprechend $n_j(x_j-1) := N(\underline{x} - 1\underline{e}_j^{n}) -$

---

1) $\underline{e}_j^{n}$ ist der j-te Einheitsvektor des R^n. Siehe S. 287. Es ist also $\underline{x}^T - x_j\underline{e}_j^{nT} =$
$(x_1,...,x_{j-1},o,x_{j+1},...,x_n)$.

2) Dieser Wert für ein einzelnes Produkt entspricht dem "unmittelbar abhängige(n) Nutzen" (im Original gesperrt, der Verf.) bei Rosenstein-Rodan (1927), S. 1192.

3) Es gilt also: $\underline{x}^T - \underline{e}_j^{nT} =$
$(x_1,...,x_{j-1},x_j-1,x_{j+1},...,x_n)$.

4) Vgl. zum Beispiel Böhm-Bawerk (1928), S. 1001.

$N(\underline{x} - (1+1)\underline{e}_j^n)$ als Wert der (x_j-1)-ten Einheit des Produktes j, wenn mit $\underline{x}$ auch $\underline{x} - 1\underline{e}_j^n$ und $\underline{x} - (1+1)\underline{e}_j^n$ Elemente des Entscheidungsfeldes des Unternehmers sind $(1 = 0,\ldots,x_j-1;\ j = 1,\ldots,n)$:

Ist mit $\underline{x}$ auch $\underline{x} - 1\underline{e}_j^n$ für $1 = 1,\ldots,x_j$ ein realisierbares Produktionsprogramm, so wird definiert:

$n_j(x_j-1) := N(\underline{x} - 1\underline{e}_j^n) - N(\underline{x} - (1+1)\underline{e}_j^n)$ für $1 = 0,\ldots,x_j-1$ $(j = 1,\ldots,n)$.

Damit ergibt sich unter den angeführten Voraussetzungen der Wert N_j des Produktes j als Summe der Werte aller Einheiten dieses Produktes $(j = 1,\ldots,n)$:

$$
\begin{aligned}
N_j = N_j(\underline{x}) &= N(\underline{x}) - N(\underline{x} - x_j\underline{e}_j^n) \\
&= (N(\underline{x}) - N(\underline{x} - \underline{e}_j^n)) + (N(\underline{x} - \underline{e}_j^n) - N(\underline{x} - 2\underline{e}_j^n)) \\
&\quad + (N(\underline{x} - 2\underline{e}_j^n) - N(\underline{x} - 3\underline{e}_j^n)) \\
&\quad + \ldots \\
&\quad + (N(\underline{x} - (x_j-2)\underline{e}_j^n) - N(\underline{x} - (x_j-1)\underline{e}_j^n)) \\
&\quad + (N(\underline{x} - (x_j-1)\underline{e}_j^n) - N(\underline{x} - x_j\underline{e}_j^n)) \\
&= \sum_{1=0}^{x_j-1} (N(\underline{x} - 1\underline{e}_j^n) - N(\underline{x} - (1+1)\underline{e}_j^n)) \\
&= \sum_{1=0}^{x_j-1} n_j(x_j-1) = \sum_{1=1}^{x_j} n_j(1) \quad (j = 1,\ldots,n).
\end{aligned}
$$

Indes läßt sich allgemein nicht beweisen, daß der Nutzen $N(\underline{x})$ eines Produktionsprogramms die Summe der Werte aller Einheiten aller n Produkte ist, daß also $N(\underline{x}) = \sum_{j=1}^{n} \sum_{1=1}^{x_j} n_j(1)$ gilt.[1] Hieraus würde nämlich folgen:

$N(\underline{x}) = \sum_{j=1}^{n} N_j(\underline{x}) = n \cdot N(\underline{x}) - \sum_{j=1}^{n} N(\underline{x} - x_j\underline{e}_j^n)$ und damit

$\sum_{j=1}^{n} N(\underline{x} - x_j\underline{e}_j^n) = (n-1) \cdot N(\underline{x})$. Dies ergibt sich jedoch allgemein nur für spezielle Nutzenfunktionen, etwa für

---

1) Wie dies Weber e.a. (1961), S. 646, für einen Gütervorrat behaupten.

lineare Nutzenfunktionen[1]. Für solche linearen Nutzenfunktionen gilt:

1. $N_j = N_j(\underline{x}) = N(\underline{x}) - N(\underline{x} - x_j\underline{e}_j^n)$

$\quad = N(\underline{x}) - (N(\underline{x}) - N(x_j\underline{e}_j^n)) = N(x_j\underline{e}_j^n) = x_j \cdot N(\underline{e}_j^n),$

2. $n_j(x_j) = N(\underline{x}) - N(\underline{x} - \underline{e}_j^n) = N(\underline{x}) - (N(\underline{x}) - N(\underline{e}_j^n))$

$\quad = N(\underline{e}_j^n) =: n_j,$

3. $n_j(x_j-1) = N(\underline{x} - l\underline{e}_j^n) - N(\underline{x} - (l+1)\underline{e}_j^n) = N(\underline{e}_j^n)$

$\quad = n_j \quad \text{für } l = 0,\ldots,x_j-1 \text{ und}$

4. $N_j = \sum_{l=1}^{x_j} n_j(l) = x_j \cdot n_j \quad \text{für } j = 1,\ldots,n \text{ sowie}$

5. $N(\underline{x}) = \sum_{j=1}^{n} x_j \cdot N(\underline{e}_j^n) = \sum_{j=1}^{n} x_j \cdot n_j.$

Bei linearer Nutzenfunktion ist somit der Wert einer beliebigen Einheit eines Produktes konstant, unabhängig
von dem anderer Produkte[2] und identisch mit dem Grenznutzen dieses Produktes.

Ist die Nutzenfunktion partiell differenzierbar[3] und
sind die partiellen Ableitungen integrierbar, so lassen
sich ähnliche Beziehungen wie oben[4] ableiten:[5]

$\quad N_{x_j}(\underline{x}) := \dfrac{\partial N}{\partial x_j}\Big|_{\underline{x}}$ sei die partielle Ableitung von N

nach x_j an der Stelle $\underline{x}$, dann gilt:

$\quad \displaystyle\int_0^{x_j} N_{x_j}(\underline{x} - (x_j-t)\underline{e}_j^n)dt = N(\underline{x}) - N(\underline{x} - x_j\underline{e}_j^n)$ [6] $(j =$

---

1) Beispiel hierfür ist der Gewinn als Differenz von von
   der jeweiligen Herstellmenge unabhängigen Einnahmen
   und Ausgaben je Einheit der Produkte.

2) Zur Unabhängigkeit solcher "Einzelnutzen" vgl. Gäfgen
   (1968), S. 159ff.

3) Vgl. etwa Heinen (1970), S. 337.

4) Siehe S. 32f.

5) Diese Annahme ist natürlich nur sinnvoll, wenn sich
   die Herstellmengen der Produkte kontinuierlich verän-
   dern lassen.

6) Vgl. Ringleb (1960), S. 194, S. 213 und S. 223.

$1,\ldots,n$). Der Wert N_j des Produktes j ist also durch das Integral $\int_0^{x_j} N_{x_j}(\underline{x} - (x_j-t)\underline{e}_j{}^n)dt$, der Wert $n_j(l)$ der l-ten Einheit durch die partielle Ableitung $N_{x_j}(\underline{x} - (x_j-l)\underline{e}_j{}^n)$ für $l = 1,\ldots,x_j$ zu ersetzen ($j = 1,\ldots,n$).

Ist die Nutzenfunktion obendrein linear, ergibt sich wegen $N(\underline{x}) = \sum_{j=1}^{n} N_j(\underline{x}) = \sum_{j=1}^{n} x_j \cdot n_j$:

$$N_{x_j}(\underline{x}) = \left.\frac{\partial N}{\partial x_j}\right|_{\underline{x}} = n_j.$$ Der Grenznutzen n_j des Produktes j ist mit der partiellen Ableitung von N nach x_j, die konstant ist, identisch.

1.3 Ein allgemeines Modell zur Bestimmung des optimalen Produktionsprogramms

Durch die Bewertung anhand der Nutzenfunktion des Unternehmers sind die von der Unternehmung realisierbaren Produktionsprogramme vergleichbar geworden. Handelt der Unternehmer rational,[1] und dies wird hier wie im folgenden unterstellt, so wählt er aus der Menge EF der realisierbaren Produktionsprogramme die oder eine Alternative aus, die den höchsten Nutzen hat, die also den höchsten Beitrag zur Bedürfnisbefriedigung verspricht.[2] Ein solches Produktionsprogramm wird optimal genannt.[3]

---

1) Hat ein Entscheidungssubjekt unter mehreren Alternativen zu wählen, so handelt es rational, wenn es sich nach vollzogener Bewertung der Alternativen für eine Alternative entscheidet, die den größten Wert hat, die also am meisten zur Erfüllung seines Ziels beiträgt. Vgl. etwa Weber e.a. (1961), S. 651f.; Engels (1962), S. 3f.; Pausenberger (1962), S. 13; Schmidt-Sudhoff (1969), S. 198, und Heinen (1970), S. 28f. Diesem allgemeinen Rationalprinzip entspricht im wirtschaftlichen Bereich das ökonomische Prinzip. Zum ökonomischen Prinzip vgl. auch Stackelberg (1932), S. 346f.; Weber e.a. (1961), S. 642; Gäfgen (1968), S. 1o2ff., und Heinen (1970), S. 29f.

2) Vgl. die Definition des Nutzens auf S. 27.

3) Siehe S. 8.

Da nach Annahme sowohl die Nutzenfunktion des Unternehmers als auch auch sein Entscheidungsfeld als Menge der von der Unternehmung realisierbaren Produktionsprogramme bekannt sind, läßt sich die gegebene Entscheidungssituation des Unternehmers mithilfe des folgenden allgemeinen Modells zur Bestimmung des optimalen Produktionsprogramms darstellen:

Ist $EF = \{ \underline{x} : \underline{o}_m \leq A(\underline{x}) \leq \underline{b}, \underline{x} \geq \underline{o}_n \}$ [1] das Entscheidungsfeld des Unternehmers und $N(\underline{x})$ der Nutzen, den der Unternehmer dem Produktionsprogramm $\underline{x} \in EF$ beimißt,[2] so ist das optimale oder ein optimales Produktionsprogramm $\underline{x}_{opt}$ zu bestimmen, für das gilt:

$$N(\underline{x}_{opt}) = \max \{ N(\underline{x}) : \underline{x} \in EF \} \text{ beziehungsweise}$$
$$N(\underline{x}_{opt}) = \max \{ N(\underline{x}) : \underline{o}_m \leq A(\underline{x}) \leq \underline{b}, \underline{x} \geq \underline{o}_n \} . \text{[3]}$$

Da zu jedem realisierbaren Produktionsprogramm $\underline{x}$ ein eindeutig bestimmter Faktorverbrauch $\underline{r}$ mit $\underline{r} = A(\underline{x})$ beziehungsweise $\underline{x} = A'(\underline{r})$ gehört,[4] entspricht der Bestimmung des optimalen Produktionsprogramms $\underline{x}_{opt}$ die Bestimmung derjenigen Kombination von Faktoren, deren Ergebnis den maximalen Nutzen für den Unternehmer bewirkt. In diesem Sinne läßt sich die unterstellte Entscheidungssituation des Unternehmers auch mithilfe des folgenden allgemeinen Modells zur Bestimmung der optimalen Allokation der Faktoren[5] darstellen:

---

1) Siehe S. 27.

2) Siehe S. 27f.

3) Mit N als allein zu berücksichtigender Zielfunktion entspricht dieses Modell einem deterministischen Entscheidungsmodell mit einer Zielsetzung. Vgl. hierzu etwa Dinkelbach (1969b), Sp. 486ff. Zu ähnlichen Modellen zur Bestimmung optimaler Produktionsprogramme vgl. Ellinger e.a. (1970), Sp. 1181, und Heinen (1970), S. 336.

4) Siehe S. 24.

5) Zum Begriff der Allokation von Faktoren vgl. unter anderem Engels (1962), S. 29 und S. 110; Münstermann (1966a), S. 25; Buchner (1967), S. 353; Zieschang (1969), S. 8f., und Adam (1970), S. 15.

Ist $EF' := \{ \underline{r} : \underline{o}_m \leqq \underline{r} \leqq \underline{b}, \underline{r} = A(\underline{x}) \text{ mit } \underline{x} \in EF \}$ die Menge der realisierbaren Allokationen der Faktoren, so ist die oder eine optimale Allokation $\underline{b}_{opt}$ zu bestimmen, für die gilt:

$$N(A'(\underline{b}_{opt})) = \max \{ N(A'(\underline{r})) : \underline{r} \in EF' \} . {}^{[1]}$$

Zu beachten ist, daß auch bei der Allokation von Faktoren nur die Produktionsprogramme bewertet werden und die optimale Allokation ausschließlich anhand der Nutzenfunktion N des Unternehmers zu bestimmen ist. Neben der Berücksichtigung des Faktorverbrauchs durch den Beschaffungsnutzen des zugehörigen Produktionsprogramms[2], der als Bestandteil des Nutzens des Unternehmers zu dessen Zielvorstellungen gehört, ist bei der in der vorliegenden Arbeit unterstellten Entscheidungssituation[3] keine sonstige Bewertung des Faktorverbrauchs für die Bestimmung der optimalen Allokation der Faktoren beziehungsweise des optimalen Produktionsprogramms notwendig. Ist jedoch das optimale Produktionsprogramm $\underline{x}_{opt}$ gefunden, zu dem der Faktorverbrauch $\underline{b}_{opt} = A(\underline{x}_{opt})$ führt, so ergibt sich die Frage, in welchem Maße die einzelnen Faktorarten zum Absatznutzen $E(\underline{x}_{opt})$ beigetragen haben. Die Beantwortung dieser Frage ist das Ziel einer geeignet vorzunehmenden Bewertung der Faktoren, die eine isolierte Beurteilung der einzelnen Faktoren bei optimaler Entscheidung gestattet.

---

1) Wegen $\underline{x} = A'(\underline{r})$ ist dieses Modell äquivalent mit dem zur Bestimmung des optimalen Produktionsprogramms.

2) Siehe S. 29f.

3) Siehe S. 8 und S. 36.

2 Die Bewertung der Faktoren bei Sicherheit

Hat der Unternehmer ein optimales Produktionsprogramm
$\underline{x}_{opt}$ bestimmt, so lassen sich die zur Herstellung von
$\underline{x}_{opt}$ notwendigen Faktoren in zwei Klassen einteilen. Die
von einem Faktor aus der einen Klasse verbrauchte Menge
stimmt mit der maximalen Anzahl der von ihm verfügbaren
Einheiten überein; ein solcher Faktor wird im folgenden
als relativ knapp[1] bezeichnet. Dagegen ist die von
einem Faktor aus der anderen Klasse verbrauchte Menge
geringer als die maximale Anzahl der von ihm verfügbaren
Einheiten. Eine weitere Nutzenerhöhung durch den Einsatz
zusätzlicher Einheiten solcher nicht relativ knapper
Faktoren wird also durch die relative Knappheit der anderen Faktoren verhindert.

Diese Erkenntnis hat beispielsweise Schmalenbach zu der
Überlegung angeregt, wie die Faktoren untereinander in
ihrer Bedeutung für die Produktion vergleichbar gemacht,
das heißt bewertet werden können. So schlägt er bereits
1919 die Verwendung des "Kalkulationswertes" zur "Wertung der in Betracht kommenden Kostengüter (das sind
hier die Faktoren, der Verf.)"[2] vor[3] und bezeichnet
die "Vergleichswerte der für eine Leistung verzehrten
Güter"[4] allgemein auch als "Kosten"[5]. Diese Konzeption
des Kostenbegriffs wurde von vielen Autoren aufgegriffen
und führte zum Begriff der sogenannten wertmäßigen Kosten,[6] die nach ihrem Ansatz abhängig sind sowohl von
der Zielvorstellung

---

1) Demgegenüber wird im folgenden die Tatsache, daß alle
   Faktoren als nur beschränkt verfügbar angenommen
   sind, vgl. S. 22, mit Knappheit oder auch mit absolu-
   ter Knappheit bezeichnet.

2) Schmalenbach (1919), S. 277.

3) Vgl. Schmalenbach (1919), S. 274ff.

4) Schmalenbach (1919), S. 27o.

5) Vgl. Schmalenbach (1919), S. 27o.

6) Zum Begriff der wertmäßigen Kosten vgl. insbesondere
   Adam (197o), S. 3off.

als auch vom Entscheidungsfeld des Entscheidungssubjektes, also hier des Unternehmers. Unterstellt werden dabei jedoch zumeist spezielle Zielvorstellungen oder/und spezielle Entscheidungsfelder. [1]

Auf der Basis des im ersten Kapitel dargestellten Modells zur Bestimmung des optimalen Produktionsprogramms soll in diesem Kapitel versucht werden, die Faktoren zu bewerten ohne zusätzliche Annahmen über die Zielvorstellungen und das Entscheidungsfeld des Unternehmers. Die folgenden Ausführungen können demnach als ein Beitrag zur (generellen) Kostenwerttheorie im Sinne Heinens aufgefaßt werden. [2]

2.1 Der Wert einer bestimmten verfügbaren Einheit eines Faktors

Ist $\underline{x}$ ein realisierbares Produktionsprogramm, das heißt, ist $\underline{o}_m \leq A(\underline{x}) \leq \underline{b}$ und $\underline{x} \geq \underline{o}_n$, [3] so gilt nach Voraussetzung für den Nutzen: $N(\underline{x}) = E(\underline{x}) - K(\underline{x})$. [4] Dabei ist der Absatznutzen $E(\underline{x})$ auf den zugehörigen Faktorverbrauch $\underline{r} = A(\underline{x})$ zurückzuführen. Mithin erscheint es einsichtig, diesen Absatznutzen $E(\underline{x})$ als Wert des Faktorverbrauchs $\underline{r} = A(\underline{x})$ anzusehen.

Nun läßt sich jedoch allgemein nicht ausschließen, daß der Nutzen $N(\underline{x}^o)$ eines zulässigen Produktionsprogramms $\underline{x}^o$ zum zugehörigen Faktorverbrauch $\underline{r}^o = A(\underline{x}^o)$ nicht optimal ist, das heißt, daß $N(\underline{x}^o) <$

---

1) Vgl. unter anderem Adam (1970), S. 30ff., und Heinen (1970), S. 55ff.

2) Siehe S. 10.

3) Siehe S. 27.

4) Siehe S. 31.

max $\{\ N(\underline{x})\ :\ \underline{o}_m \leqq A(\underline{x}) \leqq \underline{r}^0,\ \underline{x} \geqq \underline{o}_n\ \}$ gilt.[1] Entsprechend dem ökonomischen Prinzip, das wegen der hier un-
terstellten Rationalität des Handelns des Unternehmers
anwendbar ist,[2] wird deshalb als Wert eines (realisierbaren) Faktorverbrauchs $\underline{r}$[3] der Absatznutzen desjenigen
Produktionsprogramms $\underline{x}^{\underline{r}}$ definiert, bei dem der Nutzen
maximal ist:

Ist $\underline{r} = A(\underline{x})$ mit $\underline{x} \geqq \underline{o}_n$ und $\underline{o}_m \leqq A(\underline{x}) \leqq \underline{b}$, so wird
$W(\underline{r}) := E(\underline{x}^{\underline{r}})$ als Wert des Faktorverbrauchs $\underline{r}$ defi-
niert. Dabei gilt: $N(\underline{x}^{\underline{r}}) = $ max $\{\ N(\underline{x})\ :\ \underline{o}_m \leqq A(\underline{x}) \leqq \underline{r},$
$\underline{x} \geqq \underline{o}_n\ \}$.

---

1) Eine solche Situation ist denkbar, wenn zur Herstel-
   lung des Produktionsprogramms $\underline{x}^0$ mit $A(\underline{x}^0) = \underline{r}^0$ Faktoren "unwirtschaftlich" eingesetzt werden, wie im
   folgenden Beispiel, das in modifizierter Form von
   Adam (197o), S. 185, übernommen wurde:
   Es sei $n = 3$, $m = 3$, $N(\underline{x}) = 4,9x_1 + 8,8x_2 + 13,2x_3$,

$$A(\underline{x}) = \begin{pmatrix} 0,1 & 0,2 & 0,3 \\ 0,2 & 0,3 & 0,1 \\ 0,1 & 0,4 & 0,2 \end{pmatrix} \cdot \begin{pmatrix} x_1 \\ x_2 \\ x_3 \end{pmatrix} ,\ \underline{b} = \begin{pmatrix} 5o \\ 4o \\ 6o \end{pmatrix} \circ \underline{x}^0 \text{ mit } \underline{x}^{0T} =$$

   (o , 1oo , 1oo) ist dann ein realisierbares Produktionsprogramm mit dem zugehörigen Faktorverbrauch $\underline{r}^0 =$
   $\underline{b}$ und dem Nutzen $N(\underline{x}^0) = 22oo$. Die drei Faktoren
   lassen sich jedoch in der gegebenen Situation wirt-
   schaftlicher einsetzen, denn es gilt hier:
   max $\{\ N(\underline{x})\ :\ \underline{o}_m \leqq A(\underline{x}) \leqq \underline{r}^0,\ \underline{x} \geqq \underline{o}_n\ \}$
   $= $ max $\{\ 4,9x_1 + 8,8x_2 + 13,2x_3\ :\ \underline{o}_2 \leqq$

$$\begin{pmatrix} 0,1 & 0,2 & 0,3 \\ 0,2 & 0,3 & 0,1 \\ 0,1 & 0,4 & 0,2 \end{pmatrix} \cdot \begin{pmatrix} x_1 \\ x_2 \\ x_3 \end{pmatrix} \leqq \begin{pmatrix} 5o \\ 4o \\ 6o \end{pmatrix} ,\ \begin{pmatrix} x_1 \\ x_2 \\ x_3 \end{pmatrix} \geqq \underline{o}_3 \}$$

   $= N(\underline{x}_{opt})$ mit $\underline{x}_{opt}^T = $ (14o , o , 12o), $N(\underline{x}_{opt}) =$
   227o und $A(\underline{x}_{opt}) = \underline{r}^1 \leqq \underline{r}^0 = \underline{b}$ mit $\underline{r}^{1T} =$
   (5o , 4o , 38).

2) Siehe S. 35.

3) Ein Faktorverbrauch $\underline{r}$ ist ex definitione immer realisierbar in dem Sinne, daß ein Produktionsprogramm $\underline{x}$
   existiert mit $\underline{o}_m \leqq \underline{r} = A(\underline{x}) \leqq \underline{b}$ und $\underline{x} \geqq \underline{o}_n$. Zur Verdeutlichung dieser Tatsache wird jedoch im folgenden
   dennoch, wenn es notwendig erscheint, darauf hingewiesen, indem dann von realisierbaren Faktorverbräuchen gesprochen wird.

Dieser Wert $W(\underline{r})$ wird im folgenden als der im Sinne der vorgegebenen Zielvorstellungen des Unternehmers richtige Wert für den Faktorverbrauch $\underline{r}$ angesehen, da er auf dem ökonomischen Prinzip basiert. Zu beachten ist indes noch, daß im allgemeinen nicht notwendig zu gelten braucht, daß der zum Produktionsprogramm $\underline{x}^{\underline{r}}$ gehörige Faktorverbrauch $A(\underline{x}^{\underline{r}})$ mit $\underline{r}$ übereinstimmt.[1] Es gilt jedoch allgemein: $A(\underline{x}^{\underline{r}}) \leqq \underline{r}$, da $\underline{x}^{\underline{r}} \in \{\underline{x} : \underline{o}_m \leqq A(\underline{x}) \leqq \underline{r}, \underline{x} \geqq \underline{o}_n\}$. Dieser Faktorverbrauch $A(\underline{x}^{\underline{r}})$ soll im folgenden als der zu $\underline{r}$ gehörige optimale Faktorverbrauch $\underline{r}_{opt}$ bezeichnet werden:

Ist $\underline{r} = A(\underline{x})$ mit $\underline{x} \geqq \underline{o}_n$ und $\underline{o}_m \leqq A(\underline{x}) \leqq \underline{b}$, so wird

$\underline{r}_{opt} := A(\underline{x}^{\underline{r}})$ als der zu $\underline{r}$ gehörige optimale Faktorverbrauch definiert.[2] Dabei gilt: $N(\underline{x}^{\underline{r}}) = \max \{ N(\underline{x}) : \underline{o}_m \leqq A(\underline{x}) \leqq \underline{r}, \underline{x} \geqq \underline{o}_n \}$.[3] Der Wert $W(\underline{r})$ des Faktorverbrauchs $\underline{r}$ stimmt demnach mit dem Wert $W(\underline{r}_{opt})$ des zu $\underline{r}$ gehörigen optimalen Faktorverbrauchs $\underline{r}_{opt}$ überein.[4]

Ist $\underline{r}$ ein gegebener (realisierbarer) Faktorverbrauch und wird die Analyse aus den vorgetragenen Gründen auf $\underline{x}^{\underline{r}}$ und $\underline{r}_{opt}$ reduziert, so erweist sich der hier entwickelte Ansatz der Bewertung von Faktorverbräuchen als konsistent mit der Theorie des Werteumlaufs in der Unternehmung, die für das in dieser Arbeit dargestellte Modell der Unternehmung[5] besagt, daß die vom Beschaffungsmarkt

---

1) Vgl. S. 4o, Fußnote 1. Dort gilt mit $\underline{r}$ statt $\underline{b}$ und $\underline{x}^{\underline{r}}$ statt $\underline{x}_{opt}$: $A(\underline{x}^{\underline{r}}) = \begin{pmatrix} 5o \\ 4o \\ 38 \end{pmatrix} \leqq \begin{pmatrix} 5o \\ 4o \\ 6o \end{pmatrix} = \underline{r}$ mit $A(\underline{x}^{\underline{r}}) \neq \underline{r}$.

2) $\underline{r}_{opt}$ ist also ex definitione ein realisierbarer Faktorverbrauch.

3) Im Beispiel der Fußnote 1 von S. 4o gilt demnach mit $\underline{r}$ statt $\underline{b}$: $\underline{r}_{opt}^{\ T} = (5o, 4o, 38)$.

4) Da $N(\underline{x}^{\underline{r}}) = \max \{ N(\underline{x}) : \underline{o}_m \leqq A(\underline{x}) \leqq \underline{r}, \underline{x} \geqq \underline{o}_n \} = \max \{ N(\underline{x}) : \underline{o}_m \leqq A(\underline{x}) \leqq \underline{r}_{opt}, \underline{x} \geqq \underline{o}_n \}$ wegen $A(\underline{x}^{\underline{r}}) = \underline{r}_{opt}$.

5) Siehe Kapitel 1, S. 12ff.

der Unternehmung zum Zwecke der Produktion aufgenommenen
Güter in solche umgewandelt werden, die als Produkte am
Absatzmarkt der Unternehmung abgesetzt werden und glei-
chen Wert haben:[1]

Der gesamte Faktorverbrauch $\underline{r}_{opt}$ hat den Wert $W(\underline{r}_{opt})$
= $W(\underline{r})$ = $E(\underline{x}^{\underline{r}})$, der folglich mit dem Absatznutzen
$E(\underline{x}^{\underline{r}})$ des zugehörigen Produktionsprogramms $\underline{x}^{\underline{r}}$ übereinstimmt. Die Realisation dieses Absatznutzens ist
jedoch der Zweck der Produktion und mithin
der "eigentliche Wert" der Produktion.[2]

Zwischen dem Nutzen $N(\underline{x}^{\underline{r}})$ eines Produktionsprogramms $\underline{x}^{\underline{r}}$
und dem Wert $W(\underline{r}_{opt})$ des zugehörigen Faktorverbrauchs
$\underline{r}_{opt}$ läßt sich eine formale Analogie aufzeigen. Besteht
nämlich der Nutzen $N(\underline{x}^{\underline{r}})$ aus der Differenz zweier Komponenten, die den absatzmarktorientierten Absatznutzen
$E(\underline{x}^{\underline{r}})$ und den beschaffungsmarktorientierten Beschaffungsnutzen $K(\underline{x}^{\underline{r}})$ wiedergeben, so läßt sich der Wert
$W(\underline{r}_{opt})$ als Summe zweier Komponenten darstellen:

Ist $N(\underline{x}^{\underline{r}})$ = $E(\underline{x}^{\underline{r}})$ - $K(\underline{x}^{\underline{r}})$ und ist $\underline{r}_{opt}$ = $A(\underline{x}^{\underline{r}})$, so
folgt: $W(\underline{r}_{opt})$ = $W(\underline{r})$ = $E(\underline{x}^{\underline{r}})$ = $N(\underline{x}^{\underline{r}})$ + $K(\underline{x}^{\underline{r}})$ oder
wegen $\underline{x}^{\underline{r}}$ = $A'(\underline{r}_{opt})$:

$$W(\underline{r}_{opt}) = N(A'(\underline{r}_{opt})) + K(A'(\underline{r}_{opt}))$$
$$= N'(\underline{r}_{opt}) + K'(\underline{r}_{opt}) \text{ mit } N'(\underline{r}_{opt}) :=$$

---

1) So etwa bei Pohmer (1964), S. 327: "der ... Produkti-
ons- und Umsatzprozeß ... (ist) streng genommen gar
keine Mehrwerterzeugung, sondern eine einfache ...
Umwandlung" von Gütern. Zu beachten ist nur, daß die
Werte der eingesetzten Güter im hier unterstellten
partiellen Entscheidungsmodell lediglich aus der Nutzenfunktion des Unternehmers, das heißt aus den Werten der zugehörigen Produktionsprogramme abgeleitete
Werte sind. Vgl. hierzu auch zum Beispiel
Rosenstein-Rodan (1927), S. 12oo.

2) Dieser "Wert" stimmt nur deshalb nicht mit dem hier
als Wert des Produktionsprogramms bezeichneten Nutzen
überein, da in der Zielfunktion berücksichtigt wurde,
daß als Basis dieser Arbeit ein partielles Entscheidungsmodell angenommen ist. Siehe S. 27ff, insbesondere S. 3o.

$N(A'(\underline{r}_{opt}))$ und $K'(\underline{r}_{opt}) := K(A'(\underline{r}_{opt}))$.

Wird davon ausgegangen, daß der Absatznutzen $E(\underline{x}^{\underline{r}})$ des Produktionsprogramms $\underline{x}^{\underline{r}}$ unmittelbar am Absatzmarkt der Unternehmung und der Beschaffungsnutzen $K(\underline{x}^{\underline{r}})$ mittelbar über den zugehörigen Faktorverbrauch $\underline{r}_{opt}$ am Beschaffungsmarkt der Unternehmung gemessen werden,[1] so kann $N'(\underline{r}_{opt})$ als mittelbar über das zugehörige Produktionsprogramm $\underline{x}^{\underline{r}}$ gemessener Nutzen und $K'(\underline{r}_{opt})$ als unmittelbar am Beschaffungsmarkt gemessener Beschaffungsnutzen des Faktorverbrauchs $\underline{r}_{opt}$ aufgefaßt werden. $K(\underline{x}^{\underline{r}})$ kann in diesem Sinne auch als dem Produktionsprogramm $\underline{x}^{\underline{r}}$ zugerechneter Beschaffungsnutzen, $N'(\underline{r}_{opt})$ als dem Faktorverbrauch $\underline{r}_{opt}$ zugerechneter Nutzen bezeichnet werden. Damit ergibt sich:

> Ist der Nutzen $N(\underline{x}^{\underline{r}}) = E(\underline{x}^{\underline{r}}) - K(\underline{x}^{\underline{r}})$ des Produktionsprogramms $\underline{x}^{\underline{r}}$ gleich der Differenz aus dem unmittelbaren Absatznutzen $E(\underline{x}^{\underline{r}})$ und dem zugerechneten Beschaffungsnutzen $K(\underline{x}^{\underline{r}})$ von $\underline{x}^{\underline{r}}$, so ist der Wert $W(\underline{r}_{opt}) = N'(\underline{r}_{opt}) + K'(\underline{r}_{opt})$ des zugehörigen Faktorverbrauchs $\underline{r}_{opt}$ gleich der Summe aus dem zugerechneten Nutzen $N'(\underline{r}_{opt})$ und dem unmittelbaren Beschaffungsnutzen $K'(\underline{r}_{opt})$ von $\underline{r}_{opt}$.[2]

Damit stimmt dieser Wertbegriff mit dem Begriff der wertmäßigen Kosten in seinem formalen Aufbau überein; denn die wertmäßigen Kosten ergeben sich als Summe aus einem "Gewinnbestandteil" und einem "Kostenbestandteil", wie dies Schmalenbach bereits 1919 bei der Ermittlung

---

1) Siehe S. 29f.

2) So gilt etwa für das Ziel der Maximierung des Gewinns mit $E(\underline{x})$ als Einnahmen aus dem Absatz von $\underline{x}$ und $K(\underline{x})$ als Ausgaben für die Herstellung von $\underline{x}$, daß die Einnahmen unmittelbar am Absatzmarkt gemessen werden, während sich $K(\underline{x})$ durch Zurechnung der unmittelbar am Beschaffungsmarkt gemessenen Ausgaben des zugehörigen Faktorverbrauchs $\underline{r} = A(\underline{x})$ auf die Produkte ergibt.

des Kalkulationswertes vorführt.[1]

Bisher ist die Funktion W nur für solche Vektoren $\underline{r}$ aus R^m definiert worden,[2] die realisierbare Faktorverbräuche darstellen.[3] Gibt $\underline{r}$ hingegen etwa Mengen $r_1,\ldots,r_m$ an, die von den m Faktoren verfügbar sind,[4] so braucht es jedoch durchaus kein Produktionsprogramm mit $\underline{r}$ als zugehörigem Faktorverbrauch zu geben, das heißt, ein Vektor $\underline{r}$ aus R^m mit $\underline{o}_m \leqq \underline{r} \leqq \underline{b}$ stellt nicht notwendig einen realisierbaren Faktorverbrauch dar.[5] Dennoch ist auch hierbei das ökonomische Prinzip anwendbar, das lediglich erfordert, daß dasjenige Produktionsprogramm realisiert wird, dessen Nutzen unter den gegebenen Umständen maximal ist, für das also max $\left\{ N(\underline{x}) : \underline{o}_m \leqq A(\underline{x}) \leqq \underline{r},\ \underline{x} \geqq \underline{o}_n \right\}$ angenommen wird. Der zugehörige Absatznutzen dieses Produktionsprogramms soll deshalb als Wert der verfügbaren Mengen $\underline{r}$ der m Faktoren bezeichnet werden. Damit ist dann die Funktion W für alle Vektoren $\underline{r}$ aus R^m definiert, für die $\underline{o}_m \leqq \underline{r} \leqq \underline{b}$ gilt:

Ist $\underline{r} \in R^m$ mit $\underline{o}_m \leqq \underline{r} \leqq \underline{b}$, so wird $W(\underline{r}) := E(\underline{x}^{\underline{r}}) = N(\underline{x}^{\underline{r}}) + K(\underline{x}^{\underline{r}})$ als Wert der verfügbaren Mengen $\underline{r}$ der m Faktoren definiert. Dabei gilt:

$$N(\underline{x}^{\underline{r}}) = \max \left\{ N(\underline{x}) : \underline{o}_m \leqq A(\underline{x}) \leqq \underline{r},\ \underline{x} \geqq \underline{o}_n \right\}. \text{[6]}$$

Der Wert $W(\underline{r})$ der verfügbaren Mengen $\underline{r}$ der m Faktoren

---

1) Vgl. Schmalenbach (1919), zum Beispiel S. 278f. Vgl. auch beispielsweise Vischer (1967), S. 118; Zieschang (1969), S. 58, und Adam (1970), insbesondere S. 35ff.

2) R^m ist die Menge der m-Tupel aus reellen Zahlen. Vgl. auch S. 285, Fußnote 3.

3) Also für $\underline{r}$ mit $\underline{r} = A(\underline{x})$. Siehe S. 40 und S. 41.

4) Für $\underline{r} = \underline{b}$ beispielsweise die maximal verfügbaren Mengen.

5) So gilt etwa für das folgende Beispiel mit n = 2, m = 4 und $A(\underline{x}) = \begin{pmatrix} 5 & 12 \\ 1 & 1 \\ 4 & 1 \\ 2 & 5 \end{pmatrix} \cdot \begin{pmatrix} x_1 \\ x_2 \end{pmatrix}$: $\underline{r} = \begin{pmatrix} 60 \\ 7 \\ 22 \\ 20 \end{pmatrix}$ ist kein realisierbarer Faktorverbrauch, da es kein $\underline{x}$ mit $A(\underline{x}) = \underline{r}$ gibt.

6) Ist $\underline{r}$ ein realisierbarer Faktorverbrauch, so ist diese Definition des Wertes $W(\underline{r})$ mit der auf S. 40 identisch.

stimmt demnach mit dem Wert $W(\underline{r}_{opt})$ des zu $\underline{r}$ gehörigen optimalen Faktorverbrauchs $\underline{r}_{opt} = A(\underline{x}^{\underline{r}})$ überein.[1]

Diese Erweiterung des Definitionsbereiches der Funktion W erweist sich nun als besonders nützlich, wenn nicht nur die m Faktoren gemeinsam, sondern wenn auch einzelne Faktoren bewertet werden sollen. Ist $\underline{r}$ mit $\underline{o}_m \leq \underline{r} \leq \underline{b}$ die verfügbare Menge aller m Faktoren und wird mit W_i der Beitrag des Faktors i zum Wert $W(\underline{r})$ bezeichnet, so bietet sich entsprechend dem Vorgehen bei der Bestimmung des Wertes eines einzelnen Produktes aus dem Wert des gesamten Produktionsprogramms[2] als Maß für den Wert W_i des Faktors i die Änderung $W(\underline{r}) - W(\underline{r} - r_i\underline{e}_i{}^m)$ an, die sich ergibt, wenn einerseits der Faktor i nicht eingesetzt wird und wenn andrerseits vom Faktor i die Menge r_i verfügbar ist (i = 1,...,m):

Ist $\underline{r} \in R^m$ mit $\underline{o}_m \leq \underline{r} \leq \underline{b}$, so wird $W_i = W_i(\underline{r})$ [3] $:=$ $W(\underline{r}) - W(\underline{r} - r_i\underline{e}_i{}^m)$ als Wert der verfügbaren Menge r_i des Faktors i definiert (i = 1,...,m).[4]

Bei dieser Definition des Wertes eines Faktors i ist also zugelassen, daß weder $\underline{r}$ noch $\underline{r}-r_i\underline{e}_i{}^m$ selbst realisierbare Faktorverbräuche darstellen (i=1,...,m); dies ist

---

1) Die Größen $\underline{x}^{\underline{r}}$ und $\underline{r}_{opt}$ sind hiermit ebenfalls für alle $\underline{r} \in R^m$ mit $\underline{o}_m \leq \underline{r} \leq \underline{b}$ definiert und stimmen für realisierbare Faktorverbräuche $\underline{r}$ mit den auf S. 4o und S. 41 definierten überein.

2) Siehe S. 32.

3) Durch die Bezeichnung $W_i(\underline{r})$ für W_i soll deutlich gemacht werden, daß W_i von den verfügbaren Mengen $\underline{r}$ aller m Faktoren abhängt (i = 1,...,m).

4) Dieser Wert für einen einzelnen Faktor entspricht dem "mittelbar abhängige(n) Nutzen" bei Rosenstein-Rodan (1927), S. 1192, und damit dem Grenznutzen des Faktors, vgl. Rosenstein-Rodan (1927), S. 1192, wenn der Beschaffungsnutzen K nicht berücksichtigt wird. Vgl. auch die Definition des Wertes eines einzelnen Produktes auf S. 32.

deshalb möglich, weil der Definitionsbereich der Funktion W entsprechend erweitert worden ist. Zur Verdeutlichung diene das folgende Beispiel:[1]

Es sei $n = 2$, $m = 3$, $N(\underline{x}) = E(\underline{x}) - K(\underline{x})$ mit $E(\underline{x}) = 1000x_1 + 3000x_2$ und $K(\underline{x}) = 700x_1 + 2500x_2 + 36000$,

$$A(\underline{x}) = \begin{pmatrix} 1 & 2 \\ 1 & 1 \\ 0 & 3 \end{pmatrix} \cdot \begin{pmatrix} x_1 \\ x_2 \end{pmatrix} \quad \text{und} \quad \underline{b} = \begin{pmatrix} 170 \\ 150 \\ 180 \end{pmatrix}.$$

Zur Bestimmung des Wertes $W_3 = W_3(\underline{b})$ der verfügbaren Menge $b_3 = 180$ des dritten Faktors etwa ergibt sich der Reihe nach:

$$W(\underline{b}) = E(\underline{x}^{\underline{b}}) = 190000 \text{ mit } \underline{x}^{\underline{b}} = \begin{pmatrix} 130 \\ 20 \end{pmatrix} \text{ und } \underline{b}_{opt} = \begin{pmatrix} 170 \\ 150 \\ 60 \end{pmatrix},$$

$$W(\underline{b} - b_3\underline{e}_3{}^3) = E(\underline{x}^{\underline{b}-b_3\underline{e}_3{}^3}) = 150000 \text{ mit}$$

$$\underline{x}^{\underline{b}-b_3\underline{e}_3{}^3} = \begin{pmatrix} 150 \\ 0 \end{pmatrix} \text{ und } (\underline{b} - b_3\underline{e}_3{}^3)_{opt} = \begin{pmatrix} 150 \\ 150 \\ 0 \end{pmatrix} \text{ und}$$

$$W_3(\underline{b}) = W(\underline{b}) - W(\underline{b} - b_3\underline{e}_3{}^3) = 190000 - 150000$$
$$= 40000.$$

Weder $\underline{b}$ noch $\underline{b}-b_3\underline{e}_3{}^3$ mit $(\underline{b}-b_3\underline{e}_3{}^3)^T = (170,150,0)$ stellen hier realisierbare Faktorverbräuche dar, wie sich zeigen läßt.

Diese Werte der einzelnen Faktoren als Werte der jeweils von ihnen verfügbaren Mengen ermöglichen bereits den angestrebten Vergleich der Faktoren hinsichtlich ihrer Bedeutung für die Produktion und damit für den realisierten Absatznutzen. Ist nämlich zum Beispiel der Wert $W_1(\underline{r})$ des ersten Faktors kleiner als der Wert $W_2(\underline{r})$ des zweiten Faktors bei der insgesamt zur Verfügung stehenden Menge $\underline{r}$ aller m Faktoren mit $\underline{o}_m \leqq \underline{r} \leqq \underline{b}$, so bedeutet dies, daß sich die Nichtverfügbarkeit des zweiten Faktors stärker auf den erzielbaren Absatznutzen auswirkt als die Nichtverfügbarkeit des ersten, das heißt, der ohne den zweiten Faktor erzielbare Absatznutzen ist kleiner als der ohne den ersten Faktor erzielbare Absatznutzen:

---

1) Vgl. Müller-Merbach (1969), S. 91.

Ist $W_1(\underline{r}) = W(\underline{r}) - W(\underline{r} - r_1\underline{e}_1^m)$ kleiner als $W_2(\underline{r}) = W(\underline{r}) - W(\underline{r} - r_2\underline{e}_2^m)$, so folgt:

$W(\underline{r} - r_2\underline{e}_2^m)$ ist kleiner als $W(\underline{r} - r_1\underline{e}_1^m)$.

Im allgemeinen sind diese Werte jedoch noch ein zu grobes Maß für die Bedeutung der einzelnen Faktoren, da zum Beispiel alle die Faktoren als gleichwertig angesehen werden, die zur Herstellung aller n Produkte benötigt werden. Stehen nämlich solche Faktoren nicht zur Verfügung, so läßt sich nur das triviale Produktionsprogramm realisieren, das heißt, es wird nichts hergestellt; die zugehörigen Absatznutzen $E(\underline{o}_n)$ und damit die Werte dieser Faktoren stimmen überein:

Ist $\underline{r} \in R^m$ mit $\underline{o}_m \leq \underline{r} \leq \underline{b}$ und sind etwa die ersten beiden Faktoren notwendig zur Herstellung aller n Produkte, so gilt:

$W_1(\underline{r}) = W(\underline{r}) - W(\underline{r} - r_1\underline{e}_1^m) = W(\underline{r}) - E(\underline{o}_n)$ und

$W_2(\underline{r}) = W(\underline{r}) - W(\underline{r} - r_2\underline{e}_2^m) = W(\underline{r}) - E(\underline{o}_n)$, da ohne den ersten beziehungsweise ohne den zweiten jeweils nur das triviale Produktionsprogramm $\underline{o}_n$ mit dem Absatznutzen $E(\underline{o}_n)$ realisiert werden kann. Also stimmen der Wert $W_1(\underline{r})$ des ersten und der Wert $W_2(\underline{r})$ des zweiten Faktors überein.

So ergibt sich im oben angeführten Beispiel[1], daß die Werte der beiden ersten Faktoren übereinstimmen:

$$W_1(\underline{b}) = W(\underline{b}) - W(\underline{b} - b_1\underline{e}_1^3) = 190000 - o = 190000$$

$$\text{mit } \underline{x}^{\underline{b}-b_1\underline{e}_1^3} = \underline{o}_2 \text{ und } (\underline{b} - b_1\underline{e}_1^3)_{opt} = \underline{o}_3,$$

$$W_2(\underline{b}) = W(\underline{b}) - W(\underline{b} - b_2\underline{e}_2^3) = 190000 - o = 190000$$

$$\text{mit } \underline{x}^{\underline{b}-b_2\underline{e}_2^3} = \underline{o}_2 \text{ und } (\underline{b} - b_2\underline{e}_2^3)_{opt} = \underline{o}_3.$$

Beide Faktoren werden folglich als gleichwertig angesehen, obwohl zur Erzielung des Absatznutzens von 190000 vom ersten Faktor 17o und vom zweiten Faktor 15o Mengen-

---

1) Siehe S. 46.

einheiten eingesetzt werden;[1] beide Faktoren werden höher bewertet als der dritte Faktor,[2] von dem nur 6o Mengeneinheiten verbraucht werden[3].

Ein feineres Maß für die Bedeutung der Faktoren ergibt sich, wenn der Beitrag eines Faktors zum Wert $W(\underline{r})$ der verfügbaren Menge $\underline{r}$ aller m Faktoren mit $\underline{o}_m \leq \underline{r} \leq \underline{b}$ auf die einzelnen verfügbaren beziehungsweise verbrauchten Einheiten dieses Faktors bezogen wird. Zur Bestimmung des Beitrags einer bestimmten Einheit eines Faktors zum Wert $W(\underline{r})$ bietet sich wiederum die Änderung des Wertes an, die sich ergibt, wenn diese Einheit einerseits nicht zur Verfügung steht und wenn andrerseits über diese Einheit doch verfügt werden kann:[4]

Ist $\underline{r} \in R^m$ mit $\underline{o}_m \leq \underline{r} \leq \underline{b}$, so wird $w_i(r_i) := W(\underline{r}) - W(\underline{r} - \underline{e}_i^{\,m})$ als Wert der letzten verfügbaren Einheit des Faktors i[5] und entsprechend $w_i(r_i-1) :=$

$W(\underline{r} - l\underline{e}_i^{\,m}) - W(\underline{r} - (l+1)\underline{e}_i^{\,m})$ als Wert der (r_i-1)-ten verfügbaren Einheit des Faktors i[6] für $l = o,\ldots,$ r_i-1[7] $(i = 1,\ldots,m)$ definiert.

---

1) Es ist $\underline{b}_{opt}^{\,T} = (17o , 15o , 6o)$. Siehe S. 46.

2) Es ist $W_3(\underline{b}) = 40000 < 190000 = W_1(\underline{b}) = W_2(\underline{b})$. Siehe S. 46 und S. 47.

3) Siehe Fußnote 1.

4) Vgl. die Definition des Wertes einer bestimmten Einheit eines Produktes auf S. 33.

5) $w_i(r_i)$ entspricht dem Grenznutzen der letzten verfügbaren Einheit des Faktors i, wenn der Beschaffungsnutzen K nicht berücksichtigt wird. Vgl. zum Beispiel Mayer (1928), S. 12o8.

6) $w_i(r_i-1)$ entspricht dem effektiven Nutzenausfall bei Mayer, wenn der Beschaffungsnutzen K nicht berücksichtigt wird. Vgl. Mayer (1928), S. 1223.

7) Ist $r_i < 1$ und somit $r_i-1 < o$, so ist eine entsprechend kleinere Mengeneinheit für den Faktor i zu wählen.

Für das angeführte Beispiel[1] ergibt sich etwa:[2]

$$w_1(b_1) = W(\underline{b}) - W(\underline{b} - \underline{e}_1{}^3) = 190000 - 188000 = 2000$$

$$\text{mit } \underline{x}^{\underline{b}-\underline{e}_1{}^3} = \begin{vmatrix} 131 \\ 19 \end{vmatrix} \text{ und } (\underline{b} - \underline{e}_1{}^3)_{opt} = \begin{vmatrix} 169 \\ 150 \\ 57 \end{vmatrix},$$

$$w_2(b_2) = W(\underline{b}) - W(\underline{b} - \underline{e}_2{}^3) = 190000 - 191000$$
$$= -1000^{3)}$$

$$\text{mit } \underline{x}^{\underline{b}-\underline{e}_2{}^3} = \begin{vmatrix} 128 \\ 21 \end{vmatrix} \text{ und } (\underline{b} - \underline{e}_2{}^3)_{opt} = \begin{vmatrix} 170 \\ 149 \\ 63 \end{vmatrix} \text{ und}$$

$$w_3(b_3) = W(\underline{b}) - W(\underline{b} - \underline{e}_3{}^3) = 190000 - 190000 = 0$$

$$\text{mit } \underline{x}^{\underline{b}-\underline{e}_3{}^3} = \begin{vmatrix} 130 \\ 20 \end{vmatrix} \text{ und } (\underline{b} - \underline{e}_3{}^3)_{opt} = \begin{vmatrix} 170 \\ 150 \\ 60 \end{vmatrix}.$$

Insbesondere der Wert der letzten verfügbaren Einheit
eines Faktors erweist sich als hinreichend genaues Maß
für die Bedeutung dieses Faktors für den Absatznutzen
eines gegebenen Produktionsprogramms. Einerseits wird
dem von zwei Faktoren ein höherer Wert zugemessen, bei
dem die Verfügbarkeit der letzten Einheit einen größeren
Absatznutzenzuwachs ergibt, das heißt, bei dem die
Nichtverfügbarkeit der letzten Einheit sich stärker auf
den Absatznutzen auswirkt:

Ist $\underline{r} \in R^m$ mit $\underline{o}_m \leqq \underline{r} \leqq \underline{b}$ und gilt: $W(\underline{r} - \underline{e}_k{}^m) <$
$W(\underline{r} - \underline{e}_i{}^m)$ mit $i,k \in \{1,\ldots,m\}$, $i \neq k$, so folgt:
$W(\underline{r}) - w_k(r_k) = W(\underline{r} - \underline{e}_k{}^m) < W(\underline{r} - \underline{e}_i{}^m) =$
$W(\underline{r}) - w_i(r_i)$, also: $w_i(r_i) < w_k(r_k)$.

---

1) Siehe S. 46.

2) Zur Ermittlung von $\underline{x}^{\underline{b}-\underline{e}_i{}^3}$ und $(\underline{b} - \underline{e}_i{}^3)_{opt}$ für $i = 1$, 2,3 vgl. S. 84f.

3) Dieser negative Wert für die letzte verfügbare und
hier auch verbrauchte Einheit des zweiten Faktors besagt, daß der höhere Nutzen beim Einsatz auch der
letzten Einheit dieses Faktors aus einem geringeren
Beschaffungsnutzen resultiert. Es gilt nämlich:

$$N(\underline{x}^{\underline{b}}) = 13000 > N(\underline{x}^{\underline{b}-\underline{e}_2{}^3}) = 12900 \text{ und } K(\underline{x}^{\underline{b}}) = 177000$$
$$< K(\underline{x}^{\underline{b}-\underline{e}_2{}^3}) = 178100. \text{ Die Absatznutzenminderung wird}$$
also durch die Beschaffungsnutzenminderung mehr als
ausgeglichen.

Andrerseits erhalten nur solche Faktoren den gleichen Wert, bei denen sich die Änderung des Nutzens und die des Beschaffungsnutzens bei Verfügbarkeit der jeweils letzten Einheit in der Summe ausgleichen:

Ist $w_i(r_i) \neq w_k(r_k)$ mit $\underline{r} \in R^m$, $\underline{o}_m \leq \underline{r} \leq \underline{b}$ und $i, k \in \{1, \ldots, m\}$, so folgt:

$$(N(\underline{x}^{\underline{r}}) - N(\underline{x}^{\underline{r} - \underline{e}_i^{\,m}})) + (K(\underline{x}^{\underline{r}}) - K(\underline{x}^{\underline{r} - \underline{e}_i^{\,m}}))$$

$$= (N(\underline{x}^{\underline{r}}) + K(\underline{x}^{\underline{r}})) - (N(\underline{x}^{\underline{r} - \underline{e}_i^{\,m}}) + K(\underline{x}^{\underline{r} - \underline{e}_i^{\,m}}))$$

$$= W(\underline{r}) - W(\underline{r} - \underline{e}_i^{\,m}) = w_i(r_i) \neq w_k(r_k)$$

$$= W(\underline{r}) - W(\underline{r} - \underline{e}_k^{\,m})$$

$$= (N(\underline{x}^{\underline{r}}) + K(\underline{x}^{\underline{r}})) - (N(\underline{x}^{\underline{r} - \underline{e}_k^{\,m}}) + K(\underline{x}^{\underline{r} - \underline{e}_k^{\,m}}))$$

$$= (N(\underline{x}^{\underline{r}}) - N(\underline{x}^{\underline{r} - \underline{e}_k^{\,m}})) + (K(\underline{x}^{\underline{r}}) - K(\underline{x}^{\underline{r} - \underline{e}_k^{\,m}})).$$

Da die Werte der letzten verfügbaren Einheiten aller Faktoren als Basis der nachfolgenden Ausführungen gewählt werden, sollen sie hier noch weiter - insbesondere im Hinblick auf ihre Abhängigkeit von der insgesamt verfügbaren Menge $\underline{r}$ aller m Faktoren mit $\underline{r} \in R^m$ und $\underline{o}_m \leq \underline{r} \leq \underline{b}$ - untersucht werden.

Zunächst gilt auch hier,[1] daß der Wert der verfügbaren Menge r_i eines Faktors i der Summe der Werte der einzelnen verfügbaren Einheiten dieses Faktors entspricht (i = 1, ..., m):

$$W_i(\underline{r}) = W(\underline{r}) - W(\underline{r} - r_i \underline{e}_i^{\,m}) \quad [2]$$

$$= (W(\underline{r}) - W(\underline{r} - \underline{e}_i^{\,m}))$$

$$+ (W(\underline{r} - \underline{e}_i^{\,m}) - W(\underline{r} - 2\underline{e}_i^{\,m}))$$

$$+ (W(\underline{r} - 2\underline{e}_i^{\,m}) - W(\underline{r} - 3\underline{e}_i^{\,m}))$$

$$+ \ldots$$

$$+ (W(\underline{r} - (r_i - 2)\underline{e}_i^{\,m}) - W(\underline{r} - (r_i - 1)\underline{e}_i^{\,m}))$$

---

1) Vgl. S. 33.
2) Siehe S. 45.

$$+ \left(W(\underline{r} - (r_i-1)\underline{e}_i^{\ m}) - W(\underline{r} - r_i\underline{e}_i^{\ m})\right)$$

$$= \sum_{l=o}^{r_i-1} \left(W(\underline{r} - l\underline{e}_i^{\ m}) - W(\underline{r} - (l+1)\underline{e}_i^{\ m})\right)$$

$$= \sum_{l=o}^{r_i-1} w_i(r_i-1) \quad ^{1)}$$

$$= \sum_{l=1}^{r_i} w_i(l) \quad (i = 1,\ldots,m).$$

Allgemein läßt sich jedoch nicht beweisen, daß der Wert $W(\underline{r})$ der verfügbaren Menge $\underline{r}$ aller m Faktoren gleich der Summe der Werte aller verfügbaren Einheiten der m Faktoren ist, daß also $W(\underline{r}) = \sum_{i=1}^{m} \sum_{l=1}^{r_i} w_i(l)$ gilt.[2] Hieraus würde nämlich folgen:

$$W(\underline{r}) = \sum_{i=1}^{m} W_i(\underline{r}) = m \cdot W(\underline{r}) - \sum_{i=1}^{m} W(\underline{r} - r_i\underline{e}_i^{\ m}) \text{ und damit}$$

$$\sum_{i=1}^{m} W(\underline{r} - r_i\underline{e}_i^{\ m}) = (m-1) \cdot W(\underline{r}).^{3)} \text{ Dies trifft jedoch all-}$$

gemein nur für spezielle Funktionen W zu, etwa für lineare Funktionen[4]. Für solche linearen Funktionen W gilt sogar:

$$1.\ W_i(\underline{r}) = W(\underline{r}) - W(\underline{r} - r_i\underline{e}_i^{\ m}) = W(\underline{r}) - (W(\underline{r}) - W(r_i\underline{e}_i^{\ m}))$$

$$= W(r_i\underline{e}_i^{\ m}) = r_i \cdot W(\underline{e}_i^{\ m}),$$

---

1) Siehe S. 48.

2) Wie dies zum Beispiel Mayer annimmt, wenn er als Aufgabe der Zurechnung die "Verteilung ... des Produktionsertrages auf die einzelnen <u>Produktionsfaktoren</u> (Unterstreichung im Original gesperrt, der Verf.)" nennt. Mayer (1928), S. 121o. Vgl. auch Mayer (1928), S. 12o6. Hierbei ist zu beachten, daß Mayer den Beschaffungsnutzen K als Nutzenkomponente nicht berücksichtigt; diese Tatsache berührt jedoch nicht diesen Einwand.

3) Vgl. S. 33.

4) Ein solcher linearer Wertansatz für Faktoren läßt sich beispielsweise der üblichen Definition der wertmäßigen Kosten eines Faktors durch das Produkt aus der Menge und dem (konstanten) Wert einer Einheit entnehmen. Vgl. etwa bei Heinen (197o), S. 84. Siehe auch S. 64f.

2. $w_i(r_i) = W(\underline{r}) - W(\underline{r} - \underline{e}_i^m) = W(\underline{r}) - (W(\underline{r}) - W(\underline{e}_i^m))$

$\qquad = W(\underline{e}_i^m) =: w_i$,

3. $w_i(r_i-1) = W(\underline{r} - 1\underline{e}_i^m) - W(\underline{r} - (1+1)\underline{e}_i^m) = W(\underline{e}_i^m)$

$\qquad = w_i$ für $1 = o,\ldots,r_i-1$ und

4. $W_i(\underline{r}) = r_i \cdot w_i$ für $i = 1,\ldots,m$ sowie

5. $W(\underline{r}) = \sum_{i=1}^{m} r_i \cdot W(\underline{e}_i^m) = \sum_{i=1}^{m} r_i \cdot w_i.$ [1]

Bei linearer Funktion W ist somit der Wert einer beliebigen Einheit eines Faktors konstant, unabhängig von dem
anderer Faktoren und identisch mit dem Wert der letzten
verfügbaren Einheit dieses Faktors. [2]

Solche linearen Wertansätze für die Faktoren lassen sich,
wie bereits angemerkt, [3] der üblichen Definition der
wertmäßigen Kosten entnehmen. Sie liegen jedoch auch vor,
wenn als Wert einer beliebigen Einheit eines Faktors der
Wert der letzten verfügbaren Einheit dieses Faktors gewählt wird, wie es bereits Vertreter der Grenznutzenlehre
vorgeschlagen haben: [4]

Sei $\underline{r} \in R^m$ mit $\underline{o}_m \leqq \underline{r} \leqq \underline{b}$. Ist $w_i(1) = w_i$ für $1 = 1,$
$\ldots,r_i$ und $i = 1,\ldots,m$, so folgt:
Die Funktion W mit $W(\underline{r}) := E(\underline{x}^r)$ mit $N(\underline{x}^r) =$
$\max\left\{ N(\underline{x}) : \underline{o}_m \leqq A(\underline{x}) \leqq \underline{r}, \underline{x} \geqq \underline{o}_n \right\}$ [5] ist linear in
$\underline{r}$.

<u>Beweis:</u>
(i) $W_i(\underline{r})$ ist linear in $\underline{r}$ für $i = 1,\ldots,m$:

$$W_i(\underline{r}) = \sum_{1=1}^{r_i} w_i(1) \; [6] = \sum_{1=1}^{r_i} w_i = r_i \cdot w_i. \text{ Damit gilt}$$

1) Zur letzten Formel vgl. etwa Heinen (197o), S. 84.
2) Vgl. S. 34.
3) Vgl. S. 51, Fußnote 4.
4) Vgl. zum Beispiel Böhm-Bawerk (1928), S. 1oo3 in Verbindung mit S. 1oo1, und Mayer (1928), S. 12o7f.
5) Siehe S. 44.
6) Siehe S. 5of.

aber: $W_i(s\underline{r}) = s \cdot r_i \cdot w_i = s \cdot W_i(\underline{r})$ und $W_i(\underline{r}^1 + \underline{r}^2) =$
$(r_i^{\ 1} + r_i^{\ 2}) \cdot w_i = r_i^{\ 1} \cdot w_i + r_i^{\ 2} \cdot w_i = W_i(\underline{r}^1) + W_i(\underline{r}^2).$

(ii) $W(\underline{r}) = \sum\limits_{i=1}^{m} r_i \cdot w_i$:

Aus (i) folgt:

$W(\underline{r}) = W(\underline{r}) - W(\underline{r} - r_i\underline{e}_i^{\ m}) + W(\underline{r} - r_i\underline{e}_i^{\ m})$

$\qquad = W_i(\underline{r}) + W(\underline{r} - r_i\underline{e}_i^{\ m})$

$\qquad = r_i \cdot w_i + W(\underline{r} - r_i\underline{e}_i^{\ m})$ für $i = 1,\ldots,m.$

Damit ergibt sich:

$W(\underline{r}) = r_1 \cdot w_1 + W(\underline{r} - r_1\underline{e}_1^{\ m}),$

$W(\underline{r} - r_1\underline{e}_1^{\ m}) = r_2 \cdot w_2 + W(\underline{r} - r_1\underline{e}_1^{\ m} - r_2\underline{e}_2^{\ m}),$

$W(\sum\limits_{i=3}^{m} r_i\underline{e}_i^{\ m}) = W(\underline{r} - r_1\underline{e}_1^{\ m} - r_2\underline{e}_2^{\ m})$

$\qquad = r_3 \cdot w_3 + W(\underline{r} - r_1\underline{e}_1^{\ m} - r_2\underline{e}_2^{\ m} - r_3\underline{e}_3^{\ m})$

$\qquad = r_3 \cdot w_3 + W(\sum\limits_{i=4}^{m} r_i\underline{e}_i^{\ m}), \ldots,$

$W(\sum\limits_{i=m-1}^{m} r_i\underline{e}_i^{\ m}) = r_{m-1} \cdot w_{m-1} + W(r_m\underline{e}_m^{\ m}),$

$W(r_m\underline{e}_m^{\ m}) = r_m \cdot w_m + W(\underline{o}_m) = r_m \cdot w_m$ [1].

Insgesamt gilt also:

$W(\underline{r}) = r_1 \cdot w_1 + r_2 \cdot w_2 + \cdots + r_{m-1} \cdot w_{m-1} + r_m \cdot w_m$

$\qquad = \sum\limits_{i=1}^{m} r_i \cdot w_i.$

(iii) $W(\underline{r})$ ist linear in $\underline{r}$:

Aus (ii) folgt:

$W(s\underline{r}) = \sum\limits_{i=1}^{m} s \cdot r_i \cdot w_i = s \cdot \sum\limits_{i=1}^{m} r_i \cdot w_i = s \cdot W(\underline{r})$ und

$W(\underline{r}^1 + \underline{r}^2) = \sum\limits_{i=1}^{m} (r_i^{\ 1} + r_i^{\ 2}) \cdot w_i$

$\qquad = \sum\limits_{i=1}^{m} r_i^{\ 1} \cdot w_i + \sum\limits_{i=1}^{m} r_i^{\ 2} \cdot w_i$

$\qquad = W(\underline{r}^1) + W(\underline{r}^2).$

---

[1] Wenn angenommen wird, daß $E(\underline{o}_n) = o$ gilt. Dann ist aber wegen $W(\underline{o}_m) = E(\underline{o}_n) \, W(\underline{o}_m)$ ebenfalls gleich Null.

Die Anwendung des allgemeinen Grenzprinzips[1], das heißt
hier die Bewertung einer beliebigen Einheit eines Faktors zum Wert der letzten verfügbaren Einheit dieses
Faktors, erzwingt somit die Linearität der Funktion W,
für die dann unter anderem die oben angeführten Beziehungen[2] zutreffen. Insbesondere gilt dann auch die Aus-
sage, daß der Wert $W(\underline{r})$ der verfügbaren Menge $\underline{r}$ aller m
Faktoren auf sämtliche verfügbaren Einheiten der m Fak-
toren aufgeteilt wird, das heißt, daß $W(\underline{r})$ gleich

$$\sum_{i=1}^{m} \sum_{l=1}^{r_i} w_i(l) \text{ ist.}[3]$$

Das Grenzprinzip wird von vielen Vertretern des wertmäßigen Kostenbegriffs angewandt.[4] Da sich obendrein der
üblichen Definition der wertmäßigen Kosten ebenfalls die
Linearität von W entnehmen läßt, wird diese in den nachfolgenden Kapiteln vorausgesetzt.[5]

Abschließend soll nun noch untersucht werden, wie sich
die Werte der letzten verfügbaren Einheiten der Faktoren
bestimmen lassen, wenn N, E, K und A' partiell differenzierbar und die jeweiligen partiellen Ableitungen integrierbar sind.[6] Zur Vereinfachung der folgenden Ausführungen wird dabei angenommen, daß mit der verfügbaren
Menge $\underline{r}^o$ auch die verfügbaren Mengen $\underline{r}$ aus einer Umge-
bung von $\underline{r}^o$ jeweils mit dem zugehörigen optimalen Fak-

---

1) Nach dem allgemeinen Grenzprinzip wird als Wert einer
   beliebigen Einheit eines Gutes der Wert der letzten
   verfügbaren Einheit dieses Gutes angesetzt. Vgl. insbesondere Rosenstein-Rodan (1927); Böhm-Bawerk (1928)
   und Mayer (1928).

2) Siehe S. 51f.

3) Vgl. S. 51.

4) So etwa von Adam, der selbst mehrere solcher Autoren
   anführt. Vgl. Adam (1970), S. 3off.

5) Vgl. insbesondere S. 63ff.

6) Vgl. hierzu und zum folgenden S. 34f.

torverbrauch übereinstimmen;[1] es gilt also insbesonde-
re: $\underline{r}^o = (\underline{r}^o)_{opt} = A(\underline{x}^{\underline{r}^o})$.

Ist $W_{r_i}(\underline{r}^o) := \left.\dfrac{\partial W}{\partial r_i}\right|_{\underline{r}^o}$ die partielle Ableitung von W nach

r_i an der Stelle $\underline{r}^o$, so ist $w_i(r_i^o) := W_{r_i}(\underline{r}^o)$ als Wert
der letzten verfügbaren Einheit des Faktors i zu defi-
nieren für i = 1,...,m. Damit ergibt sich:

$$W_i(\underline{r}^o) = W(\underline{r}^o) - W(\underline{r}^o - r_i^o \underline{e}_i^m)$$

$$= \int_0^{r_i^o} W_{r_i}(\underline{r}^o - (r_i^o-t)\underline{e}_i^m)dt = \int_0^{r_i^o} w_i(t)dt.$$

Nun ist $W(\underline{r}^o) = E(A'(\underline{r}^o)) = E(\underline{x}^o) = N(\underline{x}^o) + K(\underline{x}^o)$ mit
$\underline{x}^o := \underline{x}^{\underline{r}^o} = A'(\underline{r}^o);$[2] daraus folgt:

$$w_i(r_i^o) = \left.\frac{\partial E(A'(\underline{r}))}{\partial r_i}\right|_{\underline{r}^o}$$

$$= \sum_{j=1}^{n} \left.\frac{\partial E(\underline{x})}{\partial x_j}\right|_{\underline{x}^o=A'(\underline{r}^o)} \cdot \left.\frac{\partial x_j}{\partial r_i}\right|_{\underline{r}^o=A(\underline{x}^o)} \qquad 3)$$

$$= \sum_{j=1}^{n} \left.\frac{\partial N}{\partial x_j}\right|_{\underline{x}^o} \cdot \left.\frac{\partial x_j}{\partial r_i}\right|_{\underline{r}^o} + \sum_{j=1}^{n} \left.\frac{\partial K}{\partial x_j}\right|_{\underline{x}^o} \cdot \left.\frac{\partial x_j}{\partial r_i}\right|_{\underline{r}^o}$$

mit $\left.\dfrac{\partial N}{\partial x_j}\right|_{\underline{x}^o}$ als "Grenznutzen", $\left.\dfrac{\partial K}{\partial x_j}\right|_{\underline{x}^o}$ als "Beschaf-

fungsgrenznutzen" der x_j^o-ten Einheit des Produktes
j[4] bei Herstellung des Produktionsprogramms $\underline{x}^o$ und

$\left.\dfrac{\partial x_j}{\partial r_i}\right|_{\underline{r}^o} = \left.\dfrac{\partial a_j'(\underline{r})}{\partial r_i}\right|_{\underline{r}^o}$ 5) als "partielle(r) Grenzprodukti-

---

1) Siehe S. 41. Ob diese Bedingung erfüllbar ist beziehungsweise wann sie erfüllt ist, soll allgemein nicht
untersucht werden. Vgl. jedoch Kapitel 3.2.4, S.
119ff.

2) Vgl. S. 42.

3) Vgl. Erwe (1962), S. 3o9f.

4) Vgl. S. 35.

5) Siehe S. 24.

vität"[1] des Faktors i bezüglich des Produktes j bei Einsatz der Menge $\underline{r}^O$ aller m Faktoren.

Sind obendrein N, E, K und A' und damit auch W linear, so ergibt sich der Reihe nach:

1. $W(\underline{r}^O) = \sum_{i=1}^{m} r_i^O \cdot w_i$, also: $w_i = w_i(r_i^O) = \left.\dfrac{\partial W}{\partial r_i}\right|_{\underline{r}^O}$,

2. $N(\underline{x}^O) = \sum_{j=1}^{n} x_j^O \cdot n_j$, also: $n_j = n_j(x_j^O) = \left.\dfrac{\partial N}{\partial x_j}\right|_{\underline{x}^O}$,

3. $K(\underline{x}^O) = \sum_{j=1}^{n} x_j^O \cdot k_j$, also: $k_j = k_j(x_j^O) = \left.\dfrac{\partial K}{\partial x_j}\right|_{\underline{x}^O}$,

4. $\underline{x}^O = \underline{A}'\underline{r}^O$, also: $x_j^O = \sum_{i=1}^{m} a_{ji}' \cdot r_i^O$ [2] und daher

$$\left.\dfrac{\partial x_j}{\partial r_i}\right|_{\underline{r}^O} = a_{ji}',$$

5. $w_i = w_i(r_i^O) = \sum_{j=1}^{n} a_{ji}' \cdot n_j + \sum_{j=1}^{n} a_{ji}' \cdot k_j$

mit n_j als konstantem Grenznutzen, k_j als konstantem Beschaffungsgrenznutzen des Produktes j und a_{ji}' als konstanter partieller Grenzproduktivität des Faktors i bezüglich des Produktes j.

Zusammenfassend läßt sich festhalten:

Als Wert $W(\underline{r})$ der verfügbaren Mengen $\underline{r}$ aller m Faktoren mit $\underline{r} \in R^m$ und $\underline{o}_m \leq \underline{r} \leq \underline{b}$ wurde der Absatznutzen desjenigen Produktionsprogramms $\underline{x}^r$ definiert, für das $\max\left\{ N(\underline{x}) : \underline{o}_m \leq A(\underline{x}) \leq \underline{r},\ \underline{x} \geq \underline{o}_n \right\}$ angenommen wird. Hierdurch ergibt sich entsprechend dem "physikalischen Gesetz von der Erhaltung der Energie"[3] ein Mehrwert von Null zwischen dem Absatznutzen $E(\underline{x}^r)$ der Produktion und

---

1) Gutenberg (1969), S. 298.
2) Vgl. S. 26.
3) Pohmer (1964), S. 327.

dem Wert $W(\underline{r}_{opt}) = W(\underline{r})$ des zugehörigen optimalen Faktorverbrauchs $\underline{r}_{opt} = A(\underline{x}^{\underline{r}})$.

Der Wert $W(\underline{r})$ der verfügbaren Mengen $\underline{r}$ der m Faktoren und damit auch der Wert $W_i(\underline{r})$ der verfügbaren Menge r_i sowie der Wert $w_i(r_i)$ der letzten verfügbaren Einheit des Faktors i sind somit abhängig von der Nutzenfunktion N, den verfügbaren Mengen $\underline{r}$ der m Faktoren und dem "optimalen" Produktionsprogramm $\underline{x}^{\underline{r}}$, das wiederum durch N und $\underline{r}$ bestimmt ist.

Mithin ist es allgemein nicht möglich, allein durch Vorgabe von $W(\underline{r})$, $W_i(\underline{r})$ oder $w_i(r_i)$ für i = 1,...,m das Produktionsprogramm $\underline{x}^{\underline{r}}$ und damit den "optimalen" Nutzen $N(\underline{x}^{\underline{r}})$ zu bestimmen. Dies wird besonders deutlich, wenn berücksichtigt wird, daß einerseits $\underline{x}^{\underline{r}}$ durch N und $\underline{r}$ bestimmt wird, daß aber andrerseits der Wert $W(\underline{r})$ sich aus den Bestandteilen $N(\underline{x}^{\underline{r}})$ und $K(\underline{x}^{\underline{r}})$ mit im voraus zu bestimmendem $\underline{x}^{\underline{r}}$ zusammensetzt.

2.2 Der entscheidungsorientierte Kostenwert eines Faktors als Wert der letzten verfügbaren Einheit dieses Faktors im optimalen Produktionsprogramm

Der Wert eines Faktors i, sei er gemessen als Wert $W_i(\underline{r})$ der insgesamt von ihm verfügbaren Menge r_i, sei er gemessen als Wert $w_i(r_i)$ der letzten von ihm verfügbaren Einheit mit $\underline{r}$ ($\underline{o}_m \leqq \underline{r} \leqq \underline{b}$) als verfügbaren Mengen aller m Faktoren, wurde aus dem Nutzen des zugehörigen Produktionsprogramms $\underline{x}^{\underline{r}}$ [1] durch Zurechnung abgeleitet. Der Unternehmer strebt nun aber die Maximierung seines Nutzens an. [2] Deshalb sollen die Werte der Faktoren, die sich ergeben, wenn die maximal verfügbare Menge $\underline{b}$ aller m Faktoren eingesetzt werden kann, besonders bezeichnet

---

1) Siehe S. 44.
2) Siehe S. 35.

werden. Da im folgenden hierbei nur die Werte der letzten verfügbaren Einheiten der einzelnen Faktoren untersucht werden, sollen lediglich diese gesondert hervorgehoben werden. Unter dem entscheidungsorientierten Kostenwert[1] eines Faktors wird dementsprechend der Wert der letzten verfügbaren Einheit dieses Faktors verstanden, der sich ergibt, wenn das optimale Produktionsprogramm vorliegt:

Ist $\underline{x}^{\underline{b}}$ das optimale Produktionsprogramm, das heißt,

gilt $N(\underline{x}^{\underline{b}}) = \max \left\{ N(\underline{x}) : \underline{o}_m \leq A(\underline{x}) \leq \underline{b}, \underline{x} \geq \underline{o}_n \right\}$,[2]

und ist $\underline{b}_{opt} = A(\underline{x}^{\underline{b}})$ der zugehörige optimale Faktorverbrauch[3], so wird $EKW_i := w_i(b_i)$[4] als entscheidungsorientierter Kostenwert des Faktors i definiert für $i = 1, \ldots, m$.

Da bei den Ausführungen des Kapitels 2.1 beliebige verfügbare Mengen $\underline{r}$ der m Faktoren mit $\underline{o}_m \leq \underline{r} \leq \underline{b}$ unterstellt waren, gelten sie auch für die maximal verfügbaren Mengen $\underline{b}$ aller m Faktoren; sie sollen deshalb nicht wiederholt werden.

Auf der Basis der entscheidungsorientierten Kostenwerte der Faktoren könnte nun eine allgemeine Theorie der Bewertung von Faktoren bei Vorliegen des optimalen Produktionsprogramms entwickelt werden, die anwendbar wäre für

---

1) Den Begriff "Kostenwert" verwendet zum Beispiel Heinen. Vgl. Heinen (1970), insbesondere S. 73ff. Da dieser Wert bei Vorliegen des optimalen Produktionsprogramms zu bestimmen ist, wird er in Anlehnung an Adam "entscheidungsorientiert" genannt. Vgl. den Titel "Entscheidungsorientierte Kostenbewertung" bei Adam (1970).

2) Siehe S. 44. $\underline{x}^{\underline{b}}$ stimmt mit $\underline{x}_{opt}$ aus Kapitel 1.3 überein. Die Bezeichnung $\underline{x}^{\underline{b}}$ wird im folgenden vorgezogen, da hierdurch die Abhängigkeit vom Entscheidungsfeld des Unternehmers deutlicher wird.

3) Siehe S. 45.

4) Siehe hierzu S. 48 in Verbindung mit S. 44.

beliebige Nutzenfunktionen, beliebige Entscheidungsfelder und beliebige Transformationsprozesse. Die dabei auftretenden mathematischen Schwierigkeiten, etwa bei nicht stetigen Nutzenfunktionen oder bei nicht stetigen Transformationsprozessen, dürften jedoch im Vergleich zu den möglichen Aussagen unverhältnismäßig groß sein. Deshalb, und da in der vorliegenden Arbeit der Versuch vorgenommen werden soll, bereits vorhandene spezielle Ansätze einer solchen Bewertungstheorie in ein einheitliches Modell zu integrieren, wird in den folgenden Kapiteln von zusätzlichen Prämissen ausgegangen, die - zumindest implizit - auch in der diesbezüglichen Literatur unterstellt werden und eine zufriedenstellende Analyse der entscheidungsorientierten Kostenwerte ermöglichen.

Die entscheidungsorientierten Kostenwerte sind gemäß ihrer Definition abhängig von der Nutzenfunktion und vom Entscheidungsfeld des Unternehmers.[1] Daher wird im folgenden die Abhängigkeit der entscheidungsorientierten Kostenwerte von der Struktur der Nutzenfunktion und von der des Entscheidungsfeldes untersucht. Sodann werden die entscheidungsorientierten Kostenwerte beim speziellen Ziel der Gewinnmaximierung analysiert, und abschließend wird kurz auf die Anwendbarkeit der entscheidungsorientierten Kostenwerte eingegangen.

---

1) Vgl. S. 57.

3 Theorie der entscheidungsorientierten Kostenwerte für kurzfristige, lineare Transformationsprozesse bei Sicherheit und linearer Zielfunktion

Unterstellt ist bisher bereits die Sicherheit sämtlicher Daten.[1] Hieraus folgt insbesondere die Kenntnis der Nutzen- oder Zielfunktion N des Unternehmers mit ihren Bestandteilen, dem Absatznutzen E und dem Beschaffungs- nutzen K,[2] des Transformationsprozesses, dargestellt durch die Transformationsfunktionen A und A',[3] und des Entscheidungsfeldes EF des Unternehmers[4], das heißt im wesentlichen der im Vektor $\underline{b}$ zusammengefaßten Marktda- ten[5]. Desweiteren konnten wegen der Sicherheitsprämisse die Alternativen des Unternehmers ohne Einschränkung mit den realisierbaren Produktionsprogrammen identifiziert werden.[6]

Basis der bisherigen Ausführungen ist deshalb ein deter- ministisches Modell der Unternehmung, das im Grunde die gesamte Lebensdauer der Unternehmung mit deren Lebens- dauer als Totalperiode umfaßt.[7] Zu berücksichtigen ist folglich in der Nutzenfunktion auch die Zeitpräferenz des Unternehmers.[8] So ist allgemein zuzulassen, daß zwei Herstellmengen, etwa x_1 und x_2, zum gleichen physischen "Produkt" gehören, jedoch zu verschiedenen Zeitpunkten abgesetzt werden und infolgedessen vom Unternehmer unter- schiedlich bewertet werden, selbst wenn die Mengen über- einstimmen.[9]

---

1) Siehe S. 17.

2) Siehe S. 27ff.

3) Siehe S. 24.

4) Siehe S. 27 und S. 28.

5) Siehe S. 22 und S. 25.

6) Siehe S. 28, Fußnote 4.

7) Zu der bereits vorgenommenen Einschränkung auf einen endlichen Planungszeitraum siehe S. 17.

8) Zum Begriff der Zeitpräferenz vgl. Sieben (1969), S. 17.

9) Zur Bewertung einzelner Produkte siehe S. 32.

Entsprechend der überwiegenden Vorgehensweise in der Literatur zur Bewertung von Faktoren beziehungsweise von Faktorverbräuchen soll im folgenden die Möglichkeit, daß Produkte allein aufgrund des Zeitpunktes ihres Absatzes unterschiedlich bewertet werden, ausgeschlossen werden durch die Beschränkung der Untersuchung auf kurzfristige Transformationsprozesse, das heißt auf solche, die sich nur auf einen beschränkten Zeitraum, etwa einen Monat oder ein Jahr, erstrecken.[1] Hier soll der Begriff der Kurzfristigkeit wie folgt präzisiert werden:

> Der Transformationsprozeß einer Unternehmung wird als kurzfristig bezeichnet, wenn in der Nutzenfunktion die Zeitpräferenz außer Ansatz bleiben kann, das heißt, wenn der Planungszeitraum so kurz gewählt ist, daß die Nutzenfunktion in diesem Planungszeitraum in Abhängigkeit von der Zeit konstant ist.[2] Dieser Planungszeitraum wird im folgenden Planungsperiode genannt.[3]

Die kurzfristige Betrachtungsweise bietet gegenüber der nicht kurzfristigen den Vorteil, daß die Annahme der Sicherheit der Daten für einen solchen kurzen Planungszeitraum als eher realistisch angesehen werden kann. Wird demgemäß ein kurzfristiges, deterministisches Mo-

---

1) So meint auch Heinen, "daß den Kostenmodellen bis jetzt vorwiegend eine kurzfristige Betrachtungsweise zugrunde liegt." Heinen (1970), S. 159. Kurzfristigkeit wird - explizit oder implizit - unterstellt unter anderem bei Schmalenbach (1919), S. 277ff. und S. 350; Stackelberg (1932), S. 345 und S. 367; Mellerowicz (1963), S. 2o5, S. 361 und S. 5o7; Schmalenbach (1963), S. 17 und S. 15off.; Kosiol (1964), S. 38ff.; Zieschang (1969), S. 23; Adam (197o), insbesondere S. 65ff.; Heinen (197o), S. 157ff., S. 33o, S. 4oo, S. 499f. und S. 5o6; Kilger (197o), S. 86, S. 624ff. und S. 688ff.; Kilger (1973a), insbesondere S. 95ff., und Sieben - Schildbach (KR), S. 49.

2) Mit dieser Wahl des Planungszeitraums ließe sich nachträglich auch begründen, weshalb in dieser Arbeit Investitionen als zeitliche Verlagerungen des Konsums nicht berücksichtigt werden. Siehe S. 13.

3) Aus dem oben angeführten deterministischen (Total-)Modell folgt dabei, daß bekannt ist, über welche Fakto-

dell zur Bestimmung des optimalen Produktionsprogramms
konstruiert, so kann indes nicht ausgeschlossen werden,
daß das in diesem Sinne optimale Produktionsprogramm von
dem Produktionsprogramm abweicht, das sich für den gleichen Zeitraum aus dem Produktionsprogramm ableiten läßt,
das optimal ist im Sinne eines Totalmodells, das die gesamte Lebensdauer der Unternehmung berücksichtigt[1].

Auf dieses Dilemma der sogenannten zeitlichen Aufspaltung[2] des Modells der Unternehmung, das eine kurzfristige Betrachtungsweise im allgemeinen nach sich zieht,
soll hier nicht weiter eingegangen werden.[3] Betont werden soll lediglich, daß dies Dilemma nur bei Kenntnis
aller Daten für die gesamte Lebensdauer der Unternehmung
gelöst werden kann; dann ist aber der Hauptgrund für die
kurzfristige Betrachtungsweise, nämlich die Unsicherheit
zukünftiger Daten, nicht mehr gegeben.

Neben der Sicherheit der Daten und der kurzfristigen Betrachtungsweise wird im folgenden auch die Linearität
der Nutzen- oder Zielfunktion und die des Transformationsprozesses unterstellt. Damit werden einerseits
die Methoden und Ergebnisse der Linearen Programmierung
anwendbar, die als Verfahren zur Lösung von Optimie-
rungsproblemen wohl am weitesten erforscht sein dürfte.
Andrerseits wird auch in der Literatur bei detaillier-
teren Aussagen über die Bestimmung von Werten der in den
Produktionsprozeß eingesetzten Faktoren vorwiegend
von linearen Nutzen- oder Zielfunktionen und/
oder linearen Transformationsprozessen ausgegangen, auch

Fortsetzung der Fußnoten der vorherigen Seite!

    ren die Unternehmung bereits verfügt und welche Fak-
tormengen sie noch zusätzlich beschaffen kann. Soweit
es der Beschaffungsmarkt der Unternehmung zuläßt, können auch Faktoren beschafft werden, die über die Planungsperiode hinaus zur Verfügung stehen.

1) Vgl. Kapitel 1, S. 12ff.

2) Zu diesem Begriff vgl. etwa Hax (1967), S. 757, und
Heinen (1970), S. 499, der von zeitlicher "Teilung"
spricht.

wenn dies nicht immer explizit betont wird.[1] Selbstverständlich beinhalten diese Linearitätsprämissen Annahmen, die in der Realität im allgemeinen durchaus nicht
zuzutreffen brauchen. So folgt aus der Linearität der
Nutzenfunktion insbesondere, daß einem beliebigen Exem-
plar eines bestimmten Produktes vom Unternehmer ein Wert
zugemessen wird, der lediglich von der betreffenden Produktart abhängt.[2] Aus der Linearität des Transformationsprozesses, das heißt der Transformationsfunktionen A
und A', ergibt sich unter anderem, daß der Verbrauch
eines Faktors zur Herstellung einer Einheit eines Produktes bestimmt ist durch die Faktorart und die Produktart.[3]

Fortsetzung der Fußnoten der vorherigen Seite!

3) Vgl. hierzu zum Beispiel Adam (197o), S. 6off., und
   Heinen (197o), S. 1o3ff.

1) Vgl. unter anderem Schmalenbach (1919), S. 277ff.;
   Mellerowicz (1963), S. 354, Fußnote 1; Schmalenbach
   (1963), S. 15off.; Kosiol (1964), S. 275f.; Michel
   (1964), S. 84; Hax (1965a), S. 2o5ff.; Kern (1965),
   S. 136ff. und S. 144ff.; Opfermann - Reinermann
   (1965), S. 215ff.; Münstermann (1966a), S. 29ff.;
   Buhr (1967), S. 689ff.; Vischer (1967), S. 113ff.;
   Zieschang (1969), S. 43ff.; Adam (197o), S. 42ff., S.
   5off., S. 59ff. und S. 2o1ff.; Franke - Laux (197o),
   S. 418ff. in Verbindung mit S. 4o2ff.; Kilger (197o),
   S. 688ff., und Kilger (1973a), S. 95ff.
   Nicht-lineare Beziehungen, insbesondere nicht-lineare
   Zielfunktionen werden bei der Bestimmung von Werten
   für eingesetzte Faktoren berücksichtigt zum Beispiel
   bei Engels (1962), S. 168ff.; Buhr (1967), S. 689ff.;
   Adam (197o), S. 47ff., S. 144ff. und S. 185ff., und
   Heinen (197o), S. 34off.

2) Siehe S. 34.

3) Siehe S. 26.

Folgt die Bewertung der Faktoren dem Grenzprinzip, so
erweist sich auch die Bewertungsfunktion W als linear
(in $\underline{r}$).[1] Die Linearität von W in $\underline{r}$ läßt sich jedoch
auch folgern, wenn der Faktoreinsatz irgendeinem Kosten-
begriff entsprechend bewertet wird. Denn unabhängig von
der jeweiligen Auffassung werden Kosten definiert als
Produkt aus der "verbrauchten Menge" und dem "Wert" je
Mengeneinheit:

$$K := \sum_{i=1}^{m} r_i \cdot w_i$$ mit w_i als "Wert" je Mengeneinheit des

Faktors i, r_i als "Verbrauch" des Faktors i, $r_i \cdot w_i$

als "Kosten" des Faktors i für i = 1,...,m und K als
"Gesamtkosten".[2]

Unabhängig davon, was unter "verbrauchter Menge" und unter "Wert" jeweils verstanden wird, werden beide Bestandteile getrennt voneinander bestimmt. Besonders
deutlich wird diese Vorgehensweise etwa bei Kosiol, wenn
er betont, daß für "die Bewertung der Gütermenge ...
grundsätzlich alle _Wertkategorien_ (Unterstreichung im
Original kursiv, der Verf.) zur Verfügung"[3] stehen und
daß der "Kostenbegriff ... durch die völlige _Offenheit_

---

1) Siehe S. 52ff.

2) Diese Definitionsgleichung für die Kosten entspricht
   zum Beispiel sowohl dem pagatorischen als auch dem
   wertmäßigen Kostenbegriff. Vgl. Koch (1958), S. 362,
   und Heinen (197o), S. 84.

3) Kosiol (1964), S. 34.

(Unterstreichung im Original kursiv, der Verf.) des die
Menge bewertenden Preisansatzes gekennzeichnet"[1] ist.[2]
Sobald Kosten definiert werden durch multiplikative Ver-
knüpfung einer irgendwie bestimmten "Verbrauchsmenge"
mit einem irgendwie bestimmten, konstanten "Wert" je
Mengeneinheit, wird somit automatisch eine lineare Bewertungsfunktion impliziert. Dies trifft insbesondere
beim wertmäßigen Kostenbegriff zu. So erzwingt bereits
die Trennung der Kostentheorie in Produktions- und Kostenwerttheorie, wie sie etwa Heinen vornimmt,[3] die Linearität von W in $\underline{r}$, wenn ein fester Kostenwert angenommen wird.[4] In Übereinstimmung mit diesem Ansatz der
wertmäßigen Kosten, auf deren Ähnlichkeit mit den in der
vorliegenden Arbeit definierten Werten von Faktoren bereits hingewiesen wurde,[5] wird also im folgenden von
der Linearität der Bewertungsfunktion W ausgegangen.

Im folgenden soll nun zunächst unter Berücksichtigung
der Prämissen der Kurzfristigkeit und der Linearität aus
dem in Kapitel 1 dargestellten Modell zur Bestimmung des
optimalen Produktionsprogramms das Grundmodell für die
nachfolgenden Ausführungen entwickelt werden. Daran anschließend wird sodann die Abhängigkeit der entscheidungsorientierten Kostenwerte von der Struktur der Nutzenfunktion untersucht.

---

1) Kosiol (1964), S. 34.

2) Vgl. auch zum Beispiel Dlugos (1964), S. 49of.

3) Vgl. Heinen (197o), S. 119f., S. 156, S. 163 und S.
   363.

4) Vgl. Heinen (197o), insbesondere S. 51f., S. 84, S.
   116ff., S. 163, S. 165 und S. 463. Vgl. auch zum Beispiel Kosiol (1958), S. 29; Marx (1958), S. 73;
   Pohmer (1964), S. 317; Zieschang (1969), S. 96; Adam
   (197o), S. 18ff.; Chmielewicz (197o), Sp. 1948, und
   Hasenack (197o), Sp. 943.

5) Siehe S. 43f.

3.1 Das Grundmodell

Damit das folgende Modell formal soweit wie möglich mit
dem in Kapitel 1 entwickelten (Total-) Modell zur Bestimmung des optimalen Produktionsprogramms übereinstimmt, sollen die gleichen Symbole verwandt werden.

Ziel des Unternehmers ist also, durch den Absatz von n
Produkten in der Planungsperiode seinen Nutzen zu maximieren. Zur Produktion der Herstellmengen $x_1, \ldots, x_n$ der
n Produkte werden m Faktorarten benötigt. Wegen der angenommenen Kurzfristigkeit ist nun aber zu unterscheiden, ob der Einsatz eines Faktors überhaupt von der Entscheidung über das Produktionsprogramm abhängt oder
nicht. Dementsprechend wird der von einem Produktionsprogramm $\underline{x}$ abhängige Faktorverbrauch im folgenden variabel, der davon unabhängige fix genannt:[1]

> Ist $\underline{x}$ ein realisierbares Produktionsprogramm, $\underline{r}(\underline{x})$
> der gesamte Faktorverbrauch der Planungsperiode mit
> $\underline{r}(\underline{x}) = \underline{r}_v(\underline{x}) + \underline{r}_f$, so wird definiert:
>
> (i) $\underline{r}_f$ ist der fixe Faktorverbrauch der Planungspe-
> riode,
>
> (ii) $\underline{r}_v(\underline{x})$ ist der variable Faktorverbrauch, der nur
> von $\underline{x}$ abhängt.

---

1) Die Begriffe "variabel" und "fix" werden hier somit
ausschließlich in bezug auf das Produktionsprogramm
gesehen, das heißt in Abhängigkeit von der "Beschäf-
tigung", die mit der Herstellmenge $\underline{x}$ aller n Produkte gemessen wird. Vgl. zum Beispiel bei Schmalenbach
(1963), S. 47, S. 77f. und S. 493ff. Zur Definition
der Begriffe "variabel" und "fix" in Abhängigkeit von
einer allgemeinen Einflußgröße vgl. zum Beispiel
Kosiol (1964), S. 38ff., und Heinen (197o), S. 133ff.

Variabel in diesem Sinne ist im allgemeinen der Verbrauch von Repetierfaktoren, die ganz in die Produktion eingehen, fix ist beispielsweise der rein zeitabhängige Verschleiß von Maschinen.[1]

Auch der Beschaffungsnutzen und der Absatznutzen sowie damit der Nutzen eines gegebenen Produktionsprogramms sind entsprechend aufzuspalten:

Ist $\underline{x}$ ein realisierbares Produktionsprogramm, $E(\underline{x})$ der gesamte Absatznutzen der Planungsperiode mit $E(\underline{x}) = E_v(\underline{x}) + E_f$ und $K(\underline{x})$ der gesamte Beschaffungsnutzen der Planungsperiode mit $K(\underline{x}) = K_v(\underline{x}) + K_f$, so wird definiert:

(i) K_f ist der fixe Beschaffungsnutzen und E_f der fixe Absatznutzen der Planungsperiode,[2]

(ii) $K_v(\underline{x})$ ist der variable Beschaffungsnutzen und $E_v(\underline{x})$ der variable Absatznutzen, die nur von $\underline{x}$ abhängen.

Für den Nutzen $N(\underline{x})$ gilt somit:

$$N(\underline{x}) = E(\underline{x}) - K(\underline{x}) = (E_v(\underline{x}) - K_v(\underline{x})) + (E_f - K_f)$$
$$= N_v(\underline{x}) + N_f$$

mit $N_v(\underline{x}) := E_v(\underline{x}) - K_v(\underline{x})$ als variablem und

$N_f := E_f - K_f$ als fixem Nutzen.

---

1) Auf die Schwierigkeiten, die bei der Trennung des variablen und des fixen Verbrauchs insbesondere bei Potentialfaktoren, die über die Planungsperiode hinaus zur Verfügung stehen, auftreten können, soll hier nicht eingegangen werden. Sie werden durch die Annahme der Kenntnis des Transformationsprozesses als gelöst betrachtet.

2) Zum fixen Beschaffungsnutzen zählen etwa ausschließlich zeitabhängige Abschreibungen; fixe Absatznutzen sind beispielsweise die Grundgebühren, die ein Elektrizitätswerk von den Stromverbrauchern erhält.

Die Entscheidung des Unternehmers ist demnach ausschließlich von den variablen Bestandteilen der Nutzenfunktion und des Transformationsprozesses abhängig.[1] Deshalb soll im folgenden mit $\underline{x}$ lediglich das Produktionsprogramm, über das der Unternehmer in der Planungsperiode frei entscheiden kann,[2] mit $A(\underline{x})$ der durch die Herstellung des Produktionsprogramms $\underline{x}$ hervorgerufene variable Faktorverbrauch $\underline{r}_v(\underline{x})$ und mit $\underline{b}$ der maximal mögliche variable Faktorverbrauch aller m Faktoren bezeichnet werden. Der kurzfristigen unternehmerischen Entscheidung unterliegt somit nicht die Herstellung von Produkten, die beispielsweise durch Mindestabsatzbedingungen[3] erzwungen wird. Das Konzept der (kurzfristigen) entscheidungsorientierten Kostenwerte schließt mithin auch die Berücksichtigung der zugehörigen Faktorverbräuche, die also fixe Verbräuche darstellen, beim Wertansatz für die Faktoren aus.

Unter Beachtung der Linearitätsprämisse für die Zielfunktion ergibt sich demnach:

Zu maximieren ist der Nutzen $N(\underline{x}) = E(\underline{x}) - K(\underline{x})$. Dabei gilt:

$$E(\underline{x}) = E_v(\underline{x}) + E_f = \underline{e}^T \underline{x} + E_f = \sum_{j=1}^{n} e_j \cdot x_j + E_f \text{ mit}$$

$$\underline{e}^T := (e_1, \ldots, e_n), \quad e_j := E_v(\underline{e}_j^{\,n}) \text{ für } j = 1, \ldots, n^{[4]},$$

---

1) Außer Ansatz bleiben sollen hierbei Restriktionen, die aus der Verwendung von Faktoren resultieren, die keine variablen Verbräuche verursacht und demnach den variablen Bestandteil der Zielfunktion nicht beeinflußt, die jedoch dennoch eine mengenmäßige Beschränkung in bezug auf die zu realisierenden Produktionsprogramme impliziert.

2) Dies Produktionsprogramm könnte also ebenfalls als "variabel" bezeichnet werden.

3) Etwa durch vertragliche Bindung an einen Abnehmer.

4) e_j ist der konstante, variable Absatznutzen je Einheit des Produktes j; $\underline{e}$ ist der Spaltenvektor dieser Absatznutzen der n Produkte. Dagegen gibt $\underline{e}_j^{\,n}$ den j-ten Einheitsvektor des R^n wieder.

$$K(\underline{x}) = K_v(\underline{x}) + K_f = \underline{k}^T\underline{x} + K_f = \sum_{j=1}^{n} k_j \cdot x_j + K_f \text{ mit}$$

$$\underline{k}^T := (k_1,\ldots,k_n) \text{ und } k_j := K_v(\underline{e}_j^{\,n}) \text{ für } j = 1,$$

$$\ldots,n^{1)},$$

$$\text{also } N(\underline{x}) = N_v(\underline{x}) + N_f = (\underline{e} - \underline{k})^T\underline{x} + (E_f - K_f)$$

$$= \underline{z}^T\underline{x} + z_0 = \sum_{j=1}^{n} z_j \cdot x_j + z_0 \text{ mit}$$

$$z_0 := E_f - K_f, \quad \underline{z}^T := (z_1,\ldots,z_n) \text{ und } z_j := e_j - k_j$$

$$\text{für } j = 1,\ldots,n.$$

Zu beachten ist hierbei jedoch, daß die Produktionsprogramme $\underline{x}$, unter denen der Unternehmer das oder eins mit maximalem Nutzen auszuwählen hat, realisierbar sein müssen. Wird die Menge der realisierbaren Produktionsprogramme wiederum als das Entscheidungsfeld EF des Unternehmers bezeichnet, so läßt sich das Entscheidungsfeld unter den nunmehr gegebenen Prämissen wie folgt darstellen:[2]

Ein Produktionsprogramm $\underline{x}$ ist realisierbar, also Element von EF, wenn gilt:

(i) $\underline{x} \geqq \underline{o}_n$.

(ii) Ist $\underline{r}_v = A(\underline{x}) = \underline{A}\underline{x}$ der zugehörige variable Faktorverbrauch, so muß $\underline{r}_v \geqq \underline{o}_m$ und $\underline{r}_v \leqq \underline{b}$ gelten.

Dabei ist $\underline{A}$ eine (m,n)-Matrix, deren Element a_{ij} gleich der Anzahl der vom Faktor i je Einheit des Produktes j verbrauchten Einheiten ist für $i = 1,\ldots,m$ und $j = 1,\ldots,n$. a_{ij} ist abhängig lediglich von der Faktorart i und der Produktart j und gibt nur den variablen Verbrauch wieder.

---

1) k_j ist der konstante, variable Beschaffungsnutzen je Einheit des Produktes j; $\underline{k}$ ist der Spaltenvektor dieser Beschaffungsnutzen der n Produkte.

2) Vgl. S. 25ff.

Als Modell zur Bestimmung des optimalen Produktionsprogramms unter den zusätzlichen Prämissen der Kurzfristigkeit und der Linearität der Zielfunktion mit ihren Bestandteilen und der Tranformationsfunktionen ergibt sich
somit:

Maximiere $N(\underline{x}) = \underline{z}^T\underline{x} + z_o$ unter den Nebenbedingungen:
$\underline{Ax} \leq \underline{b}, \ \underline{x} \geq \underline{o}_n$ [1].

Dabei gilt:

$\underline{z} = \underline{e} - \underline{k}$ mit $\underline{e}^T = (e_1,\ldots,e_n)$, $\underline{k}^T = (k_1,\ldots,k_n)$, e_j
als konstantem, variablem Absatznutzen und k_j als

konstantem, variablem Beschaffungsnutzen je Einheit
des Produktes j für j = 1,...,n;

$z_o = E_f - K_f$ mit E_f als fixem Absatznutzen und K_f als

fixem Beschaffungsnutzen der Planungsperiode;

$\underline{Ax} = r_v(\underline{x})$ ist der variable Faktorverbrauch und

$\underline{b}$ ist der maximal mögliche variable Faktorverbrauch
der m Faktoren.[2]

Dieses Modell ist als Grundmodell Basis der nachfolgenden Ausführungen. Da sowohl die Zielfunktion als auch
die Nebenbedingungen linear sind in dem Sinne, daß ihre
von $\underline{x}$ abhängigen Bestandteile, nämlich $\underline{z}^T\underline{x}$ und $\underline{Ax}$, linear in $\underline{x}$ sind, kann zur Bestimmung des optimalen Produk-

---

1) Die Bedingung "$\underline{r}_v(\underline{x}) = \underline{Ax} \geq \underline{o}_m$" wird im folgenden
   außer acht gelassen, da sie durch den richtigen An-
   satz der Prozeßmatrix automatisch berücksichtigt
   wird.

2) Zu ähnlichen Modellen vgl. unter anderem Zieschang
   (1969), S. 44; Adam (197o), insbesondere S. 5of.;
   Ellinger e.a. (197o), Sp. 1184ff.; Hax (197oa), Sp.
   1168f.; Kilger (197o), S. 691f.; Kilger (1973a), S.
   99, und Kilger (1973b), S. 535. Zu den Prämissen
   eines solchen linearen Modells vgl. zum Beispiel
   Schmalenbach (1919), S. 274 und S. 293f.;
   Schmalenbach (1963), S. 78; Dlugos (1964), S. 5o3;
   Kosiol (1964), S. 57; Hax (1965a), S. 2o5; Hax
   (197oa), Sp. 1168; Kilger (197o), S. 14off. und S.
   689f.; Beier (1973), S. 432, und Weiermair (1974),
   S. 114f.

tionsprogramms die Lineare Programmierung verwandt werden.[1]

3.2 Bestimmung der entscheidungsorientierten Kostenwerte bei beschaffungsmarkt- und/oder absatzmarktorientierter Bewertung der Faktoren

Nach Annahme läßt sich die Nutzenfunktion N des Unternehmers als Differenz des Absatznutzens E und des Beschaffungsnutzens K darstellen.[2] Der Absatznutzen $E(\underline{x})$ eines realisierbaren Produktionsprogramms $\underline{x}$ wird dabei unmittelbar am Absatzmarkt der Unternehmung gemessen[3] und stellt den absatzmarktorientierten Bestandteil des Nutzens $N(\underline{x})$ dar.[4] Der Beschaffungsnutzen $K(\underline{x})$ hingegen wird mittelbar über den zugehörigen Faktorverbrauch am Beschaffungsmarkt der Unternehmung gemessen[5] und gibt den beschaffungsmarktorientierten Bestandteil des Nutzens $N(\underline{x})$ wieder.[6] Dementsprechend wird die Bewertung der Faktoren im folgenden als beschaffungsmarkt- und/oder absatzmarktorientiert bezeichnet, wenn bei der Bewertung der Faktoren von einer Nutzenfunktion ausgegangen wird, die als Bestandteile den Beschaffungsnutzen und/oder den Absatznutzen enthält, daß heißt, wenn gilt:

$$N(\underline{x}) = AP(E) \cdot E(\underline{x}) + AP(K) \cdot K(\underline{x})^{[7]}$$ für ein realisierbares Produktionsprogramm $\underline{x}$ mit $AP(E) \in \{o,1\}$ und $AP(K) \in \{o,-1\}$.

Es wird hier also bewußt offengehalten, welche Bedeutung

---

1) Vgl. hierzu den Anhang, S. 282ff. Außer Ansatz bleiben sollen im folgenden aus Gründen der Vereinfachung Ganzzahligkeitsbedingungen, die eigentlich sowohl bezüglich der Produktionsprogramme als auch bezüglich der zugehörigen variablen Faktorverbräuche zu berücksichtigen sind.

2) Siehe S. 31.

3) Siehe S. 43.

4) Siehe S. 29.

5) Siehe S. 43.

6) Siehe S. 29f.

7) Siehe S. 3of. Im folgenden wird aus Vereinfachungsgründen ebenfalls von der Darstellung N = E - K ausgegangen. Vgl. S. 31, Fußnote 2. Ist etwa AP(E) = o, ist dementsprechend $E(\underline{x})$ = o zu setzen für alle $\underline{x} \in$ EF. Vgl. S. 145.

der Unternehmer dem Beschaffungsmarkt und dem Absatzmarkt der Unternehmung in seiner Nutzenfunktion beimißt.

Ist nun $\underline{x}$ ein realisierbares Produktionsprogramm und $\underline{r}_v$
$= \underline{A}\underline{x}$ der zugehörige variable Faktorverbrauch, so kann
diesem Faktorverbrauch als Wert nur der variable Absatz-
nutzen des zugehörigen optimalen Produktionsprogramms
$\underline{x}^{\underline{r}_v}$ [1] zugeordnet werden, da ja der fixe Absatznutzen E_f
auch dann realisiert werden kann, wenn nichts produziert
wird[2] und demnach kein variabler Verbrauch an Faktoren
stattfindet. Entsprechendes gilt damit auch für die entscheidungsorientierten Kostenwerte der einzelnen Faktoren als Werte der jeweils letzten von ihnen verfügbaren
Einheiten im optimalen Produktionsprogramm. Damit ergibt
sich:[3]

Ist $\underline{x}^{\underline{b}}$ das optimale Produktionsprogramm, das heißt,
ist $N(\underline{x}^{\underline{b}}) = \max \left\{ N(\underline{x}) : \underline{A}\underline{x} \leq \underline{b}, \underline{x} \geq \underline{o}_n \right\}$,[4] so läßt
sich der entscheidungsorientierte Kostenwert EKW_i des
Faktors i wie folgt darstellen:

$$EKW_i = E(\underline{x}^{\underline{b}}) - E(\underline{x}^{\underline{b}-\underline{e}_i^m}) = E_v(\underline{x}^{\underline{b}}) - E_v(\underline{x}^{\underline{b}-\underline{e}_i^m}) \quad [5]$$

$$= (N_v(\underline{x}^{\underline{b}}) - N_v(\underline{x}^{\underline{b}-\underline{e}_i^m})) + (K_v(\underline{x}^{\underline{b}}) - K_v(\underline{x}^{\underline{b}-\underline{e}_i^m}))$$

$$= (\underline{e} - \underline{k})^T(\underline{x}^{\underline{b}} - \underline{x}^{\underline{b}-\underline{e}_i^m}) + \underline{k}^T(\underline{x}^{\underline{b}} - \underline{x}^{\underline{b}-\underline{e}_i^m})$$

$$\text{mit } N(\underline{x}^{\underline{b}-\underline{e}_i^m}) = \max \left\{ N(\underline{x}) : \underline{A}\underline{x} \leq \underline{b} - \underline{e}_i^m, \underline{x} \geq \underline{o}_n \right\}$$

$(i = 1,\ldots,m)$.

Diese Darstellung ist noch insofern unbefriedigend, als

---

1) Siehe S. 4o.
2) Das heißt, wenn das "variable" Produktionsprogramm
   gleich $\underline{o}_n$ ist. Vgl. S. 68.
3) Siehe S. 58.
4) Siehe S. 7o.
5) Vgl. S. 68.

sie lediglich die Abhängigkeit der entscheidungsorientierten Kostenwerte von den Produktionsprogrammen aufzeigt. Von hauptsächlichem Interesse ist jedoch, die entscheidungsorientierten Kostenwerte auf die ihrer Definition zugrundeliegenden Faktorverbräuche zu beziehen. Dies ist möglich, da nach Annahme durch ein realisierbares Produktionsprogramm x der dadurch verursachte variable Faktorverbrauch r_v und durch einen realisierbaren variablen Faktorverbrauch r_v das zugehörige Produktionsprogramm x jeweils eindeutig bestimmt sind.[1]

Da die Transformationsfunktionen A und A' als linear unterstellt sind, folgt hieraus, daß x sich mithilfe der Gleichung $x = A'r_v$ bestimmen läßt, wenn $r_v = Ax$ gilt. Nun kann zwar davon ausgegangen werden, daß die Prozeßmatrix A, die die wesentlichen Informationen über den Transformationsprozeß enthält,[2] bekannt ist,[3] die Matrix A' hingegen muß noch ermittelt werden.

3.2.1 Bestimmung von A'

Ist x ein realisierbares Produktionsprogramm und $r_v = Ax$ der zugehörige variable Faktorverbrauch, so braucht die Matrix A' im Sinne der Inversen zur Matrix A nicht zu existieren.[4] Dennoch läßt sich aus der Gleichung $Ax = r_v$ das Produktionsprogramm x eindeutig bestimmen, wenn $rg(A) = rg(A,r_v)$[5] $= n \leq m$ gilt.[6] Ist dies nachgewiesen, so ist damit auch die Existenz von A' gesichert. Im folgenden wird deshalb zunächst die angeführte Bedingung nachgewiesen; daran anschließend wird dann A' bestimmt.

---

1) Vgl. S. 24.

2) Siehe S. 26.

3) Siehe Kapitel 1.1.2, S. 16ff., und Kapitel 1.1.3, S. 19ff.

4) Hierfür müßte mindestens m = n gelten.

5) $rg(A)$:= Rang von A.

6) Vgl. den 2. Fall auf S. 289f. und Münstermann (1969), S. 1o8.

Ist $rg(\underline{A}) < rg(\underline{A},\underline{r}_v)$, so ist $\underline{r}_v$ nicht als Linearkombination der Spaltenvektoren $\underline{a}_{.1},\ldots,\underline{a}_{.n}$ von $\underline{A}$[1] darstellbar, das heißt:

$$\underline{r}_v \neq \sum_{j=1}^{n} x_j \underline{a}_{.j} \quad \text{für alle } \underline{x} \in R^n \text{ mit } \underline{x}^T = (x_1,\ldots,x_n) \text{ [2]}$$

beziehungsweise $r_{vi} \neq \sum_{j=1}^{n} a_{ij} \cdot x_j$ für $i = 1,\ldots,m$ und

für alle $\underline{x} \in R^n$ mit $\underline{x}^T = (x_1,\ldots,x_n)$, wenn

$\underline{r}_v^T = (r_{v1},\ldots,r_{vm})$ mit r_{vi} als variablem Verbrauch

des Faktors i für $i = 1,\ldots,m$.

Demnach existiert kein $\underline{x} \in R^n$ mit $\underline{r}_v = \underline{A}\underline{x} = \sum_{j=1}^{n} x_j \underline{a}_{.j}$,

also insbesondere auch kein realisierbares Produktionsprogramm $\underline{x}$ mit $\underline{r}_v = \underline{A}\underline{x}$, das heißt, $\underline{r}_v$ stellt keinen realisierbaren variablen Faktorverbrauch dar, wenn $rg(\underline{A}) < rg(\underline{A},\underline{r}_v)$ gilt. Bei der Bestimmung des entscheidungsorientierten Kostenwerts EKW_i des Faktors i sind jedoch nur die optimalen variablen Faktorverbräuche $\underline{b}_{opt} = \underline{A}\underline{x}^b$ und

$(\underline{b} - \underline{e}_i^m)_{opt} = \underline{A}\underline{x}^{b-e_i^m}$ zu berücksichtigen,[3] die sich

somit als Linearkombinationen der Spaltenvektoren von $\underline{A}$ darstellen lassen:

$$\underline{b}_{opt} = \underline{A}\underline{x}^b = \sum_{j=1}^{n} x_j^b \underline{a}_{.j} \quad \text{mit } \underline{x}^{bT} = (x_1^b,\ldots,x_n^b),$$

$$(\underline{b} - \underline{e}_i^m)_{opt} = \underline{A}\underline{x}^{b-e_i^m} = \sum_{j=1}^{n} x_j^{b-e_i^m} \underline{a}_{.j} \quad \text{mit}$$

$$(\underline{x}^{b-e_i^m})^T = (x_1^{b-e_i^m},\ldots,x_n^{b-e_i^m}),$$

so daß sowohl $rg(\underline{A}) = rg(\underline{A},\underline{b}_{opt})$ als auch $rg(\underline{A}) = rg(\underline{A},(\underline{b} - \underline{e}_i^m)_{opt})$ gilt $(i = 1,\ldots,m)$ [4].

---

1) Siehe S. 26.

2) Vgl. Münstermann (1969), S. 1o8f.

3) Vgl. S. 72, S. 58, S. 48 und S. 44.

4) Vgl. Münstermann (1969), S. 1o8.

Da bei der Bestimmung der entscheidungsorientierten Kostenwerte der Faktoren nur realisierbare variable Faktorverbräuche $\underline{r}_v$ zu berücksichtigen sind, kann demnach im folgenden davon ausgegangen werden, daß die Beziehung

$$rg(\underline{A}) = rg(\underline{A},\underline{r}_v)$$

zutrifft.

Ist nun aber $rg(\underline{A}) = rg(\underline{A},\underline{r}_v)$ kleiner als n, etwa gleich n-1,[1] so bedeutet dies, daß sich bei der Durchführung des modifizierten Gaußschen Algorithmus zur Lösung der Gleichung $\underline{r}_v = \underline{Ax}$[2] nach n-1 Schritten die Matrix

$$\left. n-1 \right\{ \left. m-n+1 \right\{ \begin{pmatrix} 1 & \cdots & o & a_{1n}^{(n-1)} & r_{v1}^{(n-1)} \\ \vdots & & \vdots & \vdots & \vdots \\ o & \cdots & 1 & a_{n-1,n}^{(n-1)} & r_{vn-1}^{(n-1)} \\ o & \cdots & o & o & o \\ \vdots & & \vdots & \vdots & \vdots \\ o & \cdots & o & o & o \end{pmatrix} }_{n-1}$$

ergibt. Die Menge $L_{inh}(\underline{A},\underline{r}_v)$ der Lösungen der Gleichung $\underline{r}_v = \underline{Ax}$ läßt sich dann wie folgt darstellen:[3]

$$L_{inh}(\underline{A},\underline{r}_v) = \left\{ \underline{x} \in R^n : \underline{Ax} = \underline{r}_v \right\}$$

$$= \left\{ \begin{pmatrix} r_{v1}^{(n-1)} \\ \vdots \\ r_{vn-1}^{(n-1)} \\ o \end{pmatrix} + l \begin{pmatrix} -a_{1n}^{(n-1)} \\ \vdots \\ -a_{n-1,n}^{(n-1)} \\ 1 \end{pmatrix} : l \in R \right\}$$

$$= \left\{ \begin{pmatrix} r_{v1}^{(n-1)} - l \cdot a_{1n}^{(n-1)} \\ \vdots \\ r_{vn-1}^{(n-1)} - l \cdot a_{n-1,n}^{(n-1)} \\ 1 \end{pmatrix} : l \in R \right\} .$$

---

1) Der Fall, daß $rg(\underline{A})$ sogar kleiner als n-1 ist, läßt sich entsprechend behandeln.

2) Siehe S. 288ff.

3) Wegen $rg(\underline{A}) = rg(\underline{A},\underline{r}_v) = n-1$ trifft der 2. Fall auf S. 289f. zu mit k = n-1.

Sei $\underline{x}$ ein realisierbares Produktionsprogramm mit $\underline{A}\underline{x} = \underline{r}_v$.[1] Dann folgt wegen $\underline{x} \in L_{inh}(\underline{A},\underline{r}_v)$:

$$\underline{x} = \begin{pmatrix} x_1 \\ \vdots \\ x_{n-1} \\ x_n \end{pmatrix} = \begin{pmatrix} r_{v1}^{(n-1)} - 1 \cdot a_{1n}^{(n-1)} \\ \vdots \\ r_{vn-1}^{(n-1)} - 1 \cdot a_{n-1,n}^{(n-1)} \\ 1 \end{pmatrix} \quad \text{mit } 1 \geq o,$$

also:

(i) $x_j = r_{vj}^{(n-1)} - a_{jn}^{(n-1)} \cdot x_n$ für $j = 1,\ldots,n-1$

   mit $x_n \geq o$.

Entsprechend gilt für die Matrix $\underline{A}$, daß der Spaltenvektor $\underline{a}_{.n}$ eine Linearkombination der $n-1$ Spaltenvektoren $\underline{a}_{.1},\ldots,\underline{a}_{.n-1}$ von $\underline{A}$ ist:

$$\begin{pmatrix} a_{1n} \\ \vdots \\ a_{mn} \end{pmatrix} = \underline{a}_{.n} = \sum_{j=1}^{n-1} t_j \begin{pmatrix} a_{1j} \\ \vdots \\ a_{mj} \end{pmatrix} \quad \text{mit } t_j := a_{jn}^{(n-1)} \quad \text{für } j = 1,\ldots,n-1.[2]$$

Daraus ergibt sich für den variablen Faktorverbrauch $\underline{r}_v$:

$$\begin{pmatrix} r_{v1} \\ \vdots \\ r_{vm} \end{pmatrix} = \underline{r}_v = \underline{A}\underline{x} = \sum_{j=1}^{n} x_j \underline{a}_{.j} = \sum_{j=1}^{n-1} x_j \underline{a}_{.j} + x_n \underline{a}_{.n}$$

$$= \sum_{j=1}^{n-1} x_j \underline{a}_{.j} + x_n \sum_{j=1}^{n-1} t_j \underline{a}_{.j} = \sum_{j=1}^{n-1} (x_j + x_n \cdot t_j) \underline{a}_{.j}$$

$$= \sum_{j=1}^{n-1} (x_j + x_n \cdot a_{jn}^{(n-1)}) \underline{a}_{.j}$$

$$= \sum_{j=1}^{n-1} (x_j + x_n \cdot a_{jn}^{(n-1)}) \begin{pmatrix} a_{1j} \\ \vdots \\ a_{mj} \end{pmatrix}, \quad \text{also:}$$

$$r_{vi} = \sum_{j=1}^{n-1} (x_j + x_n \cdot a_{jn}^{(n-1)}) \cdot a_{ij} \quad \text{für } i = 1,\ldots,m \text{ und we-}$$

---

1) Nach Voraussetzung existiert mindestens ein $\underline{x} \geq \underline{o}_n$ mit $\underline{A}\underline{x} = \underline{r}_v \leq \underline{b}$.

2) Dies folgt unmittelbar aus der Gestalt der Matrix auf S. 75.

gen (i)[1]:

$$(\text{ii}) \quad r_{vi} = \sum_{j=1}^{n-1} \left(r_{vj}^{(n-1)} - a_{jn}^{(n-1)} \cdot x_n + x_n \cdot a_{jn}^{(n-1)} \right) \cdot a_{ij}$$

$$= \sum_{j=1}^{n-1} a_{ij} \cdot r_{vj}^{(n-1)} \quad \text{ist unabhängig von } x_n,$$

das heißt von der Herstellmenge des Produktes n
für i = 1,...,m.

Insgesamt ergibt sich somit wegen (i) und (ii): Die Herstellmengen $x_1,...,x_{n-1}$ der ersten n-1 Produkte hängen ab von der Herstellmenge x_n des Produktes n; der zugehörige variable Faktorverbrauch $\underline{r}_v = \underline{A}\underline{x}$ ist jedoch unabhängig von der Herstellmenge x_n des Produktes n. Das Produkt n kann demnach nur ein "Zwischenprodukt" sein, das zur Herstellung von mindestens einem der Produkte 1, ...,n-1 benötigt wird. Dies ist jedoch ein Widerspruch dazu, daß als Produkte nur solche Güter zugelassen sind, die unmittelbar vom Absatzmarkt der Unternehmung aufgenommen werden[2] und an denen die Nutzenfunktion des Unternehmers unmittelbar anknüpft.

Damit ist folglich die Gültigkeit der Bedingung $rg(\underline{A}) = rg(\underline{A},\underline{r}_v) = n$ für realisierbare Faktorverbräuche $\underline{r}_v$ nachgewiesen.[3]

---

1) Siehe S. 76.

2) Vgl. S. 16.

3) Da für (m,n)-Matrizen $\underline{A}$ allgemein $rg(\underline{A}) \leq \min\{m,n\}$ gilt, vgl. Münstermann (1969), S. 1o6, folgt hieraus, daß m nicht kleiner als n sein kann. Zu den Faktorarten werden nun aber auch solche gezählt, die "zum Zwecke der Leistungsverwertung", Heinen (197o), S. 119, also des Absatzes, eingesetzt werden. Vgl. auch S. 21. Da mithin maximale Absatzmengen von Produkten als Beschränkungen der Verfügbarkeit der zugehörigen Faktoren aufgefaßt werden, vgl. S. 22, Fußnote 3, ist die Bedingung, daß $m \geq n$ gilt, wegen der quantitativen Beschränktheit des Absatzmarktes, die insbesondere wegen der Kürze der in dieser Arbeit unterstellten Planungsperiode zutrifft, vgl. auch S. 15, durchaus realistisch.

Zu ermitteln bleibt die Matrix $\underline{A}'$, mit deren Hilfe das zu einem realisierbaren variablen Faktorverbrauch $\underline{r}_v$ gehörige und wegen $rg(\underline{A}) = rg(\underline{A},\underline{r}_v) = n \leq m$ eindeutig bestimmte Produktionsprogramm $\underline{x}$ dargestellt werden kann mittels der Gleichung $\underline{x} = \underline{A}'\underline{r}_v$.

Dazu wird zunächst allgemein gezeigt:

$\underline{A}$ sei eine (m,n)-Matrix. Es sei $\underline{A}(R^n) := \{\underline{A}\underline{x} : \underline{x}\epsilon R^n\}$[1] und $A'(\underline{y}) := \underline{x}$ für alle $\underline{y}\epsilon \underline{A}(R^n)$ mit $\underline{y} = \underline{A}\underline{x}$[2]. Ist $rg(\underline{A}) = n$, so gilt:

(1) $\underline{A}^T\underline{A}$ ist invertierbar.

(2) Die Funktion A' ist durch $\underline{A}$ auf $\underline{A}(R^n)$ eindeutig

bestimmt, und es gilt: $A'(\underline{y}) = (\underline{A}^T\underline{A})^{-1}\underline{A}^T\underline{y}$ für alle

$\underline{y}\epsilon \underline{A}(R^n)$.[3]

<u>Beweis:</u>
<u>Zu (1):</u>

$\underline{A}$ ist eine (m,n)-Matrix, die Elemente aus R^n in Elemente aus R^m abbildet. $\underline{A}^T$ ist eine (n,m)-Matrix, die Elemente aus R^m in solche aus R^n abbildet. Kurz: $\underline{A} : R^n \longrightarrow R^m$ und $\underline{A}^T : R^m \longrightarrow R^n$. Demnach ist $\underline{A}^T\underline{A}$ eine (n,n)-Matrix mit $\underline{A}^T\underline{A} : R^n \longrightarrow R^n$. Weiter gilt: $rg(\underline{A}^T) = rg(\underline{A}) = n$, also: $\underline{A}^T(R^m) := \{\underline{A}^T\underline{y} : \underline{y}\epsilon R^m\} = R^n$. Zu zeigen bleibt, daß $rg(\underline{A}^T\underline{A})$ gleich n ist,[4] daß also gilt: Für ein beliebiges $\underline{x}\epsilon R^n$ gibt es genau ein $\underline{z}\epsilon R^n$ mit $\underline{A}^T\underline{A}\underline{z} = \underline{x}$.[5] Diese Aussage soll in vier Schritten bewiesen werden.

---

1) $\underline{A}(R^n)$ ist somit Teilmenge des R^m.

2) Die Funktion A' ist also nur für $\underline{y}\epsilon \underline{A}(R^n)$ definiert.

3) Vgl. hierzu auch den Ansatz mithilfe der verallgemeinerten Inversen einer Matrix, die hier nicht benötigt wird, bei Ijiri (1965), S. 146ff. und insbesondere S. 165, Formel 13. Der nachfolgende Beweis entspricht im wesentlichen den allgemeineren Ausführungen bei Ijiri, führt jedoch unmittelbarer zu den nachzuweisenden Aussagen.

4) Vgl. Münstermann (1969), S. 11o.

5) Vgl. Münstermann (1969), S. 1o8.

a) $\underline{A}(R^n) \cap L_{hom}(\underline{A}^T)$ [1] $= \{\underline{o}_m\}$: [2]

$\underline{y} \in \underline{A}(R^n)$ bedeutet: $\underline{y} = \underline{A}\underline{x}$ mit $\underline{x} \in R^n$; $\underline{y} \in L_{hom}(\underline{A}^T)$ bedeutet: $\underline{A}^T\underline{y} = \underline{o}_n$. Ist also $\underline{y} \in \underline{A}(R^n) \cap L_{hom}(\underline{A}^T)$, so folgt: $\underline{y}^T\underline{y} = \underline{x}^T\underline{A}^T\underline{y} = \underline{x}^T\underline{o}_n = o$, also $\underline{y} = \underline{o}_m$. Umgekehrt ist $\underline{o}_m$ Element sowohl von $\underline{A}(R^n)$ als auch von $L_{hom}(\underline{A}^T)$.

b) Ist $\underline{y} \in R^m$, so gilt: $\underline{y} = \underline{y}_1 + \underline{y}_2$ mit $\underline{y}_1 \in \underline{A}(R^n)$ und $\underline{y}_2 \in L_{hom}(\underline{A}^T)$:

Da $rg(\underline{A})$ gleich n ist, enthält $\underline{A}(R^n)$ n linear unabhängige Vektoren $\underline{y}^1, \ldots, \underline{y}^n$, die eine Basis von $\underline{A}(R^n)$ bilden[3]. Wegen $rg(\underline{A}^T) = n$ enthält $L_{hom}(\underline{A}^T)$ m-n linear unabhängige Vektoren $\underline{y}^{n+1}, \ldots, \underline{y}^m$, die eine Basis von $L_{hom}(\underline{A}^T)$ bilden.[4] Gilt nun, daß $\underline{y}^1, \ldots, \underline{y}^m$ linear unabhängig und damit eine Basis von R^m sind, so ist Aussage b) bewiesen.

Sei also $\sum\limits_{i=1}^{m} l_i \underline{y}^i = \underline{o}_m$. Dann folgt:

---

1) Zur Definition von $L_{hom}(\underline{A}^T)$ siehe S. 288.

2) Sind M_1 und M_2 zwei Mengen, so ist $M_1 \cap M_2 :=$ $\{a : a \in M_1$ und $a \in M_2\}$ die Menge der Elemente von M_1 und M_2, die in beiden Mengen enthalten sind.

3) Etwa $\underline{y}^j := \underline{A}\underline{e}_j^n = \underline{a}_{\cdot j}$ für $j = 1, \ldots, n$. Wegen $rg(\underline{A}) = n$ sind $\underline{a}_{\cdot 1}, \ldots \underline{a}_{\cdot n}$ linear unabhängig. Daß $\underline{a}_{\cdot 1}, \ldots, \underline{a}_{\cdot n}$ Basis von $\underline{A}(R^m)$ sind, ergibt sich wie folgt: Sei $\underline{y} \in \underline{A}(R^m)$. Dann gilt: $\underline{y} = \underline{A}\underline{x}$ mit $\underline{x} = \sum\limits_{j=1}^{n} x_j \underline{e}_j^n \in R^n$, also: $\underline{y} = \sum\limits_{j=1}^{n} x_j \underline{A}\underline{e}_j^n = \sum\limits_{j=1}^{n} x_j \underline{a}_{\cdot j}$. Jedes $\underline{y} \in \underline{A}(R^m)$ läßt sich somit als Linearkombination von $\underline{a}_{\cdot 1}, \ldots, \underline{a}_{\cdot n}$ darstellen. Zum Begriff der Basis vgl. Sperner (1961), insbesondere S. 39.

4) Vgl. Peschl (1961), S. 46, Satz 32, in Verbindung mit Peschl (1961), S. 19, Satz 7.

$$\underline{o}_m = \sum_{i=1}^{n} l_i \underline{y}^i + \sum_{i=n+1}^{m} l_i \underline{y}^i \quad \text{oder} \quad \sum_{i=1}^{n} l_i \underline{y}^i = -\sum_{i=n+1}^{m} l_i \underline{y}^i$$

$\in L_{hom}(\underline{A}^T)$. Damit gilt: $\sum_{i=1}^{n} l_i \underline{y}^i \in \underline{A}(R^n) \cap L_{hom}(\underline{A}^T)$, al-

so wegen a): $\sum_{i=1}^{n} l_i \underline{y}^i = \underline{o}_m$ und $l_1 = \ldots = l_n = o$, da

$\underline{y}^1, \ldots, \underline{y}^n$ linear unabhängig sind.[1]

Analog gilt:

$$\sum_{i=n+1}^{m} l_i \underline{y}^i = -\sum_{i=1}^{n} l_i \underline{y}^i \in \underline{A}(R^n) \cap L_{hom}(\underline{A}^T), \quad \sum_{i=n+1}^{m} l_i \underline{y}^i =$$

$\underline{o}_m$ und $l_{n+1} = \ldots = l_m = o$, da $\underline{y}^{n+1}, \ldots, \underline{y}^m$ linear unabhängig sind.

Aus $\sum_{i=1}^{m} l_i \underline{y}^i = \underline{o}_m$ folgt somit notwendig: $l_1 = \ldots =$

$l_m = o$, also sind $\underline{y}^1, \ldots, \underline{y}^m$ linear unabhängig.

c) Für ein beliebiges $\underline{x} \in R^n$ gibt es ein $\underline{z} \in R^n$ mit

$\underline{A}^T \underline{A} \underline{z} = \underline{x}$:

Sei $\underline{x} \in R^n$ beliebig. Da $rg(\underline{A}^T)$ gleich n ist, gibt es
ein $\underline{y} \in R^m$ mit $\underline{A}^T \underline{y} = \underline{x}$.[2] Wegen b) gilt: $\underline{y} = \underline{y}_1 + \underline{y}_2$
mit $\underline{y}_1 \in \underline{A}(R^n)$ und $\underline{y}_2 \in L_{hom}(\underline{A}^T)$. Da $\underline{y}_1 \in \underline{A}(R^n)$, gibt es
ein $\underline{z} \in R^n$ mit $\underline{y}_1 = \underline{A} \underline{z}$. Damit folgt:

$\underline{x} = \underline{A}^T \underline{y} = \underline{A}^T (\underline{y}_1 + \underline{y}_2) = \underline{A}^T \underline{y}_1 + \underline{A}^T \underline{y}_2 = \underline{A}^T \underline{y}_1 + \underline{o}_n$[3]

$\quad = \underline{A}^T \underline{A} \underline{z}$.

d) Für ein beliebiges $\underline{x} \in R^n$ gibt es genau ein $\underline{z} \in R^n$ mit

$\underline{A}^T \underline{A} \underline{z} = \underline{x}$:

Wegen c) gibt es mindestens ein $\underline{z} \in R^n$ zu einem belie-
bigen $\underline{x} \in R^n$ mit $\underline{A}^T \underline{A} \underline{z} = \underline{x}$. Sei nun $\underline{A}^T \underline{A} \underline{z}_1 = \underline{A}^T \underline{A} \underline{z}_2 = \underline{x}$,
dann folgt der Reihe nach:

---

1) Vgl. Peschl (1961), S. 15.

2) $\underline{A}^T$ hat wegen $rg(\underline{A}^T) = n$ n linear unabhängige Zeilenvektoren. Demnach hat auch die Matrix $(\underline{A}^T, \underline{x})$ n linear
unabhängige Zeilenvektoren. Es gilt folglich:
$rg(\underline{A}^T) = rg(\underline{A}^T, \underline{x})$, und somit hat die Gleichung $\underline{A}^T \underline{y} = \underline{x}$
eine Lösung. Vgl. Münstermann (1969), S. 1o8.

3) Da $\underline{y}_2 \in L_{hom}(\underline{A}^T)$.

$$\underline{A}^T\underline{A}(\underline{z}_1 - \underline{z}_2) = \underline{o}_n, \quad \underline{A}(\underline{z}_1 - \underline{z}_2) \in L_{hom}(\underline{A}^T) \cap \underline{A}(R^n), \text{ wegen}$$

a) $\underline{A}(\underline{z}_1 - \underline{z}_2) = \underline{o}_m$, $\underline{z}_1 - \underline{z}_2 \in L_{hom}(\underline{A})$, $\underline{z}_1 - \underline{z}_2 = \underline{o}_n$, da $rg(\underline{A}) = n$, und somit $\underline{z}_1 = \underline{z}_2$.

<u>Zu (2)</u>:

Der Beweis wird in drei Schritten durchgeführt.

a) Für alle $\underline{x} \in R^n$ gilt: $A'(\underline{A}\underline{x}) = \underline{x}$:

Sei $\underline{x} \in R^n$ beliebig, $\underline{y} := \underline{A}\underline{x}$, dann gilt nach Definition von A': $A'(\underline{A}\underline{x}) = A'(\underline{y}) = \underline{x}$.

b) A' ist durch $\underline{A}$ auf $\underline{A}(R^n)$ eindeutig bestimmt:

Sei also $A'(\underline{A}\underline{x}) = \underline{x}$ und $A''(\underline{A}\underline{x}) = \underline{x}$ für alle $\underline{x} \in R^n$, dann folgt:
$A'(\underline{A}\underline{x}) = A''(\underline{A}\underline{x})$ für alle $\underline{x} \in R^n$ oder $A'(\underline{A}\underline{x}) - A''(\underline{A}\underline{x})$
$= \underline{o}_n$ für alle $\underline{x} \in R^n$, also: $A'(\underline{y}) - A''(\underline{y}) = \underline{o}_n$ für
alle $\underline{y} \in \underline{A}(R^n)$ oder $A'(\underline{y}) = A''(\underline{y})$ für alle $\underline{y} \in \underline{A}(R^n)$.

c) $A'(\underline{y}) = (\underline{A}^T\underline{A})^{-1}\underline{A}^T\underline{y}$ für alle $\underline{y} \in \underline{A}(R^n)$:

Sei $\underline{y} = \underline{A}\underline{x} \in \underline{A}(R^n)$ beliebig. Dann folgt wegen $A'(\underline{y})=\underline{x}$:
$$(\underline{A}^T\underline{A})^{-1}\underline{A}^T\underline{y} = (\underline{A}^T\underline{A})^{-1}\underline{A}^T\underline{A}\underline{x} = \underline{E}_n\underline{x}^{1)} = \underline{x} = A'(\underline{y}).$$

3.2.2 Darstellung der entscheidungsorientierten Kostenwerte in ihrer Abhängigkeit von den Faktoren

Damit ist es nun möglich, die entscheidungsorientierten Kostenwerte der Faktoren in Abhängigkeit von den jeweiligen Faktorverbräuchen darzustellen:

(1)   Ist $N(\underline{x}^{\underline{b}}) = \max\left\{ N(\underline{x}) : \underline{A}\underline{x} \le \underline{b},\ \underline{x} \ge \underline{o}_n \right\}$,

$N(\underline{x}^{\underline{b}-\underline{e}_i^m}) = \max\left\{ N(\underline{x}) : \underline{A}\underline{x} \le \underline{b} - \underline{e}_i^m,\ \underline{x} \ge \underline{o}_n \right\}$ und

sind $\underline{b}_{opt} = \underline{A}\underline{x}^{\underline{b}}$ und $(\underline{b} - \underline{e}_i^m)_{opt} = \underline{A}\underline{x}^{\underline{b}-\underline{e}_i^m}$ die zugehörigen optimalen variablen Faktorverbräuche, so gilt:

---

1) $\underline{E}_n$ ist die (n,n)-Einheitsmatrix. Vgl. S. 288.

$$EKW_i = (\underline{e} - \underline{k})^T(\underline{x}^{\underline{b}} - \underline{x}^{\underline{b}-\underline{e}_i^m}) + \underline{k}^T(\underline{x}^{\underline{b}} - \underline{x}^{\underline{b}-\underline{e}_i^m})\ \ [1]$$

$$= (\underline{e} - \underline{k})^T(\underline{A}'\underline{b}_{opt} - \underline{A}'(\underline{b} - \underline{e}_i^m)_{opt}) +$$

$$\underline{k}^T(\underline{A}'\underline{b}_{opt} - \underline{A}'(\underline{b} - \underline{e}_i^m)_{opt})$$

$$= (\underline{e} - \underline{k})^T\underline{A}'(\underline{b}_{opt} - (\underline{b} - \underline{e}_i^m)_{opt}) +$$

$$\underline{k}^T\underline{A}'(\underline{b}_{opt} - (\underline{b} - \underline{e}_i^m)_{opt})$$

mit $\underline{A}' = (\underline{A}^T\underline{A})^{-1}\underline{A}^T$, $\underline{A}'\underline{b}_{opt} = \underline{x}^{\underline{b}}$ und $\underline{A}'(\underline{b} - \underline{e}_i^m)_{opt} =$
$\underline{x}^{\underline{b}-\underline{e}_i^m}$ für $i = 1,\ldots,m$. [2]

$(\underline{e} - \underline{k})^T\underline{A}'(\underline{b}_{opt} - (\underline{b} - \underline{e}_i^m)_{opt})$ wird im folgenden auch als Grenznutzen des Faktors i, $\underline{k}^T\underline{A}'(\underline{b}_{opt} - (\underline{b} - \underline{e}_i^m)_{opt})$ auch als Beschaffungsgrenznutzen des Faktors i bezeichnet für $i = 1,\ldots,m$.

Zur Darstellung des entscheidungsorientierten Kostenwertes EKW_i eines Faktors i in Abhängigkeit von den Faktorverbräuchen ist also wie folgt vorzugehen:

1. Vorab wird $\underline{A}' = (\underline{A}^T\underline{A})^{-1}\underline{A}^T$ berechnet.

2. Es sind die optimalen Produktionsprogramme $\underline{x}^{\underline{b}}$ und $\underline{x}^{\underline{b}-\underline{e}_i^m}$ zu bestimmen.

3. Daraus sind die zugehörigen optimalen variablen Faktorverbräuche $\underline{b}_{opt} = \underline{A}\underline{x}^{\underline{b}}$ und $(\underline{b} - \underline{e}_i^m)_{opt} = \underline{A}\underline{x}^{\underline{b}-\underline{e}_i^m}$ zu ermitteln.

4. Der entscheidungsorientierte Kostenwert EKW_i ergibt sich dann als Summe aus dem Grenznutzen
$(\underline{e} - \underline{k})^T\underline{A}'(\underline{b}_{opt} - (\underline{b} - \underline{e}_i^m)_{opt}) = N'(\underline{b}_{opt}) -$
$N'((\underline{b} - \underline{e}_i^m)_{opt})$ [3] $= N_v'(\underline{b}_{opt}) - N_v'((\underline{b} - \underline{e}_i^m)_{opt})$ [4]

---

1) Siehe S. 72.

2) Da $rg(\underline{A})$ gleich n ist, siehe S. 77, sind die Aussagen (1) und (2) von S. 78 anwendbar. Für realisierbare variable Faktorverbräuche kann demnach die Funktion A' durch die Matrix $\underline{A}' = (\underline{A}^T\underline{A})^{-1}\underline{A}^T$ ersetzt werden: Ist $\underline{r}_v = \underline{A}\underline{x}$, so gilt: $\underline{A}'\underline{r}_v = A'(\underline{r}_v)$.

3) Zur Definition von N' siehe S. 42f.

und dem Beschaffungsgrenznutzen

$$\underline{k}^T \underline{A}'(\underline{b}_{opt} - (\underline{b} - \underline{e}_i{}^m)_{opt}) = K'(\underline{b}_{opt}) -$$

$$K'((\underline{b} - \underline{e}_i{}^m)_{opt})^{1)} = K_v'(\underline{b}_{opt}) - K_v'((\underline{b} - \underline{e}_i{}^m)_{opt})^{2)}.$$

Diese Vorgehensweise soll an dem folgenden Beispiel verdeutlicht werden:[3]
Es sei n = 2, m = 3, $N(\underline{x}) = (\underline{e} - \underline{k})^T \underline{x} + E_f - K_f$ mit $\underline{e}^T$ = (1ooo , 3ooo), $\underline{k}^T$ = (7oo , 25oo), E_f = o und K_f =

$$36ooo,\quad \underline{A} = \begin{vmatrix} 1 & 2 \\ 1 & 1 \\ o & 3 \end{vmatrix} \quad \text{und} \quad \underline{b} = \begin{vmatrix} 17o \\ 15o \\ 18o \end{vmatrix}.$$

1. Bestimmung von $\underline{A}' = (\underline{A}^T \underline{A})^{-1} \underline{A}^T$:

$$\underline{A}^T \underline{A} = \begin{vmatrix} 1 & 1 & o \\ 2 & 1 & 3 \end{vmatrix} \begin{vmatrix} 1 & 2 \\ 1 & 1 \\ o & 3 \end{vmatrix} = \begin{vmatrix} 2 & 3 \\ 3 & 14 \end{vmatrix}$$

Fortsetzung der Fußnoten der vorherigen Seite!

4) Da $N(\underline{x}) = N_v(\underline{x}) + N_f$, siehe S. 68, gilt: $N(\underline{x}^{\underline{b}}) -$

$N(\underline{x}^{\underline{b}-\underline{e}_i{}^m}) = N_v(\underline{x}^{\underline{b}}) - N_v(\underline{x}^{\underline{b}-\underline{e}_i{}^m})$, also $N'(\underline{b}_{opt}) -$

$N'((\underline{b} - \underline{e}_i{}^m)_{opt}) = N_v'(\underline{b}_{opt}) - N_v'((\underline{b} - \underline{e}_i{}^m)_{opt})$ mit

zum Beispiel $N_v'(\underline{b}_{opt}) := N_v(\underline{A}'\underline{b}_{opt})$. Vgl. auch S. 42f.

1) Zur Definition von K' siehe S. 43.

2) Da $K(\underline{x}) = K_v(\underline{x}) + K_f$, siehe S. 67, gilt: $K(\underline{x}^{\underline{b}}) -$

$K(\underline{x}^{\underline{b}-\underline{e}_i{}^m}) = K_v(\underline{x}^{\underline{b}}) - K_v(\underline{x}^{\underline{b}-\underline{e}_i{}^m})$, also $K'(\underline{b}_{opt}) -$

$K'((\underline{b} - \underline{e}_i{}^m)_{opt}) = K_v'(\underline{b}_{opt}) - K_v'((\underline{b} - \underline{e}_i{}^m)_{opt})$ mit

zum Beispiel $K_v'(\underline{b}_{opt}) := K_v(\underline{A}'\underline{b}_{opt})$. Vgl. auch S. 43.

3) Vgl. S. 46.

$$(\underline{A}^T\underline{A})^{-1} = \begin{pmatrix} \frac{14}{19} & -\frac{3}{19} \\ -\frac{3}{19} & \frac{2}{19} \end{pmatrix}{}^{1)}$$

$$\underline{A}' = \begin{pmatrix} \frac{14}{19} & -\frac{3}{19} \\ -\frac{3}{19} & \frac{2}{19} \end{pmatrix} \begin{pmatrix} 1 & 1 & 0 \\ 2 & 1 & 3 \end{pmatrix} = \begin{pmatrix} \frac{8}{19} & \frac{11}{19} & -\frac{9}{19} \\ \frac{1}{19} & -\frac{1}{19} & \frac{6}{19} \end{pmatrix}$$

2. Bestimmung von $\underline{x}^{\underline{b}}$ und $\underline{x}^{\underline{b}-\underline{e}_i^3}$ für i = 1,2,3:

Zu lösen sind die Linearen Programme:

Maximiere $300x_1 + 500x_2 - 36000$ unter den Nebenbedingungen:

$x_1 + 2x_2 \leq 170$ (169 , 170 , 170)[2]

$x_1 + x_2 \leq 150$ (150 , 149 , 150)

$\phantom{x_1 + {}} 3x_2 \leq 180$ (180 , 180 , 179)

$x_1, x_2 \geq 0$

Mithilfe der Simplex-Methode[3] ergibt sich:

o	o	o	-300	-500	-36000	-36000	-36000	-36000
1	o	o	1	2	170	169	170	170
o	1	o	1	1	150	150	149	150
o	o	1	o	3	180	180	180	179
o	300	o	o	-200	9000	9000	8700	9000
1	-1	o	o	1	20	19	21	20
o	1	o	1	1	150	150	149	150
o	o	1	o	3	180	180	180	179
200	100	o	o	o	13000	12800	12900	13000
1	-1	o	o	1	20	19	21	20
-1	2	o	1	o	130	131	128	130
-3	3	1	o	o	120	123	117	119

und somit:

$$\underline{x}^{\underline{b}} = \begin{vmatrix} 130 \\ 20 \end{vmatrix}, \quad \underline{x}^{\underline{b}-\underline{e}_1^3} = \begin{vmatrix} 131 \\ 19 \end{vmatrix}, \quad \underline{x}^{\underline{b}-\underline{e}_2^3} = \begin{vmatrix} 128 \\ 21 \end{vmatrix} \quad \text{und}$$

---

1) Mithilfe des modifizierten Gaußschen Algorithmus zur Bestimmung der Inversen einer Matrix ergibt sich aus

$$\begin{array}{cc|cc} 2 & 3 & 1 & o \\ 3 & 14 & o & 1 \end{array} \rightarrow \begin{array}{cc|cc} 1 & \frac{3}{2} & \frac{1}{2} & o \\ o & \frac{19}{2} & -\frac{3}{2} & 1 \end{array} \rightarrow \begin{array}{cc|cc} 1 & o & \frac{14}{19} & -\frac{3}{19} \\ o & 1 & -\frac{3}{19} & \frac{2}{19} \end{array}$$

$$(\underline{A}^T\underline{A})^{-1} = \begin{pmatrix} \frac{14}{19} & -\frac{3}{19} \\ -\frac{3}{19} & \frac{2}{19} \end{pmatrix}.$$ Vgl. hierzu Münstermann (1969), S. 109ff.

2) Die ersten Zahlen gehören zur Bestimmung von $\underline{x}^{\underline{b}}$, die zweiten zu der von $\underline{x}^{\underline{b}-\underline{e}_1^3}$ usw.

$$\underline{x}^{\underline{b}-\underline{e}_3{}^3} = \begin{vmatrix} 130 \\ 20 \end{vmatrix} = \underline{x}^{\underline{b}}.$$

3. Bestimmung von $\underline{b}_{opt}$ und $(\underline{b} - \underline{e}_i{}^m)_{opt}$ für $i = 1,2,3$:

$$\underline{b}_{opt} = \underline{A}\underline{x}^{\underline{b}} = \begin{vmatrix} 1 & 2 \\ 1 & 1 \\ o & 3 \end{vmatrix} \begin{vmatrix} 130 \\ 20 \end{vmatrix} = \begin{vmatrix} 170 \\ 150 \\ 60 \end{vmatrix}$$

$$(\underline{b} - \underline{e}_1{}^3)_{opt} = \underline{A}\underline{x}^{\underline{b}-\underline{e}_1{}^3} = \begin{vmatrix} 1 & 2 \\ 1 & 1 \\ o & 3 \end{vmatrix} \begin{vmatrix} 131 \\ 19 \end{vmatrix} = \begin{vmatrix} 169 \\ 150 \\ 57 \end{vmatrix}$$

$$(\underline{b} - \underline{e}_2{}^3)_{opt} = \underline{A}\underline{x}^{\underline{b}-\underline{e}_2{}^3} = \begin{vmatrix} 1 & 2 \\ 1 & 1 \\ o & 3 \end{vmatrix} \begin{vmatrix} 128 \\ 21 \end{vmatrix} = \begin{vmatrix} 170 \\ 149 \\ 63 \end{vmatrix}$$

$$(\underline{b} - \underline{e}_3{}^3)_{opt} = \underline{A}\underline{x}^{\underline{b}-\underline{e}_3{}^3} = \begin{vmatrix} 1 & 2 \\ 1 & 1 \\ o & 3 \end{vmatrix} \begin{vmatrix} 130 \\ 20 \end{vmatrix} = \begin{vmatrix} 170 \\ 150 \\ 60 \end{vmatrix} = \underline{b}_{opt}$$

4. Bestimmung von EKW_i für $i = 1,2,3$:

Es ergibt sich der Reihe nach:

$$\underline{b}_{opt} - (\underline{b} - \underline{e}_1{}^3)_{opt} = \begin{vmatrix} 170 \\ 150 \\ 60 \end{vmatrix} - \begin{vmatrix} 169 \\ 150 \\ 57 \end{vmatrix} = \begin{vmatrix} 1 \\ 0 \\ 3 \end{vmatrix}$$

$$\underline{b}_{opt} - (\underline{b} - \underline{e}_2{}^3)_{opt} = \begin{vmatrix} 170 \\ 150 \\ 60 \end{vmatrix} - \begin{vmatrix} 170 \\ 149 \\ 63 \end{vmatrix} = \begin{vmatrix} 0 \\ 1 \\ -3 \end{vmatrix}$$

$$\underline{b}_{opt} - (\underline{b} - \underline{e}_3{}^3)_{opt} = \underline{b}_{opt} - \underline{b}_{opt} = \begin{vmatrix} o \\ o \\ o \end{vmatrix}$$

$$\underline{A}'(\underline{b}_{opt} - (\underline{b} - \underline{e}_1{}^3)_{opt}) = \begin{vmatrix} \frac{8}{19} & \frac{11}{19} & -\frac{9}{19} \\ \frac{1}{19} & -\frac{1}{19} & \frac{6}{19} \end{vmatrix} \begin{vmatrix} 1 \\ 0 \\ 3 \end{vmatrix} = \begin{vmatrix} -1 \\ 1 \end{vmatrix}$$

$$\underline{A}'(\underline{b}_{opt} - (\underline{b} - \underline{e}_2{}^3)_{opt}) = \begin{vmatrix} \frac{8}{19} & \frac{11}{19} & -\frac{9}{19} \\ \frac{1}{19} & -\frac{1}{19} & \frac{6}{19} \end{vmatrix} \begin{vmatrix} 0 \\ 1 \\ -3 \end{vmatrix} = \begin{vmatrix} 2 \\ -1 \end{vmatrix}$$

$$\underline{A}'(\underline{b}_{opt} - (\underline{b} - \underline{e}_3{}^3)_{opt}) = \underline{A}'\underline{o}_3 = \begin{vmatrix} o \\ o \end{vmatrix}$$

$$(\underline{e} - \underline{k})^T\underline{A}'(\underline{b}_{opt} - (\underline{b} - \underline{e}_1{}^3)_{opt}) = (300 , 500)\begin{vmatrix} -1 \\ 1 \end{vmatrix} = 200$$

$$(\underline{e} - \underline{k})^T\underline{A}'(\underline{b}_{opt} - (\underline{b} - \underline{e}_2{}^3)_{opt}) = (300 , 500)\begin{vmatrix} 2 \\ -1 \end{vmatrix} = 100$$

$$(\underline{e} - \underline{k})^T\underline{A}'(\underline{b}_{opt} - (\underline{b} - \underline{e}_3{}^3)_{opt}) = (300 , 500)\begin{vmatrix} o \\ o \end{vmatrix} = o$$

Fortsetzung der Fußnoten der vorherigen Seite!

3) Siehe S. 291ff.

$$\underline{k}^T\underline{A}'(\underline{b}_{opt} - (\underline{b} - \underline{e}_1{}^3)_{opt}) = (7oo\ ,\ 25oo)\begin{vmatrix} -1 \\ 1 \end{vmatrix} = 18oo$$

$$\underline{k}^T\underline{A}'(\underline{b}_{opt} - (\underline{b} - \underline{e}_2{}^3)_{opt}) = (7oo\ ,\ 25oo)\begin{vmatrix} 2 \\ -1 \end{vmatrix} = -11oo$$

$$\underline{k}^T\underline{A}'(\underline{b}_{opt} - (\underline{b} - \underline{e}_3{}^3)_{opt}) = (7oo\ ,\ 25oo)\begin{vmatrix} 0 \\ 0 \end{vmatrix} = \quad o$$

$$\underline{\underline{EKW_1}} = (\underline{e} - \underline{k})^T\underline{A}'(\underline{b}_{opt} - (\underline{b} - \underline{e}_1{}^3)_{opt}) +$$
$$\underline{k}^T\underline{A}'(\underline{b}_{opt} - (\underline{b} - \underline{e}_1{}^3)_{opt})$$
$$= 2oo + 18oo = \underline{\underline{2ooo}}$$

$$\underline{\underline{EKW_2}} = (\underline{e} - \underline{k})^T\underline{A}'(\underline{b}_{opt} - (\underline{b} - \underline{e}_2{}^3)_{opt}) +$$
$$\underline{k}^T\underline{A}'(\underline{b}_{opt} - (\underline{b} - \underline{e}_2{}^3)_{opt})$$
$$= 1oo - 11oo = \underline{\underline{-1ooo}}$$

$$\underline{\underline{EKW_3}} = (\underline{e} - \underline{k})^T\underline{A}'(\underline{b}_{opt} - (\underline{b} - \underline{e}_3{}^3)_{opt}) +$$
$$\underline{k}^T\underline{A}'(\underline{b}_{opt} - (\underline{b} - \underline{e}_3{}^3)_{opt})$$
$$= o + o = \underline{\underline{o}}$$

Der entscheidungsorientierte Kostenwert eines Faktors
entspricht in seinem formalen Aufbau dem Wert, der diesem Faktor gemäß dem Konzept der wertmäßigen Kosten zugemessen wird: Er ist die Summe zweier Komponenten, von
denen die erste die durch die Verfügbarkeit der letzten
Einheit dieses Faktors bewirkte Änderung des Nutzens,
den Grenznutzen, und die zweite die entsprechende Änderung des Beschaffungsnutzens, den Beschaffungsgrenznutzen, wiedergibt.[1] Wie auch im oben vorgeführten Beispiel[2] deutlich wird, sind die jeweiligen Nutzen- und
Beschaffungsnutzenänderungen jedoch im allgemeinen nicht
auf die Änderung des effektiven Einsatzes nur des betrachteten Faktors zurückzuführen; vielmehr muß im allgemeinen zugelassen werden, daß sich auch die Verbräuche

---

1) Siehe S. 81f.,(1). Vgl. auch S. 43f. und die dort angegebene Literatur.

2) Siehe S. 83ff.

anderer Faktoren ändern.[1]

Das Zurechnungsproblem, das heißt hier die Aufteilung
des Absatznutzens des optimalen Produktionsprogramms auf
die Faktoren, die zur Herstellung des optimalen Produktionsprogramms benötigt werden, nach Maßgabe ihrer Bedeutung für die Realisation dieses Absatznutzens, ist
also nur insoweit gelöst, als die jeweils durch die
Verfügbarkeit der letzten Einheit eines Faktors bewirkte
Absatznutzenänderung bestimmt werden kann in Gestalt des
entscheidungsorientierten Kostenwertes dieses Faktors.[2]
Im allgemeinen ist es jedoch nicht möglich, eine solche
Absatznutzenänderung ausschließlich dem zugehörigen Faktor zuzuordnen. Diese Tatsache wird in der Literatur bei
der Darstellung des Konzepts der wertmäßigen Kosten zumeist übersehen.

Da dieser Mangel offensichtlich auf Fehlinterpretation
des optimalen Simplex-Tableaus, das sich bei der Bestimmung des optimalen Produktionsprogramms auf der Basis
des Grundmodells[3] mithilfe der Simplex-Methode ergibt,
zurückzuführen ist, soll im folgenden näher auf die Beziehungen der entscheidungsorientierten Kostenwerte der
Faktoren zum optimalen Simplex-Tableau eingegangen werden.

3.2.3 Entscheidungsorientierte Kostenwerte und optimales
      Simplex-Tableau

Ausgangspunkt der nachfolgenden Überlegungen sind das

---

1) So gilt im Beispiel von S. 83ff.: Steht etwa eine
   Einheit des ersten Faktors weniger zur Verfügung, so
   werden vom dritten Faktor drei Einheiten weniger ein-
   gesetzt, denn $\underline{b}_{opt} - (\underline{b} - \underline{e}_1{}^3)_{opt} = \begin{pmatrix} 1 \\ o \\ 3 \end{pmatrix}$.

2) Hierauf wird später noch näher eingegangen. Vgl. S.
   228f.

3) Siehe S. 7o.

Grundmodell

(2) Maximiere $N(\underline{x}) = (\underline{e} - \underline{k})^T\underline{x} + E_f - K_f = \underline{z}^T\underline{x} + z_o$

mit $\underline{z} = \underline{e} - \underline{k}$ und $z_o = E_f - K_f$ unter den Nebenbedingungen:

$\underline{Ax} \leqq \underline{b}, \ \underline{x} \geqq \underline{o}_n$ [1]

mit dem zugehörigen optimalen Simplex-Tableau

(3)

$$\left[\begin{array}{ccccc|c}
z_1{}^+ & \ldots & z_m{}^+ & z_{m+1}{}^+ \quad \ldots \quad z_{m+n}{}^+ & & N(\underline{x}^{\underline{b}}) \\
\hline
b_{11}{}^+ & \ldots & b_{1m}{}^+ & b_{1m+1}{}^+ \quad \ldots \quad b_{1m+n}{}^+ & & b_1{}^+ \\
\vdots & & \vdots & \vdots \qquad\qquad \vdots & & \vdots \\
b_{m1}{}^+ & \ldots & b_{mm}{}^+ & b_{mm+1}{}^+ \quad \ldots \quad b_{mm+n}{}^+ & & b_m{}^+
\end{array}\right] =$$

$$\left[\begin{array}{c|c}
\underline{z}^{+T} & N(\underline{x}^{\underline{b}}) \\
\hline
\underline{b}_1{}^+ \quad \ldots \quad \underline{b}_{m+n}{}^+ & \underline{b}^+
\end{array}\right] \quad \text{mit } z_1{}^+, \ldots, z_{m+n}{}^+ \geqq o \ \text{[2]}$$

und die Darstellung der entscheidungsorientierten Kostenwerte in Abhängigkeit von den Faktorverbräuchen

(4) $EKW_i = (\underline{e} - \underline{k})^T\underline{A}'(\underline{b}_{opt} - (\underline{b} - \underline{e}_i{}^m)_{opt}) +$

$\qquad \underline{k}^T\underline{A}'(\underline{b}_{opt} - (\underline{b} - \underline{e}_i{}^m)_{opt})$

mit $\underline{A}' = (\underline{A}^T\underline{A})^{-1}\underline{A}^T$, $\underline{b}_{opt} = \underline{Ax}^{\underline{b}}$, $(\underline{b} - \underline{e}_i{}^m)_{opt} =$

$\underline{Ax}^{\underline{b}-\underline{e}_i{}^m}$, $N(\underline{x}^{\underline{b}}) = \max \left\{ N(\underline{x}) : \underline{Ax} \leqq \underline{b}, \ \underline{x} \geqq \underline{o}_n \right\}$ und

$N(\underline{x}^{\underline{b}-\underline{e}_i{}^m}) = \max \left\{ N(\underline{x}) : \underline{Ax} \leqq \underline{b} - \underline{e}_i{}^m, \ \underline{x} \geqq \underline{o}_n \right\}$ für

$i = 1, \ldots, m$ [3].

---

1) Siehe S. 7o.

2) Siehe S. 299, A 2.7.3, in Verbindung mit S. 291, A 2.1, und S. 32o, A 2.7.21.

3) Siehe S. 81f.,(1).

Die Koeffizienten $z_1{}^+,\ldots,z_m{}^+$ in der Zielfunktionszeile
des optimalen Simplex-Tableaus (3) gehören zu den m
Schlupfvariablen $y_1,\ldots,y_m$, die den Verfügbarkeitsbe-
schränkungen der einzelnen Faktoren zugeordnet werden.[1]
Dabei ist der Koeffizient $z_i{}^+$ gleich Null, wenn der Faktor i nicht relativ knapp ist, das heißt, wenn nicht die
maximale Anzahl b_i der von ihm in der Planungsperiode
verfügbaren Einheiten verbraucht wird,[2] positiv kann $z_i{}^+$
hingegen nur sein, wenn der Faktor i relativ knapp ist
$(i = 1,\ldots,m)$.[3] Außerdem läßt sich der variable Nutzen
$N_v(\underline{x}^b)$ des optimalen Produktionsprogramms $\underline{x}^b$ allgemein
darstellen als Summe der Produkte aus den maximalen An-
zahlen der verfügbaren Einheiten der relativ knappen
Faktoren und den zugehörigen Koeffizienten der Zielfunktionszeile des optimalen Simplex-Tableaus.[4] Diese Aussagen gelten für

1) So mißt beispielsweise die erste Schlupfvariable $y_1 :=$
   $b_1 - \sum_{j=1}^{n} a_{1j} \cdot x_j$ die Menge, die vom ersten Faktor noch
   verfügbar ist, wenn die Mengen $x_1,\ldots,x_n$ von den n
   Produkten hergestellt werden. Vgl. hierzu S. 291.

2) Vgl. S. 3o5, A 2.7.18(1). Der Degenerationsfall sei
   hierbei ausgeschlossen.

3) Vgl. S. 3o5, A 2.7.18(1) und (2).

4) Denn es gilt: $N(\underline{x}) = N_v(\underline{x}) + N_f = (\underline{e} - \underline{k})^T \underline{x} + E_f - K_f$
   $= \sum_{\substack{i=1 \\ i \notin I_1}}^{m} z_i{}^+ \cdot b_i + E_f - K_f.$ Vgl. S. 323, A 2.7.24. Dabei
   bedeutet $i \notin I_1$, daß der Faktor i relativ knapp ist, da
   $y_i = o$ gilt. Zur Definition von I_1 siehe S. 299,
   A 2.7.5. Die gleiche Aussage beinhaltet der sogenannte Dualitätssatz, demgemäß die Koeffizienten $z_1{}^+,\ldots,$
   $z_{m+n}{}^+$ die Werte der optimalen Dualvariablen des zugehörigen dualen Problems darstellen und der Zielfunktionswert des dualen Problems mit dem des in diesem
   Zusammenhang auch primalen Problems genannten Grundmodells übereinstimmt. Vgl. hierzu zum Beispiel
   Dinkelbach (1969a), S. 65ff. Auf die Verwendung der
   Theorie der Dualen Linearen Programmierung kann in
   dieser Arbeit jedoch verzichtet werden, da mithilfe
   der Theorie der Primalen Linearen Programmierung alle
   notwendigen Aussagen bereitgestellt werden können.

beliebige lineare Optimierungsaufgaben, das heißt hier
für jede beliebige lineare Nutzenfunktion N und jede beliebige Prozeßmatrix $\underline{A}$. Da die Zielfunktionskoeffizienten für die nicht relativ knappen Faktoren im optimalen
Simplex-Tableau Null sind, ergibt sich somit insgesamt:

$$(5) \quad N_V(\underline{x}^b) = \sum_{i=1}^{m} z_i^+ \cdot b_i^{opt} \text{ mit}$$

$$b_i^{opt} = \left\{ \begin{array}{l} b_i \quad , \text{ falls der Faktor i relativ} \\ \sum_{j=1}^{n} a_{ij} \cdot x_j^b, \text{ falls der Faktor i nicht re-} \end{array} \right\}$$

$$\left\{ \begin{array}{l} \text{knapp ist, das heißt, falls } i \notin I_1 \\ \text{lativ knapp ist, das heißt, falls } i \in I_1^{1)} \end{array} \right\},$$

für $i = 1, \ldots, m$ mit $\underline{b}_{opt}^T = (b_1^{opt}, \ldots, b_m^{opt})$ und
$\underline{x}^{bT} = (x_1^b, \ldots, x_n^b)$.

Andrerseits gilt:

$$(6) \quad N_V(\underline{x}^b) = (\underline{e} - \underline{k})^T \underline{x}^b = (\underline{e} - \underline{k})^T \underline{A}' \underline{b}_{opt}^{2)}$$

$$= \sum_{i=1}^{m} z_i' \cdot b_i^{opt}$$

$$\text{mit } (z_1', \ldots, z_m') := (\underline{e} - \underline{k})^T \underline{A}' \text{ und } \underline{b}_{opt}^T =$$

$$(b_1^{opt}, \ldots, b_m^{opt}).^{3)}$$

In beiden Fällen ist der variable Nutzen $N_V(\underline{x}^b)$ des optimalen Produktionsprogramms $\underline{x}^b$ in Abhängigkeit vom zugehörigen optimalen variablen Faktorverbrauch $\underline{b}_{opt}$ dargestellt. Eine derartige Darstellungsweise ist jedoch
Basis einer sinnvollen Definition der entscheidungsori-

---

1) Im Falle der Degeneration kann auch für $i \in I_1$ b_i^{opt}
   $= b_i$ gelten.

2) Siehe S. 81f.,(1).

3) Ob beziehungsweise wann $z_i' = z_i^+$ für $i = 1, \ldots, m$
   gilt, wird später untersucht. Siehe S. 96,(9), und S.
   113ff.,(13).

entierten Kostenwerte, nämlich der als Funktionen der
zugehörigen Faktorverbräuche.[1] Deshalb ist verständlich, daß bei der Darstellung des Konzepts der wertmäßigen Kosten überwiegend die Zielfunktionskoeffizienten
$z_1^+,\ldots,z_m^+$ der Schlupfvariablen im optimalen Simplex-
Tableau als die Nutzenbestandteile der wertmäßigen Kosten der zugehörigen Faktoren angesehen werden, sobald
von Modellen ausgegangen wird, in denen mehr als ein
Faktor relativ knapp sein kann.

So definiert beispielsweise Adam unter dem Ziel der Gewinnmaximierung den "Kostenwert als Grenzertrag eines
Faktors ... (, der) sich aus zwei Bestandteilen ..., der
Grenzausgabe und dem Grenzgewinn je Faktoreinheit"[2] zusammensetzt, und identifiziert "die Grenzgewinne der
(relativ) knappen Faktoren"[3] mit den Zielfunktionskoeffizienten der zugehörigen Schlupfvariablen im optimalen
Simplex-Tableau.[4]

Entsprechende Interpretationen der Zielfunktionskoeffizienten $z_1^+,\ldots,z_m^+$ finden sich auch bei anderen Auto-

---

1) Vgl. S. 81f.,(1).

2) Adam (197o), S. 35.

3) Adam (197o), S. 51.

4) Vgl. Adam (197o), S. 51. Die Gleichung "$Z - (\bar{c}_n -$
$\bar{c}_m A_m^{-1} A_n)x_m = \bar{c}_m A_m^{-1} b$", Adam (197o), S. 51, Gleichung
(7), entspricht der Gleichung "$Z - (\underline{z}_2^T - \underline{z}_1^T \underline{B}_1^{-1} \underline{B}_2)\underline{s}_2$
$= \underline{z}_1^T \underline{B}_1^{-1} \underline{b} + z_o$", vgl. S. 32o, wenn der fixe Bestandteil z_o wie bei Adam außer Ansatz bleibt. Der
Zeilenvektor $- (\underline{z}_2^T - \underline{z}_1^T \underline{B}_1^{-1} \underline{B}_2)$ ist identisch mit
dem Zeilenvektor $\underline{z}_2^{+T}$ der Komponenten aller Nebenba-
sisvariablen in der Zielfunktionszeile des optimalen
Simplex-Tableaus (3). Siehe auch S. 316, A 2.7.19.
Somit identifiziert Adam die "Grenzgewinne" der relativ knappen Faktoren mit den Zielfunktionskoeffizienten der zugehörigen Schlupfvariablen im optimalen
Simplex-Tableau (3).

ren,[1] die hierfür neben dem Begriff Grenzgewinn unter anderem die Begriffe Alternativkosten[2], Effizienzpreis[3], Faktorpreis[4], Knappheitspreis[5], Knappheitswert[6], Lenkpreis[7], Opportunitätskosten[8], Rente [9], Schattenpreis[10] oder Verrechnungspreis[11] verwenden.

Diese Interpretation der Zielfunktionskoeffizienten z_1^+, ...,z_m^+ des optimalen Simplex-Tableaus (3) ist jedoch nicht richtig, da sie im allgemeinen nicht den jeweiligen Grenznutzen entsprechen,[12] wie im folgenden noch nachgewiesen wird. Damit ist natürlich nicht ausgeschlossen, daß in besonderen Fällen die jeweiligen Grenznutzen unmittelbar der Zielfunktionszeile des optimalen Simplex-

---

1) Vgl. zum Beispiel Albach (1962), S. 113ff. und S. 116ff.; Kosiol (1964), S. 96f.; Michel (1964), S. 92; Hax (1965a), S. 2o6f.; Hax (1965b), S. 154ff.; Kern (1965), S. 144f.; Opfermann - Reinermann (1965), S. 215ff. und S. 23off.; Samuels (1965); Münstermann (1966a), S. 29ff.; Schneider (1966), 267; Buhr (1967); Vischer (1967), S. 112ff.; Bernhard (1968), S. 146; Wright (1968), S. 226ff.; Lücke (1969), S. 264ff.; Zieschang (1969), S. 43ff.; Böhm - Wille (197o), S. 92ff.; Franke - Laux (197o), S. 411; Hax (197ob), Sp. 1435f.; Hentze (197o); Kilger (197o), S. 7ooff.; Onsi (197o), S. 538ff.; Kilger (1971); Drumm (1972c), S. 482; Koch (1972), S. 224; Lüder (1972); Kilger (1973a), S. 87ff. und S. 124f.; Kilger (1973b), S. 535ff., und Riebel e.a. (1973), S. 245ff.

2) Vgl. zum Beispiel Michel (1964), S. 86.

3) Vgl. zum Beispiel Beckmann (1959), S. 26.

4) Vgl. zum Beispiel Buhr (1967), S. 696.

5) Vgl. zum Beispiel Albach (1962), S. 11o.

6) Vgl. zum Beispiel Vischer (1967), S. 117.

7) Vgl. zum Beispiel Koch (1972), S. 224.

8) Vgl. zum Beispiel Kosiol (1964), S. 97.

9) Vgl. zum Beispiel Kern (1965), S. 141.

1o) Vgl. zum Beispiel Opfermann - Reinermann (1965), S. 223.

11) Vgl. zum Beispiel Münstermann (1966a), S. 36.

12) Der "Schluß aus dem Preistheorem, daß die Effizienzpreise die richtigen Kosten für Zwecke der Produktionsplanung", Beckmann (1959), S. 3o, vgl. auch Kern (1965), S. 147, sind, ist damit also ebenfalls nicht richtig.

Tableaus entnommen werden können, wie dies etwa für das oben angeführte Beispiel zutrifft.[1]

Da sich obendrein der Beschaffungsgrenznutzen eines Faktors im allgemeinen nicht ohne weiteres aus dem unmittelbaren variablen Beschaffungsnutzen einer Einheit dieses Faktors ermitteln läßt, soll die nachfolgende Analyse beide Bestandteile des entscheidungsorientierten Kostenwertes umfassen.

Im einzelnen ergibt sich hierbei auf der Basis von (2), (3) und (4):[2]

(7) Es gilt nicht notwendig:

$$(\underline{b} - \underline{e}_i^{\,m})_{opt} = \underline{b}_{opt} - \underline{e}_i^{\,m} \text{ für ein } i \in \{1,\ldots,m\}.$$

Dies bedeutet, daß im allgemeinen die Nichtverfügbarkeit der letzten Einheit eines Faktors auch den Verbrauch anderer Faktoren beeinflußt[3] und/oder bewirkt, daß von diesem Faktor selbst nicht genau eine Einheit weniger eingesetzt wird.

Zum Beweis von (7) genügt ein Beispiel, bei dem die Gleichheit für einen Faktor nicht zutrifft. So gilt etwa im oben angeführten Beispiel[4] mit $\underline{b}^T := (170, 150, 60\frac{2}{5})$

---

1) Siehe S. 83ff. Dort gilt nämlich:

$$z_1^+ = 200, \quad z_2^+ = 100, \quad z_3^+ = 0,$$

$$N_V(\underline{x}^{\underline{b}}) - N_V(\underline{x}^{\underline{b}-\underline{e}_1^{\,3}}) = 13000 - 12800 = 200 = z_1^+,$$

$$N_V(\underline{x}^{\underline{b}}) - N_V(\underline{x}^{\underline{b}-\underline{e}_2^{\,3}}) = 13000 - 12900 = 100 = z_2^+ \text{ und}$$

$$N_V(\underline{x}^{\underline{b}}) - N_V(\underline{x}^{\underline{b}-\underline{e}_3^{\,3}}) = 13000 - 13000 = 0 = z_3^+.$$

2) Siehe S. 88.

3) Vgl. auch S. 86f.

4) Siehe S. 83.

und i = 3:

o	o	o	-3oo	-5oo	-36000
1	o	o	1	2	17o
o	1	o	1	1	15o
o	o	1	o	3	6o,4
o	3oo	o	o	-2oo	9000
1	-1	o	o	1	2o
o	1	o	1	1	15o
o	o	1	o	3	6o,4
2oo	1oo	o	o	o	13ooo
1	-1	o	o	1	2o
-1	2	o	1	o	13o
-3	3	1	o	o	o,4

o	o	o	-3oo	-5oo	-36000
1	o	o	1	2	17o
o	1	o	1	1	15o
o	o	1	o	3	59,4
o	3oo	o	o	-2oo	9000
1	-1	o	o	1	2o
o	1	o	1	1	15o
o	o	1	o	3	59,4
o	3oo	$\frac{2oo}{3}$	o	o	12960
1	-1	$-\frac{1}{3}$	o	o	o,2
o	1	$-\frac{1}{3}$	1	o	13o,2
o	o	$\frac{1}{3}$	o	1	19,8

$$\underline{x}^{\underline{b}} = \begin{vmatrix} 13o \\ 2o \end{vmatrix}, \quad \underline{b}_{opt} = \begin{vmatrix} 17o \\ 15o \\ 6o \end{vmatrix}, \quad \underline{x}^{\underline{b}-\underline{e}_3^{\,3}} = \begin{vmatrix} 13o,2 \\ 19,8 \end{vmatrix},$$

$$(\underline{b} - \underline{e}_3^{\,3})_{opt} = \begin{vmatrix} 169,8 \\ 15o \\ 59,4 \end{vmatrix}, \quad \underline{b}_{opt} - \underline{e}_3^{\,3} = \begin{vmatrix} 17o \\ 15o \\ 6o \end{vmatrix} - \begin{vmatrix} o \\ o \\ 1 \end{vmatrix} = \begin{vmatrix} 17o \\ 15o \\ 59 \end{vmatrix}$$

$$\neq \begin{vmatrix} 169,8 \\ 15o \\ 59,4 \end{vmatrix} = (\underline{b} - \underline{e}_3^{\,3})_{opt}, \text{ also:}$$

Die Nichtverfügbarkeit der letzten Einheit des dritten
Faktors bewirkt gegenüber $\underline{b}_{opt}$ eine Verminderung des
Verbrauchs des ersten Faktors um o,2 (= 17o - 169,8)
Einheiten und eine Verminderung des Verbrauchs des drit-
ten Faktors selbst um o,6 (= 6o - 59,4) Einheiten.

Werden etwa in Anlehnung an Mayer[1] die Nutzenänderung,
die sich ergäbe, wenn nur die letzte Einheit eines Faktors nicht mehr eingesetzt wird, ohne daß sich der Verbrauch der übrigen Faktoren ändert, als unmittelbarer
Nutzenausfall und die entsprechende Beschaffungsnutzen-
änderung als unmittelbarer Beschaffungsnutzenausfall bezeichnet, so wird implizit vorausgesetzt, daß für diesen
Faktor die entsprechende Gleichung in (7) gilt. Dies ist
jedoch, wie gezeigt wurde, im allgemeinen nicht der
Fall. Das heißt, der unmittelbare Nutzenausfall und der
unmittelbare Beschaffungsnutzenausfall brauchen gar
nicht zu existieren. Wenn diese existieren, stimmen sie
natürlich ex definitione mit dem Grenznutzen beziehungs-

---

1) Vgl. Mayer (1928), S. 1223.

weise dem Beschaffungsgrenznutzen überein. Deshalb brauchen sie im folgenden nicht weiter berücksichtigt zu werden.

Dagegen existieren immer der zugerechnete variable Nutzen und der unmittelbare variable Beschaffungsnutzen einer Einheit eines Faktors, die wie folgt definiert werden:

(8) Sei $N(\underline{x}^{\underline{b}}) = \max \left\{ N(\underline{x}) : \underline{A}\underline{x} \leq \underline{b},\ \underline{x} \geq \underline{o}_n \right\}$, $\underline{b}_{opt} = \underline{A}\underline{x}^{\underline{b}}$

mit $\underline{b}_{opt}^{T} = (b_1^{opt}, \ldots, b_m^{opt})$. Dann gilt:

$$N_v{}'(\underline{b}_{opt}) = N_v(\underline{x}^{\underline{b}}) = (\underline{e} - \underline{k})^T \underline{x}^{\underline{b}} = (\underline{e} - \underline{k})^T \underline{A}' \underline{b}_{opt}$$

$$= \sum_{i=1}^{m} z_i{}' \cdot b_i^{opt}$$

mit $z_i{}' := (\underline{e} - \underline{k})^T \underline{A}' \underline{e}_i^{m}$ für $i = 1, \ldots, m$[1] und

$$K_v{}'(\underline{b}_{opt}) = K_v(\underline{x}^{\underline{b}}) = \underline{k}^T \underline{x}^{\underline{b}} = \underline{k}^T \underline{A}' \underline{b}_{opt} = \sum_{i=1}^{m} k_i{}' \cdot b_i^{opt}$$

mit $k_i{}' := \underline{k}^T \underline{A}' \underline{e}_i^{m}$ für $i = 1, \ldots, m$.
$z_i{}'$ wird der einer Einheit des Faktors i zugerechnete variable Nutzen und $k_i{}'$ wird der unmittelbare variable Beschaffungsnutzen einer Einheit des Faktors i genannt für $i = 1, \ldots, m$.[2]

Im folgenden wird nun gezeigt, daß im allgemeinen weder der zugerechnete variable Nutzen einer Einheit eines Faktors noch der zugehörige Zielfunktionskoeffizient im optimalen Simplex-Tableau mit dem Grenznutzen dieses Faktors übereinzustimmen brauchen und daß im allgemeinen der unmittelbare variable Beschaffungsnutzen einer Ein-

1) Vgl. S. 9o, (6).
2) Vgl. S. 43. Ist etwa $\underline{k}^T \underline{x}^{\underline{b}}$ die Summe der variablen Endkosten, wenn das optimale Produktionsprogramm $\underline{x}^{\underline{b}}$ realisiert wird, und ist damit $\sum_{i=1}^{m} k_i{}' \cdot b_i^{opt}$ die Summe der zugehörigen variablen primären Kosten, so läßt sich $k_i{}'$ als variable primäre Kosten je Einheit des Faktors i interpretieren für $i = 1, \ldots, m$. Zum Begriff der primären Kosten und der Endkosten vgl. Münstermann (1969), insbesondere S. 123ff.

heit eines Faktors nicht gleich dem Beschaffungsgrenznutzen dieses Faktors zu sein braucht:

(9) Sei $\underline{b}_{opt}^{T} = (b_1^{opt}, \ldots, b_m^{opt})$.

    (a) Ist $b_i^{opt} < b_i$, das heißt, ist der Faktor i
        nicht relativ knapp, so gilt nicht notwendig

$$N(\underline{x}^{\underline{b}}) - N(\underline{x}^{\underline{b-e}_i^{m}}) = z_i^{+} \;(= o),$$

$$N(\underline{x}^{\underline{b}}) - N(\underline{x}^{\underline{b-e}_i^{m}}) = z_i', \quad z_i' = z_i^{+} \;(= o) \text{ und/}$$

$$\text{oder } K(\underline{x}^{\underline{b}}) - K(\underline{x}^{\underline{b-e}_i^{m}}) = k_i' \text{ für } i = 1,\ldots,m.$$

    (b) Ist $b_i^{opt} = b_i$, das heißt, ist der Faktor i re-
        lativ knapp, so gilt nicht notwendig

$$N(\underline{x}^{\underline{b}}) - N(\underline{x}^{\underline{b-e}_i^{m}}) = z_i^{+},$$

$$N(\underline{x}^{\underline{b}}) - N(\underline{x}^{\underline{b-e}_i^{m}}) = z_i', \quad z_i' = z_i^{+} \text{ und/oder}$$

$$K(\underline{x}^{\underline{b}}) - K(\underline{x}^{\underline{b-e}_i^{m}}) = k_i' \text{ für } i = 1,\ldots,m.$$

    (c) Allgemein gilt jedoch:

$$N(\underline{x}^{\underline{b}}) - N(\underline{x}^{\underline{b-e}_i^{m}}) \geqq o \text{ für } i = 1,\ldots,m.$$

        Das heißt, der Grenznutzen eines Faktors ist
        ebenso nichtnegativ wie der zugehörige Ziel-
        funktionskoeffizient im optimalen Simplex-Ta-
        bleau.

<u>Beweis:</u>
<u>Zu (a)</u>:
Als Gegenbeispiel diene das bereits oben angeführte Beispiel.[1] Dort gilt mit i = 3:

$$b_3^{opt} = 6o < 6o{,}4 = b_3,$$

---

1) Siehe S. 93f. und S. 83.

$$N(\underline{x}^{\underline{b}}) - N(\underline{x}^{\underline{b}-\underline{e}_3^3}) = 13000 - 12960 = 40,$$

$$z_3' = (\underline{e} - \underline{k})^T \underline{A}'\underline{e}_3^3 = (300\ ,\ 500)\begin{pmatrix} \frac{8}{19} & \frac{11}{19} & -\frac{9}{19} \\ \frac{1}{19} & -\frac{1}{19} & \frac{6}{19} \end{pmatrix}\begin{pmatrix} 0 \\ 0 \\ 1 \end{pmatrix}^{1)} =$$

$$= \frac{300}{19} = 15\frac{15}{19}\ ,$$

$$z_3^+ = 0,$$

$$K(\underline{x}^{\underline{b}}) - K(\underline{x}^{\underline{b}-\underline{e}_3^3}) = (700\ ,\ 2500)\begin{vmatrix} 130 \\ 20 \end{vmatrix} -$$

$$(700\ ,\ 2500)\begin{vmatrix} 130,2 \\ 19,8 \end{vmatrix} = 360,$$

$$k_3' = \underline{k}^T\underline{A}'\underline{e}_3^3 = (700\ ,\ 2500)\begin{pmatrix} \frac{8}{19} & \frac{11}{19} & -\frac{9}{19} \\ \frac{1}{19} & -\frac{1}{19} & \frac{6}{19} \end{pmatrix}\begin{pmatrix} 0 \\ 0 \\ 1 \end{pmatrix} = \frac{8700}{19}$$

$$= 457\frac{17}{19}\ , \text{ also:}$$

$$N(\underline{x}^{\underline{b}}) - N(\underline{x}^{\underline{b}-\underline{e}_3^3}) = 40 \neq 0 = z_3^+,$$

$$N(\underline{x}^{\underline{b}}) - N(\underline{x}^{\underline{b}-\underline{e}_3^3}) = 40 \neq 15\frac{15}{19} = z_3',$$

$$z_3' = 15\frac{15}{19} \neq 0 = z_3^+ \text{ und}$$

$$K(\underline{x}^{\underline{b}}) - K(\underline{x}^{\underline{b}-\underline{e}_3^3}) = 360 \neq 457\frac{17}{19} = k_3'.$$

<u>Zu (b)</u>:

Als Gegenbeispiel diene das oben angeführte Beispiel[2)]

mit $\underline{b}^T := (170\ ,\ 150\ ,\ 61\frac{1}{2})$ und $i = 2$:

0	0	0	-300	-500	-36000
1	0	0	1	2	170
0	1	0	1	1	150
0	0	1	0	3	61,5
0	300	0	0	-200	9000
1	-1	0	0	1	20
0	1	0	1	1	150
0	0	1	0	3	61,5
200	100	0	0	0	13000
1	-1	0	0	1	20
-1	2	0	1	0	130
-3	3	1	0	0	1,5

0	0	0	-300	-500	-36000
1	0	0	1	2	170
0	1	0	1	1	149
0	0	1	0	3	61,5
0	300	0	0	-200	8700
1	-1	0	0	1	21
0	1	0	1	1	149
0	0	1	0	3	61,5
0	300	$\frac{200}{3}$	0	0	12800
1	-1	$-\frac{1}{3}$	0	0	0,5
0	1	$-\frac{1}{3}$	1	0	128,5
0	0	$\frac{1}{3}$	0	1	20,5

- 98 -

Es gilt somit:

$$\underline{x}^{\underline{b}} = \begin{vmatrix} 130 \\ 20 \end{vmatrix}, \quad N(\underline{x}^{\underline{b}}) = 13000, \quad \mathbf{b}_{opt} = \begin{vmatrix} 170 \\ 150 \\ 60 \end{vmatrix}, \quad b_2^{opt} = b_2 =$$

$$150, \quad \underline{x}^{\underline{b}-\underline{e}_2^3} = \begin{vmatrix} 128,5 \\ 20,5 \end{vmatrix}, \quad N(\underline{x}^{\underline{b}-\underline{e}_2^3}) = 12800,$$

$$(\underline{b} - \underline{e}_2^3)_{opt} = \begin{vmatrix} 169,5 \\ 149 \\ 61,5 \end{vmatrix},$$

$$z_2' = (\underline{e} - \underline{k})^T \underline{A}' \underline{e}_2^3 = (300 \ , \ 500) \begin{vmatrix} \frac{8}{19} & \frac{11}{19} & -\frac{9}{19} \\ \frac{1}{19} & -\frac{1}{19} & \frac{6}{19} \end{vmatrix} \begin{vmatrix} 0 \\ 1 \\ 0 \end{vmatrix}$$

$$= \frac{2800}{19} = 147\frac{7}{19} \ ,$$

$$z_2^+ = 100,$$

$$K(\underline{x}^{\underline{b}}) - K(\underline{x}^{\underline{b}-\underline{e}_2^3}) = (700 \ , \ 2500) \begin{vmatrix} 1,5 \\ -0,5 \end{vmatrix} = -200,$$

$$k_2' = \underline{k}^T \underline{A}' \underline{e}_2^3 = (700 \ , \ 2500) \begin{vmatrix} \frac{8}{19} & \frac{11}{19} & -\frac{9}{19} \\ \frac{1}{19} & -\frac{1}{19} & \frac{6}{19} \end{vmatrix} \begin{vmatrix} 0 \\ 1 \\ 0 \end{vmatrix} = \frac{5200}{19}$$

$$= 273\frac{13}{19} \ , \text{ also:}$$

$$N(\underline{x}^{\underline{b}}) - N(\underline{x}^{\underline{b}-\underline{e}_2^3}) = 13000 - 12800 = 200 \neq 100 = z_2^+,$$

$$N(\underline{x}^{\underline{b}}) - N(\underline{x}^{\underline{b}-\underline{e}_2^3}) = 200 \neq 147\frac{7}{19} = z_2',$$

$$z_2' = 147\frac{7}{19} \neq 100 = z_2^+ \text{ und}$$

$$K(\underline{x}^{\underline{b}}) - K(\underline{x}^{\underline{b}-\underline{e}_2^3}) = -200 \neq 273\frac{13}{19} = k_2'.$$

<u>Zu (c)</u>:

Es gilt: $N(\underline{x}^{\underline{b}}) = \max \left\{ N(\underline{x}) : \underline{A}\underline{x} \leq \underline{b}, \ \underline{x} \geq \underline{o}_n \right\},$

$N(\underline{x}^{\underline{b}-\underline{e}_1^m}) = \max \left\{ N(\underline{x}) : \underline{A}\underline{x} \leq \underline{b} - \underline{e}_1^m, \ \underline{x} \geq \underline{o}_n \right\}, \ \underline{A}\underline{x}^{\underline{b}-\underline{e}_1^m} =$

Fußnoten von der vorherigen Seite!

1) Zur Bestimmung von $\underline{A}'$ siehe S. 83f.

2) Siehe S. 83.

$$(\underline{b} - \underline{e}_i^{\,m})_{opt} \leqq \underline{b} - \underline{e}_i^{\,m} \;^{1)} \leqq \underline{b}, \text{ also folgt:}$$

$$N(\underline{x}^{\,\underline{b}-\underline{e}_i^{\,m}}) \leqq N(\underline{x}^{\,\underline{b}}).$$

Damit ist insbesondere nachgewiesen, daß die in der Literatur im Rahmen des Konzepts der wertmäßigen Kosten übliche Ermittlung der in der vorliegenden Arbeit als entscheidungsorientierten Kostenwerte bezeichneten Wertansätze für Faktoren im allgemeinen nicht zu richtigen Ergebnissen führt.[2] Zurückzuführen ist dieser Mangel im wesentlichen auf die Nichtberücksichtigung der Tatsache, daß die Gleichung in (7) nicht notwendig zu gelten braucht.

Ohne weitergehende Kenntnisse insbesondere über das optimale Simplex-Tableau müssen somit im allgemeinen zur Bestimmung des entscheidungsorientierten Kostenwertes eines Faktors zwei Optimierungsprobleme, zur Bestimmung der entscheidungsorientierten Kostenwerte von m Faktoren m+1 Optimierungsprobleme gelöst werden,[3] wovon allerdings eins das Grundmodell darstellt und unabhängig von einer eventuellen Bewertung der Faktoren zur Bestimmung des optimalen Produktionsprogramms zu lösen ist. Die Tatsache, daß zur Bewertung eines Faktors im Sinne des in der vorliegenden Arbeit dargestellten Konzepts der entscheidungsorientierten Kostenwerte ein

---

1) Vgl. S. 41.

2) Die Vorgehensweise bei der Ermittlung der wertmäßigen Kosten mithilfe der Linearen Programmierung wird besonders deutlich bei Adam. Vgl. Adam (197o), S. 66ff. und insbesondere S. 7o, Tabelle 6. Dort werden in einem Beispiel unter dem Ziel der Deckungsbeitragsmaximierung die "Opportunitätskosten" im Sinne von Grenzdeckungsbeiträgen von drei relativ knappen Faktoren ermittelt. Werden dazu die jeweiligen "Ausgaben" je Einheit im Sinne von Grenzausgaben addiert, so ergeben sich laut Adam die "wertmäßigen Kosten" je Einheit im Sinne von entscheidungsorientierten Kostenwerten. Zu der angeführten Vorgehensweise zur Ermittlung der wertmäßigen Kosten, insbesondere der der Opportunitätskosten, vgl. auch die in Fußnote 1 von S. 92 angeführte Literatur.

3) Vgl. die Bestimmung der entscheidungsorientierten Kostenwerte im Beispiel auf S. 83ff.

zusätzliches Optimierungsproblem gelöst werden muß, ist
für die Durchsetzung dieses Bewertungsansatzes natürlich
sehr hinderlich. Eine Analyse der hier und in der Literatur angeführten Beispiele, in denen der Grenznutzen
eines Faktors mit dem zugehörigen Zielfunktionskoeffizienten im optimalen Simplex-Tableau übereinstimmt und in
denen der Beschaffungsgrenznutzen eines Faktors identisch ist mit dem unmittelbaren variablen Beschaffungsnutzen einer Einheit dieses Faktors, zeigt jedoch einen
praktikablen Ausweg aus diesem Dilemma.

So gilt etwa im oben dargestellten Beispiel:[1]

$$\underline{b} = \begin{pmatrix} 17o \\ 15o \\ 18o \end{pmatrix}, \quad \underline{b}_{opt} = \begin{pmatrix} 17o \\ 15o \\ 6o \end{pmatrix}, \quad (\underline{b} - \underline{e}_1{}^3)_{opt} = \begin{pmatrix} 169 \\ 15o \\ 57 \end{pmatrix},$$

$$(\underline{b} - \underline{e}_2{}^3)_{opt} = \begin{pmatrix} 17o \\ 149 \\ 63 \end{pmatrix}, \quad (\underline{b} - \underline{e}_3{}^3)_{opt} = \underline{b}_{opt},$$

$$z_1{}^+ = 2oo = N(\underline{x}^{\underline{b}}) - N(\underline{x}^{\underline{b}-\underline{e}_1{}^3}),$$

$$z_2{}^+ = 1oo = N(\underline{x}^{\underline{b}}) - N(\underline{x}^{\underline{b}-\underline{e}_2{}^3}) \text{ und}$$

$$z_3{}^+ = o = N(\underline{x}^{\underline{b}}) - N(\underline{x}^{\underline{b}-\underline{e}_3{}^3}), \text{ also:}$$

die beiden ersten Faktoren sind relativ knapp, das
heißt, $b_1{}^{opt} = b_1 = 17o$ und $b_2{}^{opt} = b_2 = 15o$, und der
dritte Faktor ist nicht relativ knapp, das heißt,
$b_3{}^{opt} = 6o < 18o = b_3$. Außerdem ist der Verbrauch des
ersten, relativ knappen Faktors in $(\underline{b} - \underline{e}_1{}^3)_{opt}$ um
genau eine Einheit geringer als der in $\underline{b}_{opt}$, wobei
der Verbrauch des zweiten, relativ knappen Faktors
unverändert bleibt. Das Entsprechende gilt für den
zweiten, relativ knappen Faktor: sein Verbrauch ist
in $(\underline{b} - \underline{e}_2{}^3)_{opt}$ ebenfalls um genau eine Einheit geringer als in $\underline{b}_{opt}$, und der Verbrauch des ersten, relativ knappen Faktors bleibt unverändert. Die Glei-
chung in (7) gilt also für i = 1 und i = 2, jedoch

---

1) Siehe S. 83ff.

nur für die Komponenten der relativ knappen Faktoren;
denn der Verbrauch des dritten, nicht relativ knappen
Faktors hat sich sowohl in $(\underline{b} - \underline{e}_1{}^3)_{opt}$ als auch in
$(\underline{b} - \underline{e}_2{}^3)_{opt}$ verändert. Unverändert geblieben sind
indes gegenüber $\underline{b}_{opt}$ der Verbrauch des dritten Faktors und die Verbräuche der beiden relativ knappen
Faktoren in $(\underline{b} - \underline{e}_3{}^3)_{opt}$.

Hieraus ergibt sich die Vermutung, daß der Grenznutzen
eines relativ knappen Faktors i auch dann dem zugehörigen Zielfunktionskoeffizienten $z_i{}^+$ im optimalen Simplex-
Tableau entspricht, wenn die Gleichung in (7) für dieses
i nur in den Komponenten der relativ knappen Faktoren
gültig ist, und daß der Grenznutzen eines nicht relativ
knappen Faktors i ebenso wie $z_i{}^+$ gleich Null ist, wenn
der Faktor i weiterhin nicht relativ knapp bleibt. Dies
läßt sich in der Tat allgemein zeigen.

Bevor dieser Nachweis durchgeführt werden kann, ist das
optimale Simplex-Tableau einer weiter gehenden Analyse
zu unterziehen. In den entscheidungsorientierten Kostenwert des Faktors i gehen zwei optimale Produktionsprogramme beziehungsweise zwei optimale variable Faktorver-
bräuche ein, nämlich $\underline{x}^{\underline{b}}$ und $\underline{x}^{\underline{b}-\underline{e}_i{}^m}$ beziehungsweise $\underline{b}_{opt}$
und $(\underline{b} - \underline{e}_i{}^m)_{opt}$. $\underline{x}^{\underline{b}}$ und $\underline{b}_{opt}$ können als bereits ermittelt angesehen werden und damit auch das zugehörige op-
timale Simplex-Tableau (3).[1] Steht nun vom Faktor i
eine Einheit weniger zur Verfügung, so läßt sich die
Auswirkung dieser Veränderung auf das optimale Simplex-
Tableau, $\underline{x}^{\underline{b}}$ und $\underline{b}_{opt}$ anhand des optimalen Simplex-Tableaus selbst aufzeigen:[2]

---

1) Vgl. S. 87f.
2) Vgl. zum folgenden Dinkelbach (1969a), S. 74ff.

(1o) Sei

$$
\begin{array}{|cccccc|c|}
\hline
z_1^+ & \dots & z_m^+ & z_{m+1}^+ & \dots & z_{m+n}^+ & N(\underline{x}^{\underline{b}}) \\
\hline
b_{11}^+ & \dots & b_{1m}^+ & b_{1m+1}^+ & \dots & b_{1m+n}^+ & \underline{b}_1^+ \\
\vdots & & \vdots & \vdots & & \vdots & \vdots \\
b_{m1}^+ & \dots & b_{mm}^+ & b_{mm+1}^+ & \dots & b_{mm+n}^+ & \underline{b}_m^+ \\
\hline
\end{array}
\; =
$$

$$
\begin{array}{|c|c|}
\hline
\underline{z}^{+T} & N(\underline{x}^{\underline{b}}) \\
\hline
\underline{b}_1^+ \; \dots \; \underline{b}_{m+n}^+ & \underline{b}^+ \\
\hline
\end{array}
$$

optimales Simplex-Tableau zum Grundmodell[1]:

Maximiere $N(\underline{x}) = \underline{z}^T \underline{x} + z_o$ unter den Nebenbedingungen:

$\underline{A}\underline{x} \leq \underline{b}, \; \underline{x} \geq \underline{o}_n$.

$y_{i(1)}, \dots, y_{i(r)}, x_{i(r+1)-m}, \dots, x_{i(m)-m}$ seien die Basisvariablen mit:

$y_{i(k)} = b_{p(k)}^+$ für $k = 1, \dots, r$,

$x_{i(k)-m} = b_{p(k)}^+$ für $k = r+1, \dots, m$ und

$\underline{b}_{i(k)}^+ = \underline{e}_{p(k)}^m$ für $k = 1, \dots, m$.[2]

Sei $(\underline{x}^{\underline{b}+\Delta b_i \underline{e}_i^m})^T = (x_1^{opt'}, \dots, x_n^{opt'})$,

$(\underline{y}^{\underline{b}+\Delta b_i \underline{e}_i^m})^T = (y_1^{opt'}, \dots, y_m^{opt'})$ mit $\underline{y}^{\underline{b}+\Delta b_i \underline{e}_i^m} =$

$(\underline{b} + \Delta b_i \underline{e}_i^m) - \underline{A}\underline{x}^{\underline{b}+\Delta b_i \underline{e}_i^m}$.[3]

(a) Ist $i \notin \{i(1), \dots, i(r)\}$, das heißt, ist der Faktor i relativ knapp, und gilt:

---

1) Siehe S. 88,(2).

2) Vgl. S. 299,A 2.7.4 und A 2.7.5, S. 3oo,A 2.7.6, S. 3o1,A 2.7.12, und S. 3o2,A 2.7.14.

3) $\underline{x}^{\underline{b}+\Delta b_i \underline{e}_i^m}$ ist das optimale Produktionsprogramm, das sich ergibt, wenn $\underline{b} + \Delta b_i \underline{e}_i^m$ der maximal mögliche variable Faktorverbrauch ist. Vgl. S. 44.

$$\max\left\{\frac{-b_k^+}{b_{ki}^+} : b_{ki}^+ > o,\ k = 1,\ldots,m\right\} \leq \Delta b_i,\ \text{falls}$$

$b_{ki}^+ \geq o$ für $k = 1,\ldots,m$ beziehungsweise

$$\Delta b_i \leq \min\left\{\frac{-b_k^+}{b_{ki}^+} : b_{ki}^+ < o,\ k = 1,\ldots,m\right\},\ \text{falls}$$

$b_{ki}^+ \leq o$ für $k = 1,\ldots,m$ beziehungsweise

$$\max\left\{\frac{-b_k^+}{b_{ki}^+} : b_{ki}^+ > o,\ k = 1,\ldots,m\right\} \leq \Delta b_i \leq$$

$$\min\left\{\frac{-b_k^+}{b_{ki}^+} : b_{ki}^+ < o,\ k = 1,\ldots,m\right\},\ \text{falls min-}$$

destens ein positives b_{ki}^+ und ein negatives b_{ki}^+ existiert, so folgt:

(i) $y_{i(k)}^{\ opt'} = b_{p(k)}^+ + b_{p(k)i}^+ \cdot \Delta b_i$ für $k = 1,\ldots,r.$

(ii) $x_{i(k)-m}^{\ opt'} = b_{p(k)}^+ + b_{p(k)i}^+ \cdot \Delta b_i$ für $k = r+1,\ldots,m.$

(iii) $y_k^{\ opt'}$ und $x_j^{\ opt'}$ bleiben Nebenbasisvariable für $k = 1,\ldots,m,\ k \notin \{i(1),\ldots,i(r)\}$ und $j = 1,\ldots,n,\ j \notin \{i(r+1)-m,\ldots,i(m)-m\}.$

(iv) $N(\underline{x}^{\underline{b}+\Delta b_i \underline{e}_i^m}) = N(\underline{x}^{\underline{b}}) + \Delta b_i \cdot z_i^+.$

(b) Ist $i \in \{i(1),\ldots,i(r)\}$ und gilt:

$\Delta b_i \geq - b_{p(1)}^+$ mit $i = i(1)$ und $1 \in \{1,\ldots,r\}$, so folgt:

(i) $y_{i(k)}^{\ opt'} = b_{p(k)}^+$ für $k = 1,\ldots,r,\ k \neq 1$ und

$$y_{i(1)}^{\ opt'} = b_{p(1)}^+ + \Delta b_i{}^{1)}.$$

(ii) $x_{i(k)-m}^{\text{opt}'} = b_{p(k)}^{+}$ für $k = r+1,\ldots,m.$

(iii) $y_k^{\text{opt}'}$ und $x_j^{\text{opt}'}$ bleiben Nebenbasisvariable für $k = 1,\ldots,m,\ k\notin\{i(1),\ldots,i(r)\}$ und $j = 1,\ldots,n,\ j\notin\{i(r+1),\ldots,i(m)-m\}.$

(iv) $N(\underline{x}^{\underline{b}+\Delta b_i \underline{e}_i^{\,m}}) = N(\underline{x}^{\underline{b}}).$

<u>Beweis:</u>
Es ist $\underline{b}^+ = (\underline{b}_1^{\,+},\ldots,\underline{b}_m^{\,+})\underline{b}.$ [1] Daraus folgt:

$$(\underline{b}_1^{\,+},\ldots,\underline{b}_m^{\,+})(\underline{b} + \Delta b_i\underline{e}_i^{\,m}) = \underline{b}^+ + \Delta b_i(\underline{b}_1^{\,+},\ldots,\underline{b}_m^{\,+})\underline{e}_i^{\,m}$$

$$= \underline{b}^+ + \Delta b_i\underline{b}_i^{\,+}.$$

Der Spaltenvektor $\underline{b}^+ + \Delta b_i\underline{b}_i^{\,+}$ enthält die Werte der Basisvariablen, die nichtnegativ sein müssen. Es muß also gelten:

$$b_k^{\,+} + \Delta b_i\cdot b_{ki}^{\,+} \geqq o \quad \text{für } k = 1,\ldots,m.$$

1. Fall: $b_{ki}^{\,+} = o$: Δb_i kann beliebig gewählt werden.

2. Fall: $b_{ki}^{\,+} > o$: $\Delta b_i \geqq \dfrac{-b_k^{\,+}}{b_{ki}^{\,+}}.$

3. Fall: $b_{ki}^{\,+} < o$: $\Delta b_i \leqq \dfrac{-b_k^{\,+}}{b_{ki}^{\,+}}.$

Damit $\underline{x}^{\underline{b}+\Delta b_i\underline{e}_i^{\,m}}$ und $\underline{y}^{\underline{b}+\Delta b_i\underline{e}_i^{\,m}}$ nichtnegativ sind, muß folglich gelten:

Fußnote von der vorherigen Seite!

1) Die Schlupfvariable $y_{i(1)}$ ändert somit ihren Wert. Dinkelbach irrt also, wenn er annimmt, daß in diesem Fall die Variation von b_i um Δb_i "keinen Einfluß auf (die) Variablen", Dinkelbach (1969a), S. 75, hat.

1) Vgl. S. 322, A 2.7.23, und S. 3o2, A 2.7.16.

$$\max\left\{\frac{-b_k^+}{b_{ki}^+} : b_{ki}^+ > o, \; k = 1,\ldots,m\right\} \leqq \Delta b_i \leqq$$

$$\min\left\{\frac{-b_k^+}{b_{ki}^+} : b_{ki}^+ < o, \; k = 1,\ldots,m\right\}.$$

Gibt es kein positives b_{ki}^+ beziehungsweise kein negatives b_{ki}^+, so lautet die Bedingung:

$$\Delta b_i \leqq \min\left\{\frac{-b_k^+}{b_{ki}^+} : b_{ki}^+ < o, \; k = 1,\ldots,m\right\} \text{ beziehungsweise}$$

$$\max\left\{\frac{-b_k^+}{b_{ki}^+} : b_{ki}^+ > o, \; k = 1,\ldots,m\right\} \leqq \Delta b_i.\text{[1]}$$

Da der Vektor $\underline{b}^+ + \Delta b_i \underline{b}_i^+$ die Werte der Basisvariablen enthält und da die Basisvariablen Basisvariable sowie die Nebenbasisvariablen Nebenbasisvariable bleiben, solange Δb_i der angegebenen Bedingung genügt, ergibt sich:

1. $y_{i(k)}^{opt'} = b_{p(k)}^+ + b_{p(k)i}^+ \cdot \Delta b_i$ für $k = 1,\ldots,r.$

2. $x_{i(k)-m}^{opt'} = b_{p(k)}^+ + b_{p(k)i}^+ \cdot \Delta b_i$ für $k = r+1,\ldots,m.$

3.
$$\begin{aligned}
N(\underline{x}^{\underline{b}+\Delta b_i \underline{e}_i^m}) &= z_o + \sum_{k=r+1}^{m} z_{i(k)-m} \cdot x_{i(k)-m}^{opt'} \\
&= z_o + \sum_{k=r+1}^{m} z_{i(k)-m} \cdot (b_{p(k)}^+ + b_{p(k)i}^+ \cdot \Delta b_i) \\
&= z_o + \sum_{k=r+1}^{m} z_{i(k)-m} \cdot b_{p(k)}^+ \, + \\
&\qquad \Delta b_i \cdot \sum_{k=r+1}^{m} z_{i(k)-m} \cdot b_{p(k)i}^+ \\
&= N(\underline{x}^{\underline{b}}) + \Delta b_i \cdot \sum_{k=r+1}^{m} z_{i(k)-m} \cdot b_{p(k)i}^+.
\end{aligned}$$

4. Im übrigen bleibt das optimale Simplex-Tableau durch die Variation von b_i um Δb_i unverändert.[2]

---

1) Vgl. Dinkelbach (1969a), S. 75.

2) Vgl. S. 3o2,A 2.7.15, und S. 316,A 2.7.19.

<u>Zu (a):</u>

Da 1. bis 4. für beliebiges $i \in \{1,\ldots,m\}$ bewiesen wurde, bleibt nur noch (iv) zu zeigen. Ist $i \notin \{i(1),\ldots,i(r)\}$, so gilt:

$$z_i^+ = \sum_{k=r+1}^{m} z_{i(k)-m} \cdot b_{p(k)i}^+ \,. \quad [1]$$

Daraus folgt aber wegen 3. die Behauptung (iv).

<u>Zu (b):</u>

Ist $i = i(1) \in \{i(1),\ldots,i(r)\}$, so ergibt sich:

$$\underline{b}_i^+ = \underline{b}_{i(1)}^+ = \underline{e}_{p(1)}^{\,m} = \begin{pmatrix} o \\ \vdots \\ \vdots \\ 1 \\ \vdots \\ \vdots \\ o \end{pmatrix} \leftarrow p(1) \,. \quad [2]$$

In diesem Fall existiert also kein negatives b_{ki}^+ und nur ein positives b_{ki}^+, nämlich $b_{p(1)i}^+ = 1$. Zu fordern ist somit lediglich:

$$\Delta b_i \geqq \frac{-b_{p(1)}^+}{b_{p(1)i}^+} = - b_{p(1)}^+ \,. \quad [3]$$

Damit ergibt sich im einzelnen aus 1., 2. und 3.:

$$y_{i(k)}^{opt'} = b_{p(k)}^+ + b_{p(k)i}^+ \cdot \Delta b_i = b_{p(k)}^+ \text{ für } k = 1,\ldots,$$
$$r, \; k \neq 1, \text{ da dann } b_{p(k)i}^+ = o.$$

$$y_{i(1)}^{opt'} = b_{p(1)}^+ + b_{p(1)i}^+ \cdot \Delta b_i = b_{p(1)}^+ + \Delta b_i, \text{ da}$$
$$b_{p(1)i}^+ = 1.$$

$$x_{i(k)-m}^{opt'} = b_{p(k)}^+ + b_{p(k)i}^+ \cdot \Delta b_i = b_{p(k)}^+ \text{ für } k = r+1,$$
$$\ldots,m, \text{ da dann } b_{p(k)i}^+ = o.$$

$$N(\underline{x}^{\underline{b}+\Delta b_i \underline{e}_i^{\,m}}) = N(\underline{x}^{\underline{b}}) + \Delta b_i \cdot \sum_{k=r+1}^{m} z_{i(k)-m} \cdot b_{p(k)i}^+$$
$$= N(\underline{x}^{\underline{b}}), \text{ da } b_{p(k)i}^+ = o \text{ für } k = r+1,\ldots,m.$$

---

1) Siehe S. 3o5, A 2.7.18(2).

2) Siehe S. 3o1, A 2.7.12.

3) Vgl. S. 1o4 und Dinkelbach (1969a), S. 75, Bedingung (4.13).

Aussage (iii) ist bereits für beliebiges $i \in \{1,\ldots,m\}$ bewiesen worden.

Mithilfe dieses Satzes läßt sich nun im einzelnen zeigen:

(11) Sei $b_{opt}^T = (b_1^{opt},\ldots,b_m^{opt})$.

(a) Ist $b_i^{opt} < b_i$, das heißt, ist der Faktor i nicht relativ knapp, und gilt für den Wert $b_{p(1)}^+$ der zugehörigen Schlupfvariablen y_i mit $i = i(1)^{1)}$: $b_{p(1)}^+ \geq 1$, so folgt:

$$N(\underline{x}^{\underline{b}}) - N(\underline{x}^{\underline{b-e}_i\ m}) = o = z_i^+ \quad (i \in \{1,\ldots,m\}).$$

(b) Ist $b_i^{opt} = b_i$, das heißt, ist der Faktor i relativ knapp, und gilt:

$$\max\left\{\frac{-b_k^+}{b_{ki}^+} : b_{ki}^+ > o,\ k = 1,\ldots,m\right\} \leq -1,\ \text{falls}$$

es ein $k \in \{1,\ldots,m\}$ gibt mit $b_{ki}^+ > o$,$^{2)}$ so folgt:

$$N(\underline{x}^{\underline{b}}) - N(\underline{x}^{\underline{b-e}_i\ m}) = z_i^+ \quad (i \in \{1,\ldots,m\}).$$

<u>Beweis:</u>
Mit $\Delta b_i := -1$ folgen die Behauptungen unmittelbar aus (1o)(a)(iv) und (1o)(b)(iv).

---

1) p(1) gibt die Zeile des optimalen Simplex-Tableaus an, in der der Wert der Schlupfvariablen y_i unmittelbar abgelesen werden kann. Vgl. S. 299,A 2.7.4 und A 2.7.5, S. 3oo,A 2.7.6, S. 3o1,A 2.7.12, und S. 3o2, A 2.7.14.

2) Dies bedeutet, daß keine weitere Bedingung erfüllt sein muß, wenn $b_{ki}^+ \leq o$ für $k = 1,\ldots,m$ gilt.

Dies soll am oben angeführten Beispiel[1] verdeutlicht werden. Das zugehörige optimale Simplex-Tableau lautet:[2]

z_1^+	z_2^+	z_3^+	z_4^+	z_5^+	$N(\underline{x}^{\underline{b}})$								
b_{11}^+	b_{12}^+	b_{13}^+	b_{14}^+	b_{15}^+	b_1^+	$=$	200	100	0	0	0	13000	
b_{21}^+	b_{22}^+	b_{23}^+	b_{24}^+	b_{25}^+	b_2^+		1	-1	0	0	1	20	
b_{31}^+	b_{32}^+	b_{33}^+	b_{34}^+	b_{35}^+	b_3^+		-1	2	0	1	0	130	
							-3	3	1	0	0	120	

mit y_3, x_1, x_2 als Basisvariablen, $r = 1$, $i(1) = 3$, $i(2) = 4$, $i(3) = 5$, $p(1) = 3$, $p(2) = 2$, $p(3) = 1$,

$$\underline{b} = \begin{pmatrix} 170 \\ 150 \\ 180 \end{pmatrix}, \quad \underline{x}^{\underline{b}} = \begin{pmatrix} 130 \\ 20 \end{pmatrix} \quad \text{und} \quad \underline{b}_{opt} = \begin{pmatrix} 170 \\ 150 \\ 60 \end{pmatrix}.$$

Damit gilt für

$\underline{i = 1}$: $b_1^{opt} = b_1 = 170$, Faktor 1 ist also relativ

knapp; der Spaltenvektor $\underline{b}_1^+ = \begin{pmatrix} 1 \\ -1 \\ -3 \end{pmatrix}$ enthält ein

positives Element:
$$\frac{-20}{1} = -20 < -1.$$

Also folgt nach (11)(b): $N(\underline{x}^{\underline{b}}) - N(\underline{x}^{\underline{b-e}_1^3}) = z_1^+$
$= 200$.

$\underline{i = 2}$: $b_2^{opt} = b_2 = 150$, Faktor 2 ist also relativ

knapp; $\max \left\{ \frac{-130}{2}, \frac{-120}{3} \right\} = -40 < -1$, also:

$$N(\underline{x}^{\underline{b}}) - N(\underline{x}^{\underline{b-e}_2^3}) = z_2^+ = 100.$$

$\underline{i = 3}$: $b_3^{opt} = 60 < 180 = b_3$, Faktor 3 ist also nicht

relativ knapp; $y_3 = y_{i(1)} = b_{p(1)}^+ = b_3^+ = 120 > 1$.
Also folgt nach (11)(a):

$$N(\underline{x}^{\underline{b}}) = N(\underline{x}^{\underline{b-e}_3^3}) = 0 = z_3^+.$$

Zu klären bleibt noch, wann der Beschaffungsgrenznutzen eines Faktors mit dem unmittelbaren variablen Beschaf-

---

1) Siehe S. 83ff.
2) Siehe S. 84.

fungsnutzen der letzten von ihm nicht mehr eingesetzten
Einheit, wenn von ihm eine Einheit weniger zur Verfügung
steht, übereinstimmt. Auch dieses Problem läßt sich mithilfe des Satzes (1o) lösen:

(12) Sei $\underline{b}_{opt}^{T} = (b_1^{opt}, \ldots, b_m^{opt})$.

    (a) Ist $b_i^{opt} < b_i$, das heißt, ist der Faktor i
        nicht relativ knapp, und gilt für den Wert
        $b_{p(1)}^{+}$ der zugehörigen Schlupfvariablen y_i mit
        $i = i(1)$ [1]: $b_{p(1)}^{+} \geqq 1$, so folgt:

$$(\underline{b} - \underline{e}_i^{m})_{opt} = \underline{b}_{opt} \text{ [2] und}$$

$$K(\underline{x}^{\underline{b}}) - K(\underline{x}^{\underline{b-e}_i^{m}}) = o \quad (i \in \{1, \ldots, m\}).$$

    (b) Ist $b_i^{opt} = b_i$, das heißt, ist der Faktor i re-
        lativ knapp, und gilt:

$$\max\left\{\frac{-b_k^{+}}{b_{ki}^{+}} : b_{ki}^{+} > o, \ k = 1, \ldots, m\right\} \leqq -1, \text{ falls}$$

        es ein $k \in \{1, \ldots, m\}$ gibt mit $b_{ki}^{+} > o$ [3], und
        $b_{p(k)i}^{+} = o$ für $k = 1, \ldots, r$ [4], so folgt:

$$\underline{b}_{opt} - \underline{e}_i^{m} = (\underline{b} - \underline{e}_i^{m})_{opt} \text{ [5] und}$$

$$K(\underline{x}^{\underline{b}}) - K(\underline{x}^{\underline{b-e}_i^{m}}) = k_i' \quad (i \in \{1, \ldots, m\}).$$

---

1) Vgl. S. 1o7, Fußnote 1.

2) Es gibt also insbesondere keine letzte, vom Faktor i
   nicht mehr eingesetzte Einheit, wenn von ihm eine
   Einheit weniger zur Verfügung steht.

3) Dies bedeutet, das keine weitere Bedingung erfüllt
   sein muß, wenn $b_{ki}^{+} \leqq o$ für $k = 1, \ldots, m$ gilt.

4) $b_{p(k)i}^{+}$ ist die Komponente des Spaltenvektors $\underline{b}_i^{+}$,
   die in der gleichen Zeile steht, in der auch der Wert
   der k-ten Basisvariablen $y_{i(k)}$ unter den Schlupfvariablen abgelesen wird. Vgl. S. 1o2.

<u>Beweis:</u>

Sei $(\underline{b} - \underline{e}_i^m)_{opt}^T = (b_1^{opt'}, \ldots, b_m^{opt'})$ für $i = 1, \ldots, m$.

<u>Zu (a):</u>

Mit $\Delta b_i := -1$ folgt aus (1o)(b)(i) und (1o)(b)(iii):

$$y_{i(k)}^{opt'} = b_{p(k)}^+ \quad \text{für } k = 1, \ldots, r, \ k \neq 1, \text{ also:}$$

$$b_{i(k)}^{opt'} = b_{i(k)} - y_{i(k)}^{opt'} = b_{i(k)} - b_{p(k)}^+$$

$$= b_{i(k)}^{opt} \quad \text{für } k = 1, \ldots, r, \ k \neq 1;$$

$$y_{i(1)}^{opt'} = b_{p(1)}^+ - 1, \text{ also:}$$

$$b_i^{opt'} = b_{i(1)}^{opt'} = b_{i(1)} - 1 - y_{i(1)}^{opt'}$$

$$= b_{i(1)} - 1 - b_{p(1)}^+ + 1 = b_{i(1)} - b_{p(1)}^+$$

$$= b_{i(1)}^{opt} = b_i^{opt};$$

$$y_k^{opt'} = o \quad \text{für } k = 1, \ldots, m, \ k \notin \{i(1), \ldots, i(r)\}, \text{ also:}$$

$$b_k^{opt'} = b_k = b_k^{opt} \quad \text{für } k = 1, \ldots, m, \ k \notin \{i(1), \ldots, i(r)\}.$$

Insgesamt gilt demnach:

$$(\underline{b} - \underline{e}_i^m)_{opt}^T = (b_1^{opt'}, \ldots, b_m^{opt'}) = (b_1^{opt}, \ldots, b_m^{opt})$$

$$= \underline{b}_{opt}^T$$

und

$$K(\underline{x}^{\underline{b}}) - K(\underline{x}^{\underline{b}-\underline{e}_i^m}) = K_v'(\underline{b}_{opt}) - K_v'((\underline{b} - \underline{e}_i^m)_{opt})$$

$$= K_v'(\underline{b}_{opt}) - K_v'(\underline{b}_{opt}) = o.$$

<u>Zu (b):</u>

Mit $\Delta b_i := -1$ folgt aus (1o)(a)(i) und (1o)(a)(iii):

$$y_{i(k)}^{opt'} = b_{p(k)}^+ - b_{p(k)i}^+ \quad \text{für } k = 1, \ldots, r, \text{ also}$$

wegen $b_{p(k)i}^+ = o$ für $k = 1, \ldots, r$:

$$y_{i(k)}^{opt'} = b_{p(k)}^+ \quad \text{für } k = 1, \ldots, r \text{ und somit:}$$

Fortsetzung der Fußnoten der vorherigen Seite!

5) Es wird also genau die letzte, vom Faktor i zur Verfügung stehende Einheit nicht eingesetzt. Die Verbräuche der übrigen Faktoren bleiben unverändert. Vgl. S. 93,(7).

$$b_{i(k)}^{opt'} = b_{i(k)} - y_{i(k)}^{opt'} = b_{i(k)} - b_{p(k)}^{+}$$
$$= b_{i(k)}^{opt} \quad \text{für } k = 1,\dots,r;$$

$$y_k^{opt'} = o \quad \text{für } k = 1,\dots,m, \; k \notin \{i(1),\dots,i(r)\}, \text{ also:}$$

$$b_k^{opt'} = b_k = b_k^{opt} \quad \text{für } k = 1,\dots,m, \; k \neq i, \; k \notin \{i(1),$$
$$\dots,i(r)\} \text{ und}$$

$$b_i^{opt'} = b_i - 1 = b_i^{opt} - 1.$$

Insgesamt gilt demnach:

$$(\underline{b} - \underline{e}_i^m)_{opt}^T = (b_1^{opt'},\dots,b_m^{opt'})$$
$$= (b_1^{opt},\dots,b_m^{opt}) - \underline{e}_i^{mT} = \underline{b}_{opt}^T - \underline{e}_i^{mT}$$

und

$$K(\underline{x}^{\underline{b}}) - K(\underline{x}^{\underline{b}-\underline{e}_i^m}) = K_v'(\underline{b}_{opt}) - K_v'((\underline{b} - \underline{e}_i^m)_{opt})$$
$$= \underline{k}^T\underline{A}'(\underline{b}_{opt} - (\underline{b} - \underline{e}_i^m)_{opt})$$
$$= \underline{k}^T\underline{A}'\underline{e}_i^m = k_i'.^{1)}$$

Dies sei an einem Beispiel verdeutlicht. Ist

2oo	1oo	o	o	o	13ooo
1	-1	o	o	1	2o
-1	2	o	1	o	13o
-3	3	1	o	o	12o

ein optimales Simplex-Tableau mit y_3, x_1, x_2 als Basisvariablen, $r = 1$, $i(1) = 3$, $i(2) = 4$, $i(3) = 5$, $p(1) = 3$, $p(2) = 2$, $p(3) = 1$, y_1 und y_2 als Nebenbasisvariablen, $\underline{b} = \begin{pmatrix} 17o \\ 15o \\ 18o \end{pmatrix}$, $\underline{x}^{\underline{b}} = \begin{pmatrix} 13o \\ 2o \end{pmatrix}$ und $\underline{b}_{opt} = \begin{pmatrix} 17o \\ 15o \\ 6o \end{pmatrix}$,$^{2)}$ dann gilt für

<u>$i = 1$</u>: $b_1^{opt} = b_1 = 17o$, Faktor 1 ist also relativ knapp, $\underline{b}_1^{+} = \begin{pmatrix} 1 \\ -1 \\ -3 \end{pmatrix}$, $b_{p(1)1}^{+} = b_{31}^{+} = -3 \neq o$. Die entsprechende Bedingung in (12)(b) ist somit

---

1) Siehe S. 95,(8).

2) Siehe S.1o8 und S. 83ff.

nicht erfüllt[1]. Wegen $(\underline{b} - \underline{e}_1{}^3)_{opt} = \begin{vmatrix} 169 \\ 150 \\ 57 \end{vmatrix}$ [2]

gilt dann:

$$K(\underline{x}^{\underline{b}}) - K(\underline{x}^{\underline{b}-\underline{e}_1{}^3}) = \underline{k}^T\underline{A}'(\underline{b}_{opt} - (\underline{b} - \underline{e}_1{}^3)_{opt})$$
$$= 1800, \text{[3]}$$

$$k_1' = \underline{k}^T\underline{A}'\underline{e}_1{}^3 = (700 \ , \ 2500)\begin{vmatrix} \dfrac{8}{19} & \dfrac{11}{19} & -\dfrac{9}{19} \\ \dfrac{1}{19} & -\dfrac{1}{19} & \dfrac{6}{19} \end{vmatrix}\begin{vmatrix} 1 \\ 0 \\ 0 \end{vmatrix} \text{[4]}$$

$$= \frac{8100}{19} = 426\frac{6}{19} \neq 1800 = K(\underline{x}^{\underline{b}}) - K(\underline{x}^{\underline{b}-\underline{e}_1{}^3}).$$

$\underline{i = 2}$: $b_2{}^{opt} = b_2 = 150$, Faktor 2 ist also relativ

knapp, $\underline{b}_2{}^+ = \begin{vmatrix} -1 \\ 2 \\ 3 \end{vmatrix}$, $b_{p(1)2}{}^+ = b_{32}{}^+ = 3 \neq 0$. Die

entsprechende Bedingung in (12)(b) ist somit auch

hier nicht erfüllt. Wegen $(\underline{b} - \underline{e}_2{}^3)_{opt} = \begin{vmatrix} 170 \\ 149 \\ 63 \end{vmatrix}$ [5]

gilt dann:

$$K(\underline{x}^{\underline{b}}) - K(\underline{x}^{\underline{b}-\underline{e}_2{}^3}) = \underline{k}^T\underline{A}'(\underline{b}_{opt} - (\underline{b} - \underline{e}_2{}^3)_{opt})$$
$$= -1100,$$

$$k_2' = \underline{k}^T\underline{A}'\underline{e}_2{}^3 = 273\frac{13}{19} \text{[6]} \neq -1100 = K(\underline{x}^{\underline{b}}) -$$
$$K(\underline{x}^{\underline{b}-\underline{e}_2{}^3}).$$

$\underline{i = 3}$: $b_3{}^{opt} = 60 < 180 = b_3$, Faktor 3 ist also nicht

relativ knapp, $b_{p(1)}{}^+ = b_3{}^+ = 120 > 1$ [7]. Somit

folgt nach (12)(a):

---

1) Da y_3 die einzige Basisvariable unter den Schlupfvariablen ist, gilt: r = 1. Vgl. hierzu S. 299.
2) Siehe S. 85.
3) Siehe S. 86.
4) Vgl. S. 84.
5) Siehe S. 85.
6) Siehe S. 98.
7) Vgl. S. 109.

– 113 –

$$(\underline{b} - \underline{e}_3{}^3)_{opt} = \underline{b}_{opt} = \begin{pmatrix} 170 \\ 150 \\ 60 \end{pmatrix} \text{ 1) und}$$

$$K(\underline{x}^{\underline{b}}) - K(\underline{x}^{\underline{b}-\underline{e}_3{}^3}) = 0.$$

Werden die Aussagen von (11) und (12) zusammengefaßt, so ergibt sich:

(13) Sei $\dot{\underline{b}}_{opt}{}^T = (b_1{}^{opt}, \ldots, b_m{}^{opt})$.

   (a) Ist $b_i{}^{opt} < b_i$, das heißt, ist der Faktor i nicht relativ knapp, so folgt:

$$N(\underline{x}^{\underline{b}}) - N(\underline{x}^{\underline{b}-\underline{e}_i{}^m}) = 0 \text{ und } K(\underline{x}^{\underline{b}}) - K(\underline{x}^{\underline{b}-\underline{e}_i{}^m}) = 0,$$

also:

$$EKW_i = (N(\underline{x}^{\underline{b}}) - N(\underline{x}^{\underline{b}-\underline{e}_i{}^m})) + (K(\underline{x}^{\underline{b}}) - K(\underline{x}^{\underline{b}-\underline{e}_i{}^m}))$$
$$= 0,$$

wenn für den Wert $b_{p(1)}{}^+$ der zugehörigen Schlupfvariablen y_i mit $i = i(1)$ [2] $b_{p(1)}{}^+ \geq 1$ gilt ($i \in \{1, \ldots, m\}$). Ist diese Voraussetzung nicht erfüllt, brauchen der Grenznutzen und der Beschaffungsgrenznutzen nicht gleich Null zu sein.

   (b) Ist $b_i{}^{opt} = b_i$, das heißt, ist der Faktor i relativ knapp, so folgt:

$$N(\underline{x}^{\underline{b}}) - N(\underline{x}^{\underline{b}-\underline{e}_i{}^m}) = z_i{}^+, \text{ also:}$$

$$EKW_i = (N(\underline{x}^{\underline{b}}) - N(\underline{x}^{\underline{b}-\underline{e}_i{}^m})) + ((K(\underline{x}^{\underline{b}}) -$$

---

1) Vgl. auch S. 85.
2) Vgl. S. 1o7, Fußnote 1.

$$K(\underline{x}^{\underline{b-e_i}^m}))$$

$$= z_i^+ + \underline{k}^T\underline{A}'(\underline{b}_{opt} - (\underline{b} - \underline{e}_i^m)_{opt}),$$

wenn gilt:

$$\max\left\{\frac{-b_k^+}{b_{ki}^+} : b_{ki}^+ > o, \; k = 1,\ldots,m\right\} \leq -1^{1)},$$

falls es ein $k \in \{1,\ldots,m\}$ gibt mit $b_{ki}^+ > o^{2)}$

$(i \in \{1,\ldots,m\})$. Ist diese Voraussetzung nicht erfüllt, braucht der Grenznutzen eines Faktors nicht gleich dem Zielfunktionskoeffizienten der zugehörigen Schlupfvariablen im optimalen Simplex-Tableau zu sein.

(c) Ist $b_i^{opt} = b_i$, das heißt, ist der Faktor i relativ knapp, so folgt:

$$N(\underline{x}^{\underline{b}}) - N(\underline{x}^{\underline{b-e_i}^m}) = z_i^+ = z_i' \text{ und}$$

$$K(\underline{x}^{\underline{b}}) - K(\underline{x}^{\underline{b-e_i}^m}) = k_i', \text{ also:}$$

$$EKW_i = (N(\underline{x}^{\underline{b}}) - N(\underline{x}^{\underline{b-e_i}^m})) + (K(\underline{x}^{\underline{b}}) -$$

$$K(\underline{x}^{\underline{b-e_i}^m}))$$

$$= z_i^+ + k_i' = z_i' + k_i',$$

wenn zusätzlich zur Voraussetzung in (b)

$$b_{p(k)i}^+ = o \text{ für } k = 1,\ldots,r^{3)} \text{ gilt}$$

$(i \in \{1,\ldots,m\})$. Ist eine dieser Voraussetzungen

nicht erfüllt, so brauchen der Grenznutzen

---

1) Die Größen b_k^+ und b_{ki}^+ für $k = 1,\ldots,m$ werden dem optimalen Simplex-Tableau entnommen. Vgl. S. 1o2 und S. 88,(3).

2) Dies bedeutet, daß keine weitere Bedingung erfüllt sein muß, wenn $b_{ki}^+ \leq o$ für $k = 1,\ldots,m$ gilt.

3) Vgl. hierzu S. 1o9, Fußnote 4.

$$N(\underline{x}^{\underline{b}}) - N(\underline{x}^{\underline{b}-\underline{e}_i^m})$$ eines Faktors i nicht mit z_i^+

beziehungsweise mit z_i' oder der Beschaffungs-

grenznutzen $K(\underline{x}^{\underline{b}}) - K(\underline{x}^{\underline{b}-\underline{e}_i^m})$ nicht mit k_i'

identisch zu sein.

<u>Beweis:</u>

Zu zeigen bleibt:

(i) Wegen (12)(b) gilt unter den Voraussetzungen von

(c): $\underline{b}_{opt} - \underline{e}_i^m = (\underline{b} - \underline{e}_i^m)_{opt}$, also:

$$N(\underline{x}^{\underline{b}}) - N(\underline{x}^{\underline{b}-\underline{e}_i^m}) = N_v(\underline{x}^{\underline{b}}) - N_v(\underline{x}^{\underline{b}-\underline{e}_i^m})$$

$$= (\underline{e} - \underline{k})^T \underline{A}'(\underline{b}_{opt} - (\underline{b} - \underline{e}_i^m)_{opt})$$

$$= (\underline{e} - \underline{k})^T \underline{A}' \underline{e}_i^m = z_i'^{[1]}.$$

(ii) Im übrigen brauchen nur noch Gegenbeispiele angeführt zu werden:

<u>Gegenbeispiel zu (a):</u>

Im Beispiel von Seite 93f.[2] gilt mit i = 3:

$$b_3^+ = 0,4 < 1, \quad N(\underline{x}^{\underline{b}}) - N(\underline{x}^{\underline{b}-\underline{e}_3^3}) = 40 \neq 0 \; (= z_3^+) \text{ und}$$

$$K(\underline{x}^{\underline{b}}) - K(\underline{x}^{\underline{b}-\underline{e}_3^3}) = 360 \neq 0.$$

<u>Gegenbeispiel zu (b):</u>

Im Beispiel von Seite 97f. gilt mit i = 2:

$$\max\left\{\frac{-130}{2}, \frac{-1,5}{3}\right\} = -0,5 > -1 \text{ und}$$

$$N(\underline{x}^{\underline{b}}) - N(\underline{x}^{\underline{b}-\underline{e}_2^3}) = 200 \neq 100 = z_2^+.$$

<u>Gegenbeispiele zu (c):</u>

1. Im Beispiel von Seite 111f. gilt mit i = 1:

$$\frac{-20}{1} = -20 < -1, \quad b_{31}^+ = -3 \neq 0,$$

$$K(\underline{x}^{\underline{b}}) - K(\underline{x}^{\underline{b}-\underline{e}_1^3}) = 1800 \neq 426\frac{6}{19} = k_1',$$

---

1) Vgl. S. 95,(8).

2) Siehe auch S. 96f.

$$z_1{}^+ = 200 \neq 152\tfrac{12}{19} = (300 \ , \ 500)\begin{pmatrix} \tfrac{8}{19} \\ \tfrac{1}{19} \end{pmatrix} = (\underline{e} - \underline{k})^T \underline{A}' \underline{e}_1{}^3$$

$$= z_1{}'$$

und

$$N(\underline{x}^{\underline{b}}) - N(\underline{x}^{\underline{b-e}_1{}^3}) = 200 = z_1{}^{+1)}.$$

2. Sei $n = 2$, $m = 3$, $N(\underline{x}) = (\underline{e} - \underline{k})^T\underline{x} + E_f - K_f$ mit

$\underline{e}^T := (1000 \ , \ 3000)$, $\underline{k}^T := (700 \ , \ 2500)$, $E_f := o$ und

$K_f := o$, $\underline{A} := \begin{pmatrix} 1 & 2 \\ 1 & 1 \\ 3 & 6 \end{pmatrix}$ und $\underline{b} := \begin{pmatrix} 41 \\ 21 \\ 130 \end{pmatrix}$. Dann ergibt sich

aus

o	o	o	-300	-500		o
1	o	o	1	2		41
o	1	o	1	1		21
o	o	1	3	6		130
o	300	o	o	-200		6300
1	-1	o	o	1		20
o	1	o	1	1		21
o	-3	1	o	3		67
200	100	o	o	o		10300
1	-1	o	o	1		20
-1	2	o	1	o		1
-3	o	1	o	o		7

o	o	o	-300	-500		o
1	o	o	1	2		41
o	1	o	1	1		2o
o	o	1	3	6		130
o	500	o	200	o		10000
1	-2	o	-1	o		1
o	1	o	1	1		2o
o	-6	1	-3	o		1o

für $i = 2$:

$$N(\underline{x}^{\underline{b}}) = 10300, \quad N(\underline{x}^{\underline{b-e}_2{}^3}) = 10000, \quad \underline{b}_{opt} = \begin{pmatrix} 41 \\ 21 \\ 123 \end{pmatrix},$$

$$(\underline{b} - \underline{e}_2{}^3)_{opt} = \begin{pmatrix} 40 \\ 2o \\ 120 \end{pmatrix}, \quad \underline{A}^T\underline{A} = \begin{pmatrix} 11 & 21 \\ 21 & 41 \end{pmatrix}^{2)},$$

---

1) Vgl. S. 83ff.

2) $\underline{A}^T\underline{A} = \begin{pmatrix} 1 & 1 & 3 \\ 2 & 1 & 6 \end{pmatrix}\begin{pmatrix} 1 & 2 \\ 1 & 1 \\ 3 & 6 \end{pmatrix} = \begin{pmatrix} 11 & 21 \\ 21 & 41 \end{pmatrix}.$

$$(\underline{A}^T\underline{A})^{-1} = \begin{pmatrix} \frac{41}{10} & -\frac{21}{10} \\ -\frac{21}{10} & \frac{11}{10} \end{pmatrix} 1), \quad \underline{A}' = (\underline{A}^T\underline{A})^{-1}\underline{A}^T = \begin{pmatrix} -\frac{1}{10} & 2 & -\frac{3}{10} \\ \frac{1}{10} & -1 & \frac{3}{10} \end{pmatrix} 2),$$

$$b_{32}^+ = o, \quad \frac{-1}{2} > -1,$$

$$z_2^+ = 1oo \neq 3oo = N(\underline{x}^{\underline{b}}) - N(\underline{x}^{\underline{b}-\underline{e}_2^3}),$$

$$z_2' = (\underline{e} - \underline{k})^T\underline{A}'\underline{e}_2^3 = (3oo\ ,\ 5oo)\begin{vmatrix} 2 \\ -1 \end{vmatrix} = 1oo = z_2^+,$$

$$k_2' = \underline{k}^T\underline{A}'\underline{e}_2^3 = (7oo\ ,\ 25oo)\begin{vmatrix} 2 \\ -1 \end{vmatrix} = -9oo \neq 7oo$$

$$= (7oo\ ,\ 25oo)\begin{vmatrix} 1 \\ o \end{vmatrix} = \underline{k}^T\underline{A}'\begin{vmatrix} 1 \\ 1 \\ 3 \end{vmatrix}$$

$$= \underline{k}^T\underline{A}'(\underline{b}_{opt} - (\underline{b} - \underline{e}_2^3)_{opt}) = K(\underline{x}^{\underline{b}}) - K(\underline{x}^{\underline{b}-\underline{e}_2^3}).$$

In diesem Beispiel stimmen also z_i^+ und z_i' überein, aber nicht der Grenznutzen mit z_i^+ beziehungsweise z_i' und nicht der Beschaffungsgrenznutzen mit k_i'.

Nur in den Fällen (a) und (c) von (13) läßt sich somit im allgemeinen der entscheidungsorientierte Kostenwert eines Faktors unmittelbar dem optimalen Simplex-Tableau

---

1) Mithilfe des modifizierten Gaußschen Algorithmus zur Bestimmung der Inversen einer Matrix ergibt sich aus

$$\begin{array}{cc|cc} 11 & 21 & 1 & o \\ 21 & 41 & o & 1 \end{array} \rightarrow \begin{array}{cc|cc} 1 & \frac{21}{11} & \frac{1}{11} & o \\ o & \frac{1o}{11} & -\frac{21}{11} & 1 \end{array} \rightarrow \begin{array}{cc|cc} 1 & o & \frac{41}{1o} & -\frac{21}{1o} \\ o & 1 & -\frac{21}{1o} & \frac{11}{1o} \end{array}$$

$$(\underline{A}^T\underline{A})^{-1} = \begin{pmatrix} \frac{41}{1o} & -\frac{21}{1o} \\ -\frac{21}{1o} & \frac{11}{1o} \end{pmatrix}.$$ Vgl. hierzu Münstermann (1969), S. 1o9ff.

2) $$(\underline{A}^T\underline{A})^{-1}\underline{A}^T = \begin{pmatrix} \frac{41}{1o} & -\frac{21}{1o} \\ -\frac{21}{1o} & \frac{11}{1o} \end{pmatrix}\begin{pmatrix} 1 & 1 & 3 \\ 2 & 1 & 6 \end{pmatrix} = \begin{pmatrix} -\frac{1}{1o} & 2 & -\frac{3}{1o} \\ \frac{1}{1o} & -1 & \frac{3}{1o} \end{pmatrix}.$$

zum Grundmodell[1] beziehungsweise den Daten des Grundmodells[2] entnehmen. Im Fall (b) von (13) muß noch der optimale Faktorverbrauch $(\underline{b} - \underline{e}_i^m)_{opt}$ bestimmt werden, damit der Beschaffungsgrenznutzen des Faktors i ermittelt werden kann. Allerdings läßt sich $(\underline{b} - \underline{e}_i^m)_{opt}$ mithilfe von (1o)(a)(i) und (1o)(a)(iii)[3] ebenfalls ohne Berechnung eines weiteren Simplex-Tableaus bestimmen.[4]

Die in der Literatur im Rahmen des Konzepts der wertmäßigen Kosten übliche Ermittlung der Wertansätze für Faktoren[5] führt also im allgemeinen nur dann zu richtigen Ergebnissen, wenn die in (13)(a) und (13)(c) angeführten Bedingungen erfüllt sind. Zu betonen ist jedoch, daß in der Literatur wertmäßige Kosten zumindest bei relativ knappen Faktoren offensichtlich dann richtig bestimmt werden, wenn auf die Zuhilfenahme des optimalen Simplex-Tableaus verzichtet wird[6] oder wenn die Lineare Programmierung dem jeweiligen Autor noch nicht bekannt

---

1) Bei (a) ergibt sich aus dem Wert der Schlupfvariablen, die zu dem nicht relativ knappen Faktor gehört, daß der entscheidungsorientierte Kostenwert dieses Faktors Null ist; bei (c) ergibt sich der Grenznutzen eines relativ knappen Faktors aus dem Zielfunktionskoeffizienten der zugehörigen Schlupfvariablen.

2) Bei (c) ergibt sich der Beschaffungsgrenznutzen eines relativ knappen Faktors aus dem unmittelbaren variablen Beschaffungsnutzen einer Einheit dieses Faktors.

3) Siehe S. 1o2f.

4) Vgl. dagegen S. 99f.

5) Vgl. hierzu S. 99, Fußnote 2.

6) Dies wird besonders deutlich bei Lücke, der unter dem Ziel der (Brutto-) Gewinnmaximierung in Übereinstimmung mit dem in der vorliegenden Arbeit vorgetragenen Ansatz den "Grenzgewinn" zunächst als "Gewinndifferenz" darstellt, vgl. Lücke (1969), S. 26off., dann aber als "Schattenpreis" dem optimalen Simplex-Tableau entnimmt, vgl. Lücke (1969), S. 266f.

war[1].

3.2.4 Darstellung der entscheidungsorientierten Kostenwerte mithilfe von partiellen Ableitungen

In den bisherigen Ausführungen dieses Kapitels wurden nur die Auswirkungen einer diskreten Änderung des maximal möglichen variablen Faktorverbrauchs auf den Nutzen und den Beschaffungsnutzen untersucht.[2] Sind jedoch sogar kontinuierliche Änderungen der variablen Faktorverbräuche möglich,[3] so läßt sich das Konzept der entscheidungsorientierten Kostenwerte unmittelbar anwenden, solange die Änderungen zwar beliebig klein sein können, aber jeweils von fester Größe angenommen werden.[4]

Wird etwa der maximal mögliche variable Verbrauch b_i des Faktors i mit $i \in \{1,\ldots,m\}$ um h[5] Einheiten verändert, so ergibt sich zum Beispiel für die Nutzenänderung

$$N(\underline{x}^{\underline{b}+h\underline{e}_i^m}) - N(\underline{x}^{\underline{b}}):$$

---

1) Vgl. zum Beispiel Schmalenbach (1947), S. 66. Dagegen hat Heinen die angeführte Fehlermöglichkeit von vornherein ausgeschlossen, indem er den "Grenzgewinn der Unternehmung ... (als den) Gewinnzuwachs (definiert), der sich aus der Variation eines Faktors um eine Einheit bei Konstanz der übrigen Faktoren ergibt", Heinen (1970), S. 348, und somit erzwingt, daß die Bedingungen für den Fall (c) in (13) zutreffen und daher andere Bedingungskonstellationen gar nicht auftreten können. Vgl. hierzu auch S. 92ff. und S. 94f.

2) Zur Bestimmung des entscheidungsorientierten Kostenwertes eines Faktors wurde angenommen, daß eine Einheit von diesem Faktor weniger zur Verfügung steht. Vgl. S. 72, S. 74, S. 81ff. und S. 87ff., aber auch S. 48 und S. 58.

3) Etwa bei flüssigen Rohstoffen oder bei Einsatzzeiten von Maschinen.

4) Hierbei brauchen sogar insoweit keine Ganzzahligkeitsbedingungen berücksichtigt zu werden.

5) h kann positiv oder negativ sein.

1. Ist $i \notin \{i(1),\ldots,i(r)\}$, das heißt, ist der Faktor i relativ knapp, so folgt:

$$N(\underline{x}^{\underline{b}+h\underline{e}_i^m}) - N(\underline{x}^{\underline{b}}) = h \cdot z_i^{+}.[1]$$

2. Ist $i \in \{i(1),\ldots,i(r)\}$, so folgt:

$$N(\underline{x}^{\underline{b}+h\underline{e}_i^m}) - N(\underline{x}^{\underline{b}}) = o.[2]$$

Beide Aussagen gelten im allgemeinen jedoch nur, wenn jeweils zusätzliche Bedingungen erfüllt sind.[3] Sind diese erfüllt, läßt sich somit der Differenzenquotient

$$\frac{N(\underline{x}^{\underline{b}+h\underline{e}_i^m}) - N(\underline{x}^{\underline{b}})}{h}$$

von N an der Stelle $\underline{x}^{\underline{b}}$ [4] bilden, der in beiden Fällen konstant ist und mit dem Zielfunktionskoeffizienten z_i^{+} der zum Faktor i gehörigen Schlupfvariablen übereinstimmt.[5] Eine Analyse der angeführten Bedingungen führt zu folgendem Ergebnis:

(14) Sei

z_1^{+}	$\ldots$	z_{m+n}^{+}	$N(\underline{x}^{\underline{b}})$
b_{11}^{+}	$\ldots$	$b_{1\,m+n}^{+}$	b_1^{+}
$\vdots$		$\vdots$	$\vdots$
$\underline{b}_{m1}^{+}$	$\ldots$	$\underline{b}_{m\,m+n}^{+}$	$\underline{b}_m^{+}$

$=$

$\underline{z}^{+T}$		$N(\underline{x}^{\underline{b}})$
$\underline{b}_1^{+}$ $\ldots$ $\underline{b}_{m+n}^{+}$		$\underline{b}^{+}$

optimales Simplex-Tableau zum Grundmodell:

Maximiere $N(\underline{x}) = \underline{z}^{T}\underline{x} + z_0$ unter den Nebenbedingungen:

$\underline{A}\underline{x} \leq \underline{b}$, $\underline{x} \geq \underline{o}_n$.[6] Ist dann $b_k^{+} > o$ für die k aus

---

1) Vgl. S. 1o2f.,(1o)(a)(iv), mit $h := \Delta b_i$.

2) Vgl. S. 1o2ff.,(1o)(b)(iv), mit $h := \Delta b_i$.

3) Vgl. S. 1o2ff.,(1o).

4) Zur Definition des Differenzenquotienten einer Funktion an einer Stelle vgl. Erwe (1962), S. 131.

5) Für $i \in \{i(1),\ldots,i(r)\}$ ist z_i^{+} gleich Null. Vgl. S. 3o5,A 2.7.18(1).

6) Vgl. S. 1o2.

$\{1,\ldots,m\}$, für die $b_{ki}{}^{+} \neq o$ gilt,[1] so folgt:

$$\lim_{h \to o} \frac{N(\underline{x}^{\underline{b+he}_i^m}) - N(\underline{x}^{\underline{b}})}{h} = z_i{}^{+} \text{ für } i = 1,\ldots,m.$$

<u>Beweis:</u>

Sei $i \in \{1,\ldots,m\}$. Da $b_k{}^{+} > o$ ist, wenn $b_{ki}{}^{+} \neq o$ ist, gilt:

$$\max \left\{ \frac{-b_k{}^{+}}{b_{ki}{}^{+}} : b_{ki}{}^{+} > o, \ k = 1,\ldots,m \right\} =: h_1 < o, \text{ falls}$$

$b_{ki}{}^{+} > o$ für mindestens ein $k \in \{1,\ldots,m\}$,

$$\min \left\{ \frac{-b_k{}^{+}}{b_{ki}{}^{+}} : b_{ki}{}^{+} < o, \ k = 1,\ldots,m \right\} =: h_2 > o, \text{ falls}$$

$b_{ki}{}^{+} < o$ für mindestens ein $k \in \{1,\ldots,m\}$, und

$$\max \left\{ -b_k{}^{+} : k \in \{1,\ldots,m\} \text{ mit } b_{ki}{}^{+} \neq o \right\} =: h_o < o.$$

1. Fall: $i \notin \{i(1),\ldots,i(r)\}$, das heißt, der Faktor i ist

       relativ knapp:

Sei $h \geq h_1$, falls $b_{ki}{}^{+} \geq o$ für $k = 1,\ldots,m$, beziehungsweise $h \leq h_2$, falls $b_{ki}{}^{+} \leq o$ für $k = 1,\ldots,m$, beziehungsweise $h_1 \leq h \leq h_2$, falls mindestens ein positives $b_{ki}{}^{+}$ und ein negatives $b_{ki}{}^{+}$ existieren. Dann folgt:

$$\frac{N(\underline{x}^{\underline{b+he}_i^m}) - N(\underline{x}^{\underline{b}})}{h} = z_i{}^{+},[2] \text{ also:}$$

---

1) Diese Voraussetzung ist insbesondere dann erfüllt, wenn alle Basisvariablen in der optimalen Basislösung, die zum vorgegebenen optimalen Simplex-Tableau gehört, positiv sind, das heißt, wenn die optimale Basislösung nicht degeneriert ist. Vgl. hierzu S. 3o2,A 2.7.14, in Verbindung mit S. 3oo,A 2.7.6, und S. 328.

2) Vgl. S. 1o2f.,(1o)(a)(iv).

$$\lim_{h \to o} \frac{N(\underline{x}^{\underline{b+he_i}^m}) - N(\underline{x}^{\underline{b}})}{h} = z_i^+.$$

__2. Fall: $i \in \{i(1),\ldots,i(r)\}$ mit $i = i(1)$ und $l \in \{1,\ldots,r\}$,__
__das heißt, der Faktor i ist nicht relativ knapp[1):__

Sei $h \stackrel{\geq}{=} h_o$. Dann folgt:

$$\frac{N(\underline{x}^{\underline{b+he_i}^m}) - N(\underline{x}^{\underline{b}})}{h} = o,[2) \quad \text{also:}$$

$$\lim_{h \to o} \frac{N(\underline{x}^{\underline{b+he_i}^m}) - N(\underline{x}^{\underline{b}})}{h} = o = z_i^+.$$

Wird in entsprechender Weise die Änderung des Beschaffungsnutzens untersucht, so ergibt sich:

(15) Sei $b_k^+ > o$ für die k aus $\{1,\ldots,m\}$ mit $b_{ki}^+ \neq o[3)$,
$i \in \{1,\ldots,m\}$.

(a) Ist $i \notin \{i(1),\ldots,i(r)\}$, das heißt, ist der Faktor i relativ knapp, so folgt:

$$\lim_{h \to o} \frac{K(\underline{x}^{\underline{b+he_i}^m}) - K(\underline{x}^{\underline{b}})}{h} = k_i' - \sum_{s=1}^{r} k_{i(s)}' \cdot b_{p(s)i}^+.$$

(b) Ist $i \notin \{i(1),\ldots,i(r)\}$, das heißt, ist der Faktor i relativ knapp, und gilt: $b_{p(s)i}^+ = o$ für $s = 1,\ldots,r$, so folgt:

$$\lim_{h \to o} \frac{K(\underline{x}^{\underline{b+he_i}^m}) - K(\underline{x}^{\underline{b}})}{h} = k_i'.$$

---

1) Da $y_i = y_{i(1)} = b_{p(1)}^+ > o$ wegen $b_{p(1)i}^+ = 1$ nach Voraussetzung.
2) Vgl. S. 1o2ff.,(1o)(b)(iv).
3) Vgl. S. 12of.,(14).

(c) Ist $i \in \{i(1),\ldots,i(r)\}$, das heißt, ist der Faktor i nicht relativ knapp, so folgt:

$$\lim_{h \to o} \frac{K(\underline{x}^{\underline{b}+h\underline{e}_i^m}) - K(\underline{x}^{\underline{b}})}{h} = o.$$

<u>Beweis:</u>

Da Aussage (b) unmittelbar aus (a) folgt, ist nur (a) und (c) zu zeigen.

Sei $(\underline{b} + h\underline{e}_i^m)_{opt}^T = (b_1^h,\ldots,b_m^h)$, $\underline{b}_{opt}^T = (b_1^{opt},\ldots,b_m^{opt})$. h_o, h_1 und h_2 seien wie oben definiert.[1]

<u>Zu (a):</u>

Aus (1o)(a)(i) und (1o)(a)(iii)[2] folgt für $h \geq h_1$, falls $b_{ki}^+ \geq o$ für $k = 1,\ldots,m$, beziehungsweise für $h \leq h_2$, falls $b_{ki}^+ \leq o$ für $k = 1,\ldots,m$, beziehungsweise für h mit $h_1 \leq h \leq h_2$, falls mindestens ein positives b_{ki}^+ und ein negatives b_{ki}^+ existieren:

$$b_q^h = \begin{cases} b_q & : q = 1,\ldots,m,\ q \neq i, \\ b_i + h & : q = i \\ b_q - b_{p(k)}^+ - h \cdot b_{p(k)i}^+ & : q = i(s),\ s = 1, \end{cases}$$
$$\begin{cases} q \notin \{i(1),\ldots,i(r)\} \\ \ldots,r \end{cases} \text{3)}.$$

Damit folgt wegen $b_q^{opt} = \begin{cases} b_q & : q = 1,\ldots,m, \\ b_q - b_{p(s)}^+ & : q = i(s),\ s = \end{cases}$

$\begin{cases} q \notin \{i(1),\ldots,i(r)\} \\ 1,\ldots,r \end{cases}$ 4) und wegen

---

1) Siehe S. 121.

2) Vgl. S. 1o2f.

3) Es gilt allgemein für $\underline{o}_m \leq \underline{r} \leq \underline{b}$: $\underline{r}_{opt} = \underline{Ax}^r = \underline{b} - \underline{y}^r$ mit $\underline{y}^r := \underline{b} - \underline{Ax}^r$.

4) Vgl. Fußnote 3.

$$b_q^{\,h} - b_q^{\,opt} = \begin{cases} o & : q = 1,\dots,m,\ q \neq i \\ h & : q = i \\ -h \cdot b_{p(s)i}^{\;+} & : q = i(s),\ s = 1, \end{cases} \Bigg\}$$

$$\begin{cases} q \notin \{i(1),\dots,i(r)\} \\[1em] \dots,r \end{cases} \Bigg\} :$$

$$K(\underline{x}^{\,\underline{b}+h\underline{e}_i^{\,m}}) - K(\underline{x}^{\,\underline{b}}) = K_v'((\underline{b} + h\underline{e}_i^{\,m})_{opt}) - K_v'(\underline{b}_{opt})^{1)}$$

$$= \underline{k}^T\underline{A}'((\underline{b} + h\underline{e}_i^{\,m})_{opt} - \underline{b}_{opt})^{2)}$$

$$= \underline{k}'^{\,T}((\underline{b} + h\underline{e}_i^{\,m})_{opt} - \underline{b}_{opt})^{3)}$$

$$= \sum_{q=1}^{m} k_q' \cdot (b_q^{\,h} - b_q^{\,opt}) = \sum_{s=1}^{r} k_{i(s)}' \cdot (-h \cdot b_{p(s)i}^{\;+}) + k_i' \cdot h$$

$$= h \cdot (k_i' - \sum_{s=1}^{r} k_{i(s)}' \cdot b_{p(s)i}^{\;+}),\ \text{also:}$$

$$\lim_{h \to o} \frac{K(\underline{x}^{\,\underline{b}+h\underline{e}_i^{\,m}}) - K(\underline{x}^{\,\underline{b}})}{h} = k_i' - \sum_{s=1}^{r} k_{i(s)}' \cdot b_{p(s)i}^{\;+}.$$

<u>Zu (c)</u>:

Sei $i = i(1)$ mit $1 \in \{1,\dots,r\}$. Aus (1o)(b)(i) und (1o)(b)(iii)$^{4)}$ folgt für $h \geqq h_o$:

$$b_q^{\,h} = \begin{cases} b_q & : q = 1,\dots,m, \\ b_q - b_{p(s)}^{\;+} & : q = i(s),\ s = \\ b_i + h - b_{p(1)}^{\;+} - h = b_i - b_{p(1)}^{\;+} & : q = i(1) = i \end{cases} \Bigg\}$$

---

1) Vgl. S. 83 in Verbindung mit S. 42f.

2) Vgl. S. 83.

3) Es gilt allgemein für $\underline{k}'$ als Vektor der unmittelbaren variablen Beschaffungsnutzen je Einheit aller m Faktoren mit $\underline{k}'^T = (k_1',\dots,k_m')$:

$$\underline{k}'^T = \underline{k}^T\underline{A}'\underline{E}_m = \underline{k}^T\underline{A}' = \underline{k}^T(\underline{A}^T\underline{A})^{-1}\underline{A}^T,$$

vgl. S. 95,(8), und entsprechend für $\underline{k}$ als Vektor der konstanten, variablen Beschaffungsnutzen je Einheit aller n Produkte:

$$\underline{k}^T = \underline{k}^T\underline{E}_m = \underline{k}^T(\underline{A}^T\underline{A})^{-1}\underline{A}^T\underline{A} = \underline{k}^T\underline{A}'\underline{A} = \underline{k}'^T\underline{A} \text{ beziehungs-}$$

weise $\underline{k} = \underline{A}^T\underline{k}'$.

4) Vgl. S. 1o2ff.

$$\left.\begin{array}{l} q \notin \{i(1),\dots,i(r)\} \\ 1,\dots,r, \ s \neq 1 \end{array}\right\} = b_q^{\ opt} \ \text{und somit:}$$

$$K(\underline{x}^{\underline{b}+h\underline{e}_i^m}) - K(\underline{x}^{\underline{b}}) = K_v'((\underline{b} + h\underline{e}_i^m)_{opt}) - K_v'(\underline{b}_{opt})$$

$$= K_v'(\underline{b}_{opt}) - K_v'(\underline{b}_{opt}) = o, \ \text{also:}$$

$$\lim_{h \to o} \frac{K(\underline{x}^{\underline{b}+h\underline{e}_i^m}) - K(\underline{x}^{\underline{b}})}{h} = o.$$

Werden konsequenter Weise die Begriffe "Grenznutzen eines Faktors", "Beschaffungsgrenznutzen eines Faktors" und "entscheidungsorientierter Kostenwert eines Faktors" auch weiterhin für den Fall vorbehalten, daß der maximal mögliche variable Verbrauch des betrachteten Faktors um eine "diskrete" Einheit vermindert wird,[1] so zeigt ein Vergleich der Aussagen in (14) und (15) mit denen in (13)[2], daß der entscheidungsorientierte Kostenwert EKW_i eines Faktors i mit $i \in \{1,\dots,m\}$ im allgemeinen nur dann mit der Summe aus den Grenzwerten

$$\lim_{h \to o} \frac{N(\underline{x}^{\underline{b}+h\underline{e}_i^m}) - N(\underline{x}^{\underline{b}})}{h} \ \text{und} \ \lim_{h \to o} \frac{K(\underline{x}^{\underline{b}+h\underline{e}_i^m}) - K(\underline{x}^{\underline{b}})}{h} \ \text{über-}$$

einstimmt, wenn für $i \notin \{i(1),\dots,i(r)\}$ $h_1 \leq -1$[3] und für $i = i(1)$ mit $l \in \{1,\dots,r\}$ $h_0 \leq -1$[4] gilt. Dies läßt sich jedoch bei Faktoren, deren variabler Verbrauch kontinuierlich geändert werden kann, durch geeignete Definition ihrer Maßeinheit erreichen.[5]

---

1) Es gilt demnach hierbei $h = -1$.

2) Siehe S. 113ff.

3) Vgl. S. 121 und S. 114.

4) Vgl. S. 121 und S. 113.

5) Vgl. hierzu auch S. 48, Fußnote 7. Dies gilt natürlich nur, wenn die Bedingung "$b_k^+ > o$ für die k aus $\{1,\dots,m\}$, für die $b_{ki}^+ \neq o$ gilt" in (14) beziehungsweise (15) erfüllt ist.

Wird hingegen versucht, entsprechende Ergebnisse mithilfe der partiellen Ableitungen von N und K zu erhalten,
so zeigt sich, daß dies ohne weiteres nicht möglich ist.
Zwar sind die Funktionen N und K und mit ihnen auch E, A
und A' linear und somit als Funktionen von $\underline{x} \in R^n$ beziehungsweise $\underline{r} \in R^m$ partiell differenzierbar[1], zu beachten
ist jedoch, daß die Differenzenquotienten, mit denen die
hier interessierenden partiellen Ableitungen

$$\left.\frac{\partial N'(\underline{r})}{\partial r_i}\right|_{\underline{b}_{opt}} \quad \text{und} \quad \left.\frac{\partial K'(\underline{r})}{\partial r_i}\right|_{\underline{b}_{opt}} \quad \text{definiert sind, nicht mit}$$

den oben angeführten[2] identisch sein müssen. Es gilt
nämlich für $i = 1,\ldots,m$:[3]

$$\left.\frac{\partial N'(\underline{r})}{\partial r_i}\right|_{\underline{b}_{opt}} = \left.\frac{\partial N(\underline{A}'\underline{r})}{\partial r_i}\right|_{\underline{b}_{opt}} \quad [4]$$

$$= \lim_{h \to o} \frac{N(\underline{A}'(\underline{b}_{opt} + h\underline{e}_i^m)) - N(\underline{A}'\underline{b}_{opt})}{h}$$

und

$$\left.\frac{\partial K'(\underline{r})}{\partial r_i}\right|_{\underline{b}_{opt}} = \left.\frac{\partial K(\underline{A}'\underline{r})}{\partial r_i}\right|_{\underline{b}_{opt}} \quad [4]$$

$$= \lim_{h \to o} \frac{K(\underline{A}'(\underline{b}_{opt} + h\underline{e}_i^m)) - K(\underline{A}'\underline{b}_{opt})}{h} \ .$$

Hierbei ist der zugerechnete Nutzen $N(\underline{A}'(\underline{b}_{opt} + h\underline{e}_i^m))$[5]
der verfügbaren Mengen $\underline{b}_{opt} + h\underline{e}_i^m$ [6] aller m Faktoren
definiert als der zugerechnete Nutzen

---

1) Sie sind sogar (total) differenzierbar. Vgl. Erwe
   (1962), S. 3o7f.

2) Vgl. S. 12of. und S. 122f.

3) Vgl. Erwe (1962), S. 3o4.

4) Vgl. S. 42f.

5) Vgl. S. 43ff.

6) $\underline{b}_{opt} + h\underline{e}_i^m$ stellt nicht notwendig einen realisierbaren Faktorverbrauch dar. Vgl. hierzu S. 44f.

$N(\underline{A}'(\underline{b}_{opt} + h\underline{e}_i^m)_{opt})$ des zu $\underline{b}_{opt} + h\underline{e}_i^m$ gehörigen optimalen variablen Faktorverbrauchs $(\underline{b}_{opt} + h\underline{e}_i^m)_{opt} =$

$\underline{Ax}^{\underline{b}_{opt}+h\underline{e}_i^m}$ mit $N(\underline{x}^{\underline{b}_{opt}+h\underline{e}_i^m}) = \max\left\{ N(\underline{x}) : \underline{Ax} \leq \underline{b}_{opt} + h\underline{e}_i^m,\ \underline{x} \geq \underline{o}_n \right\}.$[1] Entsprechend gilt, daß $K(\underline{A}'(\underline{b}_{opt}+h\underline{e}_i^m))$ definiert ist als $K(\underline{A}'(\underline{b}_{opt} + h\underline{e}_i^m)_{opt}).$[2] Damit ergibt sich also für $i = 1,\ldots,m$:

$$\frac{\partial N'(\underline{r})}{\partial r_i}\bigg|_{\underline{b}_{opt}} = \lim_{h\to o} \frac{N(\underline{A}'(\underline{b}_{opt} + h\underline{e}_i^m)_{opt}) - N(\underline{A}'\underline{b}_{opt})}{h}$$

$$= \lim_{h\to o} \frac{N(\underline{x}^{\underline{b}_{opt}+h\underline{e}_i^m}) - N(\underline{x}^{\underline{b}})}{h}$$

und

$$\frac{\partial K'(\underline{r})}{\partial r_i}\bigg|_{\underline{b}_{opt}} = \lim_{h\to o} \frac{K(\underline{A}'(\underline{b}_{opt} + h\underline{e}_i^m)_{opt}) - K(\underline{A}'\underline{b}_{opt})}{h}$$

$$= \lim_{h\to o} \frac{K(\underline{x}^{\underline{b}_{opt}+h\underline{e}_i^m}) - K(\underline{x}^{\underline{b}})}{h} \ .$$

Die Differenzenquotienten $\dfrac{N(\underline{x}^{\underline{b}+h\underline{e}_i^m}) - N(\underline{x}^{\underline{b}})}{h}$ und

$\dfrac{N(\underline{x}^{\underline{b}_{opt}+h\underline{e}_i^m}) - N(\underline{x}^{\underline{b}})}{h}$ beziehungsweise $\dfrac{K(\underline{x}^{\underline{b}+h\underline{e}_i^m}) - K(\underline{x}^{\underline{b}})}{h}$

und $\dfrac{K(\underline{x}^{\underline{b}_{opt}+h\underline{e}_i^m}) - K(\underline{x}^{\underline{b}})}{h}$ unterscheiden sich demnach in

den maximal möglichen variablen Faktorverbräuchen, die der Bestimmung der (realisierbaren) Produktionsprogramme $\underline{x}^{\underline{b}+h\underline{e}_i^m}$ und $\underline{x}^{\underline{b}_{opt}+h\underline{e}_i^m}$ zugrunde liegen. Zu untersuchen

---

1) Vgl. S. 44f.
2) Vgl. S. 44f.

ist somit, ob und wann sich dennoch für h → o jeweils gleiche Grenzwerte ergeben.

Nun gilt für $\underline{b}_{opt}$ mit $\underline{b}_{opt}^T = (b_1^{opt},\ldots,b_m^{opt})$:[1]

$$b_q^{opt} = \begin{cases} b_q & : q=1,\ldots,m, q \notin \{i(1),\ldots,i(r)\} \\ b_q - b_{p(s)}^+ & : q=i(s),\ s=1,\ldots,r \end{cases},$$

also wegen $(\underline{b}_1^+,\ldots,\underline{b}_m^+)\underline{b} = \underline{b}^+$ [2] mit $(b_1',\ldots,b_m')$ $:= ((\underline{b}_1^+,\ldots,\underline{b}_m^+)\underline{b}_{opt})^T$:

$$b_q' = \begin{cases} b_q^+ & : q = 1,\ldots,m,\ q \notin \{i(1),\ldots,i(r)\} \\ o & : q = i(s),\ s = 1,\ldots,r \end{cases} \quad [3].$$

Da das für $\underline{b}$ als maximal möglichem variablem Faktorverbrauch optimale Simplex-Tableau[4] im übrigen unverändert bleibt, wenn im Grundmodell[5] $\underline{b}$ durch $\underline{b}_{opt}$ ersetzt wird,[6] ist $\underline{x}^{\underline{b}}$ also auch eine optimale Lösung zum Grund-

---

1) Vgl. S. 123.

2) Vgl. S. 322,A 2.7.23, und S. 3o2,A 2.7.16.

3) Denn $(\underline{b}_1^+,\ldots,\underline{b}_m^+)\underline{b}_{opt} =$

$$\underline{b}^+ - (\underline{b}_1^+,\ldots,\underline{b}_m^+)\begin{pmatrix} o \\ \vdots \\ b_{p(1)}^+ \\ \vdots \\ b_{p(r)}^+ \\ \vdots \\ o \end{pmatrix} \begin{matrix} \\ \\ \leftarrow i(1) \\ \\ \leftarrow i(r) \\ \\ \end{matrix} =$$

$$\underline{b}^+ - \begin{pmatrix} o \\ \vdots \\ b_{p(1)}^+ \\ \vdots \\ b_{p(r)}^+ \\ \vdots \\ o \end{pmatrix} \begin{matrix} \\ \\ \leftarrow i(1) \\ \\ \leftarrow i(r) \\ \\ \end{matrix}, \quad \text{da } \underline{b}_{i(s)}^+ = \underline{e}_{p(s)}^m \text{ für } s =$$

1,...,r. Vgl. S. 3o1,A 2.7.12.

4) Siehe S. 12o.

5) Siehe S. 12o.

6) Vgl. S. 3o1,A 2.7.11, S. 3o2,A 2.7.15, und S. 316, A 2.7.19.

modell mit $\underline{b}_{opt}$ als maximal möglichem variablem Faktorverbrauch. Es gilt somit: $\underline{x}^{\underline{b}} = \underline{x}^{\underline{b}_{opt}}$.

Allerdings sind sämtliche r Basisvariablen unter den
Schlupfvariablen gleich Null,[1] das heißt, alle m Faktoren sind relativ knapp. Der zugehörige optimale variable
Faktorverbrauch $(\underline{b}_{opt})_{opt}$ $(= \underline{Ax}^{\underline{b}_{opt}}$ [2] $= \underline{Ax}^{\underline{b}})$ ist also
gleich $\underline{b}_{opt}$ selbst.

Wird nun hier der maximal mögliche variable Faktorverbrauch b_i^{opt} des Faktors i mit $i \in \{1,\ldots,m\}$ um h Einheiten verändert, so läßt sich die Auswirkung dieser Änderung auf den Nutzen und den Beschaffungsnutzen wie
oben[3] analysieren:

(16) Sei

$$
\begin{array}{|ccc|c|}
\hline
z_1^+ & \cdots & z_{m+n}^+ & N(\underline{x}^{\underline{b}}) \\
\hline
b_{11}^+ & \cdots & b_{1m+n}^+ & b_1^+ \\
\vdots & & \vdots & \vdots \\
b_{m1}^+ & \cdots & b_{mm+n}^+ & b_m^+ \\
\hline
\end{array}
\quad = \quad
\begin{array}{|c|c|}
\hline
\underline{z}^{+T} & N(\underline{x}^{\underline{b}}) \\
\hline
\underline{b}_1^+ \;\cdots\; \underline{b}_{m+n}^+ & \underline{b}^+ \\
\hline
\end{array}
$$

optimales Simplex-Tableau zum Grundmodell:

Maximiere $N(\underline{x}) = \underline{z}^T\underline{x} + z_0$ unter den Nebenbedingungen:

$\underline{Ax} \leqq \underline{b}$, $\underline{x} \geqq \underline{o}_n$.

(a) Ist $i \notin \{i(1),\ldots,i(r)\}$, das heißt, ist der Faktor i relativ knapp, und gilt:

1. $b_{p(s)i}^+ = o$ für $s = 1,\ldots,r$ und

2. $b_q^+ > o$ für die $q \in \{1,\ldots,m\}$, $q \notin \{i(1),\ldots,$
$i(r)\}$, für die $b_{qi}^+ \neq o$ ist, so folgt:

Die partiellen Ableitungen $\dfrac{\partial N'(\underline{r})}{\partial r_i}\bigg|_{\underline{b}_{opt}}$ und

---

[1] Denn $b_q' = o$ für $q = i(s)$, $s = 1,\ldots,r$.

[2] Vgl. S. 41.

[3] Vgl. S. 119ff.

$$\left.\frac{\partial K'(\underline{r})}{\partial r_i}\right|_{\underline{b}_{opt}} \quad \text{existieren und es gilt:}$$

$$\left.\frac{\partial N'(\underline{r})}{\partial r_i}\right|_{\underline{b}_{opt}} = \lim_{h \to o} \frac{N(\underline{x}^{\underline{b}+h\underline{e}_i^m}) - N(\underline{x}^{\underline{b}})}{h} \quad 1) = z_i^+$$

$$= z_i' \quad \text{und}$$

$$\left.\frac{\partial K'(\underline{r})}{\partial r_i}\right|_{\underline{b}_{opt}} = \lim_{h \to o} \frac{K(\underline{x}^{\underline{b}+h\underline{e}_i^m}) - K(\underline{x}^{\underline{b}})}{h} \quad 2) = k_i'.$$

(b) Ist $i \in \{i(1),\ldots,i(r)\}$, so gilt:

Die partiellen Ableitungen $\left.\dfrac{\partial N'(\underline{r})}{\partial r_i}\right|_{\underline{b}_{opt}}$ und

$$\left.\frac{\partial K'(\underline{r})}{\partial r_i}\right|_{\underline{b}_{opt}} \quad \text{existieren im allgemeinen nicht.}$$

<u>Beweis:</u>

Zu untersuchen sind die Differenzenquotienten

$$\frac{N(\underline{x}^{\underline{b}_{opt}+h\underline{e}_i^m}) - N(\underline{x}^{\underline{b}})}{h} \quad \text{und} \quad \frac{K(\underline{x}^{\underline{b}_{opt}+h\underline{e}_i^m}) - K(\underline{x}^{\underline{b}})}{h} \quad 3) \quad \text{und}$$

somit die Veränderung von b_i^{opt} um h Einheiten, wenn

$\underline{b}_{opt}^T = (b_1^{opt},\ldots,b_m^{opt})$, für $i = 1,\ldots,m$.

<u>Zu (a):</u>

Das optimale Simplex-Tableau zum Grundmodell mit $\underline{b}_{opt}$ statt $\underline{b}$ als maximal möglichem variablem Faktorverbrauch unterscheidet sich von dem zum Grundmodell nur darin, daß die Elemente b_k^+ durch b_k'[4] ersetzt sind für $k = 1, \ldots,m$. Da $b_{p(s)i}^+ = o$ ist für $s = 1,\ldots,r$ und da $b_q^+ > o$

---

1) Vgl. S. 12of.,(14).
2) Vgl. S. 122f.,(15).
3) Vgl. S. 127.
4) Vgl. S. 128.

- 131 -

ist, wenn $b_{qi}^+ \neq o$ ist, für $q \in \{1,\ldots,m\}$, $q \notin \{i(1),\ldots, i(r)\}$, gilt:

$$\max\left\{\frac{-b_q{}'}{b_{qi}^+} : b_{qi}^+ > o,\ q = 1,\ldots,m\right\}$$

$$= \max\left\{\frac{-b_q^+}{b_{qi}^+} : b_{qi}^+ > o,\ q=1,\ldots,m, q \notin \{i(1),\ldots,i(r)\}\right\}$$

$$=: h_1 < o,\ \text{falls } b_{qi}^+ > o \text{ für mindestens ein } q \in \{1,\ldots,m\},\ q \notin \{i(1),\ldots,i(r)\},\ \text{und}$$

$$\min\left\{\frac{-b_q{}'}{b_{qi}^+} : b_{qi}^+ < o,\ q = 1,\ldots,m\right\}$$

$$= \min\left\{\frac{-b_q^+}{b_{qi}^+} : b_{qi}^+ < o,\ q=1,\ldots,m, q \notin \{i(1),\ldots,i(r)\}\right\}$$

$$=: h_2 > o,\ \text{falls } b_{qi}^+ < o \text{ für mindestens ein } q \in \{1,\ldots,m\},\ q \notin \{i(1),\ldots,i(r)\}.$$

Sei nun $h_1 \leqq h \leqq h_2$.[1] Dann folgt mit $(b_1{}^{h'},\ldots,b_m{}^{h'}) := (\underline{b}_{opt} + h\underline{e}_i{}^m)_{opt}{}^{T}$:[2]

(i) $\quad N(\underline{x}^{\underline{b}_{opt}+h\underline{e}_i{}^m}) = N(\underline{x}^{\underline{b}_{opt}}) + h \cdot z_i^+$ und

$$\text{(ii)} \quad b_q{}^{h'} = \begin{cases} b_q{}^{opt} = b_q & : q = \\ b_i{}^{opt}+h = b_i+h & : q = \\ b_q{}^{opt}-h \cdot b_{p(s)i}^+ = b_q{}^{opt} = b_q - b_{p(s)}^+ & : q = \end{cases} \left. \begin{cases} 1,\ldots,m,\ q \notin \{i(1),\ldots,i(r)\},\ q \neq i \\ i \\ i(s),\ s = 1,\ldots,r \end{cases} \right\}$$

$$= b_q{}^{h}\ [3],\ \text{also } (\underline{b}_{opt}+h\underline{e}_i{}^m)_{opt} = (\underline{b}+h\underline{e}_i{}^m)_{opt}.$$

Hieraus ergibt sich:

---

1) Oder $h \geqq h_1$ oder $h \leqq h_2$. Vgl. S. 121.

2) Vgl. S. 1o2f.,(1o)(a), mit $h := \Delta b_i$ und $\underline{b}_{opt}$ statt $\underline{b}$.

3) Vgl. S. 123.

$$N(\underline{x}^{\underline{b}_{opt}+h\underline{e}_i^{\,m}}) = N(\underline{x}^{\underline{b}+h\underline{e}_i^{\,m}}) \text{ und } K(\underline{x}^{\underline{b}_{opt}+h\underline{e}_i^{\,m}}) =$$

$$K(\underline{x}^{\underline{b}+h\underline{e}_i^{\,m}}), \text{ also:}$$

$$\frac{N(\underline{x}^{\underline{b}_{opt}+h\underline{e}_i^{\,m}}) - N(\underline{x}^{\underline{b}})}{h} = \frac{N(\underline{x}^{\underline{b}+h\underline{e}_i^{\,m}}) - N(\underline{x}^{\underline{b}})}{h},$$

$$\frac{K(\underline{x}^{\underline{b}_{opt}+h\underline{e}_i^{\,m}}) - K(\underline{x}^{\underline{b}})}{h} = \frac{K(\underline{x}^{\underline{b}+h\underline{e}_i^{\,m}}) - K(\underline{x}^{\underline{b}})}{h} \text{ und somit:}$$

$$\frac{\partial N'(\underline{r})}{\partial r_i}\Bigg|_{\underline{b}_{opt}} = \lim_{h\to o} \frac{N(\underline{x}^{\underline{b}_{opt}+h\underline{e}_i^{\,m}}) - N(\underline{x}^{\underline{b}})}{h} = z_i^+ \quad [1]$$

$$= \lim_{h\to o} \frac{N(\underline{x}^{\underline{b}+h\underline{e}_i^{\,m}}) - N(\underline{x}^{\underline{b}})}{h} \quad [2] \text{ und}$$

$$\frac{\partial K'(\underline{r})}{\partial r_i}\Bigg|_{\underline{b}_{opt}} = \lim_{h\to o} \frac{K(\underline{x}^{\underline{b}_{opt}+h\underline{e}_i^{\,m}}) - K(\underline{x}^{\underline{b}})}{h}$$

$$= \lim_{h\to o} \frac{K(\underline{x}^{\underline{b}+h\underline{e}_i^{\,m}}) - K(\underline{x}^{\underline{b}})}{h} = k_i' \quad [3].$$

Wegen $b_q^{h'} - b_q^{opt} = b_q^{h} - b_q^{opt} = \begin{cases} o : q \neq i \\ h : q = i \end{cases}$ [4] und

somit $(\underline{b}_{opt} + h\underline{e}_i^{\,m})_{opt} - \underline{b}_{opt} = h\underline{e}_i^{\,m}$ folgt schließlich:

$$z_i^+ = \lim_{h\to o} \frac{N(\underline{x}^{\underline{b}_{opt}+h\underline{e}_i^{\,m}}) - N(\underline{x}^{\underline{b}})}{h}$$

$$= \lim_{h\to o} \frac{(\underline{e} - \underline{k})^T \underline{A}'((\underline{b}_{opt} + h\underline{e}_i^{\,m})_{opt} - \underline{b}_{opt})}{h}$$

---

1) Wegen $N(\underline{x}^{\underline{b}_{opt}}) = N(\underline{x}^{\underline{b}})$.
2) Vgl. S. 12of.,(14).
3) Vgl. S. 122,(15)(b).
4) Vgl. S. 124 mit $b_{p(s)i}^+ = o$ für $s = 1,\ldots,r$.

$$= \lim_{h \to 0} \frac{(\underline{e} - \underline{k})^T \underline{A}'(h\underline{e}_i^m)}{h} = (\underline{e} - \underline{k})^T \underline{A}' \underline{e}_i^m = z_i' \,^{1)}.$$

<u>Zu (b)</u>:

Die Anführung eines Beispiels, in dem die partiellen Ableitungen nicht existieren, würde zum Nachweis ausreichen.[2] Im folgenden soll jedoch dennoch untersucht werden, weshalb die partiellen Ableitungen nicht zu existieren brauchen. Sei $i = i(1)$ mit $l \in \{1,\ldots,r\}$. Dann sind zu unterscheiden die Fälle:

<u>1. $h > o$</u>:

Wegen $b_{p(1)}' = o^{\,3)}$ gilt:

$$N(\underline{x}^{\underline{b}_{opt} + h\underline{e}_i^m}) = N(\underline{x}^{\underline{b}_{opt}})^{4)} = N(\underline{x}^{\underline{b}}), \text{ also:}$$

$$\frac{N(\underline{x}^{\underline{b}_{opt} + h\underline{e}_i^m}) - N(\underline{x}^{\underline{b}})}{h} = o.$$

Somit existiert die sogenannte rechtsseitige partielle Ableitung von N' an der Stelle $\underline{b}_{opt}^{\,5)}$ und ist gleich Null. Desweiteren folgt aus (1o)(b)(i) und (1o)(b)(iii) mit $(b_1^{h'},\ldots,b_m^{h'}) = (\underline{b}_{opt} + h\underline{e}_i^m)_{opt}^{\,T}$ und $\underline{b}_{opt}$ statt $\underline{b}^{\,6)}$:

$$b_q^{h'} = \begin{cases} b_q^{opt} & : q=1,\ldots,m,\, q \notin \{i(1),\ldots, \\ b_i^{opt}+h-h = b_i^{opt} & : q = i = i(1) \\ b_q^{opt}-b_q' = b_q^{opt} & : q = i(s),\ s = 1,\ldots,r, \\ i(r)\} \\ \\ s \neq 1 \end{cases}, \text{ also } (\underline{b}_{opt} + h\underline{e}_i^m)_{opt} = \underline{b}_{opt} \text{ und so-}$$

mit:

---

1) Vgl. S. 95,(8).

2) Vgl. hierzu S. 14of.

3) Vgl. S. 128.

4) Vgl. S. 1o2ff.,(1o)(b), mit $h := \Delta b_i$ und $\underline{b}_{opt}$ statt $\underline{b}$.

5) Vgl. hierzu Erwe (1962), S. 134.

6) Vgl. S. 1o2ff. mit $\underline{h} := \Delta b_i$.

$$\frac{K(\underline{x}^{\underline{b}_{opt}+h\underline{e}_i^m}) - K(\underline{x}^{\underline{b}})}{h} = \frac{K(\underline{x}^{\underline{b}}) - K(\underline{x}^{\underline{b}})}{h} = o.$$

Die rechtsseitige partielle Ableitung von K' an der Stelle $\underline{b}_{opt}$ existiert also ebenfalls und ist gleich Null.

2. $\underline{h < o}$:

Für negatives h ist die zum Simplex-Tableau

$z_1{}^+$	$\dots$	$z_i{}^+$	$\dots$	$z_j{}^+$	$\dots$	$z_{m+n}{}^+$	$N(\underline{x}^{\underline{b}})$
$b_{11}{}^+$	$\dots$	o	$\dots$	$b_{1j}{}^+$	$\dots$	$b_{1m+n}{}^+$	$b_1{}'$
$\vdots$		$\vdots$		$\vdots$		$\vdots$	$\vdots$
$b_{p(1)1}{}^+$	$\dots$	1	$\dots$	$b_{p(1)j}{}^+$	$\dots$	$b_{p(1)m+n}{}^+$	h
$\vdots$		$\vdots$		$\vdots$		$\vdots$	$\vdots$
$b_{m1}{}^+$	$\dots$	o	$\dots$	$b_{mj}{}^+$	$\dots$	$b_{mm+n}{}^+$	$b_m{}'$

gehörige Basislösung nicht zulässig, da $y_i = y_{i(1)} = h < o$ gilt. Es ist demnach noch die Phase 1 der Drei-Phasen-Methode[1] durchzuführen.

Ist nun $b_{p(1)s}{}^+ \geq o$ für $s = 1,\dots,m+n$, so existiert kein $\underline{x} \geq \underline{o}_n$ mit $A\underline{x} \leq \underline{b}_{opt} + h\underline{e}_i^m$.[2] Das heißt, für negatives h existiert kein realisierbares Produktionsprogramm. Somit sind $N(\underline{x}^{\underline{b}_{opt}+h\underline{e}_i^m})$ und $K(\underline{x}^{\underline{b}_{opt}+h\underline{e}_i^m})$ und damit auch die Differenzenquotienten $\dfrac{N(\underline{x}^{\underline{b}_{opt}+h\underline{e}_i^m}) - N(\underline{x}^{\underline{b}})}{h}$ und

$\dfrac{K(\underline{x}^{\underline{b}_{opt}+h\underline{e}_i^m}) - K(\underline{x}^{\underline{b}})}{h}$ nicht definiert. Die linksseitigen partiellen Ableitungen von N' und K' an der Stelle $\underline{b}_{opt}$[3] existieren also ebenfalls nicht und daher auch nicht die partiellen Ableitungen $\dfrac{\partial N'(\underline{r})}{\partial r_i}\bigg|_{\underline{b}_{opt}}$ und

---

1) Vgl. S. 346f. in Verbindung mit S. 332ff.
2) Vgl. S. 336,A 4.6.
3) Vgl. hierzu Erwe (1962), S. 134.

$$\left.\frac{\partial K'(\underline{r})}{\partial r_i}\right|_{\underline{b}_{opt}} . ^{1)}$$

Ist dagegen $b_{p(1)s}{}^+ < o$ für mindestens ein $s \in \{1,\ldots,m+n\}$,

so existiert $\dfrac{z_j{}^+}{b_{p(1)j}{}^+} = \max\left\{\dfrac{z_s{}^+}{b_{p(1)s}{}^+} : b_{p(1)s}{}^+ < o,\ s =\right.$

$\left. 1,\ldots,m+n\right\}.^{2)}$ Die Anwendung der Pivot-Operation mit $b_{p(1)j}{}^+$ als Pivot-Element ergibt für die Werte der neuen Basisvariablen:

$$b_q' - \frac{b_{qj}{}^+}{b_{p(1)j}{}^+} \cdot h \quad \text{für } q = 1,\ldots,m,\ q \neq p(1) \text{ und}$$

$$\frac{h}{b_{p(1)j}{}^+} > o \quad \text{für } q = p(1)^{3)}$$

sowie für die Zielfunktion den Wert:

$$N(\underline{x}^{\underline{b}}) - \frac{z_j{}^+}{b_{p(1)j}{}^+} \cdot h^{4)}.$$

Ist die neue Basislösung zulässig[5] und damit optimal[6], so folgt:

$$N(\underline{x}^{\underline{b}_{opt}+h\underline{e}_i^m}) = N(\underline{x}^{\underline{b}}) - \frac{z_j{}^+}{b_{p(1)j}{}^+} \cdot h \quad \text{beziehungsweise}$$

---

1) Vgl. Erwe (1962), S. 3o4 in Verbindung mit S. 1o8, Satz 3o.

2) Vgl. S. 334.

3) Vgl. S. 335.

4) Vgl. S. 297.

5) Das heißt, gilt $b_q' - \dfrac{b_{qj}{}^+}{b_{p(1)j}{}^+} \cdot h \geqq o$ für $q = 1,\ldots,m$,

$q \neq p(1)$.

6) Da die Zielfunktionskoeffizienten nichtnegativ bleiben. Vgl. S. 333ff.

$$\frac{N(\underline{x}^{\underline{b}\text{opt}+he_i^{m}}) - N(\underline{x}^{\underline{b}})}{h} = - \frac{z_j^+}{b_{p(1)j}^+} .$$

In diesem Fall existiert also die linksseitige partielle Ableitung von N' an der Stelle $\underline{b}_{\text{opt}}$ und ist gleich $- \dfrac{z_j^+}{b_{p(1)j}^+}$. Ist aber $z_j^+ \neq o,$[1] so stimmen die rechtsseitige und die linksseitige partielle Ableitung von N' an der Stelle $\underline{b}_{\text{opt}}$ nicht überein, das heißt,

$$\left. \frac{\partial N'(\underline{r})}{\partial r_i} \right|_{\underline{b}_{\text{opt}}} \text{existiert nicht.}[2]$$

Zur Veranschaulichung möge das folgende Beispiel dienen:[3] Es sei n = 2, m = 3, $N(\underline{x}) = (\underline{e} - \underline{k})^T \underline{x} + E_f - K_f$ mit $\underline{e}^T = (1000 , 3000)$, $\underline{k}^T = (700 , 2500)$, $E_f = K_f = o$,

$\underline{A} = \begin{pmatrix} 1 & 2 \\ 1 & 1 \\ 3 & 6 \end{pmatrix}$ und $\underline{b} = \begin{pmatrix} 41 \\ 21 \\ 130 \end{pmatrix}$. Als optimales Simplex-Tableau ergibt sich[4]

z_1^+	z_2^+	z_3^+	z_4^+	z_5^+	$N(\underline{x}^{\underline{b}})$							
b_{11}^+	b_{12}^+	b_{13}^+	b_{14}^+	b_{15}^+	b_1^+		200	100	o	o	o	10300
b_{21}^+	b_{22}^+	b_{23}^+	b_{24}^+	b_{25}^+	b_2^+	=	1	−1	o	o	1	20
b_{31}^+	b_{32}^+	b_{33}^+	b_{34}^+	b_{35}^+	b_3^+		−1	2	o	1	o	1
							−3	o	1	o	o	7

mit r = 1, i(1) = 3, i(2) = 4, i(3) = 5, p(1) = 3, p(2) = 2, p(3) = 1,[5] $\underline{x}^{\underline{b}} = \begin{pmatrix} 1 \\ 20 \end{pmatrix}$ und $\underline{b}_{\text{opt}} = \begin{pmatrix} 41 \\ 21 \\ 123 \end{pmatrix}$.

Als optimales Simplex-Tableau mit $\underline{b}_{\text{opt}}$ statt $\underline{b}$ ergibt

---

1) Zum Fall, daß z_j^+ gleich Null ist, vgl. S. 325f.

2) Auf die Analyse der noch nicht behandelten Fälle sei hier verzichtet, da sie sich wesentlich komplizierter gestaltet.

3) Vgl. S. 116f.

4) Siehe S. 116.

5) Vgl. S. 299 und S. 301.

sich demnach:[1]

$z_1{}^+$	$z_2{}^+$	$z_3{}^+$	$z_4{}^+$	$z_5{}^+$	$N(\underline{x}\frac{b}{})$
$b_{11}{}^+$	$b_{12}{}^+$	$b_{13}{}^+$	$b_{14}{}^+$	$b_{15}{}^+$	$b_1{}'$
$b_{21}{}^+$	$b_{22}{}^+$	$b_{23}{}^+$	$b_{24}{}^+$	$b_{25}{}^+$	$b_2{}'$
$b_{31}{}^+$	$b_{32}{}^+$	$b_{33}{}^+$	$b_{34}{}^+$	$b_{35}{}^+$	$b_3{}'$

$=$

200	100	0	0	0	10300
1	-1	0	0	1	20
-1	2	0	1	0	1
-3	0	1	0	0	0

.

Damit gilt für

$\underline{i = 1}$: Da $b_{p(1)1}{}^+ = b_{31}{}^+ = -3 \neq 0$ gilt, ist die Existenz

der partiellen Ableitungen $\left.\dfrac{\partial N'(\underline{r})}{\partial r_1}\right|_{\underline{b}_{opt}}$ und

$\left.\dfrac{\partial K'(\underline{r})}{\partial r_1}\right|_{\underline{b}_{opt}}$ gemäß (16)(a) nicht gesichert, obwohl

$b_1{}^+$ und $b_2{}^+$ positiv sind.[2] Wird nun $b_1{}^{opt} = b_1 =$

41 um h Einheiten verändert,[3] so ergibt sich das

Simplex-Tableau:[4]

200	100	0	0	0	10300+200·h
1	-1	0	0	1	20+h
-1	2	0	1	0	1-h
-3	0	1	0	0	-3·h

.

---

1) Vgl. S. 13off.

2) Vgl. S. 129f.,(16)(a), mit r = 1, p(1) = 3 und i(1) = 3.

3) Vgl. S. 126f. für i = 1.

4)

0	0	0	-300	-500	0
1	0	0	1	2	41+h
0	1	0	1	1	21
0	0	1	3	6	123
0	300	0	0	-200	6300
1	-1	0	0	1	20+h
0	1	0	1	1	21
0	-3	1	0	3	60
200	100	0	0	0	10300+200·h
1	-1	0	0	1	20+h
-1	2	0	1	0	1-h
-3	0	1	0	0	-3·h

Für $-2o \leqq h < o$[1] ist dieses Simplex-Tableau optimal und somit der Differenzenquotient $\dfrac{N(\underline{x}^{\underline{b}_{opt}+h\underline{e}_1^3}) - N(\underline{x}^{\underline{b}})}{h}$ definiert, und es gilt:

$$\frac{N(\underline{x}^{\underline{b}_{opt}+h\underline{e}_1^3}) - N(\underline{x}^{\underline{b}})}{h} = \frac{10300 + 200 \cdot h - 10300}{h} = 200.$$

Entsprechend folgt:

$$\frac{K(\underline{x}^{\underline{b}_{opt}+h\underline{e}_1^3}) - K(\underline{x}^{\underline{b}})}{h} = \frac{\underline{k}^T(\underline{x}^{\underline{b}_{opt}+h\underline{e}_1^3} - \underline{x}^{\underline{b}})}{h}$$

$$= \frac{(7oo \ , \ 25oo)\left\{\left|\begin{matrix}1-h\\2o+h\end{matrix}\right| - \left|\begin{matrix}1\\2o\end{matrix}\right|\right\}}{h} = \frac{(7oo \ , \ 25oo)\left|\begin{matrix}-h\\h\end{matrix}\right|}{h}$$

$$= \frac{1800 \cdot h}{h} = 1800.$$

Demnach existieren die linksseitigen partiellen Ableitungen von N' und K' an der Stelle $\underline{b}_{opt}$.

Für $h > o$ ist das Simplex-Tableau nicht optimal, da die zugehörige Basislösung nicht zulässig ist.[2] Wird deshalb entsprechend der Phase 1 der Drei-Phasen-Methode die Pivot-Operation mit $b_{p(1)1}^+ = b_{31}^+ = -3$ als Pivot-Element durchgeführt,[3] so ergibt sich das optimale Simplex-Tableau:

o	1oo	$\frac{2oo}{3}$	o	o	1o3oo
o	-1	$\frac{1}{3}$	o	1	2o
o	2	$-\frac{1}{3}$	1	o	1
1	o	$-\frac{1}{3}$	o	o	h

---

1) Für $-2o \leqq h < o$ sind x_1, x_2 und y_3 nichtnegativ. Vgl. hierzu auch die Bedingung in (1o)(a), S. 1o2f. Es gilt nämlich: $\max\left\{\dfrac{-b_k'}{b_{k1}^+} : b_{k1}^+ > o, \ k=1,2,3\right\} = \dfrac{-2o}{1} =$

$-2o$ und $\min\left\{\dfrac{-b_k'}{b_{k1}^+} : b_{k1}^+ < o, \ k=1,2,3\right\} = \min\left\{\dfrac{-1}{-1}, \dfrac{o}{-3}\right\} = o.$

2) Es ist $y_{i(1)} = y_3 = -3 \cdot h < o$ für $h > o$.

3) Vgl. S. 346f. in Verbindung mit S. 334f.

mit $\underline{x}^{\underline{b}_{opt}+h\underline{e}_1^3} = \begin{vmatrix} 1 \\ 2o \end{vmatrix} = \underline{x}^{\underline{b}}$. Daraus folgt: Die Differen-

zenquotienten $\dfrac{N(\underline{x}^{\underline{b}_{opt}+h\underline{e}_1^3}) - N(\underline{x}^{\underline{b}})}{h}$ und

$\dfrac{K(\underline{x}^{\underline{b}_{opt}+h\underline{e}_1^3}) - K(\underline{x}^{\underline{b}})}{h}$ sind auch für positives h defi-

niert und gleich Null, das heißt, die rechtsseitigen partiellen Ableitungen von N' und K' an der Stelle $\underline{b}_{opt}$ existieren ebenfalls.

Da jedoch die linksseitigen und die rechtsseitigen partiellen Ableitungen von N' und K' jeweils nicht übereinstimmen, folgt:

$$\frac{\partial N'(\underline{r})}{\partial r_1}\Bigg|_{\underline{b}_{opt}} \quad \text{und} \quad \frac{\partial K'(\underline{r})}{\partial r_1}\Bigg|_{\underline{b}_{opt}} \quad \text{existieren nicht.[1]}$$

Dagegen ist der Grenznutzen des Faktors 1 gleich $2oo$[2] und der Beschaffungsgrenznutzen gleich $18oo$[3].

$\underline{i = 2}$: Da $b_{p(1)2}^+ = b_{32}^+ = o$ und $b_1^+ > o$ und $b_2^+ > o$ gilt, folgt:[4]

---

1) Vgl. dagegen S. 12of.,(14), und S. 122,(15)(a), für i = 1.

2) Vgl. S. 1o7,(11)(b), mit i = 1, da

$$\max\left\{\frac{-b_k^+}{b_{k1}^+} : b_{k1}^+ > o,\ k = 1,2,3\right\} = \frac{-2o}{1} = -2o < -1.$$

3) Denn $\underline{x}^{\underline{b}-\underline{e}_1^3} = \begin{vmatrix} x_1 \\ x_2 \end{vmatrix} = \begin{vmatrix} x_{i(2)-3} \\ x_{i(3)-3} \end{vmatrix} = \begin{vmatrix} b_{p(2)}^+ - b_{p(2)1}^+ \\ b_{p(3)}^+ - b_{p(3)1}^+ \end{vmatrix} =$

$\begin{vmatrix} 2 \\ 19 \end{vmatrix}$. Vgl. S. 1o2f.,(1o)(a)(ii), mit $\Delta b_1 = -1$. Also:

$$K(\underline{x}^{\underline{b}}) - K(\underline{x}^{\underline{b}-\underline{e}_1^3}) = \underline{k}^T(\underline{x}^{\underline{b}} - \underline{x}^{\underline{b}-\underline{e}_1^3}) = (7oo,25oo)\begin{vmatrix} -1 \\ 1 \end{vmatrix}$$
$$= 18oo.$$

4) Vgl. S. 129f.,(16)(a), mit i = 2, r = 1, p(1) = 3 und i(1) = 3.

$$\left.\frac{\partial N'(\underline{r})}{\partial r_2}\right|_{\underline{b}_{opt}} = z_2^+ = z_2' = 100^{1)} \text{ und}$$

$$\left.\frac{\partial K'(\underline{r})}{\partial r_2}\right|_{\underline{b}_{opt}} = k_2' = -900^{2)}.$$

Dagegen ist der Grenznutzen des Faktors 2 gleich 300 und und der Beschaffungsgrenznutzen gleich 700.[3]

$\underline{i = 3}$: Der Faktor 3 ist nicht relativ knapp im optimalen Simplex-Tableau zum Grundmodell, da $b_3^{opt} = 123 <$ $130 = b_3$. Wird nun $b_3^{opt} = 123$ um h Einheiten verändert, so ergibt sich das Simplex-Tableau:[4]

200	100	0	0	0	10300
1	-1	0	0	1	20
-1	2	0	1	0	1
-3	0	1	0	0	h

Für $h > 0$ ist dies Simplex-Tableau optimal. Hieraus folgt, daß die rechtsseitigen partiellen Ableitungen von N' und K' an der Stelle $\underline{b}_{opt}$ existieren und gleich Null sind.[5]

Ist dagegen h negativ, so ergibt die Durchführung der Pivot-Operation mit $b_{p(1)1}^+ = b_{31}^+ = -3$ als Pivot-Element[6] das für $-60 \leq h < 0$ optimale Simplex-Tableau:

---

1) Vgl. S. 117

2) Vgl. S. 117.

3) Vgl. S. 116f.

4)

0	0	0	-300	-500	0
1	0	0	1	2	41
0	1	0	1	1	21
0	0	1	3	6	123+h
0	300	0	0	-200	6300
1	-1	0	0	1	20
0	1	0	1	1	21
0	-3	1	0	3	60+h
200	100	0	0	0	10300
1	-1	0	0	1	20
-1	2	0	1	0	1
-3	0	1	0	0	h

5) Vgl. S. 133f. mit i = i(1) = 3 und p(1) = 3.

6) Vgl. S. 134ff.

$$
\begin{array}{|ccccc|c|}
\hline
0 & 100 & \frac{200}{3} & 0 & 0 & 10300+\frac{200}{3}\cdot h \\
\hline
0 & -1 & \frac{1}{3} & 0 & 1 & 20+\frac{1}{3}\cdot h \\
0 & 2 & -\frac{1}{3} & 1 & 0 & 1-\frac{1}{3}\cdot h \\
1 & 0 & -\frac{1}{3} & 0 & 0 & -\frac{1}{3}\cdot h \\
\hline
\end{array}
$$

$$
\text{mit } \underline{x}^{\underline{b}_{opt}+h\underline{e}_3}{}^{3} = \begin{pmatrix} 1-\frac{1}{3}\cdot h \\ 20+\frac{1}{3}\cdot h \end{pmatrix} = \begin{pmatrix} 1 \\ 20 \end{pmatrix} + \frac{1}{3}\cdot h \begin{pmatrix} -1 \\ 1 \end{pmatrix}
$$

$$
= \underline{x}^{\underline{b}} + \frac{1}{3}\cdot h \begin{pmatrix} -1 \\ 1 \end{pmatrix} .
$$

Die Differenzenquotienten $\dfrac{N(\underline{x}^{\underline{b}_{opt}+h\underline{e}_3}{}^{3}) - N(\underline{x}^{\underline{b}})}{h}$ und

$$
\frac{K(\underline{x}^{\underline{b}_{opt}+h\underline{e}_3}{}^{3}) - K(\underline{x}^{\underline{b}})}{h}
$$

sind also für $-60 \leq h < 0$ definiert und es gilt:

$$
\frac{N(\underline{x}^{\underline{b}_{opt}+h\underline{e}_3}{}^{3}) - N(\underline{x}^{\underline{b}})}{h} = \frac{10300+\frac{200}{3}\cdot h-10300}{h} = \frac{200}{3} \text{ und}
$$

$$
\frac{K(\underline{x}^{\underline{b}_{opt}+h\underline{e}_3}{}^{3}) - K(\underline{x}^{\underline{b}})}{h} = \frac{\underline{k}^T(\underline{x}^{\underline{b}_{opt}+h\underline{e}_3}{}^{3} - \underline{x}^{\underline{b}})}{h}
$$

$$
= \frac{\frac{1}{3}\cdot h(700 \;,\; 2500)\begin{pmatrix} -1 \\ 1 \end{pmatrix}}{h} = 600.
$$

Die linksseitigen partiellen Ableitungen von N' und K'
an der Stelle $\underline{b}_{opt}$ existieren somit ebenfalls und sind
gleich $\frac{200}{3}$ beziehungsweise gleich 600.

Da damit die linksseitigen und die rechtsseitigen partiellen Ableitungen von N' und K' jeweils nicht übereinstimmen, folgt:

$$
\frac{\partial N'(\underline{r})}{\partial r_3}\bigg|_{\underline{b}_{opt}} \text{ und } \frac{\partial K'(\underline{r})}{\partial r_3}\bigg|_{\underline{b}_{opt}} \text{ existieren nicht.}^{[1]}
$$

---

1) Vgl. dagegen S. 120f.,(14), und S. 122f.,(15)(c),
   für i = i(1) = 3.

Dagegen sind der Grenznutzen, der Beschaffungsgrenznutzen und der entscheidungsorientierte Kostenwert des Faktors 3 gleich Null.[1]

3.3 Bestimmung der entscheidungsorientierten Kostenwerte bei (ausschließlich) absatzmarktorientierter Bewertung der Faktoren

Die Bewertung der Faktoren wird als (ausschließlich) absatzmarktorientiert bezeichnet, wenn in der Nutzenfunktion des Unternehmers der Beschaffungsnutzen unberücksichtigt bleibt, wenn also gilt:

$$N(\underline{x}) = AP(E) \cdot E(\underline{x}) + AP(K) \cdot K(\underline{x}) = E(\underline{x})$$ für ein realisierbares Produktionsprogramm $\underline{x}$ mit $AP(E) := +1$ und $AP(K) := o$.[2]

Diese Markteinstellung des Unternehmers ist bereits in den obigen Ausführungen berücksichtigt;[3] dennoch sollen die diesbezüglichen Resultate gesondert festgehalten werden, da in der Literatur auch die Erlösmaximierung, die ein wichtiges Beispiel der (ausschließlich) absatzmarktorientierten Bewertung darstellt, diskutiert wird.

Mit $K(\underline{x}) = o$ für alle realisierbaren Produktionsprogramme $\underline{x}$[4] ergibt sich als Grundmodell:

(17) Maximiere $N(\underline{x}) = E(\underline{x}) = \underline{e}^T\underline{x} + E_f = \underline{z}^T\underline{x} + z_o$ mit
$\underline{z} := \underline{e}$ und $z_o := E_f$ unter den Nebenbedingungen:
$\underline{\underline{A}}\underline{x} \leq \underline{b},\ \underline{x} \geq \underline{o}_n$.[5]

---

1) Vgl. S. 113,(13)(a), mit l = 1, i = i(1) = 3 und
   p(1) = 3.

2) Vgl. S. 3of.

3) Vgl. S. 71f.

4) Vgl. S. 31.

5) Vgl. S. 88,(2). Das optimale Simplex-Tableau zu diesem Modell ist somit formal identisch mit dem oben angeführten, siehe S. 88,(3).

- 143 -

und zur Bestimmung der entscheidungsorientierten Kostenwerte:

$$(18) \quad EKW_i = \underline{e}^T \underline{A}'(\underline{b}_{opt} - (\underline{b} - \underline{e}_i^m)_{opt})$$

$$\text{mit } \underline{A}' = (\underline{A}^T\underline{A})^{-1}\underline{A}^T, \quad \underline{b}_{opt} = \underline{A}\underline{x}^{\underline{b}}, \quad (\underline{b} - \underline{e}_i^m)_{opt} =$$

$$\underline{A}\underline{x}^{\underline{b}-\underline{e}_i^m}, \quad N(\underline{x}^{\underline{b}}) = E(\underline{x}^{\underline{b}}) = \max \left\{ N(\underline{x}) = E(\underline{x}) : \underline{A}\underline{x} \leqq \underline{b}, \right.$$

$$\left. \underline{x} \geqq \underline{o}_n \right\} \text{ und } N(\underline{x}^{\underline{b}-\underline{e}_i^m}) = E(\underline{x}^{\underline{b}-\underline{e}_i^m}) =$$

$$\max \left\{ N(\underline{x}) = E(\underline{x}) : \underline{A}\underline{x} \leqq \underline{b} - \underline{e}_i^m, \quad \underline{x} \geqq \underline{o}_n \right\} \text{ für } i = 1, \ldots, m.[1]$$

Wegen der Übereinstimmung des Nutzens N mit dem Absatznutzen E sind auch der Grenznutzen und der Absatzgrenz-
nutzen eines beliebigen Faktors identisch; der entscheidungsorientierte Kostenwert eines Faktors ist mithin im
Falle der (ausschließlich) absatzmarktorientierten Bewertung der Faktoren gleich dem Grenznutzen dieses Faktors, wie er etwa auch von den Vertretern der Grenznutzenlehre allgemein definiert wird[2]. Dieser Grenznutzen
läßt sich nun aber, wie oben gezeigt wurde, unter bestimmten Voraussetzungen unmittelbar dem optimalen Simplex-Tableau entnehmen:[3]

$$(19) \quad \text{Sei } \underline{b}_{opt}^T = (b_1^{opt}, \ldots, b_m^{opt}).$$

$\qquad$ (a) Ist $b_i^{opt} < b_i$, das heißt, ist der Faktor i

---

1) Vgl. S. 88,(4).

2) Vgl. zum Beispiel Mayer (1928), insbesondere S. 12o8.
   Vgl. hierzu auch Zieschang (1969), S. 7. Heinen identifiziert den Kostenwert eines Faktors ebenfalls mit
   dem zugehörigen Grenzgewinn, vgl. Heinen (197o), S.
   348, S. 351, S. 353 und S. 354, obwohl er "Maximierung des pagatorischen Gewinnes", Heinen (197o), S.
   345, unterstellt, also den Beschaffungsnutzen in Gestalt der "periodisierten Ausgaben für die Produktionsfaktoren", Heinen (197o), S. 341, berücksichtigt.

3) Vgl. S. 1o7,(11).

- 144 -

nicht relativ knapp, so folgt:

$$EKW_i = o = z_i^+ \; [1],$$

wenn für den Wert $b_{p(1)}^+$ der zugehörigen Schlupfvariablen y_i mit $i = i(1)$ [2] $b_{p(1)}^+ \geqq 1$ gilt ($i \in \{1,\ldots,m\}$).

Ist diese Voraussetzung nicht erfüllt, braucht der entscheidungsorientierte Kostenwert nicht gleich Null zu sein. [3]

(b) Ist $b_i^{opt} = b_i$, das heißt, ist der Faktor i relativ knapp, so folgt:

$$EKW_i = z_i^+,$$

wenn gilt:

$$\max\left\{ \frac{-b_k^+}{b_{ki}^+} : b_{ki}^+ > o, \; k = 1,\ldots,m \right\} \leq -1 \; [4],$$

falls es ein k aus $\{1,\ldots,m\}$ gibt mit $b_{ki}^+ > o$ [5] ($i \in \{1,\ldots,m\}$).

Ist diese Voraussetzung nicht erfüllt, braucht der entscheidungsorientierte Kostenwert eines Faktors nicht gleich dem Zielfunktionskoeffizienten der zugehörigen Schlupfvariablen im optimalen Simplex-Tableau zu sein. [6]

---

1) z_i^+ ist der Zielfunktionskoeffizient der zum Faktor i gehörigen Schlupfvariablen y_i im optimalen Simplex-Tableau. Siehe S. 88,(3).

2) p(1) gibt die Zeile des optimalen Simplex-Tableaus an, in der der Wert der Schlupfvariablen y_i unmittelbar abgelesen werden kann. Vgl. S. 1o7, Fußnote 1.

3) Vgl. S. 115.

4) Die Größen b_k^+ und b_{ki}^+ für $k = 1,\ldots,m$ sind dem optimalen Simplex-Tableau zu entnehmen.

5) Dies bedeutet, daß keine weitere Bedingung erfüllt sein muß, wenn $b_{ki}^+ \leq o$ für $k = 1,\ldots,m$ gilt.

6) Vgl. S. 115.

Sind also die Bedingungen in (19)(a) und (19)(b) erfüllt, können die entscheidungsorientierten Kostenwerte der Faktoren bei (ausschließlich) absatzmarktorientierter Bewertung unmittelbar der Zielfunktionszeile des optimalen Simplex-Tableaus entnommen werden.

3.4 Bestimmung der entscheidungsorientierten Kostenwerte bei (ausschließlich) beschaffungsmarktorientierter Bewertung der Faktoren

Berücksichtigt die (ausschließlich) absatzmarktorientierte Bewertung lediglich den Absatznutzen der Produktion, so bleibt dieser bei der (ausschließlich) beschaffungsmarktorientierten Bewertung von Faktoren außer Ansatz; hierbei wird nur der Beschaffungsnutzen der Produktion betrachtet, es gilt also:

$$N(\underline{x}) = AP(E) \cdot E(\underline{x}) + AP(K) \cdot K(\underline{x}) = - K(\underline{x})$$ für ein realisierbares Produktionsprogramm $\underline{x}$ mit $AP(E) := o$ und $AP(K) := -1.$ [1]

Auch diese extreme Markteinstellung des Unternehmers ist bereits in den allgemeinen Erörterungen über entscheidungsorientierte Kostenwerte berücksichtigt;[2] diesbezügliche Resultate brauchen jedoch nicht gesondert festgehalten zu werden, da sich nur triviale Aussagen ergeben. Mit $E(\underline{x}) = o$ für alle realisierbaren Produktionsprogramme $\underline{x}$[3] würde nämlich aus dem zugehörigen Grundmodell

$$\text{Maximiere } N(\underline{x}) = - K(\underline{x}) = - \underline{k}^T\underline{x} - K_f \text{ unter den Neben-}$$
bedingungen:
$$\underline{A}\underline{x} \leqq \underline{b}, \; \underline{x} \geqq \underline{o}_n$$ [4]

beziehungsweise

---

1) Vgl. S. 3of.

2) Vgl. S. 71f.

3) Vgl. S. 31.

4) Vgl. S. 88,(2).

Minimiere $K(\underline{x}) = \underline{k}^T\underline{x} + K_f$ unter den Nebenbedingungen:

$\underline{A}\underline{x} \leq \underline{b}, \ \underline{x} \geq \underline{o}_n$

folgen, daß nichts zu produzieren die optimale Lösung ist, das heißt, daß $\underline{x}^{\underline{b}} = \underline{o}_n$ gilt[1]. Mithin sind sämtliche entscheidungsorientierten Kostenwerte gleich Null.[2]

Diese Tatsache resultiert aus dem in der vorliegenden Arbeit vorgetragenen Modell[3], in dem ein Produktionsprogramm $\underline{x}$ lediglich die "variablen" Herstellmengen x_1, ...,x_n der n Produkte[4], $\underline{A}\underline{x}$ den zugehörigen variablen Faktorverbrauch und $\underline{b}$ die maximal möglichen variablen Faktorverbräuche $b_1,...,b_m$ der m Faktoren[5] wiedergeben.

Selbstverständlich ist der im Falle der (ausschließlich) beschaffungsmarktorientierten Bewertung verbleibende "fixe" Transformationsprozeß ebenfalls wirtschaftlich durchzuführen, das heißt die "günstigste Gestaltung des Produktionsfaktorverbrauchs für ein vorgegebenes Leistungsprogramm"[6] zu finden. Dies ist jedoch kein Problem der (kurzfristigen) Entscheidung über Produktionsprogramme, sondern ein Problem der Verfahrenswahl, dessen Analyse hier ausgeschlossen ist.[7]

---

1) Dies bedeutet natürlich nur, daß die der kurzfristigen unternehmerischen Entscheidung unterliegenden Herstellmengen und Faktorverbräuche Null sind. Vgl. S. 68.

2) Denn es gilt dann auch: $\underline{x}^{\underline{b}-\underline{e}_i^m} = \underline{o}_n = \underline{x}^{\underline{b}}$ für i = 1, ...,m, also: $\underline{b}_{opt} = (\underline{b} - \underline{e}_i^m)_{opt} = \underline{o}_m$ und somit allgemein: $EKW_i = K(\underline{x}^{\underline{b}}) - K(\underline{x}^{\underline{b}-\underline{e}_i^m}) = K_v'(\underline{b}_{opt}) - K_v'((\underline{b} - \underline{e}_i^m)_{opt}) = \underline{k}^T\underline{A}'(\underline{b}_{opt} - (\underline{b} - \underline{e}_i^m)_{opt}) = o$ für i = 1,...,m.

3) Siehe Kapitel 3.1, S. 66ff.

4) Siehe S. 68.

5) Siehe S. 7o.

6) Adam (197o), S. 127.

7) Vgl. S. 18.

4 Die Abhängigkeit der entscheidungsorientierten Kostenwerte vom Entscheidungsfeld

Der entscheidungsorientierte Kostenwert eines Faktors
ist abhängig von der Nutzenfunktion, aber auch vom Entscheidungsfeld des Unternehmers.[1] Insbesondere in den
Fällen, in denen der entscheidungsorientierte Kostenwert
unmittelbar dem optimalen Simplex-Tableau zum Grundmodell beziehungsweise den Daten des Grundmodells entnommen werden kann,[2] wurde die Abhängigkeit vom Entscheidungsfeld deutlich. Denn je nachdem, ob der Faktor
relativ knapp ist oder nicht, bestimmt sich der entscheidungsorientierte Kostenwert auf unterschiedliche
Weise.[3] Diese Abhängigkeit soll im folgenden näher untersucht werden.

In Anlehnung an Engels[4] und Heinen[5] wird das Entscheidungsfeld des Unternehmers relativ offen in bezug auf
einen Faktor genannt, wenn dieser nicht relativ knapp
ist, es heißt offen, wenn es relativ offen ist in bezug
auf alle m Faktoren. Das Entscheidungsfeld wird relativ
geschlossen in bezug auf einen Faktor genannt, wenn dieser relativ knapp ist, es heißt geschlossen, wenn es relativ geschlossen in bezug auf alle m Faktoren ist.[6]

1) Vgl. S. 57. Vgl. auch Heinen (197o), S. 313.

2) Vgl. S. 113ff.,(13)(a) und (13)(c).

3) Vgl. S. 113ff.,(13)(a) und (13)(c).

4) Vgl. Engels (1962), S. 98 und S. 113.

5) Vgl. Heinen (197o), S. 332.

6) Engels und Heinen verwenden die Begriffe "offen" und
   "geschlossen" auch dann, wenn sie sich auf nur einen
   Faktor beziehen. Vgl. Engels (1962), S. 113, und
   Heinen (197o), S. 332. Desweiteren wird hier nicht
   unterstellt, daß eventuell für einen "Faktoreinsatz
   keine Beschränkungen zu beachten sind", Heinen (197o),
   S. 332, da eine solche Annahme ökonomisch nicht sinnvoll ist. Vgl. S. 22. Deshalb ist die hier vorgenommene Klassifizierung des unternehmerischen Entscheidungsfeldes nicht identisch mit der bei Engels und
   Heinen. Schließlich sei darauf hingewiesen, daß die
   Begriffe "offen", "geschlossen", "relativ offen" und
   "relativ geschlossen" über den Begriff der relativen
   Knappheit nur für das jeweils optimale Produktionsprogramm definiert sind. Vgl. S. 38.

Die relative Knappheit eines Faktors verhindert dabei
die Vergrößerung des erzielbaren Nutzens, auch wenn andere Faktoren noch verfügbar sind,[1] und die dadurch bewirkte Hemmung kann sich, je nach der Art des betrachteten Faktors, auf die Beschaffung, die Produktion im engeren Sinne oder den Absatz[2] beziehen.[3]

Basis der nachfolgenden Ausführungen ist wiederum das
Grundmodell:

$$\text{Maximiere } N(\underline{x}) = (\underline{e} - \underline{k})^T \underline{x} + E_f - K_f = \underline{z}^T \underline{x} + z_0 \text{ mit}$$

$$\underline{z} = \underline{e} - \underline{k} \text{ und } z_0 = E_f - K_f \text{ unter den Nebenbedingungen:}$$

$$\underline{A}\underline{x} \leqq \underline{b}, \ \underline{x} \geqq \underline{o}_n.[4]$$

Zur Verdeutlichung wird jedoch von einer spezifizierten
Nutzenfunktion ausgegangen:

e_j sei der variable Erlös in DM je Einheit des Produktes j für j = 1,...,n,

k_j seien die variablen Aufwendungen in DM je Einheit
des Produktes j für j = 1,...,n,[5]

E_f sei der fixe Erlös der Planungsperiode in DM und

K_f seien die fixen Aufwendungen der Planungsperiode
in DM.

$N(\underline{x})$ stellt somit den Gewinn der Planungsperiode dar,
wenn das Produktionsprogramm $\underline{x}$ realisiert wird. Die Differenz $e_j - k_j$ wird im folgenden als Deckungsbeitrag
(einer Einheit) des Produktes j bezeichnet für j = 1,
...,n. $\underline{x}^b$ mit $\underline{x}^{bT} = (x_1^b,...,x_n^b)$ sei das optimale Pro-
duktionsprogramm,[6] $\underline{b}_{opt} = \underline{A}\underline{x}^b$ mit $\underline{b}_{opt}^T = (b_1^{opt},...,b_m^{opt})$ der zugehörige optimale variable Fak-

---

1) Vgl. S. 38.

2) Zu dieser Unterscheidung vgl. S. 2of.

3) Vgl. Schmalenbach (1963), S. 164.

4) Siehe S. 7o.

5) Als Aufwendungen werden hier periodisierte Ausgaben
   verstanden und nicht notwendig Aufwendungen im Sinne
   des Handelsrechts (Aktienrechts). Da auch zum Beispiel "nicht betriebsbedingter Verzehr" erfaßt werden
   soll, wird hier der Begriff "pagatorische Kosten"
   vermieden. Zum Begriff des Aufwandes im hier verstan-
   denen Sinne vgl. Heinen (197o), S. 1o4.

6) Vgl. S. 72.

torverbrauch[1].

Im folgenden soll in Anlehnung an Heinen[2] näher auf die Bewertung von solchen Faktoren eingegangen werden, deren Einsatz von besonderem Interesse ist. Dies sind Faktoren, die auf Lager genommen werden können,[3] von denen also Bestände vorhanden sein können, oder von denen benötigte Einsatzmengen unmittelbar erworben werden können.[4] Zuvor soll jedoch der Vollständigkeit halber auf die Bewertung im offenen Entscheidungsfeld eingegangen werden.

4.1 Entscheidungsorientierte Kostenwerte bei offenem Entscheidungsfeld

Ist das Entscheidungsfeld des Unternehmers offen, so bedeutet dies, daß bei der Realisation des optimalen Produktionsprogramms $\underline{x}^b$ kein Faktor relativ knapp ist.[5] Hieraus folgt aber, daß $\underline{x}^b$ gleich $\underline{o}_n$ ist.[6] Somit entsteht kein variabler Faktorverbrauch, es gilt also: $\underline{b}_{opt} = \underline{o}_m$. Daraus ergibt sich, daß alle entscheidungsorientierten Kostenwerte gleich Null sind.[7]

---

1) Vgl. S. 81.

2) Vgl. Heinen (1970), S. 345ff.

3) Hierzu zählen insbesondere Rohstoffe.

4) Vgl. auch Hax (1965a), S. 198f., und Adam (1970), S. 65ff.

5) Vgl. S. 147 und S. 38.

6) Da dann die Variablen $x_1,\ldots,x_n$ im optimalen Simplex-Tableau als Nebenbasisvariable gleich Null sind. Ist indes $z_j^+ = o$ für ein $j \in \{m+1,\ldots,m+n\}$ mit $j \neq i(k)-m$ für $k = r+1,\ldots,m$, das heißt, ist der Zielfunktionskoeffizient z_j^+ zu einer Nebenbasisvariablen x_{j-m} im optimalen Simplex-Tableau gleich Null, vgl. S. 299, A 2.7.5, so können auch von $\underline{o}_n$ verschiedene Produktionsprogramme optimal sein. Da diese dann jedoch den gleichen Nutzen erzielen wie das triviale Produktionsprogramm $\underline{o}_n$, kann ohne Einschränkung davon ausgegangen werden, daß $\underline{x}^b = \underline{o}_n$ gilt. Vgl. hierzu S. 325f.

7) Vgl. S. 146.

Da im optimalen Simplex-Tableau die Schlupfvariablen,
die zu den einzelnen Faktoren gehören, sämtlich Basisvariable sind, ist das optimale Simplex-Tableau, bis auf
eventuell notwendige Zeilenvertauschung, identisch mit
dem Ausgangs-Tableau.[1] Damit stimmen insbesondere die
beiden Zielfunktionszeilen überein, in denen die Koeffizienten aller n+m Variablen also nichtnegativ sind.[2]
Hieraus folgt, daß die Koeffizienten $e_j - k_j$ nichtpositiv sind für $j = 1,...,n$.[3] Für die unterstellte Zielfunktion bedeutet dies aber, daß die Deckungsbeiträge
aller n Produkte nichtpositiv sein müssen. Ein offenes
Entscheidungsfeld dürfte mithin nur in ganz speziellen
Entscheidungssituationen vorliegen.[4]

4.2 Entscheidungsorientierte Kostenwerte bei nicht offenem Entscheidungsfeld

Hier ist also mindestens ein Faktor relativ knapp,[5] und
dies sei einer der Faktoren, deren Bewertung in diesem
Kapitel einer näheren Analyse unterzogen werden soll,
von denen also Bestände in der Unternehmung vorhanden
sein können oder von denen benötigte Einsatzmengen unmittelbar erworben werden können.

In bezug auf einen solchen Faktor lassen sich vier Typen
von Entscheidungsfeldern unterscheiden:[6]

---

1) Vgl. Dantzig (1966), S. 94.

2) Vgl. S. 32o,A 2.7.21.

3) Vgl. hierzu S. 291f.

4) Zu ähnlichen Ergebnissen führt die Annahme der (ausschließlich) beschaffungsmarktorientierten Bewertung
   von Faktoren. Vgl. S. 145f.

5) Mit einbezogen ist damit natürlich der Fall, daß alle
   Faktoren relativ knapp sind.

6) Vgl. Heinen (197o), S. 346.

Typ	Faktorbestand zu Beginn der Planungsperiode	Unmittelbarer Zukauf[1] in der Planungsperiode
I	vorhanden	nicht möglich
II	nicht vorhanden	beschränkt möglich
III	vorhanden	beliebig möglich[2]
IV	vorhanden	beschränkt möglich

Daß Entscheidungsfelder vom Typ I, II und IV relativ geschlossen in bezug auf den betrachteten Faktor sein können, ist unmittelbar ersichtlich. Jedoch auch ein Entscheidungsfeld vom Typ III kann relativ geschlossen sein; beim Einsatz des Faktors ist nämlich zu beachten, daß der Verbrauch vom Bestand beschränkt ist.

Dies wird noch deutlicher, wenn insbesondere zur Berücksichtigung möglicher verschiedener unmittelbarer variabler Aufwendungen im Modell unterschieden wird danach, ob die verbrauchten Mengen vom Bestand stammen oder zugekauft werden, das heißt, wenn statt von zum Beispiel einem Faktor "Rohstoff" von zwei Faktoren "Rohstoff aus Bestand" und "Rohstoff aus Zukauf" oder von entsprechend mehr technisch gleichartigen, jedoch unterschiedliche unmittelbare Aufwendungen verursachenden Faktoren ausgegangen wird.[3] Bei Vorliegen des Typs III kann somit der Faktor "aus Bestand" relativ knapp sein. Heinen verdeutlicht dies, indem er durch die Berücksichtigung von von ihm als isoliert bezeichneten Verwendungsmöglichkeiten[4] einen Mindestverbrauch in Höhe des Faktorbestandes erzwingt.[5]

---

1) Nach Annahme stehen zugekaufte Güter unmittelbar zur Verfügung. Vgl. S. 14, Fußnote 1.

2) Dies soll hier lediglich bedeuten, daß die im optimalen Produktionsprogramm zusätzlich zum vorhandenen Bestand benötigten Mengen des betrachteten Faktors geringer sind, als maximal zugekauft werden können.

3) Daß bei Vorliegen unterschiedlicher unmittelbarer Aufwendungen von verschiedenen Faktoren ausgegangen werden muß, folgt allgemein aus der Annahme, daß einem realisierten Produktionsprogramm der Nutzen, hier also der Gewinn, eindeutig zugeordnet wird. Vgl. S. 27f.

4) Vgl. Heinen (197o), S. 333. Vgl. hierzu auch S. 22, Fußnote 1.

Im folgenden soll nun die Abhängigkeit des entscheidungsorientierten Kostenwertes eines solchen Faktors, in bezug
auf den ein Entscheidungsfeld vom Typ I, II, III oder IV
ist, vom Typ des Entscheidungsfeldes genauer untersucht
werden. Eine allgemeine Analyse dieser Abhängigkeit erscheint wenig fruchtbar; deshalb sollen die folgenden
Ausführungen lediglich auf Beispielen basieren.

4.2.1 Entscheidungsorientierte Kostenwerte bei einem Entscheidungsfeld vom Typ I

Von dem betrachteten Faktor (im folgenden immer Rohstoff)
ist also zu Beginn der Planungsperiode ein Bestand vorhanden, der durch Zukauf nicht vergrößert werden kann.
Betrachtet wird das folgende Beispiel:[1]

Herzustellen sind **vier** Erzeugnisse mithilfe zweier Faktoren, einer Maschine und Rohstoff einer bestimmten Qualität. Verfügbar sind in der Planungsperiode 2ooo Maschinenstunden mit unmittelbaren variablen Aufwendungen von
16 DM je Stunde; vom Rohstoff sind 15oo Einheiten zu 15
DM je Einheit auf Lager. Wird der Rohstoff nicht vollständig verbraucht, so kann er verkauft werden mit einem
variablen Erlös von e_A DM je Einheit und variablen Aufwendungen von k_A DM je Einheit oder wieder auf Lager genommen werden mit variablen Aufwendungen von k_L DM je
Einheit. Wird dies Lager der Unternehmung in den Absatzmarkt der Unternehmung einbezogen,[2] so sind also sechs
Produkte (im weiteren Sinne[3]) herzustellen. Die variablen Faktorverbräuche, die Erlöse und die maximalen Absatzmengen der Produkte sind der folgenden Tabelle zu
entnehmen:[4]

Fortsetzung der Fußnoten der vorherigen Seite!

5) Vgl. Heinen (197o), S. 346.

1) Vgl. das Beispiel bei Adam (197o), S. 67ff. und S.
   99ff., das hier der Fragestellung entsprechend jeweils geringfügig modifiziert wird.

2) Dieser Ansatz ist nicht zwingend, dient jedoch der
   Verbesserung der Vergleichsmöglichkeit der folgenden
   Ausführungen mit denen bei Adam und Heinen. Vgl. da-
   gegen S. 16.

Produkt	1	2	3	4	5	6
Rohstoffverbrauch (Einheiten je Einheit)	2,5	o,5	1	o,25	1	1
Verbrauch an Maschinenstunden (Stunden je Einheit)	o,25	1,25	1,5	o,75	o	o
Erlös (DM je Einheit)	48	75	95,5	32,5	e_A	$o^{1)}$
Maximale Absatzmenge	1600	600	8oo	1ooo	$5oo^{2)}$	$1ooo^{2)}$

Als Modell zur Bestimmung des optimalen Produktionsprogramms ergibt sich somit:

$$\text{Maximiere } N(\underline{x}) = (48-(2,5\cdot15+o,25\cdot16))x_1{}^{3)}$$
$$+ (75-(o,5\cdot15+1,25\cdot16))x_2 + (95,5-(1\cdot15+1,5\cdot16))x_3$$
$$+ (32,5-(o,25\cdot15+o,75\cdot16))x_4 + (e_A-(1\cdot k_A+1\cdot15))x_5$$
$$+ (o-(1\cdot k_L+1\cdot15))x_6$$
$$= 6,5x_1 + 47,5x_2 + 56,5x_3 + 16,75x_4 + (e_A-k_A-15)x_5$$
$$- (k_L+15)x_6$$

unter den Nebenbedingungen:

$$2,5x_1 + o,5x_2 + x_3 + o,25x_4 + x_5 + x_6 = 15oo^{4)}$$
$$o,25x_1 + 1,25x_2 + 1,5x_3 + o,75x_4 \leq 2ooo$$
$$x_1 \leq 16oo$$
$$x_2 \leq 6oo$$
$$x_3 \leq 8oo$$
$$x_4 \leq 1ooo$$
$$x_5 \leq 5oo$$
$$x_6 \leq 1ooo$$

$$\underline{x_1,\ldots,x_6 \geq o}$$

Fortsetzung der Fußnoten der vorherigen Seite!

3) Vgl. S. 16 und Heinen (197o), S. 118 und S. 486.

4) Vgl. Adam (197o), S. 68.

1) Die wieder auf Lager genommenen Mengen des Rohstoffs erbringen keine Erlöse.

2) Diese Absatzbeschränkungen werden hier zusätzlich eingeführt, da auch die Faktoren "Absatz des Produktes 5" und "Absatz des Produktes 6" absolut knapp sein müssen.

3) Es gilt allgemein: $\underline{k} = \underline{A}^T\underline{k}'$. Vgl. S. 124, Fußnote 3. Da die Absatzaktivitäten für die Produkte 1 bis 4 in Adams Beispiel annahmegemäß keine unmittelbaren variablen Aufwendungen verursachen, folgt somit beispielsweise für die variablen Aufwendungen k_1 des Pro-

Nach Einführung von acht Schlupfvariablen $y_1,\ldots,y_8$ ergibt sich mithilfe der Simplex-Methode:

y_1 [*1)]	y_2	y_3	y_4	y_5	y_6	y_7	y_8	x_1	x_2	x_3	x_4	x_5	x_6	$N(\underline{x})$
0	0	0	0	0	0	0	0	-6,5	-47,5	-56,5	-16,75	$15+k_A-e_A$	k_L+15	0
1								$\frac{5}{2}$	$\frac{1}{2}$	1	$\frac{1}{4}$	1	1	1500
	1							$\frac{1}{4}$	$\frac{5}{4}$	$\frac{3}{2}$	$\frac{3}{4}$			2000
		1						1						1600
			1						1					600
				1						1				800
					1						1			1000
						1						1		500
							1						1	1000
0	0	0	0	56,5	0	0	0	-6,5	-47,5	0	-16,75	$15+k_A-e_A$	k_L+15	45200
1				-1				$\frac{5}{2}$	$\frac{1}{2}$		$\frac{1}{4}$	1	1	700
	1			$-\frac{3}{2}$				$\frac{1}{4}$	$\frac{5}{4}$		$\frac{3}{4}$			800
		1						1						1600
			1						1					600
				1						1				800
					1						1			1000
						1						1		500
							1						1	1000
0	0	0	47,5	56,5	0	0	0	-6,5	0	0	-16,75	$15+k_A-e_A$	k_L+15	73700
1			$-\frac{1}{2}$	-1				$\frac{5}{2}$			$\frac{1}{4}$	1	1	400
	1		$-\frac{5}{4}$	$-\frac{3}{2}$				$\frac{1}{4}$			$\frac{3}{4}$			50
		1						1						1600
			1						1					600
				1						1				800
					1						1			1000
						1						1		500
							1						1	1000

Fortsetzung der Fußnoten der vorherigen Seite!

duktes 1: $k_1 = 2,5 \cdot 15 + 0,25 \cdot 16$.

4) Durch die Berücksichtigung der Produkte 5 und 6 ist der vollständige Verbrauch des gesamten Rohstoffbestandes gesichert.

1) Im Optimum muß $y_1 = 0$ gelten; y_1 ist also eine gesperrte Schlupfvariable. Vgl. S. 340. Die Phase 0 der Drei-Phasen-Methode, vgl. S. 338ff., wird hier nicht durchgeführt, da sich bei der optimalen Lösung ergibt, daß y_1 Nebenbasisvariable, also gleich Null ist.

y_1	y_2	y_3	y_4	y_5	y_6	y_7	y_8	x_1	x_2	x_3	x_4	x_5	x_6	$N(\underline{x})$
0	$\frac{67}{3}$	0	$\frac{235}{12}$	23	0	0	0	$-\frac{11}{12}$	0	0	0	$15+k_A-e_A$	k_L+15	$74816\frac{2}{3}$
1	$-\frac{1}{3}$		$-\frac{1}{12}$	$-\frac{1}{2}$				$\frac{29}{12}$				1	1	$\frac{1150}{3}$
	$\frac{4}{3}$		$-\frac{5}{3}$	-2				$\frac{1}{3}$			1			$\frac{200}{3}$
		1						1						1600
			1	1					1					600
				1						1				800
	$-\frac{4}{3}$		$\frac{5}{3}$	2	1			$-\frac{1}{3}$						$\frac{2800}{3}$
						1						1		500
							1						1	1000
$\frac{11}{29}$	$\frac{644}{29}$	0	$\frac{567}{29}$	$\frac{1323}{58}$	0	0	0	0	0	0	0	$15\frac{11}{29}+k_A-e_A$	$k_L+15\frac{11}{29}$	$74962\frac{2}{29}$
$\frac{12}{29}$	$-\frac{4}{29}$		$-\frac{1}{29}$	$-\frac{6}{29}$				1				$\frac{12}{29}$	$\frac{12}{29}$	$158\frac{18}{29}$
$-\frac{4}{29}$	$\frac{40}{29}$		$-\frac{48}{29}$	$-\frac{56}{29}$							1	$-\frac{4}{29}$	$-\frac{4}{29}$	$13\frac{23}{29}$
$-\frac{12}{29}$	$\frac{4}{29}$	1	$\frac{1}{29}$	$\frac{6}{29}$								$-\frac{12}{29}$	$-\frac{12}{29}$	$1441\frac{11}{29}$
			1	1					1					600
				1						1				800
$\frac{4}{29}$	$-\frac{40}{29}$		$\frac{48}{29}$	$\frac{56}{29}$	1							$\frac{4}{29}$	$\frac{4}{29}$	$986\frac{6}{29}$
						1						1		500
							1						1	1000

Gilt $k_A-e_A+15\frac{11}{29} \geq 0$ beziehungsweise $e_A \leq k_A+15\frac{11}{29}$ [1]), so ergibt sich als optimale Basislösung[2]):

$$x_1 = 158\frac{18}{29}, \quad x_2 = 600, \quad x_3 = 800, \quad x_4 = 13\frac{23}{29}, \quad x_5 = 0,$$
$$x_6 = 0, \quad y_1 = y_2 = 0, \quad y_3 = 1441\frac{11}{29}, \quad y_4 = y_5 = 0,$$
$$y_6 = 986\frac{6}{29}, \quad y_7 = 500 \text{ und } y_8 = 1000.$$

Aus $y_1 = x_5 = x_6 = 0$ und $y_7 = 500$, $y_8 = 1000$ folgt, daß der Rohstoff nicht verkauft und auch nicht auf Lager genommen wird. Der entscheidungsorientierte Kostenwert für den Rohstoff bestimmt sich nun wie folgt:

---

1) Etwa für $e_A = 18$ und $k_A = 2,9$. Vgl. Adam (1970), S. 68.

2) Wegen $k_L \geq 0$ ist $k_L+15\frac{11}{29} > 0$.

Grenznutzen des Rohstoffs = z_1^+ DM[1] = $\frac{11}{29}$ DM,

Beschaffungsgrenznutzen des Rohstoffs = k_1' DM[2] = 15 DM, also:

$$\text{EKW}_1 = 15\frac{11}{29} \text{ DM.}$$

Als entscheidungsorientierter Kostenwert EKW_1 des Rohstoffs ergibt sich demnach ein Wert, der um den Grenznutzen von $\frac{11}{29}$ DM höher ist als die unmittelbaren variablen Aufwendungen von 15 DM je Einheit. Heinen ist also nicht zuzustimmen, wenn er für diesen Fall als Wert den "Grenzgewinn der Unternehmung"[3] annimmt,[4] der hier mit

---

1) Da $\max\left\{\dfrac{-158\frac{18}{29}}{\frac{12}{29}}, \dfrac{-986\frac{6}{29}}{\frac{4}{29}}\right\} = \max\left\{-\dfrac{4600}{12}, -\dfrac{28600}{4}\right\} = -\dfrac{4600}{12} <$
   -1. Vgl. S. 1o7,(11)(b), mit i = 1 und m = 8.

2) Da die Absatzaktivitäten für die Produkte 1 bis 4 keine unmittelbaren variablen Aufwendungen verursachen, also $k_3' = k_4' = k_5' = k_6' = o$ gilt, ergibt
   sich mit $k_7' = k_A$, $k_8' = k_L$ und $\underline{b}^T = (b_1,\ldots,b_8) =$ (1500,2ooo,16oo,6oo,8oo,1ooo,5oo,1ooo):

   $$K(\underline{x}^{\underline{b}}) - K(\underline{x}^{\underline{b}-\underline{e}_1^8}) = K_v'(\underline{b}_{opt}) - K_v'((\underline{b} - \underline{e}_1^8)_{opt}) =$$
   $$\underline{k}^T\underline{A}'(\underline{b}_{opt} - (\underline{b} - \underline{e}_1^8)_{opt}) = \underline{k}'^T(\underline{b}_{opt} - (\underline{b} - \underline{e}_1^8)_{opt})$$
   (vgl. S. 124, Fußnote 3) =
   $$k_1'(b_1-(b_1-1)) + k_2'(b_2-b_2) + k_A(o-o) + k_L(o-o) =$$
   k_1'. Vgl. S. 1o2f.,(1o)(a)(i) und (1o)(a)(iii), mit
   m = 8, n = 6, i = 1, r = 4, i(1) = p(1) = 3, i(2) = p(2) = 6, i(3) = p(3) = 7, i(4) = p(4) = 8 und $\Delta b_1 =$
   -1, da $\underline{b}_{opt} = \underline{b} - \underline{y}^{\underline{b}}$ mit $\underline{y}^{\underline{b}} = \underline{A}\underline{x}^{\underline{b}}$ beziehungsweise
   $$(\underline{b} - \underline{e}_1^8)_{opt} = (\underline{b} - \underline{e}_1^8) - \underline{y}^{\underline{b}-\underline{e}_1^8} \text{ mit } \underline{y}^{\underline{b}-\underline{e}_1^8} =$$
   $$(\underline{b} - \underline{e}_1^8) - \underline{A}\underline{x}^{\underline{b}-\underline{e}_1^8}.$$

3) Heinen (197o), S. 348.

4) Vgl. Heinen (197o), S. 348 und S. 319. Der richtige Wert ergibt sich dagegen, wenn so vorgegangen wird, wie es bei Heinen (197o), S. 326, geschildert wird.

dem Grenznutzen übereinstimmt[1].

Gilt dagegen $e_A = 18$ und $k_A = 2$, das heißt, $k_A - e_A + 15\frac{11}{29} = -\frac{18}{29} < 0$, so ergibt sich[2] aus

y_1^{*}	y_2	y_3	y_4	y_5	y_6	y_7	y_8	x_1	x_2	x_3	x_4	x_5	x_6	$N(\underline{x})$
$\frac{11}{29}$	$\frac{644}{29}$	0	$\frac{567}{29}$	$\frac{1323}{58}$	0	0	0	0	0	0	0	$-\frac{18}{29}$	$k_L+15\frac{11}{29}$	$74962\frac{2}{29}$
$\frac{12}{29}$	$-\frac{4}{29}$		$-\frac{1}{29}$	$-\frac{6}{29}$				1				$\frac{12}{29}$	$\frac{12}{29}$	$\frac{4600}{29}$
$-\frac{4}{29}$	$\frac{40}{29}$		$-\frac{48}{29}$	$-\frac{56}{29}$							1	$-\frac{4}{29}$	$-\frac{4}{29}$	$\frac{400}{29}$
$-\frac{12}{29}$	$\frac{4}{29}$	1	$\frac{1}{29}$	$\frac{6}{29}$								$-\frac{12}{29}$	$-\frac{12}{29}$	$\frac{41800}{29}$
			1						1					600
				1						1				800
$\frac{4}{29}$	$-\frac{40}{29}$		$\frac{48}{29}$	$\frac{56}{29}$	1							$\frac{4}{29}$	$\frac{4}{29}$	$\frac{28600}{29}$
						1						1		500
							1						1	1000
1	22	0	$\frac{39}{2}$	$\frac{45}{2}$	0	0	0	$\frac{3}{2}$	0	0	0	0	k_L+16	75200
1	$-\frac{1}{3}$		$-\frac{1}{12}$	$-\frac{1}{2}$				$\frac{29}{12}$				1	1	$383\frac{1}{3}$
	$\frac{4}{3}$		$-\frac{5}{3}$	-2				$\frac{1}{3}$			1			$66\frac{2}{3}$
		1						1						1600
			1						1					600
				1						1				800
	$-\frac{4}{3}$		$\frac{5}{3}$	2	1			$-\frac{1}{3}$						$933\frac{1}{3}$
-1	$\frac{1}{3}$		$\frac{1}{12}$	$\frac{1}{2}$		1		$-\frac{29}{12}$					-1	$116\frac{2}{3}$
							1						1	1000

als optimale Basislösung:

$$x_1 = 0,\ x_2 = 600,\ x_3 = 800,\ x_4 = 66\frac{2}{3},\ x_5 = 383\frac{1}{3},$$
$$x_6 = y_1 = y_2 = 0,\ y_3 = 1600,\ y_4 = y_5 = 0,\ y_6 = 933\frac{1}{3},$$
$$y_7 = 116\frac{2}{3} \text{ und } y_8 = 1000.$$

---

1) Heinen geht ebenfalls von der "Zielfunktion 'Maximierung des pagatorischen Gewinnes'", Heinen (1970), S. 345, aus, die mit der oben vorgegebenen, siehe S. 148, übereinstimmt.

2) Das letzte Simplex-Tableau auf S. 155 ist also noch nicht das optimale Simplex-Tableau.

Der entscheidungsorientierte Kostenwert des Rohstoffs
bestimmt sich wie folgt:

Grenznutzen des Rohstoffs = z_1^+ DM[1] = 1 DM,

Beschaffungsgrenznutzen des Rohstoffs = $(k_1' + k_A)$ DM[2]

= 17 DM, also:

$\underline{EKW_1 = 18 \text{ DM.}}$

Heinen ermittelt für diesen Fall, in dem Rohstoff verkauft wird,[3] als Wert den variablen Erlös (hier e_A) je
Einheit des verkauften Rohstoffs,[4] also ebenfalls
18 DM. Der Wertansatz Heinens stimmt somit in diesem
Fall mit dem entscheidungsorientierten Kostenwert überein.

Wird das Beispiel[5] dahingehend modifiziert, daß keine
Möglichkeit besteht, Rohstoff zu verkaufen, daß vom Rohstoff 2ooo Einheiten zu je 6 DM auf Lager sind, daß die
unmittelbaren Aufwendungen für eine Maschinenstunde 8 DM
betragen und daß für den Vektor $\underline{e}$ der variablen Erlöse
$\underline{e}^T = (2\text{o}, 112, 134, 16, \text{o})$ gilt, so ergibt sich:[6]

---

1) Da $\dfrac{-383\frac{1}{3}}{1} < -1$. Vgl. S. 1o7,(11)(b), mit i = 1 und
m = 8.

2) Wie in Fußnote 2 von S. 156 ergibt sich:

$$K(\underline{x}^{\underline{b}}) - K(\underline{x}^{\underline{b}-\underline{e}_1^{\,8}}) = \underline{k}'^T(\underline{b}_{opt} - (\underline{b} - \underline{e}_1^{\,8})_{opt}) =$$
$$k_1'(b_1-(b_1-1)) + k_2'(b_2-b_2) + k_A(383\tfrac{1}{3} - 382\tfrac{1}{3}) +$$
$$k_L(\text{o-o}) = k_1' + k_A.$$

3) Es werden $x_5 = 383\frac{1}{3}$ Einheiten des Rohstoffs verkauft.

4) Vgl. Heinen (197o), S. 35o.

5) Siehe S. 152f.

6) Für die Zielfunktion ergibt sich hiermit, vgl. S. 153:
$$N(\underline{x}) = (2\text{o}-(2,5\cdot6+\text{o},25\cdot8))x_1 + (112-(\text{o},5\cdot6+1,25\cdot8))x_2$$
$$+ (134-(1\cdot6+1,5\cdot8))x_3 + (16-(\text{o},25\cdot6+\text{o},75\cdot8))x_4$$
$$+ (\text{o}-(1\cdot k_L+1\cdot6))x_5$$
$$= 3x_1 + 99x_2 + 116x_3 + 8,5x_4 - (6+k_L)x_5.$$

y_1[1]	y_2	y_3	y_4	y_5	y_6	y_7	x_1	x_2	x_3	x_4	x_5[2]	$N(\underline{x})$
o	o	o	o	o	o	o	-3	-99	-116	-8,5	k_L+6	o
1							$\frac{5}{2}$	$\frac{1}{2}$	1	$\frac{1}{4}$	1	2000
	1						$\frac{1}{4}$	$\frac{5}{4}$	$\frac{3}{2}$	$\frac{3}{4}$		2000
		1					1					1600
			1					1				600
				1					1			800
					1					1		1000
						1					1	1000
o	o	o	99	o	o	o	-3	o	-116	-8,5	k_L+6	88200
1			$-\frac{1}{2}$				$\frac{5}{2}$		1	$\frac{1}{4}$	1	1700
	1		$-\frac{5}{4}$				$\frac{1}{4}$		$\frac{3}{2}$	$\frac{3}{4}$		1250
		1					1					1600
			1					1				600
				1					1			800
					1					1		1000
						1					1	1000
o	o	o	99	116	o	o	-3	o	o	-8,5	k_L+6	181000
1			$-\frac{1}{2}$	-1			$\frac{5}{2}$			$\frac{1}{4}$	1	900
	1		$-\frac{5}{4}$	$-\frac{3}{2}$			$\frac{1}{4}$			$\frac{3}{4}$		50
		1					1					1600
			1					1				600
				1					1			800
					1					1		1000
						1					1	1000
o	12	o	84	98	o	o	o	o	o	0,5	k_L+6	181600
1	-10		12	14						$-\frac{29}{4}$	1	400
	4		-5	-6			1			3		200
	-4	1	5	6						-3		1400
			1					1				600
				1					1			800
					1					1		1000
						1					1	1000

1) y_1 ist wiederum eine gesperrte Schlupfvariable. Damit die nachfolgenden Ergebnisse deutlicher werden, wird die Phase o der Drei-Phasen-Methode, vgl. S. 338ff., erst zum Schluß durchgeführt.

2) x_5 gibt hier die Anzahl der Einheiten des wieder auf Lager genommenen Rohstoffs an.

Hier ist nun die Phase o der Drei-Phasen-Methode[1] durchzuführen. Je nachdem, ob $k_L+6 \leqq 7 = \frac{84}{12}$ beziehungsweise $k_L \leqq 1$ oder $k_L+6 > 7$ beziehungsweise $k_L > 1$ gilt,[2] ergeben sich die folgenden optimalen Simplex-Tableaus.

Für $k_L \leqq 1$:

$-k_L-6$	$72+10k_L$	0	$12-12k_L$	$14-14k_L$	0	0	0	0	0	$\frac{29}{4}k_L+44$	0	$179200-400k_L$
1	-10		12	14						$-\frac{29}{4}$	1	400
	4		-5	-6			1			3		200
-4		1	5	6						-3		1400
			1					1				600
				1					1			800
					1					1		1000
-1	10		-12	-14		1				$\frac{29}{4}$		600

mit der optimalen Basislösung:

$x_1 = 200$, $x_2 = 600$, $x_3 = 800$, $x_4 = 0$, $x_5 = 400$,

$y_1 = y_2 = 0$, $y_3 = 1400$, $y_4 = y_5 = 0$, $y_6 = 1000$ und

$y_7 = 600$

und dem entscheidungsorientierten Kostenwert:

$$\underline{\underline{EKW}}_1 = z_1^+ \text{ DM} + (K(\underline{x}^{\underline{b}}) - K(\underline{x}^{\underline{b-e}_1^{\ 7}})) \text{ DM}[3]$$

$$= -(k_L+6) \text{ DM} + (k_1'+k_L) \text{ DM}[4] = (k_1'-6) \text{ DM}$$

$$= \underline{\underline{0\ \text{DM}}}.$$

Die Verfügbarkeit der letzten Einheit des Rohstoffs be-

---

1) Vgl. S. 338ff.

2) Die Durchführung der Phase o bewirkt auf jeden Fall eine Verminderung des Zielfunktionswertes. Da die optimale Lösung nichtnegativ sein muß, bieten sich y_4, y_5 und x_5 als neue Basisvariable an. Die Einführung von y_5 als neuer Basisvariabler würde die gleiche Verminderung des Zielfunktionswertes nach sich ziehen wie die von y_4 ($\frac{98}{14} = 7 = \frac{84}{12}$).

3) Da $\frac{-400}{1} < -1$. Vgl. S. 113f.,(13)(b), mit i = 1 und m = 7.

4) Wie in Fußnote 2 von S. 156 ergibt sich:

$$K(\underline{x}^{\underline{b}}) - K(\underline{x}^{\underline{b-e}_1^{\ 7}}) = \underline{k}'^T(\underline{b}_{opt} - (\underline{b} - \underline{e}_1^{\ 7})_{opt}) =$$

$k_1'(b_1-(b_1-1))+k_2'(b_2-b_2)+k_L(400-399) = k_1'+k_L$.

wirkt also für $k_L \leqslant 1$ eine Gewinnminderung von (k_L+6) DM und eine Erhöhung der variablen Aufwendungen von (k_L+6) DM.[1]

Für $k_L > 1$ ergibt sich:

-7	82	0	0	0[2]	0	0	0	0	0	$51\frac{1}{4}$	k_L-1	178800
$\frac{1}{12}$	$-\frac{5}{6}$		1	$\frac{7}{6}$						$-\frac{29}{48}$	$\frac{1}{12}$	$33\frac{1}{3}$
$\frac{5}{12}$	$-\frac{1}{6}$			$-\frac{1}{6}$			1			$-\frac{1}{48}$	$\frac{5}{12}$	$366\frac{2}{3}$
$-\frac{5}{12}$	$\frac{1}{6}$	1		$\frac{1}{6}$						$\frac{1}{48}$	$-\frac{5}{12}$	$1233\frac{1}{3}$
$-\frac{1}{12}$	$\frac{5}{6}$			$-\frac{7}{6}$				1		$\frac{29}{48}$	$-\frac{1}{12}$	$566\frac{2}{3}$
				1					1			800
					1					1		1000
						1					1	1000

mit der optimalen Basislösung:

$$x_1 = 366\tfrac{2}{3}, \quad x_2 = 566\tfrac{2}{3}, \quad x_3 = 800, \quad x_4 = x_5 = y_1 = y_2 = 0,$$

$$y_3 = 1233\tfrac{1}{3}, \quad y_4 = 33\tfrac{1}{3}, \quad y_5 = 0, \quad y_6 = 1000 \text{ und } y_7 = 1000$$

und dem entscheidungsorientierten Kostenwert:

$$\underline{\underline{EKW_1}} = z_1^+ \text{ DM} + \left(K(\underline{x}^{\underline{b}}) - K(\underline{x}^{\underline{b}-\underline{e}_1^7})\right) \text{ DM}^{[3]}$$

$$= -7 \text{ DM} + k_1' \text{ DM}^{[4]} = -7 \text{ DM} + 6 \text{ DM} = \underline{\underline{-1 \text{ DM}}}.$$

---

1) Selbst für $k_L = 0$ vermindert sich somit der Gewinn und erhöhen sich die variablen Aufwendungen. Vgl. dagegen Heinen (1970), S. 349f.

2) Es gibt also zwei optimale Basislösungen. Vgl. S. 326, A 3.2.

3) Da $\max\left\{\dfrac{-33\frac{1}{3}}{\frac{1}{12}}, \dfrac{-366\frac{2}{3}}{\frac{5}{12}}\right\} = \max\left\{-400, -800\right\} = -400 < -1$. Vgl. S. 113f., (13)(b), mit $i = 1$ und $m = 7$.

4) Wie in Fußnote 2 von S. 156 ergibt sich:

$$K(\underline{x}^{\underline{b}}) - K(\underline{x}^{\underline{b}-\underline{e}_1^7}) = \underline{k}'^{T}(\underline{b}_{opt} - (\underline{b} - \underline{e}_1^7)_{opt}) =$$

$$k_1'(b_1-(b_1-1)) + k_2'(b_2-b_2) + k_L(0-0) = k_1'.$$

Der entscheidungsorientierte Kostenwert EKW_1 des Rohstoffs ist somit für $k_L > 1$ kleiner als die unmittelbaren variablen Aufwendungen für eine Einheit. Der für beliebiges $k_L \geq 0$ negative Grenznutzen weist in beiden Fällen[1] darauf hin, daß eine Verminderung des Rohstoffbestandes um eine Einheit den Nutzen, hier also den Gewinn erhöhen würde. Der Faktor ist in den beiden letzten Beispielen im Übermaß vorhanden.[2] "Gründe dafür sind sowohl innerbetriebliche Engpässe (hier bei der Maschine, der Verf.) als auch Engpässe auf dem Absatzmarkt"[3] (hier etwa bei Produkt 3).

Zusammenfassend läßt sich somit sagen: Ist ein Faktor relativ knapp und ist das Entscheidungsfeld vom Typ I in bezug auf diesen Faktor, so kann der entscheidungsorientierte Kostenwert dieses Faktors über den unmittelbaren variablen Aufwendungen je Einheit liegen beziehungsweise ihnen gleich sein, nämlich wenn keine Faktormengen verkauft oder wieder auf Lager genommen werden[4] oder wenn Restbestände mit nichtnegativem Deckungsbeitrag verkauft werden können[5]; der entscheidungsorientierte Kostenwert dieses Faktors kann aber auch gleich Null sein, wenn Restbestände nicht verkauft werden können und auf Lager genommen werden müssen[6], oder unter den unmittelbaren variablen Aufwendungen je Einheit des Rohstoffs liegen beziehungs-

---

1) Vgl. S. 16o und S. 161.

2) Vgl. Heinen (197o), S. 324f. Heinen verweist dort auf Schmalenbach, der für diese Situation den Begriff "Verwendungshemmung" benutzt. Vgl. Schmalenbach (1963), S. 17o.

3) Heinen (197o), S. 325.

4) Vgl. S. 155f.

5) Vgl. S. 158.

6) Hierbei ist der Grenznutzen gleich dem Deckungsbeitrag des Produktes "Rohstoff auf Lager". Vgl. S. 16of. für $k_L \leq 1$. Dort werden $x_5 = 4oo$ Einheiten des Rohstoffs wieder auf Lager genommen.

weise ihnen gleich sein, nämlich wenn die unmittelbaren
variablen Aufwendungen für die Lagerung einer Einheit so
hoch sind, daß die Lagerung unwirtschaftlich ist.[1]

Es sind noch weitere Sonderfälle denkbar;[2] ihre Diskussion würde jedoch keine neuen Erkenntnisse bringen. Daher wird auf eine weitere Erörterung verzichtet.

4.2.2 Entscheidungsorientierte Kostenwerte bei einem Entscheidungsfeld vom Typ II

Vom betrachteten Faktor kann also genau die in der Planungsperiode benötigte Menge beschafft werden. Je nachdem, ob diese dem maximal möglichen variablen Verbrauch
dieses Faktors entspricht oder nicht, ist der Faktor relativ knapp oder nicht. Dieser Fall ist in den allgemeinen Ausführungen bereits berücksichtigt[3] und braucht
deshalb nicht weiter diskutiert zu werden. Hervorgehoben
werden soll an dieser Stelle nur, daß der entscheidungsorientierte Kostenwert des Faktors gleich der Summe aus
dem Grenznutzen und dem Beschaffungsgrenznutzen dieses
Faktors ist, wenn dieser relativ knapp ist,[4] beziehungsweise gleich Null ist, wenn dieser nicht relativ
knapp ist und wenn eine zusätzliche Bedingung erfüllt
ist[5].

1) Vgl. S. 161f. für $k_L > 1$. Dort werden wegen $x_5 = o$
   keine Einheiten des Rohstoffs wieder auf Lager genommen.

2) Etwa, daß Restbestände verkauft werden können, jedoch
   nur mit negativem Deckungsbeitrag. Dieser Fall entspricht indes dem, in dem der "Deckungsbeitrag" des
   Produktes "Rohstoff auf Lager" negativ ist. Vgl. S.
   158ff.

3) Vgl. Kapitel 3.2.2, S. 81ff., und Kapitel 3.2.3, S.
   87ff.

4) Hier ist Heinen nicht zuzustimmen, wenn er als Wert
   den "Grenzgewinn" verwendet. Vgl. Heinen (197o), S.
   351. Vgl. auch S. 156f.

5) Vgl. S. 113,(13)(a). Hier ist Heinen ebenfalls nicht
   zuzustimmen, wenn er den Faktor "aufwandsgleich" bewertet. Vgl. Heinen (197o), S. 351.

4.2.3 Entscheidungsorientierte Kostenwerte bei einem Entscheidungsfeld vom Typ III

Zusätzlich zum vorhandenen Bestand können also obendrein benötigte Mengen, die annahmegemäß geringer sind als der maximal mögliche variable Faktorverbrauch, hinzubeschafft werden.[1] Wird diese Zukaufsmöglichkeit nicht genutzt, liegt im Grunde ein Entscheidungsfeld vom Typ I vor.[2] Deshalb soll hier nur noch der Fall diskutiert werden, daß Faktormengen zusätzlich erworben werden. Zugelassen werden soll dabei, daß die unmittelbaren variablen Aufwendungen für eine Einheit des betrachteten Faktors unterschiedlich sind, je nachdem, ob vom Bestand verbraucht wird oder ob zugekauft wird. Bei den Produkten ist deshalb zu unterscheiden, mit welcher Variante dieses Faktors sie hergestellt werden.[3] Im obigen Beispiel[4], das den folgenden Ausführungen bis auf geringfügige Modifikationen zugrunde gelegt wird, sind dementsprechend zwölf Produkte zu berücksichtigen.

Sind $x_1,\ldots,x_6$ die gesuchten Herstellmengen der sechs Produkte, die bei Einsatz des Rohstoffs vom Bestand zu 15 DM je Einheit erzeugt werden, $x_7,\ldots,x_{12}$ die gesuchten Herstellmengen der sechs Produkte, die bei Einsatz des zugekauften Rohstoffs mit unmittelbaren variablen Aufwendungen je Einheit von p_R DM mit $p_R = e_A$ erzeugt werden, und beträgt der Rohstoffbestand 5oo Einheiten, so ergibt sich bei im übrigen unveränderten Daten als Modell zur Bestimmung des optimalen Produktionsprogramms:[5]

---

1) Vgl. S. 151, Fußnote 2.

2) Vgl. Kapitel 4.2.1, S. 152ff. Heinens Ausführungen hierzu, vgl. Heinen (197o), S. 353, "erster Fall", haben die gleichen Mängel, die bereits oben, vgl. S. 156f., angeführt wurden.

3) Vgl. S. 151 und Adam (197o), S. 67ff. und S. 99ff.

4) Siehe S. 152f.

5) Vgl. S. 152f.

$$\text{Maximiere } N(\underline{x}) = 6{,}5x_1 + 47{,}5x_2 + 56{,}5x_3 + 16{,}75x_4$$

$$+ (e_A - k_A - 15)x_5 - (k_L + 15)x_6 + (48 - (2{,}5p_R + 0{,}25 \cdot 16))x_7 \text{[1]}$$

$$+ (75 - (0{,}5p_R + 1{,}25 \cdot 16))x_8 + (95{,}5 - (p_R + 1{,}5 \cdot 16))x_9$$

$$+ (32{,}5 - (0{,}25p_R + 0{,}75 \cdot 16))x_{10} + (e_A - (k_A + p_R))x_{11}$$

$$+ (0 - (k_L + p_R))x_{12}$$

$$= 6{,}5x_1 + 47{,}5x_2 + 56{,}5x_3 + 16{,}75x_4 + (e_A - k_A - 15)x_5$$

$$- (k_L + 15)x_6 + (44 - 2{,}5p_R)x_7 + (55 - 0{,}5p_R)x_8 + (71{,}5 - p_R)x_9$$

$$+ (20{,}5 - 0{,}25p_R)x_{10} + (e_A - k_A - p_R)x_{11} - (k_L + p_R)x_{12}$$

unter den Nebenbedingungen:

$$2{,}5x_1 + 0{,}5x_2 + x_3 + 0{,}25x_4 + x_5 + x_6 = 500$$

$$2{,}5x_7 + 0{,}5x_8 + x_9 + 0{,}25x_{10} + x_{11} + x_{12} \leq 5000 \text{[2]}$$

$$0{,}25x_1 + 1{,}25x_2 + 1{,}5x_3 + 0{,}75x_4$$

$$+ 0{,}25x_7 + 1{,}25x_8 + 1{,}5x_9 + 0{,}75x_{10} \leq 2000$$

$$x_1 + x_7 \leq 1600$$

$$x_2 + x_8 \leq 600$$

$$x_3 + x_9 \leq 800$$

$$x_4 + x_{10} \leq 1000$$

$$x_5 + x_{11} \leq 500$$

$$x_6 + x_{12} \leq 1000 \text{[3]}$$

$$x_1, \dots, x_{12} \geq 0$$

---

1) Vgl. S. 153, Fußnote 3.

2) Der maximal mögliche variable Verbrauch des "Rohstoffs aus Zukauf" ist damit so hoch gewählt, daß dieser Faktor in den folgenden Beispielen nicht relativ knapp ist.

3) Da jedes der zwölf Produkte Absatzbeschränkungen unterliegt, müßten für alle zwölf Produkte eigentlich noch zwölf weitere Absatzaktivitäten berücksichtigt werden, das heißt, die Absatzaktivität für ein "ursprüngliches" Produkt müßte eigentlich in drei Varianten zerlegt werden. Vgl. hierzu S. 23. Da diese Zerlegung die Berücksichtigung von wesentlich mehr Variablen, nämlich 33, und Nebenbedingungen, nämlich 21, erfordert, jedoch zum gleichen Ergebnis führt, wird darauf verzichtet.

Diskutiert werden sollen im folgenden drei spezielle Datenkonstellationen:

1. Fall: $p_R = e_A = 18^{1)}$, $k_A = 2{,}9^{1)}$, $k_L = 1$,

2. Fall: $p_R = e_A = 14^{2)}$, $k_A = 2{,}9$, $k_L = 2$ und

3. Fall: $e_2 = e_8 = 76{,}25^{3)}$, $e_4 = e_{10} = 45{,}5^{4)}$,

$$p_R = e_A = 1o, \quad k_A = 2{,}9, \quad k_L = 1.$$

Im einzelnen ergibt sich damit:

---

1) Diese Werte wählt auch Adam. Vgl. Adam (197o), S. 68.

2) Der Rohstoff ist also "billiger" geworden.

3) Die Erlöse e_2 und e_8 sind also um 1,25 DM höher als in den ersten beiden Fällen. Vgl. S. 153 und S. 164f.

4) Die Erlöse e_4 und e_{10} sind also um 13 DM höher als in den ersten beiden Fällen. Vgl. S. 153 und 164f.

1. Fall: $p_R = e_A = 18$, $k_A = 2,9$, $k_L = 1$[1]

y_1 [2]	y_2	y_3	y_4	y_5	y_6	y_7	y_8	y_9	x_1	x_2	x_3	x_4	x_5	x_6	x_7	x_8	x_9	x_{10}	x_{11}	x_{12}	$N(\underline{x})$
0	0	0	0	0	0	0	0	0	-6,5	-47,5	-56,5	-16,75	-0,1	16	1	-46	-53,5	-16	2,9	19	0
1									$\frac{5}{2}$	$\frac{1}{2}$	1	$\frac{1}{4}$	1	1							500
	1														$\frac{5}{2}$	$\frac{1}{2}$	1	$\frac{1}{4}$	1	1	5000
		1							$\frac{1}{4}$	$\frac{5}{4}$	$\frac{3}{2}$	$\frac{3}{4}$			$\frac{1}{4}$	$\frac{5}{4}$	$\frac{3}{2}$	$\frac{3}{4}$			2000
			1						1						1						1600
				1						1						1					600
					1						1						1				800
						1						1						1			1000
							1						1						1		500
								1						1						1	1000 [3]

---

1) Für die Zielfunktion ergibt sich hiermit, vgl. S. 165:

$$N(\underline{x}) = 6,5x_1 + 47,5x_2 + 56,5x_3 + 16,75x_4 + (18-2,9-15)x_5 - 16x_6$$
$$+ (44-2,5\cdot18)x_7 + (55-0,5\cdot18)x_8 + (71,5-18)x_9$$
$$+ (20,5-0,25\cdot18)x_{10} + (18-2,9-18)x_{11} - 19x_{12}$$
$$= 6,5x_1 + 47,5x_2 + 56,5x_3 + 16,75x_4 + 0,1x_5 - 16x_6 - x_7 + 46x_8$$
$$+ 53,5x_9 + 16x_{10} - 2,9x_{11} - 19x_{12}.$$

56,5	o	o	o	o	o	o	o	o	$\frac{539}{4}$	$-\frac{77}{4}$	o	$-\frac{21}{8}$	56,4	72,5	1	-46	-53,5	-162,9	19	28250
1									$\frac{5}{2}$	$\frac{1}{2}$	1	$\frac{1}{4}$	1	1						5oo
	1														$\frac{5}{2}$	$\frac{1}{2}$	1	$\frac{1}{4}$	1	5ooo
$-\frac{3}{2}$		1							$-\frac{7}{2}$	$\frac{1}{2}$		$\frac{3}{8}$	$-\frac{3}{2}$	$-\frac{3}{2}$	$\frac{1}{4}$	$\frac{5}{4}$	$\frac{3}{2}$	$\frac{3}{4}$	1	125o
			1						1						1	1				16oo
				1						1								1		6oo
-1					1				$-\frac{5}{2}$	$-\frac{1}{2}$		$-\frac{1}{4}$	-1	-1			1			3oo
						1						1						1		1ooo
							1												1	5oo
								1												1ooo
3	o	o	o	o	53,5	o	o	o	1	-46	o	-16	2,9	19	1	-46	o	-162,9	19	44300
1									$\frac{5}{2}$	$\frac{1}{2}$	1	$\frac{1}{4}$	1	1						5oo
1	1			-1					$\frac{5}{2}$	$\frac{1}{2}$	1	$\frac{1}{4}$	1	1	$\frac{5}{2}$	$\frac{1}{2}$		$\frac{1}{4}$	1	47oo
		1		$-\frac{3}{2}$					$\frac{1}{4}$	$\frac{5}{4}$		$\frac{3}{4}$			$\frac{1}{4}$	$\frac{5}{4}$		$\frac{3}{4}$		8oo
			1						1						1					16oo
				1						1								1		6oo
-1					1				$-\frac{5}{2}$	$-\frac{1}{2}$		$-\frac{1}{4}$	-1	-1			1			3oo
						1						1						1		1ooo
							1												1	5oo
								1												1ooo
3	o	o	o	46	53,5	o	o	o	1	o	o	-16	2,9	19	1	o	o	-162,9	19	71900
1									$\frac{5}{2}$	$\frac{1}{2}$	1	$\frac{1}{4}$	1	1						5oo
1	1		$-\frac{1}{2}$	-1					$\frac{5}{2}$		1	$\frac{1}{4}$	1	1	$\frac{5}{2}$			$\frac{1}{4}$	1	44oo
		1	$-\frac{5}{4}$	$-\frac{3}{2}$					$\frac{1}{4}$			$\frac{3}{4}$			$\frac{1}{4}$			$\frac{3}{4}$		5o
				1					1						1					16oo
					1					1								1		6oo
-1					1				$-\frac{5}{2}$	$-\frac{1}{2}$		$-\frac{1}{4}$	-1	-1			1			3oo
						1						1						1		1ooo
							1												1	5oo
								1												1ooo

Fortsetzung der Fußnoten der vorherigen Seite!

2) Die Phase o der Drei-Phasen-Methode, vgl. S. 338ff., braucht nicht durchgeführt zu werden, da in der optimalen Lösung y_1 Nebenbasisvariable, also gleich Null ist.

3) Da hier nur 6 Absatzaktivitäten berücksichtigt werden, ist der Rang der Prozeßmatrix kleiner als 12. Diese Verletzung der Prämisse, daß der Rang gleich 12 ist, vgl. S. 73ff., wirkt sich jedoch auf die nachfolgende Analyse nicht aus.

y_1^{*}	y_2	y_3	y_4	y_5	y_6	y_7	y_8	y_9	x_1	x_2	x_3	x_4	x_5	x_6	x_7	x_8	x_9	x_{10}	x_{11}	x_{12}	$N(\underline{x})$
3	0	$\frac{64}{3}$	0	$\frac{58}{3}$	$\frac{43}{2}$	0	0	0	$-\frac{19}{3}$	0[1]	0	0[1]	2,919	$\frac{19}{3}$	0	0	0	2,919			$72966\frac{2}{3}$
1									$\frac{5}{2}$	$\frac{1}{2}$	1	$\frac{1}{4}$	1	1							500
1	1	$-\frac{1}{3}$		$-\frac{1}{12}$	$\frac{1}{2}$				$\frac{29}{12}$				1	1	$\frac{29}{12}$				1	1	$4383\frac{1}{3}$
		$\frac{4}{3}$		$-\frac{5}{3}$	-2				$\frac{1}{3}$			1			$\frac{1}{3}$			1			$66\frac{2}{3}$
			1						1						1						1600
									1						1	1					600
-1					1				$-\frac{5}{2}$	$-\frac{1}{2}$		$-\frac{1}{4}$	-1	-1			1				300
		$-\frac{4}{3}$		$\frac{5}{3}$	2	1			$-\frac{1}{3}$						$-\frac{1}{3}$						$933\frac{1}{3}$
							1												1		500
								1												1	1000

Optimale Basislösung:

$$x_1 = x_2 = 0,\quad x_3 = 500,\quad x_4 = x_5 = x_6 = x_7 = 0\,[2],$$

$$x_8 = 600,\quad x_9 = 300,\quad x_{10} = 66\tfrac{2}{3},\quad x_{11} = x_{12} = 0,$$

$$y_1 = 0,\quad y_2 = 4383\tfrac{1}{3},\quad y_3 = 0,\quad y_4 = 1600,\quad y_5 = y_6 = 0,$$

$$y_7 = 933\tfrac{1}{3},\quad y_8 = 500 \text{ und } y_9 = 1000.$$

Entscheidungsorientierter Kostenwert des Rohstoffs vom Bestand =

$$\underline{\underline{EKW}}_1 = z_1^{+}\ \text{DM} + \left(K(\underline{x}^{\underline{b}}) - K(\underline{x}^{\underline{b-e}_1^{\,9}})\right)\ \text{DM}\,[3]$$

---

1) Es gibt also mehrere optimale Basislösungen. Vgl. S. 326, A 3.2.

2) Der Rohstoff vom Bestand wird also nicht verkauft und auch nicht wieder auf Lager genommen.

3) Da $\max\left\{\dfrac{-500}{1}, \dfrac{-4383\frac{1}{3}}{1}\right\} = -500 < -1$. Vgl. S. 113f., (13)(b), mit $i = 1$ und $m = 9$.

$$= z_1^{\ +} \text{ DM} + (k_1{}'-k_2{}') \text{ DM}^{1)} = 3 \text{ DM} + (15-18) \text{ DM}$$

$$\underline{\underline{= \text{o DM}}}^{2)},$$

Entscheidungsorientierter Kostenwert des zugekauften
Rohstoffs =

$$\underline{\underline{EKW_2 = \text{o DM}}}^{3)}.$$

Die entscheidungsorientierten Kostenwerte beider Varianten des Faktors Rohstoff stimmen somit in diesem Fall, in dem die unmittelbaren variablen Aufwendungen je Einheit des zugekauften Rohstoffs höher sind als die des Rohstoffs vom Bestand, überein und sind gleich Null.[4]

---

1) Da die Absatzaktivitäten für die Produkte 1,...,4,7, ...,1o keine unmittelbaren variablen Aufwendungen verursachen, also $k_4{}' = k_5{}' = k_6{}' = k_7{}' = \text{o}$ gilt, ergibt sich mit $k_2{}' = p_R$, $k_8{}' = k_A$, $k_9{}' = k_L$ und $(b_1,...,b_m)$ $= \underline{b}^T = (5\text{oo},5\text{ooo},2\text{ooo},16\text{oo},6\text{oo},8\text{oo},1\text{ooo},5\text{oo},1\text{ooo})$:

$$K(\underline{x}^{\underline{b}}) - K(\underline{x}^{\underline{b}-\underline{e}_1{}^9}) = \underline{k}'^T(\underline{b}_{opt} - (\underline{b} - \underline{e}_1{}^9)_{opt}) \text{ (vgl.}$$

156, Fußnote 2) $= k_1{}'(b_1-(b_1-1)) + k_2{}'(616\tfrac{2}{3}-617\tfrac{2}{3})$ $+ k_3{}'(b_3-b_3) + k_A(\text{o}-\text{o}) + k_L(\text{o}-\text{o}) = k_1{}' - k_2{}'$. Vgl. S. 1o2f.,(1o)(a)(i) und (1o)(a)(iii), mit $m = 9$, $n = 12$, $i = 1$, $r = 5$, $i(1) = p(1) = 2$, $i(2) = p(2) = 4$, $i(3)$ $= p(3) = 7$, $i(4) = p(4) = 8$, $i(5) = p(5) = 9$ und Δb_1 $= -1$, da $\underline{b}_{opt} = \underline{b} - \underline{y}^{\underline{b}}$ mit $\underline{y}^{\underline{b}} = \underline{b} - \underline{Ax}^{\underline{b}}$ beziehungsweise $(\underline{b} - \underline{e}_1{}^9)_{opt} = (\underline{b} - \underline{e}_1{}^9) - \underline{y}^{\underline{b}-\underline{e}_1{}^9}$ mit $\underline{y}^{\underline{b}-\underline{e}_1{}^9} = (\underline{b} - \underline{e}_1{}^9) - \underline{Ax}^{\underline{b}-\underline{e}_1{}^9}$.

2) Durch die Verwendung der letzten (fünfhundertsten) Einheit des Rohstoffs vom Bestand erhöht sich der Gewinn um 3 DM ($z_1^{\ +} = 3$) und vermindern sich die variablen Aufwendungen um 3 DM (es wird eine Einheit des um 3 DM "teureren" Rohstoffs aus Zukauf weniger verbraucht).

3) Da $y_2 = y_{i(1)} = 4383\tfrac{1}{3} > 1$. Vgl. S. 113,(13)(a), mit $i = i(1) = p(1) = 2$, $m = 9$ und $1 = 1$.

4) Vgl. dagegen Heinen (197o), S. 353, "zweiter Fall". Heinen stellt dort den gleichen Fall dar. Er kommt

2. Fall: $p_R = e_A = 14$, $k_A = 2{,}9$, $k_L = 2$[1)]

	y_1[*2)]	y_2	y_3	y_4	y_5	y_6	y_7	y_8	y_9	x_1	x_2	x_3	x_4	x_5	x_6	x_7	x_8	x_9	x_{10}	x_{11}	x_{12}	$N(\underline{x})$
	o	o	o	o	o	o	o	o	o	-6,5	-47,5	-56,5	-16,75	3,9	17	-9	-48	-57,5	-172,9	16		0
	1									$\frac{5}{2}$	$\frac{1}{2}$	1	$\frac{1}{4}$	1	1							500
		1								$\frac{1}{4}$	$\frac{5}{4}$	$\frac{3}{2}$	$\frac{3}{4}$			$\frac{5}{2}$	$\frac{1}{2}$	1	$\frac{1}{4}$	1	1	5000
			1							1						$\frac{1}{4}$	$\frac{5}{4}$	$\frac{3}{2}$	$\frac{3}{4}$			2000
				1							1					1						1600
					1							1					1					600
						1							1					1				800
							1							1					1			1000
								1							1					1		500
									1												1	1000

Fortsetzung der Fußnoten der vorherigen Seite!

einerseits ebenfalls zu dem Ergebnis, daß beiden Faktorvarianten der gleiche Wert beizumessen ist, er verwendet jedoch andrerseits den "Anschaffungspreis der zuletzt in der Betrachtungsperiode hinzugekauften Einheiten", Heinen (1970), S. 353, der hier 18 DM beträgt, als diesen beiden Varianten gemeinsamen Wert.

0	0	0	0	0	57,5	0	0	0	-6,5	-47,5	1	-16,75	3,9	17	-9	-48	0	-17	2,9	16	46000
1									$\frac{5}{2}$	$\frac{1}{2}$	1	$\frac{1}{4}$	1	1							500
	1				-1						-1				$\frac{5}{2}$	$\frac{1}{2}$		$\frac{1}{4}$	1	1	4200
		1			$-\frac{3}{2}$				$\frac{1}{4}$	$\frac{5}{4}$		$\frac{3}{4}$			$\frac{1}{4}$	$\frac{5}{4}$		$\frac{3}{4}$			800
			1						1						1						1600
				1						1						1					600
					1						1						1				800
						1						1						1			1000
							1						1						1		500
								1						1						1	1000

0	0	0	0	48	57,5	0	0	0	-6,5	0,5	1	-16,75	3,9	17	-9	0	0	-17	2,9	16	74800
1									$\frac{5}{2}$	$\frac{1}{2}$	1	$\frac{1}{4}$	1	1							500
	1			$-\frac{1}{2}$	-1				$-\frac{1}{2}$		-1				$\frac{5}{2}$			$\frac{1}{4}$	1	1	3900
		1		$-\frac{5}{4}$	$-\frac{3}{2}$				$\frac{1}{4}$			$\frac{3}{4}$			$\frac{1}{4}$			$\frac{3}{4}$			50
			1						1						1						1600
				1						1						1					600
					1						1						1				800
						1						1						1			1000
							1						1						1		500
								1						1						1	1000

0	0	36	0	3	3,5	0	0	0	2,5	0,5	1	10,25	3,9	17	0	0	0	10	2,9	16	76600
1									$\frac{5}{2}$	$\frac{1}{2}$	1	$\frac{1}{4}$	1	1							500
1	-10	12	14						$-\frac{5}{2}$	$-\frac{1}{2}$	-1	$-\frac{15}{2}$						$-\frac{29}{4}$	1	1	3400
	4	-5	-6						1			3			1			3			200
-4	1	5	6									-3						-3			1400
				1						1						1					600
					1						1						1				800
						1						1						1			1000
							1						1						1		500
								1						1						1	1000

Fußnoten von der vorherigen Seite!

1) Für die Zielfunktion ergibt sich hiermit, vgl. S. 165:
$$N(\underline{x}) = 6,5x_1+47,5x_2+56,5x_3+16,75x_4+(14-2,9-15)x_5-17x_6$$
$$+(44-2,5\cdot14)x_7+(55-0,5\cdot14)x_8+(71,5-14)x_9$$
$$+(20,5-0,25\cdot14)x_{10}+(14-2,9-14)x_{11}-16x_{12}$$
$$= 6,5x_1+47,5x_2+56,5x_3+16,75x_4-3,9x_5-17x_6+9x_7$$
$$+48x_8+57,5x_9+17x_{10}-2,9x_{11}-16x_{12}.$$

2) Die Phase 0 der Drei-Phasen-Methode, vgl. S. 338ff., wird erst zum Schluß durchgeführt, damit deutlicher wird, welche Bedeutung der entscheidungsorientierte Kostenwert des Rohstoffs vom Bestand hat.

y_1^{*}	y_2	y_3	y_4	y_5	y_6	y_7	y_8	y_9	x_1	x_2	x_3	x_4	x_5	x_6	x_7	x_8	x_9	x_{10}	x_{11}	x_{12}	$N(\underline{x})$
-1	o	36	o	33,5	o	o	o	o	o[1]	o[1]	o	10	2,916	o	o	o		10	2,916		76100
1									$\frac{5}{2}$	$\frac{1}{2}$	1	$\frac{1}{4}$		1	1						500
1	1	-10		12	14				1			$-\frac{29}{4}$		1				$-\frac{29}{4}$	1	1	3900
		4		-5	-6							3			1			3			200
		-4	1	5	6							-3						-3			1400
				1												1					600
-1					1				$-\frac{5}{2}$	$-\frac{1}{2}$		$-\frac{1}{4}$		-1	-1		1				300
						1						1						1			1000
							1						1						1		500
								1						1						1	1000

Optimale Basislösung:

$$x_1 = x_2 = 0,\ x_3 = 500,\ x_4 = x_5 = x_6 = 0 \text{[2]},\ x_7 = 200,$$
$$x_8 = 600,\ x_9 = 300,\ x_{10} = x_{11} = x_{12} = 0,$$
$$y_1 = 0,\ y_2 = 3900,\ y_3 = 0,\ y_4 = 1400,\ y_5 = y_6 = 0,$$
$$y_7 = 1000,\ y_8 = 500 \text{ und } y_9 = 1000.$$

$$\underline{\underline{EKW_1}} = z_1^{+}\,DM + \left(K(\underline{x}^{\underline{b}}) - K(\underline{x}^{\underline{b}-\underline{e}_1^{3}})\right) DM \text{[3]}$$
$$= z_1^{+}\,DM + (k_1' - k_2')\,DM \text{[4]} = -1\,DM + (15-14)\,DM$$
$$\underline{\underline{= 0\,DM}} \text{[5]}.$$

1) Es gibt also mehrere optimale Basislösungen. Vgl. S. 326, A 3.2.

2) Der Rohstoff vom Bestand wird also nicht verkauft und auch nicht wieder auf Lager genommen.

3) Da $\max\left\{\frac{-500}{1}, \frac{-3900}{1}\right\} = -500 < -1$. Vgl. S. 113f., (13)(b), mit $i = 1$ und $m = 9$.

4) Wie in Fußnote 1 von S. 170 ergibt sich:
$$K(\underline{x}^{\underline{b}}) - K(\underline{x}^{\underline{b}-\underline{e}_1^{9}}) = \underline{k}'^{T}(\underline{b}_{opt} - (\underline{b}-\underline{e}_1^{9})_{opt}) =$$
$$k_1'(b_1-(b_1-1)) + k_2'(1100-1101) + k_3'(b_3-b_3) +$$
$$k_A(o-o) + k_L(o-o) = k_1' - k_2' = k_1' - p_R.$$

5) Durch die Verwendung der letzten (fünfhundertsten) Einheit des Rohstoffs vom Bestand vermindert sich der Gewinn um 1 DM ($z_1^{+} = -1$) und erhöhen sich die variablen Aufwendungen um 1 DM (es wird eine Einheit des um 1 DM "billigeren" Rohstoffs aus Zukauf weniger verbraucht).

Hierbei ist der Grenzgewinn (-1 DM) des Rohstoffs vom
Bestand gleich der Differenz (14 DM - 15 DM) der unmit-
telbaren variablen Aufwendungen je Einheit der beiden
Varianten dieses Faktors.[1]

$$EKW_2 = o\ DM[2].$$

Die entscheidungsorientierten Kostenwerte beider Varianten des Rohstoffs stimmen somit auch in diesem Fall, in
dem die unmittelbaren variablen Aufwendungen je Einheit
des zugekauften Rohstoffs geringer sind als die des Rohstoffs vom Bestand, überein und sind gleich Null.[3]

---

1) Aus den Simplex-Tableaus von S. 171ff. ist nämlich
   unmittelbar zu entnehmen:
   $$z_1^+ = \frac{-1}{1} = \frac{-(57,5-56,5)}{1} = 56,5 - 57,5 = \text{Deckungsbei-}$$
   trag des Produktes 3 minus Deckungsbeitrag des Pro-
   duktes 9. Die Produkte 3 und 9 unterscheiden sich nur
   in der zu ihrer Herstellung notwendigen Faktorvarian-
   te; die Differenz ihrer Deckungsbeiträge ist somit
   identisch mit der Differenz der unmittelbaren variablen Aufwendungen je Einheit der beiden Varianten, da
   beide je Einheit eine Einheit des Rohstoffs benötigen.

2) Da $y_2 = 3900 > 1$. Vgl. S. 113,(13)(a), mit i = 2, m =
   9, 1 = 1 und i(1) = p(1) = 2.

3) Vgl. dagegen Heinen (1970), S. 353, "zweiter Fall".
   Vgl. auch S. 170, Fußnote 4.

3. Fall: $e_2 = e_8 = 76{,}25$, $e_4 = e_{10} = 45{,}5$, $p_R = e_A = 10$, $k_A = 2{,}9$, $k_L = 1$ [1)]

y_1 [2)]	y_2	y_3	y_4	y_5	y_6	y_7	y_8	y_9	x_1	x_2	x_3	x_4	x_5	x_6	x_7	x_8	x_9	x_{10}	x_{11}	x_{12}	$N(\underline{x})$
0	0	0	0	0	0	0	0	0	-6,5	-48,75	-56,5	-29,75	7,9	16	-19	-51,25	-61,5	-31	2,9	11	0
1									$\frac{5}{2}$	$\frac{1}{2}$	1	$\frac{1}{4}$	1	1							500
	1														$\frac{5}{2}$	$\frac{1}{2}$	1	$\frac{1}{4}$	1	1	5000
		1							$\frac{1}{4}$	$\frac{5}{4}$	$\frac{3}{2}$	$\frac{3}{4}$			$\frac{1}{4}$	$\frac{5}{4}$	$\frac{3}{2}$	$\frac{3}{4}$			2000
			1						1						1						1600
				1						1						1					600
					1						1						1				800
						1						1						1			1000
							1						1						1		500
								1						1						1	1000

y_1	y_2	y_3	y_4	y_5	y_6	y_7	y_8	y_9	x_1	x_2	x_3	x_4	x_5	x_6	x_7	x_8	x_9	x_{10}	x_{11}	x_{12}	$N(\underline{x})$
0	0	0	0	0	0	29,75	0	0	-6,5	-48,75	-56,5	0	7,9	16	-19	-51,25	-61,5	-1,25	2,9	11	29750
1									$-\frac{1}{4}$	$\frac{5}{2}$	$\frac{1}{2}$	1	1	1				$-\frac{1}{4}$			250
	1														$\frac{5}{2}$	$\frac{1}{2}$	1	$\frac{1}{4}$	1	1	5000
		1							$-\frac{3}{4}$	$\frac{1}{4}$	$\frac{5}{4}$	$\frac{3}{2}$			$\frac{1}{4}$	$\frac{5}{4}$	$\frac{3}{2}$				1250
			1						1						1						1600
				1						1						1					600
					1						1						1				800
						1						1						1			1000
							1						1						1		500
								1						1						1	1000

---

1) Für die Zielfunktion ergibt sich hiermit, vgl. S. 153 und 165:

$$N(\underline{x}) = 6{,}5x_1+(76{,}25-27{,}5)x_2+56{,}5x_3+(45{,}5-15{,}75)x_4$$
$$+(10-2{,}9-15)x_5-16x_6+(44-2{,}5\cdot10)x_7$$
$$+(56{,}25-0{,}5\cdot10)x_8+(71{,}5-10)x_9+(33{,}5-0{,}25\cdot10)x_{10}$$

The large table is printed sideways (landscape) on the page. It is a two-part simplex tableau (Drei-Phasen-Methode). Columns are numbered 1–21 with the right-hand side column *b*; the first row of each part is the objective/index row.

Upper tableau

1	2	3	4	5	6	7	8	9	10	11	12	13	14	15	16	17	18	19	20	21	b
o	o	o	19	o	o	29,75	o	o	12,5	-48,75	-56,5	o	7,9	16	o	-51,25	-61,5	-1,25	2,91	1	160150
1						$-\tfrac{1}{4}$			$\tfrac{5}{2}$	$\tfrac{1}{2}$	1		1	1				$-\tfrac{1}{4}$			250
	1		$-\tfrac{5}{2}$						$-\tfrac{5}{2}$							$\tfrac{1}{2}$	1	$\tfrac{1}{4}$	1	1	1000
		1	$-\tfrac{1}{4}$			$-\tfrac{3}{4}$				$\tfrac{5}{4}$	$\tfrac{3}{2}$					$\tfrac{5}{4}$	$\tfrac{3}{2}$				850
				1					1				1	1							1600
					1											1					600
							1										1				800
								1										1			1000
												1							1		500
															1					1	1000

Lower tableau

1	2	3	4	5	6	7	8	9	10	11	12	13	14	15	16	17	18	19	20	21	b
97,5	o	o	19	o	o	$5\tfrac{3}{8}$	o	o	256,25	o	41	o	105,4	113,5	o	-51,25	-61,5	$-\tfrac{205}{8}$	2,91	1	184525
2						$-\tfrac{1}{2}$			5	1	2		2	2				$-\tfrac{1}{2}$			500
	1		$-\tfrac{5}{2}$						$-\tfrac{5}{2}$							$\tfrac{1}{2}$	1	$\tfrac{1}{4}$	1	1	1000
$-\tfrac{5}{2}$	1		$-\tfrac{1}{4}$			$-\tfrac{1}{8}$			$-\tfrac{25}{4}$		-1		$-\tfrac{5}{2}$	$-\tfrac{5}{2}$		$\tfrac{5}{4}$	$\tfrac{3}{2}$	$\tfrac{5}{8}$			225
			1			1										1					1600
-2						$\tfrac{1}{2}$			-5		-2		-2	-2		1		$\tfrac{1}{2}$			100
						1											1				800
						1												1			1000
																			1		500
1																				1	1000

Fortsetzung der Fußnoten der vorherigen Seite!

$$+(1o-2,9-1o)x_{11}-11x_{12}$$
$$= 6,5x_1+48,75x_2+56,5x_3+29,75x_4-7,9x_5-16x_6+19x_7$$
$$+51,25x_8+61,5x_9+31x_{10}-2,9x_{11}-11x_{12}.$$

2) Die Phase o der Drei-Phasen-Methode, vgl. S. 338ff., braucht hier nicht durchgeführt zu werden. Siehe hierzu S. 177.

-5	o	41	8,75	o	o	$\frac{1}{4}$	o	o	o[1]	o	o[1]	o	2,9	1	1	o	o[1]	o	o[1]	2,9	1	1	93750
2						$-\frac{1}{2}$	5	1	2	2	2								$-\frac{1}{2}$				500
$\frac{5}{3}$	1	$-\frac{2}{3}$	$-\frac{7}{3}$			$\frac{1}{12}$	$\frac{5}{3}$	$\frac{2}{3}$	$\frac{5}{3}$	$\frac{5}{3}$	$-\frac{1}{3}$								$-\frac{1}{6}$		1	1	850
$-\frac{5}{3}$		$\frac{2}{3}$	$-\frac{1}{6}$			$-\frac{1}{12}$	$-\frac{25}{6}$	$-\frac{2}{3}$	$-\frac{5}{3}$	$-\frac{5}{3}$	$\frac{5}{6}$						1		$\frac{5}{12}$				150
			1				1									1							1600
-2					1	$\frac{1}{2}$	-5	-2	-2	-2						1			$\frac{1}{2}$				100
$\frac{5}{3}$		$-\frac{2}{3}$	$\frac{1}{6}$	1		$\frac{1}{12}$	$\frac{25}{6}$	$\frac{5}{3}$	$\frac{5}{3}$	$\frac{5}{3}$	$-\frac{5}{6}$								$-\frac{5}{12}$				650
						1							1						1				1000
							1							1							1		500
								1							1							1	1000

Optimale Basislösung:

$x_1 = 0$, $x_2 = 500$, $x_3 = 0$, $x_4 = 1000$, $x_5 = x_6 = 0$[2],

$x_7 = 1600$, $x_8 = 0$, $x_9 = 150$, $x_{10} = x_{11} = x_{12} = 0$,

$y_1 = 0$, $y_2 = 850$, $y_3 = y_4 = 0$, $y_5 = 100$, $y_6 = 650$,

$y_7 = 0$, $y_8 = 500$ und $y_9 = 1000$.

$$\underline{EKW}_1 = z_1^+ \, DM + \left(K(\underline{x}^{\underline{b}}) - K(\underline{x}^{\underline{b}-\underline{e}_1^{\,9}})\right)\, DM \text{ [3]}$$

$$= z_1^+ \, DM + \left(k_1' - \tfrac{5}{3}p_R\right) DM \text{ [4]} = -5\,DM + \left(15 - \tfrac{5}{3}\cdot 10\right) DM$$

$$= -6\tfrac{2}{3}\,DM,$$

---

1) Es gibt also mehrere optimale Basislösungen. Vgl. S. 326,A 3.2.

2) Der Rohstoff vom Bestand wird also nicht verkauft und auch nicht wieder auf Lager genommen.

3) Da $\max\left\{\dfrac{-500}{2},\dfrac{-850}{\frac{5}{3}},\dfrac{-650}{\frac{5}{3}}\right\} = -250 < -1$. Vgl. S. 113f., (13)(b), mit $i = 1$ und $m = 9$.

4) Wie in Fußnote 1 von S. 170 ergibt sich:

$$K(\underline{x}^{\underline{b}}) - K(\underline{x}^{\underline{b}-\underline{e}_1^{\,9}}) = \underline{k}'^T\left(\underline{b}_{opt} - (\underline{b} - \underline{e}_1^{\,9})_{opt}\right) =$$

$$k_1'(b_1-(b_1-1)) + k_2'\left(4150 - 4151\tfrac{2}{3}\right) + k_3'(b_3-b_3) + k_A(o-o) +$$

$$k_L(o-o) = k_1' - \tfrac{5}{3}k_2' = k_1' - \tfrac{5}{3}p_R.$$

$$\underline{\underline{EKW_2 = o \; DM}}^{1)}.$$

Die entscheidungsorientierten Kostenwerte beider Varianten des Rohstoffs stimmen hier also nicht überein; der entscheidungsorientierte Kostenwert des nicht relativ knappen Faktors "Rohstoff aus Zukauf" ist Null, der des relativ knappen Faktors "Rohstoff aus Bestand" hingegen ist ungleich Null und auch ungleich den unmittelbaren variablen Aufwendungen von 15 DM je Einheit des "Rohstoffs aus Bestand".

Zusammenfassend läßt sich somit festhalten: Ist ein Entscheidungsfeld vom Typ III und wird dementsprechend unterschieden zwischen dem Verbrauch vom Bestand und dem Verbrauch aus Zukauf, so können die entscheidungsorientierten Kostenwerte der beiden zugehörigen Faktorvarianten gleich und gleichzeitig gleich Null sein, unabhängig davon, welche der unmittelbaren variablen Aufwendungen je Einheit höher sind.[2] Die entscheidungsorientierten Kostenwerte können aber auch verschieden sein.[3]

---

1) Da $y_2 = 850 \, \rangle \, 1$. Vgl. S. 113,(13)(a), mit $i = 2$, $m = 9$, $l = 1$ und $i(1) = p(1) = 2$.

2) Vgl. S. 167ff. und S. 171ff.

3) Vgl. S. 175ff.

4.2.4 Entscheidungsorientierte Kostenwerte bei einem Entscheidungsfeld vom Typ IV

Auch bei einem Entscheidungsfeld vom Typ IV kommen mehrere Varianten des betrachteten Faktors zum Einsatz. Untersucht werden muß nur noch der Fall, daß die zugekaufte Menge genau der maximal zusätzlich beschaffbaren Menge entspricht. Dies soll verdeutlicht werden am oben diskutierten Beispiel[1], das nur dahingehend modifiziert wird, daß höchstens 61o Einheiten des Rohstoffs hinzugekauft werden können:

o	o	o	o	o	o	o	o	o	-6,5	-47,5	-56,5	-16,75	-o,116	1	-46	-53,5	-16	2,9	19	o
1									$\frac{5}{2}$	$\frac{1}{2}$	1	$\frac{1}{4}$	1	1						5oo
	1													$\frac{5}{2}$	$\frac{1}{2}$	1	$\frac{1}{4}$	1	1	61o
		1							$\frac{1}{4}$	$\frac{5}{4}$	$\frac{3}{2}$	$\frac{3}{4}$			$\frac{1}{4}$	$\frac{5}{4}$	$\frac{3}{2}$	$\frac{3}{4}$		2ooo
			1						1				1							16oo
				1						1				1						6oo
					1						1				1					8oo
						1						1				1				1ooo
							1						1				1			5oo
								1						1				1	1	1ooo

56,5	o	o	o	o	o	o	o	o	$\frac{539}{4}$	$\frac{77}{4}$	o	$-\frac{21}{8}$	56,4	72,5	1	-46	-53,5	-16	2,9	19	2825o
1									$\frac{5}{2}$	$\frac{1}{2}$	1	$\frac{1}{4}$	1	1							5oo
	1														$\frac{5}{2}$	$\frac{1}{2}$	1	$\frac{1}{4}$	1	1	61o
$-\frac{3}{2}$	1								$-\frac{7}{2}$	$\frac{1}{2}$		$\frac{3}{8}$	$-\frac{3}{2}$	$-\frac{3}{2}$	$\frac{1}{4}$	$\frac{5}{4}$	$\frac{3}{2}$	$\frac{3}{4}$			125o
			1						1				1								16oo
				1						1					1						6oo
-1		1								$-\frac{5}{2}$	$-\frac{1}{2}$		$-\frac{1}{4}$	-1	-1		1				3oo
						1						1					1				1ooo
							1						1					1			5oo
								1						1					1		1ooo

---

1) Vgl. S. 165 und S. 167ff.

3	o	o	o	o	53,5	o	o	o	1	-46	o	-16	2,919	1	-46	o	-16	2,919	44300
1									5/2	1/2	1	1/4	1	1					500
1	1				-1				5/2	1/2		1/4	1	1	5/2	1/2	1/4	1	1	310
		1			-3/2				1/4	5/4		3/4			1/4	5/4	3/4			800
			1						1						1					1600
				1						1						1				600
-1					1				-5/2	-1/2		-1/4	-1	-1				1		300
						1						1					1			1000
							1						1					1		500
								1					1					1		1000

3	o	o	o	46	53,5	o	o	o	1	o	o	-16	2,919	1	o	o	-16	2,919	71900
1									5/2	1/2	1	1/4	1	1					500
1	1			-1/2	-1				5/2			1/4	1	1	5/2		1/4	1	1	10
		1		-5/4	-3/2				1/4			3/4			1/4		3/4			50
			1						1						1					1600
				1						1						1				600
-1					1				-5/2	-1/2		-1/4	-1	-1				1		300
						1						1					1			1000
							1						1					1		500
								1					1					1		1000

6764	o	o	o	14	-10,5	o	o	o	161	o	o	o	66,983	161	o	o	o	66,983	72540
1									5/2	1/2	1	1/4	1	1					500
4	4			-2	-4				10			1			1			4	4	40
-3	-3	1		1/4	3/2				-29/4									-3	-3	20
			1						1						1					1600
				1						1						1				600
-1					1				-5/2	-1/2		-1/4			-1	-1		1		300
-4	-4			2	4	1			-10						-4	-4		-4	-4	960
							1						1					1		500
								1					1					1		1000

46	43	7	0	$\frac{63}{4}$	0	0	0	0	$\frac{441}{4}$	0 [1]	0	0 [1]	45,962	$\frac{441}{4}$	0	0	0	45,962	72680
1									$\frac{5}{2}$	$\frac{1}{2}$	1	$\frac{1}{4}$	1	1					500
-4	-4	$\frac{8}{3}$		$-\frac{4}{3}$					$-\frac{28}{3}$				-4	$-\frac{28}{3}$		1	-4	-4	$93\tfrac{1}{3}$
-2	-2	$\frac{2}{3}$		$\frac{1}{6}$	1				$-\frac{29}{6}$				-2	$-\frac{29}{6}$			-2	-2	$13\tfrac{1}{3}$
						1			1					1					1600
							1								1				600
1	2	$-\frac{2}{3}$		$-\frac{1}{6}$					$\frac{7}{3}$	$-\frac{1}{2}$		$-\frac{1}{4}$	1	$\frac{29}{6}$	1		2	2	$286\tfrac{2}{3}$
4	4	$-\frac{8}{3}$		$\frac{4}{3}$	1				$\frac{28}{3}$				4	$\frac{28}{3}$			4	4	$906\tfrac{2}{3}$
																1			500
												1							1000

<u>Optimale Basislösung:</u>

$$x_1 = x_2 = 0, \quad x_3 = 500, \quad x_4 = x_5 = x_6 = x_7 = 0\,[2],$$

$$x_8 = 600, \quad x_9 = 286\tfrac{2}{3}, \quad x_{10} = 93\tfrac{1}{3}, \quad x_{11} = x_{12} = 0,$$

$$y_1 = y_2 = y_3 = 0, \quad y_4 = 1600, \quad y_5 = 0, \quad y_6 = 13\tfrac{1}{3},$$

$$y_7 = 906\tfrac{2}{3}, \quad y_8 = 500 \text{ und } y_9 = 1000.$$

$$\underline{\underline{EKW_1}} = z_1^+\,DM + \left(K(\underline{x}^b) - K(\underline{x}^{\,b-\underline{e}_1^{\,9}})\right) DM\,[3]$$

$$= z_1^+\,DM + k_1{'}\,DM\,[4] = 46\,DM + 15\,DM = \underline{\underline{61\,DM}}\,[5],$$

---

1) Es gibt also mehrere optimale Basislösungen. Vgl. S. 326, A 3.2.

2) Der Rohstoff vom Bestand wird also nicht verkauft und auch nicht wieder auf Lager genommen.

3) Da $\max\left\{\dfrac{-500}{1}, \dfrac{-286\tfrac{2}{3}}{1}, \dfrac{-906\tfrac{2}{3}}{4}\right\} = \max\left\{-500, -286\tfrac{2}{3}, -226\tfrac{2}{3}\right\} = -226\tfrac{2}{3} < -1$. Vgl. S. 113f.,(13)(b), mit i=1 und m=9.

4) Wie in Fußnote 1 von S. 170 ergibt sich:

$$K(\underline{x}^b) - K(\underline{x}^{\,b-\underline{e}_1^{\,9}}) = \underline{k}{'}^{\,T}(\underline{b}_{opt} - (\underline{b}-\underline{e}_1^{\,9})_{opt}) = k_1{'}(b_1-(b_1-1))$$
$$+ k_2{'}(b_2-b_2) + k_3{'}(b_3-b_3) + k_A(o-o) + k_L(o-o) = k_1{'}.$$

5) Durch die Verwendung der letzten (fünfhundertsten) Einheit des Rohstoffs vom Bestand erhöhen sich der Gewinn um 46 DM ($z_1^+ = 46$) und die variablen Aufwendungen um die unmittelbaren variablen Aufwendungen von 15 DM für eben diese Einheit.

$$\underline{\underline{EKW_2}} = z_2{}^+ \, DM + (K(\underline{x}^{\underline{b}}) - K(\underline{x}^{\underline{b}-\underline{e}_2{}^9})) \, DM^{1)}$$
$$= z_2{}^+ \, DM + k_2{}' \, DM^{2)} = 43 \, DM + 18 \, DM = \underline{\underline{61 \, DM}}^{3)}.$$

Die entscheidungsorientierten Kostenwerte beider Faktorvarianten stimmen somit überein und sind gleich der Summe aus dem jeweiligen Grenzgewinn und den jeweiligen unmittelbaren variablen Aufwendungen je Einheit,[4] sie sind jedoch nicht identisch mit "den jeweiligen Grenzgewinnen"[5], wie dies Heinen annimmt[6].

Die Gleichheit des Wertansatzes für beide Faktorvarianten[7] trifft jedoch nicht allgemein zu. Zum Nachweis diene das letzte Beispiel[8], das dahingehend modifiziert wird, daß die Erlöse von Produkt 3 und 9 um 1o,5 DM höher sind, höchstens 51o Einheiten des Rohstoffs hinzugekauft werden können, maximal 235o Maschinenstunden zur Verfügung stehen und von Produkt 3 und 9 zusammen höchstens 7oo Stück abgesetzt werden können:

---

1) Da $\max\left\{\dfrac{-286\frac{2}{3}}{2}, \dfrac{-906\frac{2}{3}}{4}\right\} = \max\left\{-143\frac{1}{3}, -226\frac{2}{3}\right\} = -143\frac{1}{3} < -1$. Vgl. S. 113f.,(13)(b), mit i = 2 und m = 9.

2) Wie in Fußnote 1 von S. 17o ergibt sich mit i = 2:
$$K(\underline{x}^{\underline{b}}) - K(\underline{x}^{\underline{b}-\underline{e}_2{}^9}) = \underline{k}'^T(\underline{b}_{opt}-(\underline{b}-\underline{e}_2{}^9)_{opt}) = k_1'(b_1-b_1)$$
$$+k_2'(b_2-(b_2-1))+k_3'(b_3-b_3)+k_A(o-o)+k_L(o-o) = k_2'.$$

3) Durch die Verwendung der letzten zugekauften Einheit des Rohstoffs erhöhen sich der Gewinn um 43 DM ($z_1{}^+ = 43$) und die variablen Aufwendungen um die unmittelbaren variablen Aufwendungen von 18 DM für eben diese Einheit.

4) Zu einem ähnlichen Ergebnis kommt Adam. Vgl. Adam (197o), S. 7o.

5) Heinen (197o), S. 354.

6) Vgl. Heinen (197o), S. 354.

7) Diese nimmt zum Beispiel Adam an. Vgl. Adam (197o), S. 99.

8) Siehe S. 179ff.

Tableau 1

	1	2	3	4	5	6	7	8	9	-6,5	-47,5	-67	-16,75	-0,1	161	-46	-64	-16	2,9	19		RHS
o	o	o	o	o	o	o	o	o	o	-6,5	-47,5	-67	-16,75	-0,1	161	-46	-64	-16	2,9	19		o
	1									$\frac{5}{2}$	$\frac{1}{2}$	1	$\frac{1}{4}$	1	1							5oo
		1														$\frac{5}{2}$	$\frac{1}{2}$	1	$\frac{1}{4}$	1	1	51o
			1							$\frac{1}{4}$	$\frac{5}{4}$	$\frac{3}{2}$	$\frac{3}{4}$			$\frac{1}{4}$	$\frac{5}{4}$	$\frac{3}{2}$	$\frac{3}{4}$			235o
				1						1						1						16oo
					1						1						1					6oo
						1						1						1				7oo
							1						1						1			1ooo
								1						1						1		5oo
									1						1						1	1ooo

Tableau 2

	1	2	3	4	5	6	7	8	9	161	-14	o	o	66,983	1	-46	-64	-16	2,9	19		RHS
67	o	o	o	o	o	o	o	o	o	161	-14	o	o	66,983	1	-46	-64	-16	2,9	19		335oo
	1									$\frac{5}{2}$	$\frac{1}{2}$	1	$\frac{1}{4}$	1	1							5oo
		1														$\frac{5}{2}$	$\frac{1}{2}$	1	$\frac{1}{4}$	1	1	51o
$-\frac{3}{2}$		1								$-\frac{7}{2}$	$\frac{1}{2}$ ·		$\frac{3}{8}$	$-\frac{3}{2}$	$-\frac{31}{24}$	$\frac{5}{4}$	$\frac{3}{2}$	$\frac{3}{4}$				16oo
			1							1					1							16oo
				1							1						1					6oo
-1					1					$-\frac{5}{2}$	$-\frac{1}{2}$		$-\frac{1}{4}$	-1	-1	1						2oo
						1						1						1				1ooo
							1						1						1			5oo
								1						1						1		1ooo

Tableau 3

	1	2	3	4	46	6	7	8	9	161	32	o	o	66,983	1	o	-64	-16	2,9	19		RHS
67	o	o	o	46	o	o	o	o	o	161	32	o	o	66,983	1	o	-64	-16	2,9	19		616oo
	1									$\frac{5}{2}$	$\frac{1}{2}$	1	$\frac{1}{4}$	1	1							5oo
		1		$-\frac{1}{2}$							$-\frac{1}{2}$					$\frac{5}{2}$	1	$\frac{1}{4}$	1	1		21o
$-\frac{3}{2}$		1	$-\frac{5}{4}$							$-\frac{7}{2}$	$-\frac{3}{4}$		$\frac{3}{8}$	$-\frac{3}{2}$	$-\frac{31}{24}$		$\frac{3}{2}$	$\frac{3}{4}$				85o
			1							1					1							16oo
				1							1						1					6oo
-1					1					$-\frac{5}{2}$	$-\frac{1}{2}$		$-\frac{1}{4}$	-1	-1	1						2oo
						1						1						1				1ooo
							1						1						1			5oo
								1						1						1		1ooo

Tableau 4

	64	2	3	14	5	6	7	8	161	o[1]	o	o[1]	66,983	161	o	o[1]	o	66,983		RHS
67	64	o	o	14	o	o	o	o	161	o[1]	o	o[1]	66,983	161	o	o[1]	o	66,983		75o4o
1									$\frac{5}{2}$	$\frac{1}{2}$	1	$\frac{1}{4}$	1	1						5oo
	4		-2							-2				1o	4	1	4	4		84o
$-\frac{3}{2}$	-3	1	$\frac{1}{4}$						$-\frac{7}{2}$	$\frac{3}{4}$		$\frac{3}{8}$	$-\frac{3}{2}$	$-\frac{3}{2}$	$-\frac{29}{4}$	$-\frac{3}{2}$	-3	-3		22o
		1							1					1						16oo
			1							1					1					6oo
-1				1					$-\frac{5}{2}$	$-\frac{1}{2}$		$-\frac{1}{4}$	-1	-1		1				2oo
	-4		2	1						2		1			-1o	-4	-4	-4		16o
					1									1				1		5oo
						1									1				1	1ooo

1) Es gibt also mehrere optimale Basislösungen. Vgl. S. 326, A 3.2.

<u>Optimale Basislösung:</u>

$x_1 = x_2 = 0$, $x_3 = 500$, $x_4 = x_5 = x_6 = x_7 = 0$[1],

$x_8 = 600$, $x_9 = 0$, $x_{10} = 840$, $x_{11} = x_{12} = 0$,

$y_1 = y_2 = 0$, $y_3 = 220$, $y_4 = 1600$, $y_5 = 0$, $y_6 = 200$,

$y_7 = 160$, $y_8 = 500$ und $y_9 = 1000$.

$$\underline{\underline{EKW_1}} = z_1{}^+ \, DM + (K(\underline{x}^{\underline{b}}) - K(\underline{x}^{\underline{b}-\underline{e}_1{}^9})) \; DM \text{[2]}$$

$$= z_1{}^+ \, DM + (k_1' + \tfrac{3}{2}k_3') \; DM \text{[3]} = 67 \; DM + (15 + \tfrac{3}{2} \cdot 16) \; DM \text{[4]}$$

$$\underline{\underline{= 108 \; DM}},$$

$$\underline{\underline{EKW_2}} = z_2{}^+ \, DM + (K(\underline{x}^{\underline{b}}) - K(\underline{x}^{\underline{b}-\underline{e}_2{}^9})) \; DM \text{[5]}$$

$$= z_2{}^+ \, DM + (k_2' + 3k_3') \; DM \text{[6]} = 64 \; DM + (18 + 3 \cdot 16) \; DM \text{[7]}$$

$$\underline{\underline{= 130 \; DM}}.$$

---

1) Der Rohstoff vom Bestand wird also nicht verkauft und auch nicht wieder auf Lager genommen.

2) Da $\frac{-500}{1} < -1$. Vgl. S. 113f.,(13)(b), mit $i = 1$ und $m = 9$.

3) Wie in Fußnote 1 von S. 170 ergibt sich:

$$K(\underline{x}^{\underline{b}}) - K(\underline{x}^{\underline{b}-\underline{e}_1{}^9}) = \underline{k}'^T(\underline{b}_{opt} - (\underline{b}-\underline{e}_1{}^9)_{opt}) =$$

$$k_1'(b_1-(b_1-1)) + k_2'(b_2-b_2) + k_3'(2130-(2130-\tfrac{3}{2})) + k_A(0-0)$$

$$+k_L(0-0) = k_1' + \tfrac{3}{2}k_3'.$$

4) Vgl. S. 179 in Verbindung mit S. 164 und S. 152.

5) Da $\frac{-800}{4} < -1$. Vgl. S. 113f.,(13)(b), mit $i = 2$ und $m = 9$.

6) Wie in Fußnote 1 von S. 170 ergibt sich mit $i = 2$:

$$K(\underline{x}^{\underline{b}}) - K(\underline{x}^{\underline{b}-\underline{e}_2{}^9}) = \underline{k}'^T(\underline{b}_{opt} - (\underline{b}-\underline{e}_2{}^9)_{opt}) = k_1'(b_1-b_1)$$

$$+k_2'(b_2-(b_2-1)) + k_3'(2130-(2130-3)) + k_A(0-0) + k_L(0-0) =$$

$$k_2' + 3k_3'.$$

7) Vgl. S. 179 in Verbindung mit S. 167, S. 164 und S. 152.

Die entscheidungsorientierten Kostenwerte beider Rohstoffvarianten stimmen somit nicht überein, obwohl beide
Faktorvarianten relativ knapp sind. Dies ist zurückzuführen auf die Tatsache, daß die Beschaffungsgrenznutzen
beider Faktorvarianten nicht den unmittelbaren variablen
Aufwendungen für jeweils eine Einheit der Faktoren entsprechen und in unterschiedlichem Maße unmittelbare variable Aufwendungen für den Einsatz der Maschine enthalten.

Daß die Beschaffungsgrenznutzen beider Faktorvarianten
in unterschiedlichem Maße unmittelbare variable Aufwendungen für den Einsatz der Maschine enthalten, ist be-
gründet durch die spezielle Mengenstruktur des zur - aus
mehreren möglichen optimalen Basislösungen ausgewählten
ten - optimalen Basislösung gehörigen optimalen Simplex-
Tableaus.[1]

---

1) Vgl. das letzte Tableau auf S. 183 sowie die Bestimmung der entscheidungsorientierten Kostenwerte EKW_1
   und EKW_2 auf S. 184.

5 Entscheidungsorientierte Kostenwerte beim Ziel der Maximierung des kurzfristigen unternehmerischen Gewinns

Ist die im Hinblick auf die Nutzenfunktion $N = E - K$ und das Entscheidungsfeld EF des Unternehmers optimale Entscheidung getroffen, das heißt, ist das optimale Produktionsprogramm bestimmt und realisiert, so können die an dessen Herstellung beteiligten Faktoren anhand ihrer entscheidungsorientierten Kostenwerte verglichen werden bezüglich ihrer ihnen vom Unternehmer beigemessenen Bedeutung für die Erstellung des optimalen Produktionsprogramms.[1]

Der entscheidungsorientierte Kostenwert eines Faktors entspricht dabei der aus der Verfügbarkeit der letzten Einheit dieses Faktors resultierenden Änderung des Absatznutzens $E = N + K$, die sich in Übereinstimmung mit dem Konzept der wertmäßigen Kosten darstellen läßt als Summe aus dem Grenznutzen und dem Beschaffungsgrenznutzen dieses Faktors.[2]

Im folgenden soll nun etwas näher eingegangen werden auf eine spezielle Zielvorstellung des Unternehmers, nämlich auf das Ziel der Gewinnmaximierung.[3]

Wird ein Produktionsprogramm $\underline{x}$ realisiert, so entspricht der Nutzen $N(\underline{x})$ der Differenz aus dem Absatznutzen $E(\underline{x})$ und dem Beschaffungsnutzen $K(\underline{x})$. Der Absatznutzen $E(\underline{x})$ des Produktionsprogramms $\underline{x}$ entspricht dabei dem über den Tausch der Produkte am Absatzmarkt der Unternehmung er-

---

1) Vgl. Kapitel 2, S. 38ff., und Kapitel 3, S. 6off.

2) Vgl. S. 58 in Verbindung mit S. 48, S. 44f. und S. 43f. und S. 81f.,(1).

3) Bereits in Kapitel 4 wurde Gewinnmaximierung unterstellt, jedoch dort lediglich zum Zwecke der verständlicheren Darstellung der Abhängigkeit der entscheidungsorientierten Kostenwerte vom Entscheidungsfeld des Unternehmers. Vgl. S. 148.

zielten Beitrag zur Bedürfnisbefriedigung des Unternehmers.[1] Mißt dieser nun den Absatznutzen $E(\underline{x})$ ausschließlich anhand der Einnahmen aus dem Absatz der Produkte und gibt dementsprechend der Beschaffungsnutzen $K(\underline{x})$ lediglich die Ausgaben für die Faktoren wieder, die zur Herstellung des Produktionsprogramms $\underline{x}$ benötigt werden, so entspricht der Nutzen als Differenz aus Einnahmen und Ausgaben dem unternehmerischen Gewinn, wie er üblicherweise definiert wird bei Vorliegen eines (zeitlichen) Totalmodells der Unternehmung.[2]

Entsprechend ergibt sich unter den zusätzlichen Prämissen der Linearität und der Kurzfristigkeit[3] als Nutzen der kurzfristige unternehmerische Gewinn, der sich somit wie folgt darstellen läßt:[4]

$$N(\underline{x}) = (\underline{e} - \underline{k})^T \underline{x} + E_f - K_f$$

$$= \sum_{j=1}^{n} (e_j - k_j) \cdot x_j + E_f - K_f$$

mit e_j als (konstantem) Verkaufspreis beziehungsweise variablem Erlös und k_j als (konstanten) variablen Aufwendungen[5] je Einheit des Produktes j für $j = 1, \ldots, n$, E_f als fixem Erlös der Planungsperiode[6] und K_f als fixen Aufwendungen der Planungsperiode.[7] Die Differenz $e_j - k_j$ wird im folgenden Deckungsbeitrag (einer Einheit) des Produktes j genannt für $j = 1, \ldots, n$.[8]

---

1) Vgl. S. 29ff.

2) Vgl. zum Beispiel Heinen (1970), S. 104.

3) Vgl. Kapitel 3.1, S. 66ff.

4) Im folgenden wird auf die Angabe von Währungseinheiten verzichtet.

5) Dieser Begriff wird in Anlehnung an Heinen gewählt, da das zugrundeliegende Modell der unternehmerischen Entscheidung sämtliche dem Unternehmer offenstehenden Alternativen berücksichtigt. Vgl. Heinen (1970), S. 104, aber auch zum Beispiel Adam (1970), S. 53ff. Siehe auch S. 148, Fußnote 5.

6) Zur Festlegung der Planungsperiode vgl. S. 61.

7) Vgl. Kapitel 3.1, S. 66ff.

8) Der Begriff des Deckungsbeitrags eines Produktes wird

Die Größen E_f und K_f sind unabhängig von der (kurzfristigen) Entscheidung über das zu realisierende ("variable") Produktionsprogramm $\underline{x}$. Sie beeinflussen zwar die Höhe des Gewinns, haben jedoch keine Auswirkungen auf das optimale Produktionsprogramm und können deshalb außer Ansatz bleiben. Wird die Differenz aus dem variablen Erlös $\underline{e}^T\underline{x}$ und den variablen Aufwendungen $\underline{k}^T\underline{x}$ als (Gesamt-) Deckungsbeitrag DB($\underline{x}$) des Produktionsprogramms $\underline{x}$ bezeichnet, so ergibt sich das folgende Modell zur Bestimmung des optimalen Produktionsprogramms:

Maximiere DB($\underline{x}$) = $(\underline{e} - \underline{k})^T\underline{x}$ unter den Nebenbedingungen:

$$\underline{A}\underline{x} \leq \underline{b}, \quad \underline{x} \geq \underline{o}_n$$

beziehungsweise:

Maximiere DB($\underline{x}$) = $\sum_{j=1}^{n} (e_j - k_j) \cdot x_j$ unter den Nebenbedingungen:

$$\sum_{j=1}^{n} a_{ij} \cdot x_j \leq b_i \quad \text{für } i = 1,\ldots,m,$$

$$x_j \geq o \quad \text{für } j = 1,\ldots,n.\text{[1]}$$

Zu beachten ist hierbei noch, daß die variablen Aufwendungen $k_1,\ldots,k_n$ der n Produkte nicht ohne weiteres bekannt sind. Sie sind vielmehr aus den unmittelbaren variablen Aufwendungen $k_1',\ldots,k_m'$ der m Faktoren, die sich als periodisierte Ausgaben für jeweils eine Einheit

---

Fortsetzung der Fußnoten der vorherigen Seite!

in der Literatur nicht einheitlich gehandhabt. Vgl. hierzu Kilger (1970), insbesondere S. 656ff., und Riebel (1970a), Sp. 383ff.

[1] Ähnliche Modelle finden sich zum Beispiel bei Kern (1965), S. 144; Opfermann - Reinermann (1965), S. 215f.; Münstermann (1966a), S. 29; Buhr (1967), S. 689f.; Vischer (1967), S. 113f.; Lücke (1969), S. 161f. und S. 267; Zieschang (1969), S. 44; Adam (1970), S. 50; Ellinger e.a. (1970), Sp. 1184f.; Hax (1970a), Sp. 1168f.; Kilger (1970), S. 691ff.; Kilger (1973a), S. 99, und Kilger (1973b), S. 535.

der Faktoren ermitteln lassen, zu bestimmen.[1] Da zur
Herstellung einer Einheit des Produktes j a_{ij} Einheiten
des Faktors i benötigt werden ($i = 1,\ldots,m$), gilt für
die variablen Aufwendungen k_j des Produktes j:

$$k_j = \sum_{i=1}^{m} a_{ij} \cdot k_i' \quad \text{für } j = 1,\ldots,n,$$

wenn die variablen Aufwendungen k_j für eine Einheit des
Produktes j verursachungsgerecht nach Maßgabe des zur
Herstellung einer Einheit des Produktes j benötigten va-
riablen Verbrauchs aller m Faktoren bestimmt werden für
$j = 1,\ldots,n$. Für den Vektor $\underline{k}$ folgt hieraus:

$$\underline{k} = \underline{A}^T \underline{k}' \quad \text{mit } \underline{k}'^T = (k_1',\ldots,k_m').\;[2]$$

Damit lautet das Modell der Deckungsbeitragsmaximierung:

Maximiere $DB(\underline{x}) = (\underline{e} - \underline{A}^T\underline{k}')^T\underline{x}$ unter den Nebenbedingungen:

$$\underline{A}\underline{x} \leqq \underline{b}, \quad \underline{x} \geqq \underline{o}_n$$

beziehungsweise:

Maximiere $DB(\underline{x}) = \sum_{j=1}^{n} (e_j - \sum_{i=1}^{m} a_{ij} \cdot k_i') \cdot x_j$ unter den

Nebenbedingungen:

$$\sum_{j=1}^{n} a_{ij} \cdot x_j \leqq b_i \quad \text{für } i = 1,\ldots,m,$$

$$x_j \geqq o \quad \text{für } j = 1,\ldots,n.$$

Das optimale Produktionsprogramm $\underline{x}^b$ läßt sich dann auf
der Basis dieses Modells bestimmen. Benötigt werden
hierzu lediglich Informationen, die unmittelbar dem Beschaffungsmarkt, dem Absatzmarkt und dem Produktionsprozeß der Unternehmung entnommen werden können.

Für die entscheidungsorientierten Kostenwerte der m Fak-

---

1) Vgl. Heinen (1970), S. 341.
2) Vgl. S. 124, Fußnote 3. Vgl. auch S. 95, Fußnote 2.

toren ergibt sich:

$$EKW_i = (N(\underline{x}^{\underline{b}}) - N(\underline{x}^{\underline{b}-\underline{e}_i^m})) + (K(\underline{x}^{\underline{b}}) - K(\underline{x}^{\underline{b}-\underline{e}_i^m}))^{1)}$$

$$= (DB(\underline{x}^{\underline{b}}) - DB(\underline{x}^{\underline{b}-\underline{e}_i^m})) + (K_v(\underline{x}^{\underline{b}}) - K_v(\underline{x}^{\underline{b}-\underline{e}_i^m}))^{2)}$$

$$= (\underline{e} - \underline{A}^T\underline{k}')^T(\underline{x}^{\underline{b}} - \underline{x}^{\underline{b}-\underline{e}_i^m}) +$$

$$(\underline{A}^T\underline{k}')^T(\underline{x}^{\underline{b}} - \underline{x}^{\underline{b}-\underline{e}_i^m})^{3)}$$

für i = 1,...,m.

Der kurzfristige unternehmerische Grenzgewinn $N(\underline{x}^{\underline{b}})$ - $N(\underline{x}^{\underline{b}-\underline{e}_i^m})$ des Faktors i wird auch als Opportunitätskosten (einer Einheit) des Faktors i bezeichnet (i = 1, ...,m).[4] Da diese Opportunitätskosten identisch sind mit dem Grenznutzen beziehungsweise dem Grenzdeckungsbeitrag $DB(\underline{x}^{\underline{b}})$ - $DB(\underline{x}^{\underline{b}-\underline{e}_i^m})$ des Faktors i (i = 1,...,m), wird für den Fall der Maximierung des Deckungsbeitrags die formale Übereinstimmung des entscheidungsorientierten Kostenwertes eines Faktors mit den wertmäßigen Ko-

---

1) In die Definition des entscheidungsorientierten Kostenwertes gehen die Bestandteile der eigentlichen unternehmerischen Zielsetzung ein, also hier der kurzfristige unternehmerische Gewinn N und die Aufwendungen K mit $N(\underline{x}) = (\underline{e} - \underline{k})^T\underline{x} + E_f - K_f$ und $K(\underline{x}) = \underline{k}^T\underline{x} + K_f$.

2) Durch die Bildung der Differenzen $N(\underline{x}^{\underline{b}})$ - $N(\underline{x}^{\underline{b}-\underline{e}_i^m})$ und $K(\underline{x}^{\underline{b}})$ - $K(\underline{x}^{\underline{b}-\underline{e}_i^m})$ fallen die konstanten Bestandteile E_f und K_f in N und K fort. Vgl. S. 72 mit $N_v(\underline{x}) = (\underline{e} - \underline{k})^T\underline{x} = DB(\underline{x})$ und $K_v(\underline{x}) = \underline{k}^T\underline{x}$.

3) Wegen $\underline{k} = \underline{A}^T\underline{k}'$.

4) Vgl. zum Beispiel Adam (1970), S. 35.

sten (einer Einheit) dieses Faktors[1] besonders deutlich.

Da das Konzept der wertmäßigen Kosten auf
Schmalenbach zurückgeführt wird,[2] soll zunächst der Zusammenhang zwischen dem hier vorgeschlagenen Konzept der
entscheidungsorientierten Kostenwerte und Schmalenbachs
Wertansätzen für Faktoren untersucht werden.

5.1 Schmalenbachs Wertansätze für Faktoren und entscheidungsorientierte Kostenwerte

Schmalenbach schlägt zunächst zur Bewertung der Faktoren den "Kalkulationswert" vor, der sich jedoch lediglich an der Höhe desjenigen Gewinns bemißt, der dem
höchsten Gewinn der nicht mehr realisierbaren Verwendungsmöglichkeiten entspricht.[3] Dieser Wertansatz
stimmt somit aus zwei Gründen noch nicht mit dem in der
vorliegenden Arbeit vorgeschlagenen überein. Einerseits
fragt Schmalenbach nach der Nutzenänderung, die sich ergäbe, wenn von dem betrachteten Faktor, der hierbei als
relativ knapp angenommen ist, eine Einheit mehr zur Verfügung stünde; andrerseits wählt er diese Nutzenänderung
als Kalkulationswert. Zum Nachweis dieser Analyse der
diesbezüglichen Ausführungen Schmalenbachs diene die
Darstellung seines Beispiels, mit dessen Hilfe er sein
Konzept erläutert,[4] in der Gestalt des hier vorgetragenen Modells[5]:

---

1) So definiert Adam die wertmäßigen Kosten einer Einheit eines Faktors als "Kostenwert ... (, der) sich
   aus zwei Bestandteilen (zusammensetzt, nämlich) ...
   der Grenzausgabe und dem Grenzgewinn je Faktoreinheit
   der besten nicht realisierten Verwendungsrichtung des
   Produktionsfaktors." Adam (1970), S. 35.

2) Vgl. zum Beispiel Adam (1970), S. 35ff., und Heinen
   (1970), S. 57.

3) Vgl. Schmalenbach (1919), S. 278f.

4) Vgl. Schmalenbach (1919), S. 278.

5) Vgl. S. 188f.

Herzustellen sind fünf Produkte[1], zu deren Produktion der Rohstoff Kupfer benötigt wird, von dem 1o Tonnen zu 25oo Mark je Tonne vorhanden sind. Aus dem angegebenen "Kupferbedarf je Verwendungszweck" lassen sich Beschränkungen der Absatzaktivitäten für die fünf Produkte entnehmen, aus dem angegebenen "auf die Tonne Kupfer verrechneten Gewinn je Verwendungsart" lassen sich die Deckungsbeiträge der fünf Produkte ermitteln, so daß sich das folgende Maximierungsproblem mit n = 5 Produkten und m = 6[2] Faktoren ergibt:

$$\text{Maximiere } DB(\underline{x}) = 25ooo\,a_{11}x_1 + 19ooo\,a_{12}x_2 + 9ooo\,a_{13}x_3$$
$$+ 6ooo\,a_{14}x_4 + 4ooo\,a_{15}x_5 \quad [3]$$

unter den Nebenbedingungen:

$$a_{11}x_1 + a_{12}x_2 + a_{13}x_3 + a_{14}x_4 + a_{15}x_5 \leq 1o \quad [4]$$
$$x_1 \leq \frac{4}{a_{11}} \quad [5]$$
$$x_2 \leq \frac{5}{a_{12}}$$
$$x_3 \leq \frac{1}{a_{13}}$$
$$x_4 \leq \frac{2}{a_{14}}$$
$$x_5 \leq \frac{8}{a_{15}}$$

$$x_1,\ldots,x_5 \geq o.$$

---

1) Schmalenbach spricht von "Verwendungszwecken".

2) Dies sind der Faktor "Kupfer" und die Absatzaktivitäten für die fünf Produkte.

3) Mit $a_{1j} > o$ als Kupferbedarf in Tonnen je Einheit des Produktes j ergibt sich der Deckungsbeitrag $e_j - k_j$ des Produktes j, indem der von Schmalenbach angegebene Gewinn je für die Herstellung des Produktes j verbrauchter Tonne Kupfer mit a_{1j} multipliziert wird; die Größen e_j, k_j und a_{1j} sind bei Schmalenbach nicht explizit angegeben (j = 1,...,5).

4) Der Verbrauch an Kupfer darf 1o Tonnen nicht überschreiten.

5) Die Absatzrestriktion für das erste Produkt ergibt

Mithilfe der Simplex-Methode ergibt sich aus

y_1	y_2	y_3	y_4	y_5	y_6	x_1	x_2	x_3	x_4	x_5	DB
o	o	o	o	o	o	$-25000a_{11}$	$-19000a_{12}$	$-9000a_{13}$	$-6000a_{14}$	$-4000a_{15}$	o
1						a_{11}	a_{12}	a_{13}	a_{14}	a_{15}	10
	1					1					$\frac{4}{a_{11}}$
		1					1				$\frac{5}{a_{12}}$
			1					1			$\frac{1}{a_{13}}$
				1					1		$\frac{2}{a_{14}}$
					1					1	$\frac{8}{a_{15}}$

y_1	y_2	y_3	y_4	y_5	y_6	x_1	x_2	x_3	x_4	x_5	DB
o	$25000a_{11}$	o	o	o	o	o	$-19000a_{12}$	$-9000a_{13}$	$-6000a_{14}$	$-4000a_{15}$	100000
1	$-a_{11}$						a_{12}	a_{13}	a_{14}	a_{15}	6
	1					1					$\frac{4}{a_{11}}$
		1					1				$\frac{5}{a_{12}}$
			1					1			$\frac{1}{a_{13}}$
				1					1		$\frac{2}{a_{14}}$
					1					1	$\frac{8}{a_{15}}$

Fortsetzung der Fußnoten der vorherigen Seite!

sich aus dem von Schmalenbach angegebenen "Kupferbedarf" von 4 Tonnen für das erste Produkt. Es muß also gelten: $a_{11}x_1 \leqq 4$ und damit : $x_1 \leqq \frac{4}{a_{11}}$. Die Absatzrestriktionen für die übrigen Produkte ergeben sich analog.

o	$25000a_{11}$	$19000a_{12}$	o	o	o	o	o	$-9000a_{13}$	$-6000a_{14}$	$-4000a_{15}$	195000
1	$-a_{11}$	$-a_{12}$						a_{13}	a_{14}	a_{15}	1
	1					1					$\dfrac{4}{a_{11}}$
		1					1				$\dfrac{5}{a_{12}}$
			1					1			$\dfrac{1}{a_{13}}$
					1				1		$\dfrac{2}{a_{14}}$
				1						1	$\dfrac{8}{a_{15}}$

9000	$16000a_{11}$	$10000a_{12}$	o	o	o	o	o	o	$3000a_{14}$	$5000a_{15}$	204000
$\dfrac{1}{a_{13}}$	$-\dfrac{a_{11}}{a_{13}}$	$-\dfrac{a_{12}}{a_{13}}$						1	$\dfrac{a_{14}}{a_{13}}$	$\dfrac{a_{15}}{a_{13}}$	$\dfrac{1}{a_{13}}$
	1					1					$\dfrac{4}{a_{11}}$
		1					1				$\dfrac{5}{a_{12}}$
$-\dfrac{1}{a_{13}}$	$\dfrac{a_{11}}{a_{13}}$	$\dfrac{a_{12}}{a_{13}}$	1						$-\dfrac{a_{14}}{a_{13}}$	$-\dfrac{a_{15}}{a_{13}}$	o
				1					1		$\dfrac{2}{a_{14}}$
					1					1	$\dfrac{8}{a_{15}}$

als optimales Produktionsprogramm $\underline{x}^b$ mit $(x_1^b,\ldots,x_5^b) = \underline{x}^{bT}$:

$$x_1^b = \frac{4}{a_{11}}, \quad x_2^b = \frac{5}{a_{12}}, \quad x_3^b = \frac{1}{a_{13}}, \quad x_4^b = o \text{ und } x_5^b = o.$$

Steht hingegen eine Tonne Kupfer mehr zur Verfügung, so ergibt sich aus

y_1	y_2	y_3	y_4	y_5	y_6	x_1	x_2	x_3	x_4	x_5	DB
o	o	o	o	o	o	$-25000a_{11}$	$-19000a_{12}$	$-9000a_{13}$	$-6000a_{14}$	$-4000a_{15}$	o
1						a_{11}	a_{12}	a_{13}	a_{14}	a_{15}	11
	1					1					$\frac{4}{a_{11}}$
		1					1				$\frac{5}{a_{12}}$
			1					1			$\frac{1}{a_{13}}$
				1					1		$\frac{2}{a_{14}}$
					1					1	$\frac{8}{a_{15}}$

y_1	y_2	y_3	y_4	y_5	y_6	x_1	x_2	x_3	x_4	x_5	DB
o	$25000a_{11}$	o	o	o	o	o	$-19000a_{12}$	$-9000a_{13}$	$-6000a_{14}$	$-4000a_{15}$	100000
1	$-a_{11}$						a_{12}	a_{13}	a_{14}	a_{15}	7
	1					1					$\frac{4}{a_{11}}$
		1					1				$\frac{5}{a_{12}}$
			1					1			$\frac{1}{a_{13}}$
				1					1		$\frac{2}{a_{14}}$
					1					1	$\frac{8}{a_{15}}$

y_1	y_2	y_3	y_4	y_5	y_6	x_1	x_2	x_3	x_4	x_5	DB
o	$25000a_{11}$	$19000a_{12}$	o	o	o	o	o	$-9000a_{13}$	$-6000a_{14}$	$-4000a_{15}$	195000
1	$-a_{11}$	$-a_{12}$						a_{13}	a_{14}	a_{15}	2
	1					1					$\frac{4}{a_{11}}$
		1					1				$\frac{5}{a_{12}}$
			1					1			$\frac{1}{a_{13}}$
				1					1		$\frac{2}{a_{14}}$
					1					1	$\frac{8}{a_{15}}$

o	$25000a_{11}$	$19000a_{12}$	$9000a_{13}$	0	0	0	0	0	$-6000a_{14}$	$-4000a_{15}$	204000
1	$-a_{11}$	$-a_{12}$	$-a_{13}$						a_{14}	a_{15}	1
	1					1					$\dfrac{4}{a_{11}}$
		1					1				$\dfrac{5}{a_{12}}$
			1					1			$\dfrac{1}{a_{13}}$
				1					1		$\dfrac{2}{a_{14}}$
					1					1	$\dfrac{8}{a_{15}}$

6000	$19000a_{11}$	$13000a_{12}$	$3000a_{13}$	0	0	0	0	0	0	$2000a_{15}$	210000
$\dfrac{1}{a_{14}}$	$-\dfrac{a_{11}}{a_{14}}$	$-\dfrac{a_{12}}{a_{14}}$	$-\dfrac{a_{13}}{a_{14}}$						1	$\dfrac{a_{15}}{a_{14}}$	$\dfrac{1}{a_{14}}$
	1					1					$\dfrac{4}{a_{11}}$
		1					1				$\dfrac{5}{a_{12}}$
			1					1			$\dfrac{1}{a_{13}}$
$-\dfrac{1}{a_{14}}$	$\dfrac{a_{11}}{a_{14}}$	$\dfrac{a_{12}}{a_{14}}$	$\dfrac{a_{13}}{a_{14}}$	1						$-\dfrac{a_{15}}{a_{14}}$	$\dfrac{1}{a_{14}}$
					1					1	$\dfrac{8}{a_{15}}$

als optimales Produktionsprogramm $\underline{x}^{\underline{b}+\underline{e}_1^{\,6}}$ mit $(\underline{x}^{\underline{b}+\underline{e}_1^{\,6}})^{T} =$ $(x_1^{\underline{b}+\underline{e}_1^{\,6}}, \ldots, x_5^{\underline{b}+\underline{e}_1^{\,6}})$:

$$x_1^{\underline{b}+\underline{e}_1^{\,6}} = \frac{4}{a_{11}}, \quad x_2^{\underline{b}+\underline{e}_1^{\,6}} = \frac{5}{a_{12}}, \quad x_3^{\underline{b}+\underline{e}_1^{\,6}} = \frac{1}{a_{13}},$$

$$x_4^{\underline{b}+\underline{e}_1^{\,6}} = \frac{1}{a_{14}} \quad \text{und} \quad x_5^{\underline{b}+\underline{e}_1^{\,6}} = o.$$

Die Differenz $DB(\underline{x}^{\underline{b}+\underline{e}_1^{\,6}}) - DB(\underline{x}^{\underline{b}}) = 210000 - 204000 =$ 6000 ist "der durch den Kupfermangel entgehende auf die Einheit des Kupfers berechnete Gewinn"[1], den

―――――――――

1) Schmalenbach (1919), S. 278.

Schmalenbach zunächst "als Kalkulationswert des Kupfe.
ansetzen (zu) müssen"[1] glaubt. Dieser Kalkulationswer
entspricht also einem modifizierten "Grenznutzen", der sich ergibt, wenn eine Einheit des betrachteten Faktors mehr zur Verfügung steht,[2] und enthält
noch nicht einen Beschaffungsnutzenbestandteil, der hier
identisch ist mit dem Preis einer Tonne Kupfer[3].

Doch bereits in seinen unmittelbar anschließenden Ausführungen bezieht Schmalenbach auch den Einkaufspreis in
den Kalkulationswert ein, wenn er angibt, daß "der Einkaufspreis um den Gewinn von der nächstergiebigen uner-

---

1) Schmalenbach (1919), S. 278.

2) Auf diesen Unterschied weist Schmalenbach selbst hin.
Vgl. Schmalenbach (1919), S. 278.

3) Daß der "Beschaffungsgrenznutzen" $K(\underline{x}^{\underline{b}+\underline{e}_1^6}) - K(\underline{x}^{\underline{b}})$
identisch ist mit den unmittelbaren variablen Aufwen-
dungen k_1' für eine Tonne Kupfer, ergibt sich aus den
optimalen Simplex-Tableaus von S. 194 und S. 196.
Denn es gilt:

$$K(\underline{x}^{\underline{b}+\underline{e}_1^6}) - K(\underline{x}^{\underline{b}}) = \underline{k}^T\underline{A}'\,((\underline{b} + \underline{e}_1^6)_{opt} - \underline{b}_{opt}) =$$

$$\underline{k}^T\underline{A}'\left[\begin{pmatrix} 11 \\ \frac{4}{a_{11}} \\ \frac{5}{a_{12}} \\ \frac{1}{a_{13}} \\ \frac{1}{a_{14}} \\ o \end{pmatrix} - \begin{pmatrix} 1o \\ \frac{4}{a_{11}} \\ \frac{5}{a_{12}} \\ \frac{1}{a_{13}} \\ o \\ o \end{pmatrix}\right] = \underline{k}^T\underline{A}'\begin{pmatrix} 1 \\ o \\ o \\ o \\ \frac{1}{a_{14}} \\ o \end{pmatrix} =$$

$$\underline{k}^T\underline{A}'\left[\begin{pmatrix} 1 \\ o \\ o \\ o \\ o \\ o \end{pmatrix} + \frac{1}{a_{14}}\begin{pmatrix} o \\ o \\ o \\ o \\ 1 \\ o \end{pmatrix}\right] = \underline{k}^T\underline{A}'\,\underline{e}_1^6 + \frac{1}{a_{14}}\underline{k}^T\underline{A}'\,\underline{e}_5^6 =$$

$$k_1' + \frac{1}{a_{14}}\cdot k_5' \quad (\text{vgl. S. 95, (8)}) = k_1', \text{ da der Absatz}$$

des Produktes 4 annahmegemäß keine unmittelbaren variablen Aufwendungen verursacht und deshalb k_5'
gleich Null ist.

ledigt bleibenden Bestellung (also um $DB(\underline{x}^{\underline{b+e}_1{}^6})-DB(\underline{x}^{\underline{b}})$, der Verf.) zu erhöhen (ist), um den richtigen Kalkulationswert zu finden."[1]

Auch in seinen späteren Werken bleibt Schmalenbach bei diesem Ansatz der Bewertung von Faktoren,[2] allerdings verwendet er dort statt des Begriffes "Kalkulationswert" zunächst den Begriff "optimale Geltungszahl"[3] und schließlich den Begriff "Betriebswert"[4]. Aus seinen Beispielen zur Veranschaulichung seines Wertansatzes kann entnommen werden, daß er als Gewinnbestandteil schließlich ebenfalls den Grenzgewinn verwendet, wie er auch in der vorliegenden Arbeit benutzt wird.[5]

Dies soll verdeutlicht werden an Schmalenbachs "Zinkbeispiel", das hierzu in der Gestalt des hier vorgetragenen Modells[6] dargestellt werden soll:[7]

Herzustellen sind drei Produkte, nämlich Ganzzinkgefäße, feuerverzinkte Gefäße und galvanisch verzinkte Gefäße. Vom hierfür benötigten Zink stehen 2800 kg zu o,9o DM je kg zur Verfügung. Der Zinkbedarf je Gefäß beträgt 2 kg, o,4 kg beziehungsweise o,2 kg, die Deckungsbeiträge sind o,8 DM, o,5 DM beziehungsweise o,4 DM. Aus dem von Schmalenbach angegebenen "bisherigen Gebrauch" lassen sich als maximale Absatzmengen 1ooo, 25oo beziehungsweise 1oooo Einheiten für die drei Produkte ermitteln. Da-

---

1) Schmalenbach (1919), S. 279.

2) Vgl. zum Beispiel Schmalenbach (1947), insbesondere S. 66, und Schmalenbach (1963), insbesondere S. 176f.

3) Vgl. Schmalenbach (1947), insbesondere S. 14.

4) Vgl. Schmalenbach (1963), insbesondere S. 144.

5) Vgl. S. 81f.,(1).

6) Vgl. S. 188f.

7) Vgl. Schmalenbach (1963), S. 176f. Ein ähnliches Beispiel findet sich auch zum Beispiel bei Schmalenbach (1947), S. 66.

mit ergibt sich das folgende Maximierungsproblem mit
$n = 3$ Produkten und $m = 4$[1] Faktoren:

Maximiere $DB(\underline{x}) = 0{,}8x_1 + 0{,}5x_2 + 0{,}4x_3$

unter den Nebenbedingungen:

$$2x_1 + 0{,}4x_2 + 0{,}2x_3 \leq 2800$$
$$x_1 \leq 1000$$
$$x_2 \leq 2500$$
$$x_3 \leq 10000$$

$$x_1, x_2, x_3 \geq 0,$$

und aus

y_1	y_2	y_3	y_4	x_1	x_2	x_3	$DB(\underline{x})$
0	0	0	0	-0,8	-0,5	-0,4	0
1				2	0,4	0,2	2800
	1			1			1000
		1			1		2500
			1			1	10000
0	0	0	0,4	-0,8	-0,5	0	4000
1			-0,2	2	0,4		800
	1			1			1000
		1			1		2500
			1			1	10000
1,25	0	0	0,15	1,7	0	0	5000
2,5			-0,5	5	1		2000
	1			1			1000
-2,5		1	0,5	-5			500
			1			1	10000

als optimales Produktionsprogramm $\underline{x}^{\underline{b}}$ mit $(x_1^{\underline{b}}, x_2^{\underline{b}}, x_3^{\underline{b}}) = \underline{x}^{\underline{b}T}$:

$$x_1^{\underline{b}} = 0, \quad x_2^{\underline{b}} = 2000 \quad \text{und} \quad x_3^{\underline{b}} = 10000.$$

Der Zielfunktionskoeffizient $1{,}25$ der ersten Schlupfvariablen im optimalen Simplex-Tableau ist gleich dem Grenzgewinn $DB(\underline{x}^{\underline{b}}) - DB(\underline{x}^{\underline{b} - \underline{e}_1^4})$ des Faktors Zink.[2] Als

---

1) Dies sind der Faktor "Zink" und die Absatzaktivitäten für die drei Produkte.

2) Vgl. S. 107,(11)(b), mit $i = 1$ und $m = 4$, da $\frac{-2000}{2{,}5} = -800 < -1$ gilt.

Grenzaufwendungen $K(\underline{x}^{\underline{b}}) - K(\underline{x}^{\underline{b}-\underline{e}_1^4})$ für den Faktor Zink
ergibt sich der Preis von o,9 DM je kg Zink,[1] so daß
der entscheidungsorientierte Kostenwert EKW_1 des Faktors
Zink von 2,15 (= 1,25 + o,9) DM je kg mit dem Betriebswert für ein kg Zink bei Schmalenbach übereinstimmt.[2]

Bisher war der untersuchte Faktor immer relativ knapp.
Bei der Bewertung von nicht relativ knappen Faktoren
durchbricht Schmalenbach hingegen sein Bewertungsprin-
zip, das - wie oben gezeigt - für relativ knappe Fakto-

---

1) Aus dem optimalen Simplex-Tableau von S. 199 folgt:

$$\underline{b}_{opt} = \begin{pmatrix} 2800 \\ o \\ 2000 \\ 10000 \end{pmatrix}.$$ Weiter gilt für $(\underline{b} - \underline{e}_1^4)_{opt}$ wegen

$$(\underline{b} - \underline{e}_1^4)_{opt} = (\underline{b} - \underline{e}_1^4) - \underline{y}^{\underline{b}-\underline{e}_1^4} \text{ mit } \underline{y}^{\underline{b}-\underline{e}_1^4} =$$

$$(\underline{b} - \underline{e}_1^4) - \underline{A}\underline{x}^{\underline{b}-\underline{e}_1^4}:$$

$$(\underline{b} - \underline{e}_1^4)_{opt} = \begin{pmatrix} 2799 \\ 1000 \\ 2500 \\ 10000 \end{pmatrix} - \begin{pmatrix} o \\ 1000+o\cdot(-1) \\ 500+(-\frac{5}{2})\cdot(-1) \\ o \end{pmatrix} = \begin{pmatrix} 2799 \\ o \\ 1997,5 \\ 10000 \end{pmatrix} \cdot$$

Vgl. S. 1o2f.,(1o)(a)(i) und (1o)(a)(iii), mit i = 1,
m = 4, r = 2, i(1) = p(1) = 2, i(2) = p(2) = 3 und
Δb_1 = -1. Damit ergibt sich:

$$K(\underline{x}^{\underline{b}}) - K(\underline{x}^{\underline{b}-\underline{e}_1^4}) = \underline{k}^T\underline{A}'(\underline{b}_{opt} - (\underline{b} - \underline{e}_1^4)_{opt}) =$$

$$\underline{k}^T\underline{A}' \left[\begin{pmatrix} 2800 \\ o \\ 2000 \\ 10000 \end{pmatrix} - \begin{pmatrix} 2799 \\ o \\ 1997,5 \\ 10000 \end{pmatrix} \right] = \underline{k}^T\underline{A}' \begin{pmatrix} 1 \\ o \\ 2,5 \\ o \end{pmatrix} =$$

$$\underline{k}^T\underline{A}' \left[\begin{pmatrix} 1 \\ o \\ o \\ o \end{pmatrix} + 2,5 \begin{pmatrix} o \\ o \\ 1 \\ o \end{pmatrix} \right] = \underline{k}^T\underline{A}'\underline{e}_1^4 + 2,5\underline{k}^T\underline{A}'\underline{e}_3^4 =$$

$k_1' + 2,5\cdot k_3'$ (vgl. S. 95,(8)) = k_1', da der Absatz
des Produktes 2 (feuerverzinktes Gefäß) annahmegemäß
keine unmittelbaren variablen Aufwendungen verursacht
und deshalb k_3' gleich Null ist.

2) Heinen interpretiert diesen Betriebswert als Nutzen-
zuwachs beziehungsweise als Grenznutzen, er läßt bei
dieser Bezeichnung also den "Aufwandsbestandteil" von
o,9 DM außer acht. Vgl. Heinen (197o), S. 326.

ren zu den gleichen Werten führt wie das hier vorgetra-
gene Konzept der entscheidungsorientierten Kostenwerte.[o]
Für nicht relativ knappe Faktoren, die in der Terminolo-
gie Schmalenbachs keiner "Hemmung" unterliegen,[1] wählt
Schmalenbach als Betriebswert generell die "Grenzkosten"[2], die er als "diejenigen Kosten (bezeichnet), die
beim Mehrbedarf zusätzlich entstehen bzw. beim Minderbe-
darf zusätzlich wegfallen."[3] Im letzten Fall sind das
hier die entsprechenden Grenzwerte der unmittelbaren variablen Aufwendungen. Aus Schmalenbachs Beispielen[4]
läßt sich entnehmen, daß er folgendermaßen vorgeht:

Ist der Faktor i nicht relativ knapp und werden von ihm
im optimalen Produktionsprogramm b_i^{opt} ($< b_i$) Einheiten
verbraucht, so fragt Schmalenbach nach den Änderungen,
die sich ergeben, wenn nur $b_i^{opt} - 1$ Einheiten zur Verfügung stehen.[5] Da Schmalenbachs Beispiele so konstruiert sind, daß hierbei die $b_i^{opt} - 1$ Einheiten des Faktors i sämtlich eingesetzt werden und die Verbräuche der
übrigen Faktoren sich nicht ändern, ergeben sich als
"Grenzkosten" die unmittelbaren variablen Aufwendungen
für die letzte verbrauchte Einheit dieses Faktors, also
deren Preis.[6] Unter diesen Bedingungen ändert sich jedoch im allgemeinen auch der Gewinn.[7] Den sich ergebenden Grenzgewinn bezieht Schmalenbach jedoch nicht in den
Betriebswert ein. Dies ist wohl im wesentlichen darauf
zurückzuführen, daß er in seinen diesbezüglichen Beispielen die Gewinnseite der Produktion gar nicht berücksichtigt, da in "seiner Darstellung ... die kostenrech-

---

1) Vgl. zum Beispiel Schmalenbach (1963), S. 15o.
2) Vgl. zum Beispiel Schmalenbach (1963), S. 15off.
3) Schmalenbach (1963), S. 157. Vgl. auch Schmalenbach
   (1947), S. 37.
4) Vgl. Schmalenbach (1963), S. 15off.
5) Also nicht nach den Änderungen, die sich ergäben,
   wenn $b_i - 1$ Einheiten zur Verfügung stünden.
6) Vgl. S. 1o9,(12)(b), mit b_i^{opt} statt b_i.
7) Vgl. S. 1o7,(11)(b), mit b_i^{opt} statt b_i.
o) Dies gilt nicht für die auf S. 192ff. diskutierten
   Ausführungen Schmalenbachs.

nerischen Belange ... stark im Vordergrund"[1] stehen.

Zusammenfassend läßt sich somit festhalten: Während entsprechend dem in der vorliegenden Arbeit vorgetragenen Konzept der entscheidungsorientierten Kostenwerte danach gefragt wird, wie sich eine Verminderung des maximal möglichen variablen Verbrauchs eines Faktors um eine Einheit auswirkt,[2] lassen sich Schmalenbachs Ausführungen zur Bestimmung des Betriebswertes eines Faktors dahingehend interpretieren, daß er die Auswirkungen untersucht, die sich ergeben, wenn von der im optimalen Produktionsprogramm von diesem Faktor verbrauchten Menge eine Einheit weniger zur Verfügung steht.[3] Ist der betrachtete Faktor im optimalen Produktionsprogramm relativ knapp, so stimmen dessen Betriebswert und dessen entscheidungsorientierter Kostenwert überein. Ist der betrachtete Faktor hingegen nicht relativ knapp, sind dessen Betriebswert und dessen entscheidungsorientierter Kostenwert im allgemeinen nicht identisch.

Ein Merkmal der von Schmalenbach dargestellten Beispiele ist bislang bewußt außer acht gelassen worden, damit der

---

1) Heinen (197o), S. 57.

2) Zu bestimmen sind also der Grenzgewinn $DB(\underline{x}^{\underline{b}})$ − $DB(\underline{x}^{\underline{b}-\underline{e}_i{}^m})$ und die Grenzaufwendungen $K(\underline{x}^{\underline{b}})-K(\underline{x}^{\underline{b}-\underline{e}_i{}^m})$ für den Faktor i (i = 1,...,m). Vgl. S. 19o.

3) Zu bestimmen sind allgemein also der "Grenzgewinn"

$$N'(\underline{b}_{opt}) - N'(\underline{b}_{opt} - \underline{e}_i{}^m) = N(\underline{x}^{\underline{b}}) - N(\underline{x}^{\underline{b}_{opt}-\underline{e}_i{}^m}) =$$

$$N(\underline{x}^{\underline{b}_{opt}}) - N(\underline{x}^{\underline{b}_{opt}-\underline{e}_i{}^m})$$ und die "Grenzaufwendungen"

$$K'(\underline{b}_{opt}) - K'(\underline{b}_{opt} - \underline{e}_i{}^m) = K(\underline{x}^{\underline{b}_{opt}}) - K(\underline{x}^{\underline{b}_{opt}-\underline{e}_i{}^m})$$

des Faktors i (i = 1,...,m). Zur Übereinstimmung von $\underline{x}^{\underline{b}_{opt}}$ mit $\underline{x}^{\underline{b}}$ siehe S. 128f.

Vergleich seiner Bewertungsmethode mit dem Konzept der entscheidungsorientierten Kostenwerte nicht gestört wurde. Während diese allgemein mithilfe des jeweiligen optimalen Simplex-Tableaus, also nach simultaner Ermittlung des optimalen Produktionsprogramms, bestimmt werden, sind Schmalenbachs Beispiele so konstruiert, daß die entscheidungsorientierten Kostenwerte relativ knapper Faktoren auch ohne simultane Rechnung bestimmt werden können, und zwar anhand der auf den betrachteten relativ knappen Faktor bezogenen Deckungsbeiträge.[1] Wann diese Vorgehensweise zu den richtigen Ergebnissen führt, soll deshalb im folgenden Kapitel untersucht werden.

5.2 Bestimmung des optimalen Produktionsprogramms mit Hilfe von spezifischen Deckungsbeiträgen

Im allgemeinen Modell der Deckungsbeitragsmaximierung[2] ist das optimale Produktionsprogramm abhängig sowohl von der zu maximierenden Zielfunktion als auch vom Entscheidungsfeld des Unternehmers und kann in der Regel nur simultan bestimmt werden, das heißt hier mithilfe der Simplex-Methode unter gleichzeitiger Berücksichtigung aller n Produkte, also aller alternativer Produktionsprogramme. Ist der Produktionsprozeß der Unternehmung jedoch von speziellerer Art, das heißt, hat die Prozeßmatrix $\underline{A}$ eine spezielle Struktur, so zeigt sich, daß das optimale Produktionsprogramm unter Umständen auch sukzessiv bestimmt werden kann. Dies bedeutet, daß zunächst die Herstellmenge eines Produktes festgelegt wird, daran anschließend die eines zweiten Produktes, und so weiter. Als Kriterium hierzu lassen sich Größen verwenden, die in geeigneter Weise aus den Deckungsbeiträgen der Produkte ermittelt werden.

Eine solche spezielle Struktur liegt beispielsweise vor,

---

1) Vgl. zum Beispiel Schmalenbach (1963), S. 177.
2) Vgl. S. 188f.

wenn von den betrachteten m Faktoren nur ein Faktor in
mehr als ein Produkt eingeht, während die übrigen Faktoren zur Herstellung von jeweils nur einem Produkt benötigt werden und in jedes Produkt nur höchstens einer
dieser Faktoren eingeht, und wenn der maximal mögliche
variable Verbrauch des erstgenannten Faktors so bemessen
ist, daß dieser im optimalen Produktionsprogramm relativ
knapp ist. Diese Situation wird in der Literatur dadurch
gekennzeichnet, daß davon gesprochen wird, daß "nur ein
Engpaß" vorliege, obwohl durchaus auch zum Beispiel Beschränkungen von Absatzaktivitäten berücksichtigt werden.[1]

Bevor ein allgemeines Verfahren zur sukzessiven Bestimmung des optimalen Produktionsprogramms bei Vorliegen
der angegebenen speziellen Entscheidungssituation dargestellt wird, soll die Vorgehensweise erläutert werden
anhand der von Schmalenbach bereits 1919 vorgeführten
Lösung.[2] Basis sei das bereits oben angeführte Beispiel
Schmalenbachs[3]:

Schmalenbach ordnet die Produkte gemäß den von ihm vorgegebenen auf die Tonne Kupfer bezogenen Gewinnen:[4]

Produkt[5]	Kupferbedarf in kg[6]	Gewinn je Tonne Kupfer in Mark
1	4ooo	25ooo
2	5ooo	19ooo
3	1ooo	9ooo
4	2ooo	6ooo
5	8ooo	4ooo

---

1) Vgl. zum Beispiel Adam (197o), S. 1o7; Heinen (197o),
   S. 325f.; Kilger (197o), S. 644ff., und Kilger
   (1973a), S. 84f.

2) Vgl. Schmalenbach (1919), S. 278.

3) Siehe S. 192.

4) Vgl. Schmalenbach (1919), S. 278.

5) Schmalenbach verwendet die Bezeichnung "Verwendungszweck". Vgl. Schmalenbach (1919), S. 278.

6) Aus dem Kupferbedarf eines Produktes läßt sich die
   maximal mögliche Herstellmenge dieses Produktes bestimmen. Vgl. hierzu S. 192, Fußnote 5.

und wählt für die ersten drei Produkte die durch den
Kupferbedarf gegebenen maximalen Mengen als optimale
Herstellmengen, da diese drei Produkte die "höchsten
Verwendungszwecke"[1] darstellen und den vorhandenen Bestand an Kupfer von 1o Tonnen verbrauchen, wenn von ihnen die maximal möglichen Mengen produziert werden. Für
die Prozeßmatrix $\underline{A}$ ergibt sich hierbei die folgende,
spezielle Struktur:[2]

$$
\underline{A} = \begin{pmatrix} a_{11} & a_{12} & a_{13} & a_{14} & a_{15} \\ 1 & o & o & o & o \\ o & 1 & o & o & o \\ o & o & 1 & o & o \\ o & o & o & 1 & o \\ o & o & o & o & 1 \end{pmatrix}.
$$

In der ersten Zeile enthält $\underline{A}$ den Verbrauch a_{1j} des Faktors Kupfer, der allein in mehr als ein Produkt, hier in
alle 5 Produkte, eingeht und zwar je Einheit des Produktes j für j = 1,...,5. Im übrigen besteht $\underline{A}$ aus der Einheitsmatrix $\underline{E}_5$, die die übrigen Faktoren, hier die Absatzaktivitäten für die 5 Produkte, berücksichtigt.

Charakteristisch für diese sukzessive Bestimmung des optimalen Produktionsprogramms ist somit, daß die Dek-
kungsbeiträge der Produkte auf eine Einheit des Kupfers
bezogen werden, indem sie durch die jeweiligen Verbräuche an Kupfer je Produkteinheit dividiert werden - die
sich ergebenden umgerechneten Deckungsbeiträge werden
auch spezifische Deckungsbeiträge genannt[3] - , daß die
Produkte nach der Höhe ihrer spezifischen Deckungsbeiträge geordnet werden und schließlich unter Berücksichtigung der Beschränkungen der Verfügbarkeit der übrigen

---

1) Schmalenbach (1919), S. 278.

2) Vgl. S. 192.

3) Vgl. zum Beispiel Riebel (197oa), Sp. 39o. Adam nennt
   die spezifischen Deckungsbeiträge "relative Deckungsspannen".Vgl. Adam (197o), S. 1o7. Kilger bezeichnet
   sie einerseits als "Deckungsbeitäge pro Einheit der
   Engpaßbelastung", vgl. Kilger (1973a), S. 85, und andrerseits als "relative Deckungsbeiträge", vgl.
   Kilger (1973b), S. 537.

Faktoren zunächst von dem Produkt mit dem höchsten spezifischen Deckungsbeitrag, sodann von dem Produkt mit dem zweithöchsten spezifischen Deckungsbeitrag, und so weiter die jeweils maximal möglichen Mengen hergestellt werden, bis das Kupfer vollständig verbraucht ist.[1]

Ausgangsmodell für ein allgemeines Verfahren sei dementsprechend das folgende:

Maximiere $DB(\underline{x}) = \sum_{j=1}^{n} (e_j - k_j) \cdot x_j$ unter den Nebenbedingungen:[2]

$$\sum_{j=1}^{n} a_{1j} \cdot x_j \leq b_1 \quad [3]$$

$$x_j \leq b_{j+1} \text{ für } j = 1,\ldots,n \quad [4]$$

$$x_j \geq o \text{ für } j = 1,\ldots,n,$$

beziehungsweise

Maximiere $DB(\underline{x}) = (\underline{e} - \underline{k})^T \underline{x}$ unter den Nebenbedingungen:

$$\underline{A}\underline{x} \leq \underline{b}, \quad \underline{x} \geq \underline{o}_n \text{ mit:}$$

$$\underline{A} = \begin{pmatrix} a_{11} & \cdots & a_{1n} \\ & \underline{E}_n & \end{pmatrix} \quad \text{und} \quad \underline{b} = \begin{pmatrix} b_1 \\ \vdots \\ b_{n+1} \end{pmatrix} [5].$$

---

1) Vgl. auch zum Beispiel Adam (197o), S. 1o7, und Kilger (1973a), S. 84f.

2) Im folgenden wird davon ausgegangen, daß sämtliche Deckungsbeiträge positiv sind.

3) Ohne Einschränkung kann davon ausgegangen werden, daß $a_{1j} \neq o$, also $a_{1j} > o$ gilt für $j = 1,\ldots,n$.

4) Hierfür könnten auch die Bedingungen: $a_{j+1\,j} \cdot x_j \leq b_{j+1}$ für $j = 1,\ldots,n$ zugelassen werden. Zur Vereinfachung der nachfolgenden Ausführungen wird jedoch unterstellt, daß diese Bedingungen nach x_j "aufgelöst" sind.

5) Es gilt also: $m = n+1$. Es könnten auch mehrere Faktoren, die jeweils in mehr als ein Produkt eingehen, zugelassen werden, solange sie bis auf einen nicht relativ knapp sind im optimalen Produktionsprogramm. Dies würde jedoch die nachfolgende Analyse unnötig belasten.

Dann ist folgendermaßen vorzugehen:

1. Schritt: Bestimmung der spezifischen Deckungsbeiträge

Wird der spezifische Deckungsbeitrag des Produktes j mit ds_j bezeichnet, so gilt:

$$ds_j := \frac{e_j - k_j}{a_{1j}} \text{ für } j = 1,\ldots,n. \text{[1]}$$

2. Schritt: Anordnung der spezifischen Deckungsbeiträge
ihrer Höhe nach

Werden die spezifischen Deckungsbeiträge $ds_1,\ldots,ds_n$ ihrer Höhe nach geordnet, so möge sich die folgende Anordnung ergeben:

$$ds_1 \geq ds_2 \geq \ldots \geq ds_n. \text{[2]}$$

3. Schritt: Sukzessive Bestimmung des optimalen Produktionsprogramms $\underline{x}^b$

Sei $\underline{x}^{bT} = (x_1^b,\ldots,x_n^b)$.

1) Bestimmung von x_1^b:

Gemäß dem Ziel der Deckungsbeitragsmaximierung ist von Produkt 1, das je Einheit des Faktors 1 den höchsten Deckungsbeitrag erbringt, so viel wie möglich herzustellen. b_2 gibt nun die maximal mögliche Herstellmenge an; der zugehörige Verbrauch $a_{11} \cdot b_2$ des Faktors 1 darf aber dessen maximal möglichen variablen Verbrauch b_1 nicht überschreiten. Demnach gilt:

$$x_1^b = \left\{ \begin{array}{ll} b_2 , & \text{falls } a_{11} \cdot b_2 \leq b_1 \\ \dfrac{b_1}{a_{11}}, & \text{falls } a_{11} \cdot b_2 > b_1 \end{array} \right\}.$$

2) Bestimmung von x_2^b:

Sei $b_1^2 := b_1 - a_{11} \cdot x_1^b$ die vom Faktor 1 noch verfügbare

---

1) ds_j gibt also den Deckungsbeitrag an, den das Produkt j je Einheit des Faktors 1 erzielt.

2) Dies läßt sich ohne Einschränkung durch entsprechende Numerierung der Produkte erreichen.

Menge. Ist diese gleich Null, so kann von Produkt 2 nichts mehr hergestellt werden; ist sie positiv, so ist $x_2^{\underline{b}}$ analog wie $x_1^{\underline{b}}$ zu bestimmen. Insgesamt gilt also:

$$x_2^{\underline{b}} = \left\{ \begin{array}{l} o \ , \ \text{falls } b_1^{\,2} := b_1 - a_{11} \cdot x_1^{\underline{b}} = o \\[2mm] b_3, \ \text{falls } b_1^{\,2} > o \ \text{und } a_{12} \cdot b_3 \le b_1^{\,2} \\[2mm] \dfrac{b_1^{\,2}}{a_{12}}, \ \text{falls } b_1^{\,2} > o \ \text{und } a_{12} \cdot b_3 > b_1^{\,2} \end{array} \right\} .$$

3) Bestimmung von $x_3^{\underline{b}}, \ldots, x_n^{\underline{b}}$:

Sind auf entsprechende Weise $x_1^{\underline{b}}, \ldots, x_{j-1}^{\underline{b}}$ bestimmt mit $3 \le j \le n$, so ist $\sum\limits_{k=1}^{j-1} a_{1k} \cdot x_k^{\underline{b}}$ der zugehörige variable

Verbrauch des Faktors 1, also ist $b_1^{\,j} := b_1 - \sum\limits_{k=1}^{j-1} a_{1k} \cdot x_k^{\underline{b}}$

die vom Faktor 1 noch verfügbare Menge. Damit gilt für das Produkt j:

$$x_j^{\underline{b}} = \left\{ \begin{array}{l} o \ , \ \text{falls } b_1^{\,j} = o \\[2mm] b_{j+1}, \ \text{falls } b_1^{\,j} > o \ \text{und } a_{1j} \cdot b_{j+1} \le b_1^{\,j} \\[2mm] \dfrac{b_1^{\,j}}{a_{1j}} \ , \ \text{falls } b_1^{\,j} > o \ \text{und } a_{1j} \cdot b_{j+1} > b_1^{\,j} \end{array} \right\}, \ \text{für}$$

$$j = 3, \ldots, n.$$

Diese Vorgehensweise sei anhand des "Zinkbeispiels" von Schmalenbach erläutert:[1]

Maximiere $DB(\underline{x}) = o,4x_1 + o,5x_2 + o,8x_3$[2] unter den

Nebenbedingungen:

$$o,2x_1 + o,4x_2 + 2x_3 \le 2800$$
$$x_1 \le 10000$$
$$x_2 \le 2500$$
$$x_3 \le 1000$$
$$x_1, x_2, x_3 \ge o.$$

---

[1] Vgl. S. 198f. und Schmalenbach (1963), S. 177.

[2] Die Produkte sind hier so numeriert worden, daß ihre spezifischen Deckungsbeiträge bereits der Höhe nach

Damit ergibt sich der Reihe nach:

1) $\underline{A} = \begin{pmatrix} 0,2 & 0,4 & 2 \\ 1 & 0 & 0 \\ 0 & 1 & 0 \\ 0 & 0 & 1 \end{pmatrix}$, $\underline{b} = \begin{pmatrix} 2800 \\ 10000 \\ 2500 \\ 1000 \end{pmatrix}$.

2) $ds_1 = \dfrac{0,4}{0,2} = 2$, $ds_2 = \dfrac{0,5}{0,4} = 1,25$, $ds_3 = \dfrac{0,8}{2} = 0,4$.

3) Bestimmung von $x_1^{\underline{b}}$:

$a_{11} \cdot b_2 = 0,2 \cdot 10000 = 2000 < 2800 = b_1$, also:

$$x_1^{\underline{b}} = b_2 = 10000 .$$

4) Bestimmung von $x_2^{\underline{b}}$:

$b_1^2 = b_1 - a_{11} \cdot x_1^{\underline{b}} = 2800 - 0,2 \cdot 10000 = 800 > 0;$

$a_{12} \cdot b_3 = 0,4 \cdot 2500 = 1000 > 800 = b_1^2$, also:

$$x_2^{\underline{b}} = \frac{b_1^2}{a_{12}} = \frac{800}{0,4} = 2000 .$$

5) Bestimmung von $x_3^{\underline{b}}$:

$$b_1^3 = b_1 - \sum_{k=1}^{2} a_{1k} \cdot x_k^{\underline{b}} = 2800 - (0,2 \cdot 10000 + 0,4 \cdot 2000)$$

$$= 0, \text{ also:}$$

$$x_3^{\underline{b}} = 0 .$$

Daß sich auf diese Weise in der angenommenen speziellen Entscheidungssituation[1] stets das optimale Produktionsprogramm ermitteln läßt, ist unmittelbar einsichtig. Diese Methode wird indes nicht nur zur Bestimmung des optimalen Produktionsprogramms, sondern auch zur Ermittlung der wertmäßigen Kosten des Faktors 1 benutzt, der als einziger in mehr als ein Produkt eingeht. Als Grenzgewinn beziehungsweise als Opportunitätskosten ergibt

---

Fortsetzung der Fußnoten der vorherigen Seite!

    geordnet sind.

1) Vgl. S. 2o6.

sich hiernach der spezifische Deckungsbeitrag desjenigen
Produktes, dessen Herstellmenge noch positiv ist, das
heißt:

Ist $x_{j'}^{\underline{b}} > o$, aber $x_{j'+1}^{\underline{b}} = o,$[1] so ist $ds_{j'}$, der
Grenzgewinn des Faktors 1.[2]

Dementsprechend ergibt sich im "Zinkbeispiel" von
Schmalenbach $ds_{j'} = ds_2 = 1,25$ als Grenzgewinn.[3] Stimmen obendrein die Grenzaufwendungen für Faktor 1 überein
mit dem Preis je Einheit, also mit den unmittelbaren variablen Aufwendungen je Einheit des Faktors 1, so ist
der entscheidungsorientierte Kostenwert des Faktors 1
gleich der Summe aus dem Grenzgewinn und dem Preis je
Einheit.[4]

Ob nun der entscheidungsorientierte Kostenwert des Faktors 1 auf diese Weise tatsächlich richtig ermittelt
wird, soll im folgenden allgemein untersucht werden. Basis der folgenden Analyse ist das bereits angeführte
spezielle Entscheidungsmodell[5]:

$$\text{Maximiere } DB(\underline{x}) = \sum_{j=1}^{n} (e_j - k_j) \cdot x_j \text{ unter den Nebenbe-}$$

dingungen:

$$\sum_{j=1}^{n} a_{1j} \cdot x_j \leq b_1$$

$$x_j \leq b_{j+1} \text{ für } j = 1,\ldots,n$$

$$x_j \geq o \text{ für } j = 1,\ldots,n,$$

mit

---

1) Zur Bestimmung von $x_1^{\underline{b}},\ldots,x_n^{\underline{b}}$ vgl. S. 2o6ff.

2) Vgl. zum Beispiel Schmalenbach (1947), S. 66;
   Schmalenbach (1963), S. 177; Adam (197o), S. 1o7;
   Kilger (197o), S. 646, und Kilger (1973a), S. 84f.

3) Denn es gilt hier: $x_2^{\underline{b}} = 2ooo$, $x_3^{\underline{b}} = o$, also $j' = 2$.
   Vgl. S. 2o8f. Vgl. hierzu auch S. 199.

4) Vgl. S. 199f.

5) Vgl. S. 2o6.

y_1	y_2	y_3	$\dots$	y_{n+1}	x_1	x_2	$\dots$	x_n	DB($\underline{x}$)
o	o	o	$\dots$	o	k_1-e_1	k_2-e_2	$\dots$	k_n-e_n	o
1	o	o	$\dots$	o	a_{11}	a_{12}	$\dots$	a_{1n}	b_1
o	1	o	$\dots$	o	1	o	$\dots$	o	b_2
o	o	1	$\dots$	o	o	1	$\dots$	o	b_3
$\vdots$	$\vdots$	$\vdots$		$\vdots$	$\vdots$	$\vdots$		$\vdots$	$\vdots$
o	o	o	$\dots$	1	o	o	$\dots$	1	b_{n+1}

als erstem Simplex-Tableau.

Sind nun die Produkte bereits nach der Höhe ihrer spezifischen Deckungsbeiträge geordnet, das heißt, gilt $ds_1 \geq ds_2 \geq \dots \geq ds_n$ [1] mit $ds_j = \dfrac{e_j-k_j}{a_{1j}}$ [2], so ergibt sich, wenn x_1 Basisvariable wird, als zweites Simplex-Tableau: [3]

y_1	y_2	y_3	$\dots$	y_{n+1}	x_1	x_2	$\dots$	x_n	DB($\underline{x}$)
o	e_1-k_1	o	$\dots$	o	o	k_2-e_2	$\dots$	k_n-e_n	$(e_1-k_1)\cdot b_2$
1	$-a_{11}$	o	$\dots$	o	o	a_{12}	$\dots$	a_{1n}	$b_1-a_{11}\cdot b_2$
o	1	o	$\dots$	o	1	o	$\dots$	o	b_2
o	o	1	$\dots$	o	o	1	$\dots$	o	b_3
$\vdots$	$\vdots$	$\vdots$		$\vdots$	$\vdots$	$\vdots$		$\vdots$	$\vdots$
o	o	o	$\dots$	1	o	o	$\dots$	1	b_{n+1}

,

sofern $b_2 \leq \dfrac{b_1}{a_{11}}$ gilt. Hierbei sind lediglich die Spalten von y_2 und x_1 und die rechte Seite verändert worden. Wird nun x_2 Basisvariable, so ergibt sich als drittes Simplex-Tableau:

---

1) Vgl. S. 2o7.

2) Vgl. S. 2o7.

3) Vgl. S. 2o7.

y_1	y_2	$y_3\ y_4 \dots y_{n+1}\ x_1 x_2\ x_3\ \dots\ x_n$	$DB(\underline{x})$
o	e_1-k_1	$e_2-k_2\ o\dots\ o\quad o\ o\ k_3-e_3\dots k_n-e_n$	$\sum\limits_{j=1}^{2}(e_j-k_j)b_{j+1}$
1	$-a_{11}$	$-a_{12}\ o\dots\ o\quad o\ o\ a_{13}\ \dots\ a_{1n}$	$b_1-\sum\limits_{j=1}^{2}a_{1j}b_{j+1}$
o	1	$o\ \ o\dots\ o\quad 1\ o\ \ o\ \dots\ o$	b_2
o	o	$1\ \ o\dots\ o\quad o\ 1\ \ o\ \dots\ o$	b_3
o	o	$o\ \ 1\dots\ o\quad o\ o\ \ 1\ \dots\ o$	b_4
$\vdots$	$\vdots$	$\vdots\quad\vdots\qquad\vdots\quad\vdots\ \vdots\quad\vdots\qquad\vdots$	$\vdots$
o	o	$o\ \ o\dots\ 1\quad o\ o\ \ o\ \dots\ 1$	b_{n+1}

sofern $b_3 \leq \dfrac{b_1-a_{11}\cdot b_2}{a_{12}}$ gilt. Hierbei sind nur die Spalten
von y_3 und x_2 und die rechte Seite verändert worden.
Wird entsprechend fortgefahren und sind im optimalen
Simplex-Tableau $x_1,\dots,x_{j'}$[1] Basisvariable, $x_{j'+1},\dots,x_n$
jedoch Nebenbasisvariable, so haben die beiden letzten
Simplex-Tableaus die Gestalt:

---

1) j' sei wie oben bestimmt. Vgl. S. 21o.

y_1	$y_2\cdots$	$y_{j'}$	$y_{j'+1}\cdots y_{n+1}$	$x_1\cdots x_{j'-1}$	$x_{j'}$	$\cdots$	x_n	$DB(\underline{x})$
o	$e_1-k_1\cdots$	$e_{j'-1}-k_{j'-1}$	$o\ \cdots\ o$	$o\ \cdots\ o$	$k_{j'}-e_{j'}\cdots$		k_n-e_n	$\sum\limits_{j=1}^{j'-1}(e_j-k_j)b_{j+1}$
1	$-a_{11}\cdots$	$-a_{1\,j'-1}$	$o\ \cdots\ o$	$o\ \cdots\ o$	$a_{1j'}$	$\cdots$	a_{1n}	$b_1-\sum\limits_{j=1}^{j'-1}a_{1j}b_{j+1}$
o	$1\ \cdots$	o	$o\ \cdots\ o$	$1\ \cdots\ o$	o	$\cdots$	o	b_2
$\vdots$	$\vdots$	$\vdots$	$\vdots$	$\vdots$	$\vdots$		$\vdots$	$\vdots$
o	$o\ \cdots$	1	$o\ \cdots\ o$	$o\ \cdots\ 1$	o	$\cdots$	o	$b_{j'}$
o	$o\ \cdots$	o	$1\ \cdots\ o$	$o\ \cdots\ o$	1	$\cdots$	o	$b_{j'+1}$
$\vdots$	$\vdots$	$\vdots$	$\vdots$	$\vdots$	$\vdots$		$\vdots$	$\vdots$
o	$o\ \cdots$	o	$o\ \cdots\ 1$	$o\ \cdots\ o$	o	$\cdots$	1	b_{n+1}

y_1	$y_2 \cdots y_{j'}$	$y_{j'+1}\cdots y_{n+1}\,x_1\cdots x_{j'}$	$x_{j'+1} \cdots x_n$	DB($\underline{x}$)
$\dfrac{e_{j'}-k_{j'}}{a_{1j'}}$	$z_2^+ \cdots z_{j'}^+$	$0 \cdots 0\quad 0 \cdots 0$	$z_{n+j'+2}^+ \cdots z_{2n+1}^+$	DB($\underline{x}^{\underline{b}}$)
$\dfrac{1}{a_{1j'}}$	$-\dfrac{a_{11}}{a_{1j'}} \cdots -\dfrac{a_{1j'-1}}{a_{1j'}}$	$0 \cdots 0\quad 0 \cdots 1$	$\dfrac{a_{1j'+1}}{a_{1j'}} \cdots \dfrac{a_{1n}}{a_{1j'}}$	$\dfrac{1}{a_{1j'}}\left(b_1-\sum_{j=1}^{j'-1} a_{1j}b_{j+1}\right)$
0	$1 \cdots 0$	$0 \cdots 0\quad 1 \cdots 0$	$0 \cdots 0$	b_2
$\vdots$	$\vdots \qquad \vdots$	$\vdots \quad \vdots\ \vdots \quad \vdots$	$\vdots \qquad \vdots$	$\vdots$
$-\dfrac{1}{a_{1j'}}$	$\dfrac{a_{11}}{a_{1j'}} \cdots \dfrac{a_{1j'-1}}{a_{1j'}}$	$1 \cdots 0\quad 0 \cdots 0$	$-\dfrac{a_{1j'+1}}{a_{1j'}} \cdots -\dfrac{a_{1n}}{a_{1j'}}$	$b_{j'+1}^+$
$\vdots$	$\vdots \qquad \vdots$	$\vdots \quad \vdots\ \vdots \quad \vdots$	$\vdots \qquad \vdots$	$\vdots$
0	$0 \cdots 0$	$0 \cdots 1\quad 0 \cdots 0$	$0 \cdots 1$	b_{n+1}^+

Hieraus ergibt sich als optimales Produktionsprogramm[1] $\underline{x}^{\underline{b}}$ mit $\underline{x}^{\underline{b}T} = (x_1^{\underline{b}}, \ldots, x_n^{\underline{b}})$:

$$x_1^{\underline{b}} = b_2, \quad \ldots, \quad x_{j'-1}^{\underline{b}} = b_{j'},$$

$$x_{j'}^{\underline{b}} = \frac{1}{a_{1j'}}\left(b_1 - \sum_{j=1}^{j'-1} a_{1j} b_{j+1}\right) = \frac{1}{a_{1j'}}\left(b_1 - \sum_{j=1}^{j'-1} a_{1j} x_j^{\underline{b}}\right),$$

$$x_{j'+1}^{\underline{b}} = \ldots = x_n^{\underline{b}} = o,\text{[2]}$$

und für den entscheidungsorientierten Kostenwert EKW_1 des Faktors 1:

$$EKW_1 = z_1^+ + k_1' + \frac{1}{a_{1j'}} \cdot k_{j'+1}'$$

$$= ds_{j'} + k_1' + \frac{1}{a_{1j'}} \cdot k_{j'+1}'$$

$$= \text{Summe aus dem spezifischen Deckungsbeitrag des}$$

Produktes j' und den Grenzaufwendungen

$$K(\underline{x}^{\underline{b}}) - K(\underline{x}^{\underline{b}-\underline{e}_1^m}) \text{ des Faktors 1, wenn}$$

---

1) Daß das letzte Simplex-Tableau optimal ist, ergibt sich aus der Nichtnegativität der Zielfunktionskoeffizienten $z_1^+, \ldots, z_{2n+1}^+$. Denn es gilt:

$$z_1^+ = \frac{e_{j'}-k_{j'}}{a_{1j'}} = ds_{j'} \stackrel{\geq}{} o \text{ nach Voraussetzung;}$$

$$z_j^+ = (e_{j-1}-k_{j-1}) - a_{1j-1} \cdot \frac{e_{j'}-k_{j'}}{a_{1j'}} \stackrel{\geq}{} o \text{ für } j=2,\ldots,j',$$

$$\text{da } \frac{e_{j-1}-k_{j-1}}{a_{1j-1}} = ds_{j-1} \stackrel{\geq}{} ds_{j'} = \frac{e_{j'}-k_{j'}}{a_{1j'}} \text{ für } j=2,\ldots,j';$$

$$z_{n+1+j}^+ = (k_j-e_j) - a_{1j} \cdot \frac{k_{j'}-e_{j'}}{a_{1j'}} \stackrel{\geq}{} o \text{ für } j=j'+1,\ldots,n,$$

$$\text{da } \frac{e_{j'}-k_{j'}}{a_{1j'}} = ds_{j'} \stackrel{\geq}{} ds_j = \frac{e_j-k_j}{a_{1j}} \text{ für } j=j'+1,\ldots,n.$$

2) Vgl. S. 2o7f.

$$b_1 - \sum_{j=1}^{j'-1} a_{1j} b_{j+1} = b_1 - \sum_{j=1}^{j'-1} a_{1j} x_j^{\underline{b}1)} \geq 1, {}^{2)}$$

beziehungsweise

---

1) $\sum_{j=1}^{j'-1} a_{1j} x_j^{\underline{b}}$ stellt den durch die Produkte 1 bis j' verursachten variablen Verbrauch des Faktors 1 dar. Vgl. S. 2o8.

2) Vgl. S. 113f.,(13)(b), mit i = 1. Denn es gilt dort:

$$b_{11}^+ = \frac{1}{a_{1j'}} > o, \quad \frac{-b_1^+}{b_{11}^+} = -(b_1 - \sum_{j=1}^{j'-1} a_{1j} b_{j+1}).$$ Ist also

$$b_1 - \sum_{j=1}^{j'-1} a_{1j} b_{j+1} \geq 1,$$ so folgt: $EKW_1 = z_1^+ + K(\underline{x}^{\underline{b}}) -$

$K(\underline{x}^{\underline{b}-\underline{e}_1^m})$. Für $\underline{b}_{opt}$ ergibt sich aus dem optimalen

Simplex-Tableau von S. 214:
$$\underline{b}_{opt} = \begin{pmatrix} b_1 \\ b_2 \\ \vdots \\ b_{j'} \\ b_{j'+1} - b_{j'+1}^+ \\ b_{j'+2} - b_{j'+2}^+ \\ \vdots \\ b_{n+1} - b_{n+1}^+ \end{pmatrix} \cdot$$

Weiter gilt für $(\underline{b} - \underline{e}_1^m)_{opt}$ wegen $(\underline{b} - \underline{e}_1^m)_{opt} =$

$(\underline{b} - \underline{e}_1^m) - \underline{y}^{\underline{b}-\underline{e}_1^m}$ mit $\underline{y}^{\underline{b}-\underline{e}_1^m} = (\underline{b} - \underline{e}_1^m) - \underline{\underline{A}x}^{\underline{b}-\underline{e}_1^m}$:

$$(\underline{b}-\underline{e}_1^m)_{opt} = \begin{pmatrix} b_1-1 \\ b_2 \\ \vdots \\ b_{j'} \\ b_{j'+1} \\ b_{j'+2} \\ \vdots \\ b_{n+1} \end{pmatrix} - \begin{pmatrix} o \\ o \\ \vdots \\ o \\ b_{j'+1}^+ + (-\frac{1}{a_{1j'}})\cdot(-1) \\ b_{j'+2}^+ + o\cdot(-1) \\ \vdots \\ b_{n+1}^+ + o\cdot(-1) \end{pmatrix} =$$

$$EKW_1 = z_1^+ + k_1' = ds_{j'} + k_1'$$

$$= \text{Summe aus dem spezifischen Deckungsbeitrag des}$$

Produktes j' und den unmittelbaren variablen Aufwendungen k_1' für eine Einheit des Faktors 1, wenn

$$1. \quad b_1 - \sum_{j=1}^{j'-1} a_{1j} b_{j+1} = b_1 - \sum_{j=1}^{j'-1} a_{1j} x_j^b \stackrel{!}{=} 1 \text{ und}$$

$$2. \quad k_{j'+1}' = o \text{ (das heißt, wenn die unmittelba-}$$

ren variablen Aufwendungen für den Absatz des Produktes j' gleich Null sind).[1]

Fortsetzung der Fußnoten der vorherigen Seite!

$$\begin{pmatrix} b_1 - 1 \\ b_2 \\ \vdots \\ b_{j'} \\ b_{j'+1} - b_{j'+1}^+ - \dfrac{1}{a_{1j'}} \\ b_{j'+2} - b_{j'+2}^+ \\ \vdots \\ b_{n+1} - b_{n+1}^+ \end{pmatrix} \quad . \text{ Vgl. S. 1o2f.,(1o)(a)(i) und}$$

(1o)(a)(iii), mit i = 1, m = n+1, r = n+1-(j'+1)+1 = n-j'+1, i(l) = p(l) = l für l = 1,...,r und $\Delta b_1 = -1$.

Damit ergibt sich: $K(\underline{x}^{\underline{b}}) - K(\underline{x}^{\underline{b}-\underline{e}_1^m}) = \underline{k}^T\underline{A}'(\underline{b}_{opt} - $

$$(\underline{b}-\underline{e}_1^m)_{opt}) = \underline{k}^T\underline{A}' \begin{pmatrix} 1 \\ o \\ \vdots \\ o \\ \dfrac{1}{a_{1j'}} \\ o \\ \vdots \\ o \end{pmatrix} = \underline{k}^T\underline{A}'(\underline{e}_1^m + \dfrac{1}{a_{1j'}}\underline{e}_{j'+1}^m) =$$

$$\underline{k}^T\underline{A}'\underline{e}_1^m + \dfrac{1}{a_{1j'}}\underline{k}^T\underline{A}'\underline{e}_{j'+1}^m = k_1' + \dfrac{1}{a_{1j'}} \cdot k_{j'+1}'. \text{ Vgl. S.}$$

95,(8).

[1] Vgl. S. 199f.

Nur wenn diese beiden Bedingungen erfüllt sind, führt
die Summe aus dem spezifischen Deckungsbeitrag des Produktes j' und dem Preis für eine Einheit des Faktors 1[1]
zum richtigen Wertansatz für den Faktor 1. Diese Bedingungen werden in der Literatur jedoch nicht angeführt,[2]
sind allerdings in den dort jeweils diskutierten Beispielen durchweg erfüllt.[3]

Zusammenfassend läßt sich somit festhalten: Liegt die
oben angeführte spezielle Entscheidungssituation vor,[4]
so kann das zugehörige optimale Produktionsprogramm nach
Maßgabe der spezifischen Deckungsbeiträge der Produkte
sukzessiv bestimmt werden.[5] Ist das optimale Produktionsprogramm ermittelt, dann läßt sich der entscheidungsorientierte Kostenwert des Faktors 1, der als einziger
der Faktoren für mehrere Produkte benötigt wird,[6] darstellen als Summe aus dem spezifischen Deckungsbeitrag
$ds_{j'}$ des Produktes j', dessen spezifischer Deckungsbeitrag unter den Produkten mit positiven Herstellmengen am
kleinsten ist,[7] und den Grenzaufwendungen des Faktors
1, wenn zur Erzeugung von Produkt j' noch mindestens
eine Einheit des Faktors 1 zur Verfügung steht.[8] Die
Grenzaufwendungen des Faktors 1 entsprechen dabei nur

---

1) Wenn dieser Preis gleich den unmittelbaren variablen
   Aufwendungen für eine Einheit des Faktors 1 ist.

2) Vgl. unter anderem Schmalenbach (1919), S. 278ff.;
   Schmalenbach (1947), S. 66f.; Mellerowicz (1952), S.
   55f.; Mellerowicz (1963), S. 2oo; Schmalenbach
   (1963), S. 176ff.; Münstermann (1966a), S. 26f.;
   Mellerowicz (1968), S. 371f.; Zieschang (1969), S.
   33f.; Adam (197o), S. 1o7; Kilger (197o), S. 644ff.;
   Drumm (1972c), S. 482f., und Kilger (1973a), S. 84f.

3) Etwa in den oben diskutierten Beispielen von
   Schmalenbach. Vgl. S. 192ff. und S. 198ff.

4) Vgl. S. 2o6.

5) Vgl. S. 2o7ff.

6) Vgl. S. 2o6.

7) Vgl. S. 2o9f.

8) Vgl. S. 215f.

dann den unmittelbaren variablen Aufwendungen k_1' für eine Einheit des Faktors 1, wenn der Absatz des Produktes j' keine unmittelbaren variablen Aufwendungen verursacht.[1]

Diese Vereinfachung der Programmplanung ist hierbei zurückzuführen auf die spezielle Struktur der Prozeßmatrix $\underline{A}$,[2] die auch als diagonale Struktur mit einer verbindenden Nebenbedingung[3] bezeichnet werden kann.[4]

5.3 Entscheidungsorientierte Kostenwerte und wertmäßige Kosten

Bei dem in diesem Kapitel unterstellten unternehmerischen Ziel der Maximierung des Deckungsbeitrages, der aus dem Absatz der hergestellten Produkte resultiert, stellt sich der entscheidungsorientierte Kostenwert eines Faktors allgemein dar als Summe aus den Opportunitätskosten (einer Einheit) dieses Faktors, die mit dem kurzfristigen unternehmerischen Grenzgewinn beziehungsweise dem Grenzdeckungsbeitrag dieses Faktors übereinstimmen, und den Grenzaufwendungen dieses Faktors:

$$EKW_i = (N(\underline{x}^{\underline{b}}) - N(\underline{x}^{\underline{b}-\underline{e}_i^m})) + (K(\underline{x}^{\underline{b}}) - K(\underline{x}^{\underline{b}-\underline{e}_i^m}))$$

$$= (DB(\underline{x}^{\underline{b}}) - DB(\underline{x}^{\underline{b}-\underline{e}_i^m})) + (K(\underline{x}^{\underline{b}}) - K(\underline{x}^{\underline{b}-\underline{e}_i^m}))$$

$$= (\underline{e} - \underline{A}^T\underline{k}')^T(\underline{x}^{\underline{b}} - \underline{x}^{\underline{b}-\underline{e}_i^m}) +$$

$$(\underline{A}^T\underline{k}')^T(\underline{x}^{\underline{b}} - \underline{x}^{\underline{b}-\underline{e}_i^m})$$

für $i = 1,\ldots,m$.[5]

---

1) Vgl. S. 217.

2) Vgl. S. 2o6

3) Vgl. Hagelschuer (1971), S. 5.

4) Solche Planungsvereinfachungen lassen sich auch nicht für andere spezielle Strukturen der Prozeßmatrix $\underline{A}$ ausschließen. Hierauf soll jedoch nicht eingegangen werden.

5) Vgl. S. 19o.

Zur Bestimmung des entscheidungsorientierten Kostenwertes eines Faktors sind also zwei optimale Produktionsprogramme zu ermitteln: zusätzlich zu dem, das der optimalen kurzfristigen unternehmerischen Entscheidung ent-
spricht, nämlich $\underline{x}^{\underline{b}}$, ein weiteres unter der Annahme, daß
der maximal mögliche variable Verbrauch des betrachteten
Faktors um eine Einheit geringer ist.[1] Dieses zweite
Produktionsprogramm läßt sich mithilfe des optimalen
Simplex-Tableaus zu $\underline{x}^{\underline{b}}$ bestimmen, wenn je nachdem, ob
der Faktor relativ knapp ist oder nicht, jeweils eine
zusätzliche Bedingung erfüllt ist.[2]

Aus der allgemeinen Analyse der entscheidungsorientierten Kostenwerte[3] ergibt sich hier nun:

1. Die Opportunitätskosten (einer Einheit) eines nicht
   relativ knappen Faktors sind im allgemeinen nur dann
   gleich Null, wenn der Verbrauch dieses Faktors im op-
   timalen Produktionsprogramm $\underline{x}^{\underline{b}}$ um mindestens eine
   Einheit geringer ist als der maximal mögliche variab-
   le Verbrauch.[4] In diesem Fall sind auch die Grenzaufwendungen gleich Null, so daß sich als entscheidungsorientierter Kostenwert ebenfalls Null ergibt.[5]

2. Die Grenzaufwendungen eines relativ knappen Faktors
   sind im allgemeinen nur dann gleich den unmittelbaren
   variablen Aufwendungen für eine Einheit dieses Faktors, wenn die Nichtverfügbarkeit der letzten Einheit

---

1) Vgl. Kapitel 3.2.2, S. 81ff.

2) Vgl. S. 1o2ff.,(1o)(a) und (1o)(b).

3) Vgl. Kapitel 3.2.3, S. 87ff.

4) Vgl. S. 1o7,(11)(a), - die dortige Bedingung: $b_{p(1)}^{+}$
   ≥ 1 bedeutet, daß die zugehörige Schlupfvariable
   y_i größer als oder gleich Eins ist; das heißt aber,
   daß vom Faktor i mindestens eine Einheit weniger als
   maximal möglich verbraucht wird - und das entsprechende Gegenbeispiel auf S. 115.

5) Vgl. S. 113,(13)(a).

dieses Faktors lediglich eine Verminderung des variablen Verbrauchs dieses Faktors um eine Einheit bewirkt und die variablen Verbräuche der übrigen Faktoren unverändert beläßt.[1] In diesem Fall stimmen die
Opportunitätskosten (einer Einheit) mit dem Zielfunktionskoeffizienten der zugehörigen Schlupfvariablen
im optimalen Simplex-Tableau überein, so daß sich als
entscheidungsorientierter Kostenwert die Summe aus
diesem Zielfunktionskoeffizienten und den unmittelbaren variablen Aufwendungen für eine Einheit des relativ knappen Faktors ergibt.[2]

Da das Konzept der wertmäßigen Kosten vom Ansatz her mit
dem in der vorliegenden Arbeit vorgetragenen Konzept der
entscheidungsorientierten Kostenwerte formal übereinstimmt,[3] ist damit auch bereits nachgewiesen, daß die
wertmäßigen Kosten in der Literatur im allgemeinen nicht
richtig bestimmt werden, wenn dort als wertmäßige Kosten
einer Einheit eines nicht relativ knappen Faktors lediglich die unmittelbaren variablen Aufwendungen für eine

---

1) Vgl. S. 1o9,(12)(b), - die dortige Aussage:
$\underline{b}_{opt} - \underline{e}_i^m = (\underline{b} - \underline{e}_i^m)_{opt}$ ist letztlich entscheidend,
vgl. auch den Beweis zu (12)(b) auf S. 11of. - und
das entsprechende Gegenbeispiel auf S. 111f.

2) Vgl. S. 113ff.,(13)(c).

3) Dies wird besonders deutlich bei Adam, der den "Kostenwert (das sind die wertmäßigen Kosten je Einheit
des betrachteten Faktors, der Verf.) als Grenzertrag", Adam (197o), S. 35, ansetzt. Da der "Ertrag"
bei Adam dem Erlös im hier unterstellten Modell, vgl.
S. 187ff., entspricht, stimmen beide Konzepte vom Ansatz her überein. Vgl. hierzu auch S. 19o: dort ergibt sich für den entscheidungsorientierten Kosten-

wert EKW_i des Faktors i: $EKW_i = (\underline{e}-\underline{A}^T\underline{k}')(\underline{x}^{\underline{b}} - \underline{x}^{\underline{b-e}_i^m})$

$+ (\underline{A}^T\underline{k}')^T(\underline{x}^{\underline{b}} - \underline{x}^{\underline{b-e}_i^m}) = \underline{e}^T(\underline{x}^{\underline{b}} - \underline{x}^{\underline{b-e}_i^m}) = $ "Grenzer-
lös" des Faktors i für i = 1,...,m. Vgl. auch S.
44f., S.48 und S. 58.

Einheit dieses Faktors angesetzt werden[1] und als wertmäßige Kosten einer Einheit eines relativ knappen Faktors die Summe aus dem Zielfunktionskoeffizienten der
zugehörigen Schlupfvariablen im optimalen Simplex-Tableau und den unmittelbaren variablen Aufwendungen für
eine Einheit dieses Faktors gewählt wird.[2] Diese Vorgehensweise zieht eine Spaltung des Bewertungsprinzips
nach sich, je nachdem, ob der betrachtete Faktor relativ
knapp ist oder nicht, die für nicht relativ knappe Faktoren zu im allgemeinen nicht richtigen Werten führt, da
dann der Grenzgewinn, der nicht notwendig gleich Null
ist, nicht einbezogen wird.[3]

Auf die für das Ziel der Deckungsbeitragsmaximierung
auch im allgemeinen richtige Bestimmung der wertmäßigen
Kosten braucht hier nicht weiter eingegangen zu werden,
da die oben angeführten allgemeinen Ergebnisse[4] unmittelbar übertragen werden können.

5.4 Beurteilung einzelner Produkte anhand ihrer wertmäßigen Deckungsbeiträge

Das hier unterstellte Modell[5] der Maximierung des kurz-
fristigen unternehmerischen Gewinns beziehungsweise des
Deckungsbeitrags gestattet vom Ansatz her lediglich den
Vergleich von Produktionsprogrammen im Hinblick auf die

---

1) Vgl. zum Beispiel bei Schmalenbach (1919), S. 283,
   der anstatt von wertmäßigen Kosten vom Kalkulationswert spricht; Mellerowicz (1952), S. 56f., der den
   Terminus "reale Kosten" verwendet; Mellerowicz
   (1963), S. 201ff.; Schmalenbach (1963), S. 150ff.,
   der nunmehr den Begriff "Betriebswert" verwendet,
   vgl. Schmalenbach (1963), S. 144; Opfermann -
   Reinermann (1965), S. 230 und S. 235; Vischer (1967),
   S. 117ff.; Adam (1970), S. 67ff., und Heinen (1970),
   S. 344, S. 351 und S. 353.

2) Vgl. insbesondere Adam (1970), S. 67ff.

3) Vgl. S. 200ff.

4) Vgl. Kapitel 3.2.3, S. 87ff.

5) Siehe S. 187ff.

unternehmerische Zielsetzung: ein Produktionsprogramm $\underline{x}_1$ wird einem Produktionsprogramm $\underline{x}_2$ vorgezogen, wenn der Deckungsbeitrag $DB(\underline{x}_1)$ von $\underline{x}_1$ größer ist als der Deckungsbeitrag $DB(\underline{x}_2)$ von $\underline{x}_2$.[1] Nicht möglich ist jedoch, aus dem Verhältnis der Deckungsbeiträge der Produkte untereinander darauf zu schließen, daß zum Beispiel das Produkt mit dem höchsten Deckungsbeitrag auf jeden Fall herzustellen ist.[2] Dies ist darauf zurückzuführen, daß das optimale Produktionsprogramm nicht nur von der Zielfunktion, sondern auch vom Entscheidungsfeld abhängt und im allgemeinen simultan unter Berücksichtigung aller n Produkte und des Entscheidungsfeldes bestimmt werden muß.

Nun ist der Deckungsbeitrag eines Produktes definiert als Differenz aus dem variablen Erlös einer Einheit und den (konstanten) variablen Aufwendungen für eine Einheit dieses Produktes.[3] Diese variablen Aufwendungen wiederum ergeben sich durch Zurechnung der (konstanten) unmittelbaren variablen Aufwendungen für die zur Herstellung einer Einheit dieses Produktes notwendigen variablen Verbräuche der m Faktoren.[4] Werden jedoch nicht die unmittelbaren variablen Aufwendungen der Faktoren, sondern die entscheidungsorientierten Kostenwerte der Faktoren auf die einzelnen Produkte verrechnet nach Maßgabe der jeweiligen variablen Verbräuche, so ergeben sich neue Größen für die einzelnen Produkte, die im folgenden wertmäßige Deckungsbeiträge genannt werden sollen:

---

1) Vgl. auch Kapitel 1.3, S. 35ff.

2) So wird etwa in Schmalenbachs "Zinkbeispiel" von dem Produkt mit dem höchsten Deckungsbeitrag nichts hergestellt. Vgl. S. 198f.: Ganzzinkgefäße mit dem Deckungsbeitrag von o,8 DM je Stück werden im optimalen Produktionsprogramm nicht hergestellt.

3) Vgl. S. 187ff.

4) Vgl. S. 188f.

Ist $\underline{x}^b$ das optimale Produktionsprogramm und ist EKW_i der entscheidungsorientierte Kostenwert des Faktors i für i = 1,...,m, so wird

$$dbw_j := e_j - \sum_{i=1}^{m} a_{ij} \cdot EKW_i$$

als wertmäßiger Deckungsbeitrag des Produktes j im optimalen Produktionsprogramm $\underline{x}^b$ bezeichnet für j = 1,...,n.

Wegen EKW_i = Grenzgewinn + Grenzaufwendungen =

$$(DB(\underline{x}^b) - DB(\underline{x}^{b-e_i \, m})) + (K(\underline{x}^b) - K(\underline{x}^{b-e_i \, m})) =$$

$$(\underline{e} - \underline{k})^T(\underline{x}^b - \underline{x}^{b-e_i \, m}) + \underline{k}^T(\underline{x}^b - \underline{x}^{b-e_i \, m}) \text{ für i = 1,...,m}$$

gilt somit auch:

$$dbw_j = e_j - \sum_{i=1}^{m} a_{ij}\underline{k}^T(\underline{x}^b - \underline{x}^{b-e_i \, m})$$

$$- \sum_{i=1}^{m} a_{ij}(\underline{e} - \underline{k})^T(\underline{x}^b - \underline{x}^{b-e_i \, m})$$

= variabler Erlös minus zugerechnete Grenzaufwendungen minus zugerechnete Opportunitätskosten für j = 1,...,n.

Weiter ergibt sich:

$$dbw_j = e_j - \sum_{i=1}^{m} a_{ij}\underline{e}^T(\underline{x}^b - \underline{x}^{b-e_i \, m})$$

= variabler Erlös minus zugerechnete Grenzerlöse für j = 1,...,n.

In den wertmäßigen Deckungsbeiträgen der Produkte sind somit die Zielfunktion und das Entscheidungsfeld berücksichtigt. Hieraus resultiert die Vermutung, daß ein Zusammenhang besteht zwischen dem wertmäßigen Deckungsbeitrag eines Produktes und der Tatsache, daß dies Produkt im optimalen Produktionsprogramm hergestellt wird oder nicht. So kommt etwa Adam zu dem Schluß, daß jedes Produkt, das einen positiven wertmäßigen Deckungsbeitrag

hat, herzustellen ist und daß ein "nicht in das Programm
(gemeint ist das optimale Produktionsprogramm, der
Verf.) aufzunehmende(s) ... Erzeugnis ... eine negative
Deckungsspanne"[1] hat, wobei diese "Deckungsspannen als
Differenz der Einnahmen (hier der Erlöse, der Verf.) und
der wertmäßigen Kosten"[2] je Produkteinheit mit den oben
definierten wertmäßigen Deckungsbeiträgen übereinstimmen.[3] Allerdings beweist Adam seine Aussagen nicht.[4]
Da sich ähnliche Äußerungen auch sonst in der Literatur
finden,[5] soll im folgenden untersucht werden, inwieweit
die Höhe der wertmäßigen Deckungsbeiträge der Produkte
charakteristisch ist dafür, daß im optimalen Produktionsprogramm ein Produkt hergestellt wird oder nicht.

Zunächst läßt sich zeigen, daß der wertmäßige (Gesamt-)
Deckungsbeitrag $DBW(\underline{x}^b) := \sum_{j=1}^{n} dbw_j \cdot x_j^b$ des optimalen
Produktionsprogramms $\underline{x}^b$ mit $\underline{x}^{bT} = (x_1^b,\ldots,x_n^b)$ gleich
Null ist, wenn der entscheidungsorientierte Kostenwert
EKW_i eines Faktors i als Wert jeder der b_i^{opt} von diesem
Faktor im optimalen Produktionsprogramm verbrauchten
Einheiten angesetzt wird $(i = 1,\ldots,m)$[6]:

$$DBW(\underline{x}^b) = \sum_{j=1}^{n} dbw_j \cdot x_j^b = \sum_{j=1}^{n} (e_j - \sum_{i=1}^{m} a_{ij} \cdot EKW_i) \cdot x_j^b$$

$$= \sum_{j=1}^{n} e_j \cdot x_j^b - \sum_{j=1}^{n} \sum_{i=1}^{m} a_{ij} \cdot EKW_i \cdot x_j^b$$

---

1) Adam (1970), S. 71.

2) Adam (1970), S. 46.

3) Vgl. Adam (1970), S. 37, S. 46 und S. 71.

4) Sie lassen sich auch nicht beweisen, da sie, wie noch
   gezeigt wird, im allgemeinen nicht zutreffen.

5) Vgl. zum Beispiel Schmalenbach (1963), S. 281 und S.
   289; Hax (1965a) und Münstermann (1966a), S. 27f.,
   der den wertmäßigen Deckungsbeitrag eines Produktes
   als dessen "Opportunitätsrente", Münstermann (1966a),
   S. 28, bezeichnet.

6) Diese Prämisse unterstellt auch die Definition des
   wertmäßigen Deckungsbeitrages eines Produktes.

$$= \underline{e}^T \underline{x}^{\underline{b}} - \sum_{i=1}^{m} \left(\sum_{j=1}^{n} a_{ij} \cdot x_j^{\underline{b}} \right) \cdot EKW_i$$

$$= \underline{e}^T \underline{x}^{\underline{b}} - \sum_{i=1}^{m} b_i^{opt} \cdot EKW_i \quad [1]$$

$$= E_v(\underline{x}^{\underline{b}}) \, [2] - W(\underline{b}_{opt}) \, [3]$$

$$= E_v(\underline{x}^{\underline{b}}) - E_v(\underline{x}^{\underline{b}}) \, [4] = o.$$

Der wertmäßige (Gesamt-) Deckungsbeitrag $DBW(\underline{x}^{\underline{b}})$ mißt somit genau den "Mehrwert" zwischen dem variablen Absatznutzen $E_v(\underline{x}^{\underline{b}})$ des optimalen Produktionsprogramms $\underline{x}^{\underline{b}}$ und dem Wert des zugehörigen optimalen variablen Faktorverbrauchs $\underline{b}_{opt}$, der ebenfalls allgemein gleich Null ist [5].

Da das optimale Produktionsprogramm nur nichtnegative Herstellmengen $x_1^{\underline{b}},\ldots,x_n^{\underline{b}}$ enthält, folgt aus

$$\sum_{j=1}^{n} dbw_j \cdot x_j^{\underline{b}} = o:$$

> Entweder: Die wertmäßigen Deckungsbeiträge der Produkte mit $x_j^{\underline{b}} > o$ sind alle gleich Null.

> Oder: Ist der wertmäßige Deckungsbeitrag eines Produktes j mit $x_j^{\underline{b}} > o$ positiv, so muß es mindestens ein anderes Produkt j' mit $x_{j'}^{\underline{b}} > o$ geben, dessen wertmäßiger Deckungsbeitrag negativ ist.

Über die wertmäßigen Deckungsbeiträge der Produkte, von denen im optimalen Produktionsprogramm nichts hergestellt wird, lassen sich keine entsprechenden Aussagen

---

1) Da $\underline{b}_{opt} = A\underline{x}^{\underline{b}}$, vgl. S. 81, folgt mit $\underline{b}_{opt}^T = (b_1^{opt},\ldots,b_m^{opt})$: $b_i^{opt} = \sum_{j=1}^{n} a_{ij} \cdot x_j^{\underline{b}}$ für $i=1,\ldots,m$.

2) Vgl. S. 187 in Verbindung mit S. 68.

3) Vgl. S. 52f. mit $\underline{r} := \underline{b}_{opt}$ und $w_i := EKW_i$ für $i = 1, \ldots,m$.

4) Vgl. S. 72.

5) Vgl. S. 41f. und S. 56f.

machen.

Schon hiermit ist bewiesen, daß die oben angeführten Behauptungen[1] nicht gelten: Ist nämlich der **wertmäßige** Deckungsbeitrag eines Produktes j positiv und wird von diesem Produkt im optimalen Produktionsprogramm eine positive Anzahl hergestellt, das heißt, ist $x_j^{\underline{b}}$ positiv, so muß es ein Produkt j′ mit $x_{j'}^{\underline{b}} > 0$ geben, dessen wertmäßiger Deckungsbeitrag negativ ist. Das zum Beispiel von Adam angegebene Kriterium ist somit nicht richtig, denn danach müßte $x_{j'}^{\underline{b}}$ gleich Null sein.[2]

Bevor die wertmäßigen Deckungsbeiträge der Produkte einer weiter gehenden Analyse unterzogen werden, soll zunächst untersucht werden, welche Implikationen die Prämisse nach sich zieht, daß von einem Faktor im optimalen Produktionsprogramm verbrauchten Einheiten als einheitlicher Wert der entscheidungsorientierte Kostenwert zugemessen wird.[3] Einerseits gilt deshalb:

$$E_v(\underline{x}^{\underline{b}}) = W(\underline{b}_{opt}) = \sum_{i=1}^{m} b_i^{\,opt} \cdot EKW_i \quad [4].$$

Andrerseits gilt jedoch allgemein:

$$E_v(\underline{x}^{\underline{b}}) = W(\underline{b}_{opt}) = \sum_{i=1}^{m} b_i^{\,opt} \cdot w_i \text{ mit } w_i := \sum_{j=1}^{n} e_j \cdot a_{ji}'$$

$$\text{für } i = 1,\ldots,m \text{ und } \underline{A}' = (a_{ji}')_{\substack{j=1,\ldots,n \\ i=1,\ldots,m}} \quad [5].$$

Daraus folgt für $\underline{w}$ mit $\underline{w}^T = (w_1,\ldots,w_m)$:

$$\underline{w}^T = \underline{e}^T\underline{A}' = (\underline{e} - \underline{k})^T\underline{A}' + \underline{k}^T\underline{A}' \text{ und somit}$$

$$w_i = \underline{w}^T\underline{e}_i^m = (\underline{e} - \underline{k})^T\underline{A}'\underline{e}_i^m + \underline{k}^T\underline{A}'\underline{e}_i^m = z_i' + k_i'$$

$$\text{für } i = 1,\ldots,m. \quad [6]$$

1) Vgl. S. 224f.

2) Vgl. Adam (1970), insbesondere S. 46 und S. 71.

3) Vgl. S. 223 und S. 225.

4) Vgl. S. 52f.

5) Vgl. S. 63f.

6) Vgl. S. 95,(8).

Der Wert $W(\underline{b}_{opt})$ des optimalen variablen Faktorver-
brauchs $\underline{b}_{opt}$ zum optimalen Produktionsprogramm $\underline{x}^{\underline{b}}$ wird
somit allgemein auf die einzelnen Produktionsfaktoren
(i) aufgeteilt nach Maßgabe ihrer Verbräuche (b_i^{opt}) und
der Summe aus dem einer Einheit von ihnen zugerechneten
variablen Gewinn (z_i') und den unmittelbaren variablen
Aufwendungen für eine Einheit von ihnen (k_i'):

$$W(\underline{b}_{opt}) = \sum_{i=1}^{m} b_i^{opt} \cdot (z_i' + k_i') .$$

Diese Verteilung des Wertes $W(\underline{b}_{opt})$ von $\underline{b}_{opt}$ entspricht
jedoch nicht der zur Lösung des Zurechnungsproblems ge-
hörigen Aufteilung nach Maßgabe der Bedeutung der Fakto-
ren für die Realisation des variablen Erlöses $E_v(\underline{x}^{\underline{b}})$
$(= W(\underline{b}_{opt}))$[1], da sie nur den tatsächlichen variablen
Verbrauch berücksichtigt, im übrigen aber unabhängig vom
Produktionsprogramm ist.[2] Die Aufteilung des variablen
Erlöses $E_v(\underline{x}^{\underline{b}})$ auf die Faktoren, die an der Realisation
dieses Erlöses beteiligt sind, nach Maßgabe ihres Ver-
brauches und ihrer Bedeutung, gemessen an ihren entscheidungsorientierten Kostenwerten, wonach also die

Gleichung $W(\underline{b}_{opt}) = \sum_{i=1}^{m} b_i^{opt} \cdot EKW_i$[3] erfüllt ist, ist

jedoch im allgemeinen nur unter zusätzlichen Annahmen
möglich:

(2o) Sei

z_1^+ $\ldots$ z_{m+n}^+	$DB(\underline{x}^{\underline{b}})$
b_{11}^+ $\ldots$ b_{1m+n}^+ $\vdots$ $\qquad$ $\vdots$ b_{m1}^+ $\ldots$ b_{mm+n}^+	b_1^+ $\vdots$ b_m^+

$=$

$\underline{z}^{+T}$	$DB(\underline{x}^{\underline{b}})$
$\underline{b}_1^+$ $\ldots$ $\underline{b}_{m+n}^+$	$\underline{b}^+$

---

1) Vgl. hierzu S. 87.

2) z_i' und k_i' sind unabhängig vom Produktionsprogramm
   für i = 1,...,m. Vgl. S. 95,(8).

3) Dies wird durch die Definition der wertmäßigen Dek-
   kungsbeiträge erzwungen. Vgl. S. 223f. und S. 225f.

optimales Simplex-Tableau[1] zum Modell der Dek-
kungsbeitragsmaximierung:[2]

Maximiere $DB(\underline{x}) = (\underline{e} - \underline{k})^T\underline{x}$ unter den Nebenbedingungen:

$\underline{A}\underline{x} \leqq \underline{b}, \ \underline{x} \geqq \underline{o}_n$.

$y_{i(1)}, \ldots, y_{i(r)}, x_{i(r+1)-m}, \ldots, x_{i(m)-m}$ seien die Basisvariablen mit:

$$y_{i(k)} = b_{p(k)}^+ \quad \text{für } k = 1, \ldots, r,$$

$$x_{i(k)-m} = b_{p(k)}^+ \quad \text{für } k = r+1, \ldots, m \text{ und}$$

$$\underline{b}_{i(k)}^+ = \underline{e}_{p(k)}^m \quad \text{für } k = 1, \ldots, m.^{3)}$$

Sei $\underline{x}^b$ das zugehörige optimale Produktionsprogramm,
$\underline{b}_{opt}$ mit $\underline{b}_{opt}^T = (b_1^{opt}, \ldots, b_m^{opt})$ der zugehörige
optimale variable Faktorverbrauch. Dann gilt:

$$(\underline{e}^T\underline{x}^b = E_v(\underline{x}^b) =) \ W(\underline{b}_{opt}) = \sum_{i=1}^{m} b_i^{opt} \cdot EKW_i \text{ mit}$$

$$EKW_i = (\underline{e} - \underline{k})^T(\underline{x}^b - \underline{x}^{b-\underline{e}_i^m}) + \underline{k}^T(\underline{x}^b - \underline{x}^{b-\underline{e}_i^m}) \text{ für}$$

$i = 1, \ldots, m^{4)}$,

wenn die folgenden Bedingungen erfüllt sind:

1. Ist $i \notin \{i(1), \ldots, i(r)\}$ und gibt es ein $k \in \{1, \ldots, m\}$

mit $b_{ki}^+ > o$, so ist $\max\left\{\dfrac{-b_k^+}{b_{ki}^+} : b_{ki}^+ > o, k = 1,\right.$

$\left.\ldots, m\right\} \leqq -1$.

2. Ist $i = i(1)$ mit $l \in \{1, \ldots, r\}$, so gilt: $b_{p(1)}^+ \geqq 1$.

Ist eine dieser Bedingungen nicht erfüllt, so

braucht $W(\underline{b}_{opt})$ nicht gleich $\sum_{i=1}^{m} b_i^{opt} \cdot EKW_i$ zu sein.

---

1) Vgl. S. 1o2.
2) Vgl. S. 188.
3) Vgl. S. 1o2.
4) Vgl. S. 224.

Beweis:

Nach Voraussetzung gilt: $EKW_i = z_i^+ + K(\underline{x}^{\underline{b}}) - K(\underline{x}^{\underline{b}-\underline{e}_i^{\,m}})$

$= z_i^+ + \underline{k}^T(\underline{x}^{\underline{b}} - \underline{x}^{\underline{b}-\underline{e}_i^{\,m}})$ für $i = 1,\ldots,m.$[1] Da allgemein

$W(\underline{b}_{opt}) = \sum_{i=1}^{m} b_i^{opt} \cdot (z_i' + k_i')$[2] und $\sum_{i=1}^{m} b_i^{opt} \cdot z_i^+ =$

$\sum_{i=1}^{m} b_i^{opt} \cdot z_i'$[3] gilt, ist lediglich zu zeigen:

$$\sum_{i=1}^{m} b_i^{opt} \cdot (K(\underline{x}^{\underline{b}}) - K(\underline{x}^{\underline{b}-\underline{e}_i^{\,m}})) = \sum_{i=1}^{m} b_i^{opt} \cdot k_i' :$$

Nun gilt für den optimalen variablen Faktorverbrauch $\underline{b}_{opt}$:

$$b_k^{opt} = \left\{\begin{array}{l} b_k \quad : k=1,\ldots,m, k\notin\{i(1),\ldots,i(r)\} \\ b_{i(s)}-b_{p(s)}^{\,+} : k = i(s),\ s = 1,\ldots,r \end{array}\right\}[4]$$

und für $(\underline{b} - \underline{e}_i^{\,m})_{opt}$, falls $i = i(1)$ mit $1\in\{1,\ldots,r\}$:

$$(\underline{b} - \underline{e}_i^{\,m})_{opt} = \underline{b}_{opt}[5],$$

und falls $i\notin\{i(1),\ldots,i(r)\}$ und $(\underline{b} - \underline{e}_i^{\,m})_{opt} =$

$(b_1',\ldots,b_m')$:

$$b_k' = \left\{\begin{array}{l} b_k : k=1,\ldots,m, k\notin\{i(1),\ldots,i(r)\}, k\neq i \\ b_i-1 : k = i \\ b_{i(s)}-b_{p(s)}^{\,+}+b_{p(s)i}^{\,+} : k=i(s),\ s=1,\ldots,r \end{array}\right\}[6].$$

---

1) Vgl. S. 113f.,(13)(a) und (13)(b).

2) Vgl. S. 228.

3) Vgl. S. 9o,(5) und (6).

4) Da $\underline{b}_{opt} = \underline{b} - \underline{y}^{\underline{b}}$ mit $\underline{y}^{\underline{b}} = \underline{b} - \underline{A}\underline{x}^{\underline{b}}$.

5) Vgl. S. 1o9,(12)(a).

6) Vgl. S. 1o2f.,(1o)(a)(i) und (1o)(a)(iii), mit $\Delta b_i =$

-1, da $(\underline{b} - \underline{e}_i^{\,m})_{opt} = (\underline{b} - \underline{e}_i^{\,m}) - \underline{y}^{\underline{b}-\underline{e}_i^{\,m}}$ mit $\underline{y}^{\underline{b}-\underline{e}_i^{\,m}} =$

$(\underline{b} - \underline{e}_i^{\,m}) - \underline{A}\underline{x}^{\underline{b}-\underline{e}_i^{\,m}}.$

Daraus folgt:

$$b_k^{\;opt} - b_k' = \left\{ \begin{array}{l} o \;:\; k=1,\ldots,m,\; k \notin \{i(1),\ldots,i(r)\},\; k \neq i \\ 1 \;:\; k = i \\ -b_{p(s)i}^{\;+} \;:\; k = i(s),\; s = 1,\ldots,r \end{array} \right\},$$

also:

$$\underline{b}_{opt} - (\underline{b} - \underline{e}_i^{\,m})_{opt} = \underline{e}_i^{\,m} - \sum_{s=1}^{r} b_{p(s)i}^{\;+}\underline{e}_{i(s)}^{\,m} \quad \text{für}$$

$$i = 1,\ldots,m,\; i \notin \{i(1),\ldots,i(r)\}.$$

Somit gilt:

$$\sum_{i=1}^{m} b_i^{\;opt} \cdot (K(\underline{x}^{\underline{b}}) - K(\underline{x}^{\underline{b}-\underline{e}_i^{\,m}}))$$

$$= \sum_{l=1}^{r} b_{i(l)}^{\;opt} \cdot \underline{k}^T\underline{A}'(\underline{b}_{opt} - (\underline{b} - \underline{e}_{i(1)}^{\,m})_{opt})$$

$$+ \sum_{\substack{i=1 \\ i \notin \{i(1),\ldots,i(r)\}}}^{m} b_i^{\;opt} \cdot \underline{k}^T\underline{A}'(\underline{b}_{opt} - (\underline{b} - \underline{e}_i^{\,m})_{opt})$$

$$= o + \sum_{\substack{i=1 \\ i \notin \{i(1),\ldots,i(r)\}}}^{m} b_i^{\;opt}\underline{k}^T\underline{A}'(\underline{e}_i^{\,m} - \sum_{s=1}^{r} b_{p(s)i}^{\;+}\underline{e}_{i(s)}^{\,m})$$

$$= \sum_{\substack{i=1 \\ i \notin \{i(1),\ldots,i(r)\}}}^{m} b_i^{\;opt} \cdot (\underline{k}^T\underline{A}'\underline{e}_i^{\,m} - \sum_{s=1}^{r} b_{p(s)i}^{\;+} \cdot \underline{k}^T\underline{A}'\underline{e}_{i(s)}^{\,m})$$

$$= \sum_{\substack{i=1 \\ i \notin \{i(1),\ldots,i(r)\}}}^{m} b_i^{\;opt} \cdot (k_i' - \sum_{s=1}^{r} b_{p(s)i}^{\;+} \cdot k_{i(s)}')^{[1)}$$

$$= \sum_{\substack{i=1 \\ i \notin \{i(1),\ldots,i(r)\}}}^{m} b_i^{\;opt} \cdot k_i' +$$

$$\sum_{s=1}^{r} (- \sum_{\substack{i=1 \\ i \notin \{i(1),\ldots,i(r)\}}}^{m} b_i^{\;opt} \cdot b_{p(s)i}^{\;+}) \cdot k_{i(s)}' \cdot$$

Zu zeigen bleibt also:

---

1) Vgl. S. 95,(8).

$$b_{i(s)}{}^{opt} = - \sum_{\substack{i=1 \\ i\notin\{i(1),\ldots,i(r)\}}}^{m} b_i{}^{opt}\cdot b_{p(s)i}{}^{+} \quad \text{für } s=1,\ldots,r:$$

Es gilt für $s = 1,\ldots,r$:

$$\sum_{\substack{i=1 \\ i\notin\{i(1),\ldots,i(r)\}}}^{m} b_i{}^{opt}\cdot b_{p(s)i}{}^{+}$$

$$= \sum_{\substack{i=1 \\ i\notin\{i(1),\ldots,i(r)\}}}^{m} b_{p(s)i}{}^{+}\cdot b_i \quad {}^{1)}$$

$$= \sum_{i=1}^{m} b_{p(s)i}{}^{+}\cdot b_i - \sum_{t=1}^{r} b_{p(s)i(t)}{}^{+}\cdot b_{i(t)}$$

$$= (b_{p(s)1}{}^{+},\ldots,b_{p(s)m}{}^{+})\underline{b} - \sum_{t=1}^{r} b_{p(s)i(t)}{}^{+}\cdot b_{i(t)}$$

$$= b_{p(s)}{}^{+2)} - b_{i(s)}{}^{3)} = -(b_{i(s)} - b_{p(s)}{}^{+}) = -b_{i(s)}{}^{opt4)}.$$

Als Gegenbeispiel[5] möge das folgende dienen:

Sei $n = 2$, $m = 3$, $DB(\underline{x}) = (\underline{e} - \underline{k})^T\underline{x}$ mit $\underline{e}^T = (1000,3000)$,

$$\underline{k}^T = (700\ ,\ 2500),\quad \underline{A} = \begin{pmatrix} 1 & 2 \\ 1 & 1 \\ 0 & 3 \end{pmatrix} \text{ und } \underline{b} = \begin{pmatrix} 170 \\ 150 \\ 61\tfrac{1}{2} \end{pmatrix}.{}^{6)}$$

Dann gilt:[7]

---

1) Vgl. S. 230.

2) Denn $\underline{b}^{+} = (\underline{b}_1{}^{+},\ldots,\underline{b}_m{}^{+})\underline{b}$. Vgl. S. 302,A 2.7.16, und S. 322,A 2.7.23.

3) Denn $b_{p(s)i(t)}{}^{+} = \begin{cases} 1 & : p(s) = p(t) \\ 0 & : p(s) \neq p(t) \end{cases}$ für $s = 1,\ldots,r$ und $t = 1,\ldots,r$, da $\underline{b}_{i(t)}{}^{+} = \underline{e}_{p(t)}{}^{m}$ für $t = 1,\ldots,r$. Vgl. S. 229.

4) Vgl. S. 230.

5) Eigentlich sind zwei Gegenbeispiele notwendig. Auf die Anführung eines zweiten sei jedoch verzichtet.

6) Vgl. S. 97f. in Verbindung mit S. 83.

7) Vgl. S. 97f. in Verbindung mit S. 83 mit $DB(\underline{x}^{\underline{b}}) = N(\underline{x}^{\underline{b}}) + K_f = 13000 + 36000 = 49000$.

$$- 233 -$$

z_1^+	z_2^+	z_3^+	z_4^+	z_5^+	$DB(\underline{x}^{\underline{b}})$							
b_{11}^+	b_{12}^+	b_{13}^+	b_{14}^+	b_{15}^+	b_1^+		2oo	1oo	o	o	o	49ooo
b_{21}^+	b_{22}^+	b_{23}^+	b_{24}^+	b_{25}^+	b_2^+	$=$	1	-1	o	o	1	2o
b_{31}^+	b_{32}^+	b_{33}^+	b_{34}^+	b_{35}^+	b_3^+		-1	2	o	1	o	13o
							-3	3	1	o	o	1,5

ist das optimale Simplex-Tableau mit $r = 1$, $i(1) = 3$, $i(2) = 4$, $i(3) = 5$, $p(1) = 3$, $p(2) = 2$, $p(3) = 1$. Es folgt der Reihe nach:

1. $\underline{x}^{\underline{b}} = \begin{vmatrix} 13o \\ 2o \end{vmatrix}$, $\underline{b}_{opt} = \begin{vmatrix} 17o \\ 15o \\ 6o \end{vmatrix}$,

2. $W(\underline{b}_{opt}) = E_v(\underline{x}^{\underline{b}}) = \underline{e}^T\underline{x}^{\underline{b}} = (1ooo, 3ooo)\begin{vmatrix} 13o \\ 2o \end{vmatrix} = 19oooo,$

3. $EKW_1 = z_1^+ + K(\underline{x}^{\underline{b}}) - K(\underline{x}^{\underline{b-e}_1^3})$ [1]

$\qquad = z_1^+ + \underline{k}^T\underline{A}'(\underline{b}_{opt} - (\underline{b} - \underline{e}_1^3)_{opt})$

$\qquad = z_1^+ + \underline{k}^T\underline{A}'(\underline{e}_1^3 - \sum_{s=1}^{1} b_{p(s)1}^+\underline{e}_{i(s)}^3)$ [2]

$\qquad = z_1^+ + \underline{k}^T\underline{A}'\underline{e}_1^3 - b_{31}^+\underline{k}^T\underline{A}'\underline{e}_3^3$

$\qquad = z_1^+ + k_1' - b_{31}^+ \cdot k_3'$

$\qquad = 2oo + 426\tfrac{6}{19}$ [3] $- (-3) \cdot 457\tfrac{17}{19}$ [4]

$\qquad = 2oo + 18oo = 2ooo,$

4. $EKW_2 = (DB(\underline{x}^{\underline{b}}) - DB(\underline{x}^{\underline{b-e}_2^3})) + (K(\underline{x}^{\underline{b}}) - K(\underline{x}^{\underline{b-e}_2^3}))$

$\qquad = 2oo$ [5] $+ (-2oo)$ [6] $= o,$

5. $EKW_3 = o$ [7], also:

---

1) Vgl. S. 113f.,(13)(b), mit i=1, da $\dfrac{-2o}{1} = -2o < -1$.

2) Vgl. S. 231.

3) Vgl. S. 112.

4) Vgl. S. 97.

5) Vgl. S. 98, da $DB(\underline{x}^{\underline{b}}) - DB(\underline{x}^{\underline{b-e}_2^3}) = N(\underline{x}^{\underline{b}}) - N(\underline{x}^{\underline{b-e}_2^3})$ mit $N(\underline{x}) = DB(\underline{x}) - 36ooo$.

6) Vgl. S. 98.

7) Vgl. S. 113,(13)(a), mit i=3, da $b_{p(1)}^+ = b_3^+ = 1,5 > 1$.

$$\sum_{i=1}^{3} b_i{}^{opt} \cdot EKW_i = 170 \cdot 2000 + 150 \cdot 0 + 60 \cdot 0 = 340000$$

$$\neq 190000 = W(\underline{b}_{opt}),$$

und die erste Bedingung[1] ist für $i = 2$ nicht erfüllt.[2]

Damit ist gezeigt, daß die Definition der wertmäßigen Deckungsbeiträge im allgemeinen nur dann sinnvoll ist, wenn die beiden genannten Bedingungen[3] erfüllt sind; sind diese aber erfüllt, so sind notwendig die Opportunitätskosten (je Einheit) der Faktoren identisch mit den Zielfunktionskoeffizienten der zugehörigen Schlupfvariablen im optimalen Simplex-Tableau, das heißt, es gilt:

(21) Opportunitätskosten (einer Einheit) des Faktors i

$$= DB(\underline{x}^{\underline{b}}) - DB(\underline{x}^{\underline{b}-\underline{e}_i{}^m})\ ^{4)} = z_i{}^+ \quad \text{für } i = 1,\dots,m,$$

wenn

   1. für $i \notin \{i(1),\dots,i(r)\}$ mit $b_{ki}{}^+ > 0$ für mindestens ein $k \in \{1,\dots,m\}$

$$\max\left\{\frac{-b_k{}^+}{b_{ki}{}^+} : b_{ki}{}^+ > 0,\ k = 1,\dots,m\right\} \leq -1 \text{ und}$$

   2. für $i \in \{i(1),\dots,i(r)\}$ mit $i = i(1)$ $b_{p(1)}{}^+ \geq 1$ gilt.[5]

Dies soll auch im folgenden vorausgesetzt werden. Damit ergibt sich für die wertmäßigen Deckungsbeiträge der Produkte:

---

1) Vgl. S. 229.
2) Denn $\max\left\{\frac{-130}{2}, \frac{-1,5}{3}\right\} = \max\{-65; -0,5\} = -0,5 > -1$.
3) Vgl. S. 229.
4) Vgl. S. 190.
5) Vgl. S. 230.

$$dbw_j = e_j - \sum_{i=1}^{m} a_{ij}\cdot EKW_i$$

$$= e_j - \sum_{\substack{i=1 \\ i\notin\{i(1),\ldots,i(r)\}}}^{m} a_{ij}\cdot EKW_i \qquad [1]$$

$$= e_j - \sum_{\substack{i=1 \\ i\notin\{i(1),\ldots,i(r)\}}}^{m} a_{ij}(z_i^+ + (K(\underline{x}^{\underline{b}}) - K(\underline{x}^{\underline{b}-\underline{e}_i^{\,m}})))$$

$$= e_j - \sum_{\substack{i=1 \\ i\notin\{i(1),\ldots,i(r)\}}}^{m} a_{ij}\cdot(z_i^+ + \underline{k}^T\underline{A}'(\underline{b}_{opt} - (\underline{b} - \underline{e}_i^{\,m})_{opt}))$$

$$= e_j - \sum_{\substack{i=1 \\ i\notin\{i(1),\ldots,i(r)\}}}^{m} a_{ij}\cdot(z_i^+ + \underline{k}^T\underline{A}'(\underline{e}_i^{\,m} - \sum_{s=1}^{r} b_{p(s)i}^+\,\underline{e}_{i(s)}^{\,m})) \qquad [2]$$

$$= e_j - \sum_{\substack{i=1 \\ i\notin\{i(1),\ldots,i(r)\}}}^{m} a_{ij}\cdot z_i^+ - \sum_{\substack{i=1 \\ i\notin\{i(1),\ldots,i(r)\}}}^{m} a_{ij}(k_i' - \sum_{s=1}^{r} b_{p(s)i}^+ k_{i(s)}')$$

für $j = 1,\ldots,n$.

Nun gilt aber für $j = 1,\ldots,n$:

$$\sum_{\substack{i=1 \\ i\notin\{i(1),\ldots,i(r)\}}}^{m} a_{ij}(k_i' - \sum_{s=1}^{r} b_{p(s)i}^+ k_{i(s)}')$$

$$= \sum_{\substack{i=1 \\ i\notin\{i(1),\ldots,i(r)\}}}^{m} a_{ij}k_i' + \sum_{s=1}^{r}(- \sum_{\substack{i=1 \\ i\notin\{i(1),\ldots,i(r)\}}}^{m} a_{ij}b_{p(s)i}^+)k_{i(s)}'$$

---

1) Wegen $b_{p(1)}^+ \geqq 1$ für $1 = 1,\ldots,r$ ist $EKW_i = o$ für
   $i\in\{i(1),\ldots,i(r)\}$. Vgl. S. 113,(13)(a).
2) Vgl. S. 231.

und

$$\sum_{\substack{i=1 \\ i\notin\{i(1),\dots,i(r)\}}}^{m} a_{ij}b_{p(s)i}^{+}$$

$$= \sum_{i=1}^{m} b_{p(s)i}^{+}a_{ij} - \sum_{t=1}^{r} b_{p(s)i(t)}^{+}a_{i(t)j}$$

$$= (b_{p(s)1}^{+},\dots,b_{p(s)m}^{+})\begin{pmatrix} a_{1j} \\ \vdots \\ a_{mj} \end{pmatrix} - \sum_{t=1}^{r} b_{p(s)i(t)}^{+}a_{i(t)j}$$

$$= b_{p(s)j+m}^{+}{}^{1)} - a_{i(s)j}{}^{2)} \quad \text{für } s = 1,\dots,r, \text{ also:}$$

$$\sum_{\substack{i=1 \\ i\notin\{i(1),\dots,i(r)\}}}^{m} a_{ij}(k_i' - \sum_{s=1}^{r} b_{p(s)i}^{+}k_{i(s)}')$$

$$= \sum_{\substack{i=1 \\ i\notin\{i(1),\dots,i(r)\}}}^{m} a_{ij}k_i' +$$

$$\sum_{s=1}^{r} (a_{i(s)j} - b_{p(s)j+m}^{+})k_{i(s)}'$$

$$= \sum_{i=1}^{m} a_{ij}k_i' - \sum_{s=1}^{r} b_{p(s)j+m}^{+}k_{i(s)}'$$

und damit:

$$(22) \quad dbw_j = e_j - \sum_{\substack{i=1 \\ i\notin\{i(1),\dots,i(r)\}}}^{m} a_{ij}\cdot z_i^{+}$$

$$- \sum_{i=1}^{m} a_{ij}\cdot k_i' + \sum_{s=1}^{r} b_{p(s)j+m}^{+}\cdot k_{i(s)}'$$

$$= e_j - \sum_{i=1}^{m} a_{ij}\cdot k_i' - \sum_{i=1}^{m} a_{ij}\cdot z_i^{+}{}^{3)}$$

$$+ \sum_{s=1}^{r} b_{p(s)j+m}^{+}\cdot k_{i(s)}'$$

---

1) Denn $\underline{B}^{+} = (\underline{b}_1^{+},\dots,\underline{b}_m^{+})\underline{B}$ mit $\underline{B} = (\underline{E}_m,\underline{A})$. Vgl. S. 3o2, A 2.7.15, und S. 322, A 2.7.23.

2) Vgl. S. 232, Fußnote 3.

3) Es ist $z_i^{+} = o$ für $i \in \{i(1),\dots,i(r)\}$.

$$= (e_j - k_j) - \sum_{i=1}^{m} a_{ij} \cdot z_i^{+} + \sum_{s=1}^{r} b_{p(s)j+m}^{+} \cdot k_{i(s)}'$$

mit $e_j - k_j$ als Deckungsbeitrag und $\sum_{i=1}^{m} a_{ij} \cdot z_i^{+}$ als

zugerechneten Opportunitätskosten für $j = 1,\ldots,n,$ wenn (21) [1] gilt mit den Bezeichnungen von (2o) [2].

Hieraus ergibt sich:

Zur Ermittlung des wertmäßigen Deckungsbeitrages eines Produktes j müssen einer Einheit dieses Produktes nicht nur über die variablen Aufwendungen k_j hinaus auch noch die zugerechneten Opportunitätskosten $\sum_{i=1}^{m} a_{ij} \cdot z_i^{+}$ angelastet werden, sondern es muß ihr der noch nicht berücksichtigte zweite Bestandteil der zugerechneten Grenzaufwendungen[3] gutgeschrieben werden, nämlich

$$\sum_{s=1}^{r} b_{p(s)j+m}^{+} \cdot k_{i(s)}' \quad \text{für } j = 1,\ldots,n.$$ Diese "Gutschrift" wird in der Literatur indes durchweg vergessen.[4]

Nun läßt sich zeigen:

---

1) Siehe S. 234.

2) Siehe S. 228f.

3) Denn es gilt für die einer Einheit des Produktes j zugerechneten Grenzaufwendungen:

$$\sum_{i=1}^{m} a_{ij}(K(\underline{x}^{\underline{b}}) - K(\underline{x}^{\underline{b}-\underline{e}_i})) = \sum_{i=1}^{m} a_{ij} k_i' -$$

$$\sum_{i=1}^{m} a_{ij} \sum_{s=1}^{r} b_{p(s)i}^{+} k_{i(s)}' = k_j - \sum_{s=1}^{r} b_{p(s)j+m}^{+} k_{i(s)}' \quad \text{für}$$

$j = 1,\ldots,n.$ Vgl. S. 235f.

4) Vgl. zum Beispiel Kosiol (1964), S. 97; Hax (1965a), S. 2o6f.; Hax (1965b), S. 157; Opfermann - Reinermann (1965), S. 229f.; Samuels (1965); Münstermann (1966a), S. 27, und Adam (197o), S. 37, S. 51f. und S. 71.

(23) Mit den Bezeichnungen von (2o)[1] gilt:

$$z_{j+m}{}^+ = \sum_{i=1}^{m} a_{ij} \cdot z_i{}^+ - (e_j - k_j) \text{ für } j = 1,\dots,n.$$

Ist (21)[2] erfüllt, so bedeutet dies:

Der Zielfunktionskoeffizient $z_{j+m}{}^+$ des Produktes j ist gleich der Differenz aus den einer Einheit des Produktes j zugerechneten Opportunitätskosten

$$\sum_{i=1}^{m} a_{ij} \cdot z_i{}^+ \text{ und dem Deckungsbeitrag } e_j - k_j \text{ dieses}$$

Produktes für $j = 1,\dots,n.$

Beweis:

Sei $j \in \{1,\dots,n\}$. Zu untersuchen sind dann die beiden Fälle:

1. $j \in \{i(r+1)-m,\dots,i(m)-m\}$ (x_j ist Basisvariable):

Für $z_{j+m}{}^+$ gilt:[3] $z_{j+m}{}^+ = o$. Zu zeigen ist also:

$$e_j - k_j = \sum_{i=1}^{m} a_{ij} z_i{}^+ :$$

$$\sum_{i=1}^{m} a_{ij} z_i{}^+ = \sum_{\substack{i=1 \\ i \notin \{i(1),\dots,i(r)\}}}^{m} a_{ij} z_i{}^+ \quad [4]$$

$$= \sum_{\substack{i=1 \\ i \notin \{i(1),\dots,i(r)\}}}^{m} a_{ij} \sum_{s=r+1}^{m} (e_{i(s)-m} - k_{i(s)-m}) b_{p(s)i}{}^+ \quad [5]$$

---

1) Siehe S. 228f.

2) Siehe S. 234.

3) Vgl. S. 3o5, A 2.7.18(1).

4) Da $z_i{}^+ = o$ für $i \in \{i(1),\dots,i(r)\}$.

5) Da $z_i{}^+ = \sum_{s=r+1}^{m} (e_{i(s)-m} - k_{i(s)-m}) b_{p(s)i}{}^+$ für $i = 1,$
$\dots,m, i \notin \{i(1),\dots,i(r)\}$. Vgl. S. 3o5, A 2.7.18(2),
mit $z_j := (e_j - k_j)$ für $j = 1,\dots,n.$

$$= \sum_{\substack{s=r+1}}^{m} (e_{i(s)-m} - k_{i(s)-m}) \sum_{\substack{i=1 \\ i \notin \{i(1),\ldots,i(r)\}}}^{m} b_{p(s)i}^{+} a_{ij}$$

$$= \sum_{s=r+1}^{m} (e_{i(s)-m} - k_{i(s)-m}) b_{p(s)m+j}^{+} , \text{ denn:}$$

$$\sum_{\substack{i=1 \\ i \notin \{i(1),\ldots,i(r)\}}}^{m} b_{p(s)i}^{+} a_{ij} = \sum_{i=1}^{m} b_{p(s)i}^{+} a_{ij}^{\ 1)} =$$

$$b_{p(s)j+m}^{+\ 2)} \quad \text{für } s = r+1,\ldots,m.$$

Damit gilt:

$$\sum_{i=1}^{m} a_{ij} z_i^{+} = \sum_{s=r+1}^{m} (e_{i(s)-m} - k_{i(s)-m}) b_{p(s)m+j}^{+} = e_j - k_j^{\ 3)}.$$

2. $j \notin \{i(r+1)-m,\ldots,i(m)-m\}$ (x_j ist Nebenbasisvariable):

Für z_{j+m}^{+} gilt:[4] $z_{j+m}^{+} = \sum_{s=r+1}^{m} (e_{i(s)-m} - k_{i(s)-m}) b_{p(s)j+m}^{+}$

$- (e_j - k_j)$. Zu zeigen ist also:

$$\sum_{s=r+1}^{m} (e_{i(s)-m} - k_{i(s)-m}) b_{p(s)j+m}^{+} = \sum_{i=1}^{m} a_{ij} z_i^{+}:$$

$$\sum_{i=1}^{m} a_{ij} z_i^{+} = \sum_{\substack{i=1 \\ i \notin \{i(1),\ldots,i(r)\}}}^{m} a_{ij} z_i^{+\ 5)}$$

---

1) Wegen $\underline{b}_{i(1)}^{+} = \underline{e}_{p(1)}^{m}$ für $1 = 1,\ldots,r$ gilt:

$$b_{p(s)i(1)}^{+} = \begin{cases} 1 : p(s) = p(1) \\ o : p(s) \neq p(1) \end{cases}. \text{ Nun ist aber } p(s) \neq$$

$p(1)$ für alle $s = r+1,\ldots,m$ und $1 = 1,\ldots,r$, also
$b_{p(s)i}^{+} = o$ für $i \in \{i(1),\ldots,i(r)\}$ und $s = r+1,\ldots,m$.

2) Vgl. S. 236, Fußnote 1.

3) Sei $j = i(1)-m$ mit $1 \in \{r+1,\ldots,m\}$. Dann gilt wegen
$\underline{b}_{m+j}^{+} = \underline{b}_{i(1)}^{+} = \underline{e}_{p(1)}^{+}$ für $1 = r+1,\ldots,m$:

$$b_{p(s)m+j}^{+} = \begin{cases} 1 : p(s) = p(1) \\ o : p(s) \neq p(1) \end{cases}.$$

4) Vgl. S. 3o5, A 2.7.18(3), mit $z_j := e_j - k_j$ für $j = 1,$

$\ldots,n$.

5) Da $z_i^{+} = o$ für $i \in \{i(1),\ldots,i(r)\}$.

- 240 -

$$= \sum_{\substack{i=1 \\ i \notin \{i(1),\ldots,i(r)\}}}^{m} a_{ij} \sum_{s=r+1}^{m} (e_{i(s)-m} - k_{i(s)-m}) b_{p(s)i} \quad + 1)$$

$$= \sum_{s=r+1}^{m} (e_{i(s)-m} - k_{i(s)-m}) \sum_{i=1}^{m} b_{p(s)i}^{+} a_{ij}$$

$$= \sum_{s=r+1}^{m} (e_{i(s)-m} - k_{i(s)-m}) b_{p(s)j+m}^{+} \quad 2).$$

Aus (23) und dem Simplex-Kriterium[3] folgt nunmehr:

(24) $\underline{x}^{\underline{b}}$ mit $\underline{x}^{\underline{b}T} = (x_1^{\underline{b}}, \ldots, x_n^{\underline{b}})$ sei optimales Produktionsprogramm und es gelte (21) [4].

(a) Ist x_j Nebenbasisvariable, gilt also $x_j^{\underline{b}} = o$, so folgt:

$$e_j - k_j \leq \sum_{i=1}^{m} a_{ij} \cdot z_i^{+}, \text{ das heißt:}$$

Der Deckungsbeitrag des Produktes j ist nicht größer als die einer Einheit des Produktes j zugerechneten Opportunitätskosten.

(b) Ist x_j Basisvariable, so folgt:

$$e_j - k_j = \sum_{i=1}^{m} a_{ij} \cdot z_i^{+}, \text{ das heißt:}$$

Der Deckungsbeitrag des Produktes j ist gleich den einer Einheit des Produktes j zugerechneten Opportunitätskosten.

(c) Ist $e_j - k_j < \sum_{i=1}^{m} a_{ij} \cdot z_i^{+}$, so folgt: $x_j^{\underline{b}} = o$, das heißt:

Sind die einer Einheit des Produktes j zugerechneten Opportunitätskosten größer als der Deckungsbeitrag des Produktes j, so ist von

1) Vgl. S. 238, Fußnote 5.
2) Vgl. S. 239.
3) Siehe S. 32o,A 2.7.21, in Verbindung mit S. 299, A 2.7.3, und S. 3o1,A 2.7.12.
4) Siehe S. 234. Zu den Bezeichnungen vgl. S. 228f.,(2o).

Produkt j im optimalen Produktionsprogramm nichts herzustellen.

(d) $e_j - k_j - \sum\limits_{i=1}^{m} a_{ij} \cdot z_i^+ \leqq o$ für $j = 1,\ldots,n$, das

heißt:
Die Differenz aus dem Deckungsbeitrag des Produktes j und den einer Einheit des Produktes j zugerechneten Opportunitätskosten ist nichtpositiv für $j = 1,\ldots,n$.

Damit ist nachgewiesen, daß die Höhe der Differenz aus dem Deckungsbeitrag eines Produktes und den einer Einheit dieses Produktes zugerechneten Opportunitätskosten charakteristisch ist dafür, daß dieses Produkt im optimalen Produktionsprogramm hergestellt wird oder nicht.[1] Insoweit ist also den diesbezüglichen Äußerungen in der Literatur zuzustimmen.[2] Ebenfalls nachgewiesen ist damit jedoch auch, daß der wertmäßige Deckungsbeitrag eines Produktes ein solches Kriterium im allgemeinen nicht liefert.

Zwischen der Höhe des wertmäßigen Deckungsbeitrags eines Produktes und der Tatsache, daß dieses Produkt im optimalen Produktionsprogramm hergestellt wird oder nicht, besteht vielmehr (nur) der folgende Zusammenhang:

(25) $\underline{x}^b$ mit $\underline{x}^{bT} = (x_1{}^b,\ldots,x_n{}^b)$ sei optimales ·Produktionsprogramm und es gelte (21) [3].
  (a) Ist x_j Basisvariable, so folgt:

  $dbw_j = o.$

  (b) Ist x_j Nebenbasisvariable, gilt also $x_j{}^b = o$,
      so folgt:
      dbw_j kann positiv, gleich Null oder negativ
      sein.[4]

---

1) Wenn (21) gilt. Siehe S. 234 und S. 240f.,(24).

<u>Beweis:</u>

Es gilt allgemein:

$$dbw_j = (e_j - k_j) - \sum_{i=1}^{m} a_{ij} z_i^+ + \sum_{s=1}^{r} b_{p(s)j+m}^+ k_{i(s)}, \quad [1]$$

für $j = 1,\ldots,n$.

<u>Zu (a):</u>

Da x_j Basisvariable ist, gilt: $j \in \{i(r+1)-m,\ldots,i(m)-m\}$.
Sei $j = i(l)-m$ mit $l \in \{r+1,\ldots,m\}$. Dann folgt:

$$b_{p(s)j+m}^+ = b_{p(s)i(l)}^+ \quad \text{für } s = 1,\ldots,r \text{ mit } l \in \{r+1,$$

$$\ldots,m\}.$$

Nun gilt aber: $\underline{b}_{i(l)}^+ = \underline{e}_{p(l)}^m$, also:

$$b_{ki(l)}^+ = \begin{cases} 1 : k = p(l) \\ o : k \neq p(l) \end{cases}.$$

Für $s \in \{1,\ldots,r\}$ und $l \in \{r+1,\ldots,m\}$ folgt somit:

$$b_{p(s)i(l)}^+ = o, \quad \text{also:}$$

$$dbw_j = (e_j - k_j) - \sum_{i=1}^{m} a_{ij} z_i^+ = o. \quad [2]$$

<u>Zu (b):</u>

Da x_j Nebenbasisvariable ist, gilt:

$$(e_j - k_j) - \sum_{i=1}^{m} a_{ij} z_i^+ \leq o. \quad [3]$$

Fortsetzung der Fußnoten der vorherigen Seite!

2) Vgl. zum Beispiel Dorfman e.a. (1958), S. 166ff. und insbesondere S. 183; Beckmann (1959), S. 27ff.; Schmalenbach (1963), S. 281 und S. 288f.; Hax (1965a), S. 2o6; Hax (1965b), S. 156f.; Vischer (1967), S. 113ff.; Zieschang (1969), S. 43ff.; Adam (197o), S. 51f.; Franke - Laux (197o), S. 4oo; Kilger (197o), S. 7o1f., und Kilger (1973a), S. 88f.

3) Siehe S. 234. Zu den Bezeichnungen vgl. S. 228f., (2o).

4) Vgl. hierzu auch S. 226f.

1) Vgl. S. 236f.,(22).

2) Vgl. S. 24o,(24)(b).

3) Vgl. S. 24o,(24)(a).

Für den Spaltenvektor $\underline{b}_{j+m}^{+}$ des optimalen Simplex-Tableaus gilt aber:

$$\underline{b}_{j+m}^{+} = (\underline{b}_1^{+},\ldots,\underline{b}_m^{+})\underline{a}_{.j} \text{ mit } \underline{A} = (\underline{a}_{.1},\ldots,\underline{a}_{.n})^{1)}.$$

Daher können $b_{p(1)j+m}^{+},\ldots,b_{p(r)j+m}^{+}$ jeweils positiv, gleich Null oder negativ sein. Da obendrein die unmittelbaren variablen Aufwendungen $k_{i(1)}',\ldots,k_{i(r)}'$ im allgemeinen nichtnegativ, in der Regel sogar positiv

sind, kann $\sum\limits_{s=1}^{r} b_{p(s)j+m}^{+}k_{i(s)}'$ ebenfalls positiv, gleich Null oder negativ sein. In den beiden letzten Fällen ist dbw_j dann nichtpositiv, im ersten Fall hinge-

gen, je nach der Größe von $\sum\limits_{s=1}^{r} b_{p(s)j+m}^{+}k_{i(s)}'$, ist dbw_j

negativ, gleich Null oder positiv.

5.5 Beispiel

Zur Veranschaulichung der vorangegangenen Darstellungen diene abschließend das folgende Beispiel:[2]
Herzustellen sind vier Erzeugnisse mithilfe zweier Faktoren, einer Maschine und Rohstoff einer bestimmten Qualität. Verfügbar sind in der Planungsperiode 2ooo Maschinenstunden mit unmittelbaren variablen Aufwendungen von 16 DM je Stunde; vom Rohstoff sind je 5oo Einheiten mit unmittelbaren variablen Aufwendungen von 1o DM je Einheit beziehungsweise von 15 DM je Einheit auf Lager; es können zusätzliche Mengen dieses Rohstoffs zu 18 DM je Einheit zugekauft werden, und zwar maximal 1ooo Einheiten.[3] Wird der Rohstoff nicht vollständig verbraucht, so kann er verkauft werden mit einem variablen

---

1) Vgl. S. 299, S. 3o2,A 2.7.15, und S. 322,A 2.7.23.

2) Vgl. Adam (197o), S. 67ff. und S. 99ff. Vgl. auch S. 152ff.

3) Diese Beschaffungsmarktbeschränkung wird hier zusätzlich eingeführt, da die variablen Faktorverbräuche in dieser Arbeit als beschränkt angenommen sind. Vgl. S. 22.

Erlös von 18 DM je Einheit und unmittelbaren variablen
Aufwendungen von 2,9 DM je Einheit; der verkaufte Rohstoff stellt damit das fünfte Erzeugnis dar.

Die variablen Faktorverbräuche, die variablen Erlöse und
die maximalen Absatzmengen der fünf Erzeugnisse sind der
folgenden Tabelle zu entnehmen:[1]

Erzeugnis	1	2	3	4	5
Rohstoffverbrauch (Einheiten je Erzeugnis-einheit)	2,5	o,5	1	o,25	1
Verbrauch an Maschinen-stunden (Stunden je Er-zeugniseinheit)	o,25	1,25	1,5	o,75	o
Variabler Erlös (DM je Erzeugniseinheit)	48	75	95,5	32,5	18
Maximale Absatzmenge	1600	600	800	1000	500[2]

Bei jedem der fünf Erzeugnisse ist nun zu unterscheiden,
mit welcher der drei Rohstoffvarianten es hergestellt
wird. Zu berücksichtigen sind somit 15 (= 3·5) Produkte
und die 9 Faktoren:

Faktor 1   : Rohstoff zu 1o DM,

Faktor 2   : Rohstoff zu 15 DM,

Faktor 3   : Rohstoff zu 18 DM,

Faktor 4   : Maschine und

Faktor 5 bis Faktor 9 : Absatzaktivitäten für die 5 Er-
                        zeugnisse[3].

---

1) Vgl. Adam (197o), S. 68.

2) Diese Absatzbeschränkung wird hier zusätzlich eingeführt, da auch der Faktor "Absatz des Erzeugnisses 5"
   absolut knapp sein muß. Vgl. S. 22.

3) Da auch die einzelnen Produkte Absatzbeschränkungen
   unterliegen, müßten für diese eigentlich noch 15 weitere Absatzaktivitäten berücksichtigt werden, das
   heißt, die Absatzaktivität für ein (ursprüngliches)
   Erzeugnis müßte eigentlich in vier Varianten zerlegt
   werden. Vgl. hierzu S. 23. Da diese Zerlegung die Berücksichtigung von wesentlich mehr Variablen, nämlich
   39, und Nebenbedingungen, nämlich 24, erfordert, jedoch zum gleichen Ergebnis führt, sei darauf verzichtet.

Sind $x_1,\ldots,x_5$, beziehungsweise $x_6,\ldots,x_{10}$, beziehungsweise $x_{11},\ldots,x_{15}$ die gesuchten Herstellmengen der Produkte, die mithilfe des Rohstoffs zu 1o DM, beziehungsweise zu 15 DM, beziehungsweise zu 18 DM hergestellt werden, so ergibt sich zur Bestimmung des optimalen Produktionsprogramms unter dem Ziel der Deckungsbeitragsmaximierung:[1]

Maximiere $DB(\underline{x}) = (\underline{e} - \underline{A}^T\underline{k}')^T\underline{x}$ unter den Nebenbedingungen:

$\underline{A}\underline{x} \leqq \underline{b}, \; \underline{x} \geqq \underline{o}_n$ mit:

$n = 15, \; m = 9,$

$\underline{e}^T = (48,75,95\tfrac{1}{2},32\tfrac{1}{2},18,48,75,95\tfrac{1}{2},32\tfrac{1}{2},18,48,75,95\tfrac{1}{2},32\tfrac{1}{2},18),$

$\underline{k}'^T = (10,15,18,\underbrace{16},0,0,0,0,2\tfrac{9}{10})^{2)},$

$$\underbrace{10,15,18}_{\text{Rohstoff}} \quad \underbrace{16}_{\downarrow} \quad \underbrace{0,0,0,0}_{\text{Absatz}}$$
$$\text{Maschine}$$

$\underline{b}^T = (\underbrace{5\text{oo},5\text{oo},1\text{ooo}}_{\text{Rohstoff}},\underbrace{2\text{ooo}}_{\downarrow},\underbrace{1600,600,800,1\text{ooo},5\text{oo}}_{\text{Absatz}})$ und

$$\text{Maschine}$$

$$\underline{A} = \begin{pmatrix}
\tfrac{5}{2} & \tfrac{1}{2} & 1 & \tfrac{1}{4} & 1 & 0 & 0 & 0 & 0 & 0 & 0 & 0 & 0 & 0 & 0 \\
0 & 0 & 0 & 0 & 0 & \tfrac{5}{2} & \tfrac{1}{2} & 1 & \tfrac{1}{4} & 1 & 0 & 0 & 0 & 0 & 0 \\
0 & 0 & 0 & 0 & 0 & 0 & 0 & 0 & 0 & 0 & \tfrac{5}{2} & \tfrac{1}{2} & 1 & \tfrac{1}{4} & 1 \\
\tfrac{1}{4} & \tfrac{5}{4} & \tfrac{3}{2} & \tfrac{3}{4} & 0 & \tfrac{1}{4} & \tfrac{5}{4} & \tfrac{3}{2} & \tfrac{3}{4} & 0 & \tfrac{1}{4} & \tfrac{5}{4} & \tfrac{3}{2} & \tfrac{3}{4} & 0 \\
1 & & & & & 1 & & & & & 1 & & & & \\
 & 1 & & & & & 1 & & & & & 1 & & & \\
 & & 1 & & & & & 1 & & & & & 1 & & \\
 & & & 1 & & & & & 1 & & & & & 1 & \\
 & & & & 1 & & & & & 1 & & & & & 1
\end{pmatrix} \begin{matrix} {}^{3)} \\ \left.\vphantom{\begin{matrix}a\\a\\a\end{matrix}}\right\} \text{Rohstoff} \\ {} \\ \text{Maschine} \\ \left.\vphantom{\begin{matrix}a\\a\\a\\a\\a\end{matrix}}\right\} \text{Absatz} \end{matrix}$$

also:

---

1) Vgl. S. 189.

2) Da der Absatz der Erzeugnisse 1 bis 4 annahmegemäß keine unmittelbaren variablen Aufwendungen verursacht, gilt: $k_5' = \ldots = k_8' = \text{o}$.

3) Da hier nur 5 Absatzaktivitäten berücksichtigt werden, ist der Rang $rg(\underline{A})$ kleiner als 15 (= n). Diese Verletzung der Prämisse, daß $rg(\underline{A}) = n$ gilt, vgl. S. 73ff., wirkt sich jedoch auf die nachfolgende Analyse nicht aus.

$$\text{Maximiere DB}(\underline{x}) = \sum_{j=1}^{15} \left(e_j - \sum_{i=1}^{9} a_{ij} \cdot k_i' \right) \cdot x_j$$

$$= (48-(\tfrac{5}{2}\cdot 10 + \tfrac{1}{4}\cdot 16))x_1 + (75-(\tfrac{1}{2}\cdot 10 + \tfrac{5}{4}\cdot 16))x_2$$

$$+ (95,5-(10+\tfrac{3}{2}\cdot 16))x_3 + (32,5-(\tfrac{1}{4}\cdot 10 + \tfrac{3}{4}\cdot 16))x_4$$

$$+ (18-(10+2,9))x_5$$

$$+ (48-(\tfrac{5}{2}\cdot 15 + \tfrac{1}{4}\cdot 16))x_6 + (75-(\tfrac{1}{2}\cdot 15 + \tfrac{5}{4}\cdot 16))x_7$$

$$+ (95,5-(15+\tfrac{3}{2}\cdot 16))x_8 + (32,5-(\tfrac{1}{4}\cdot 15 + \tfrac{3}{4}\cdot 16))x_9$$

$$+ (18-(15+2,9))x_{10}$$

$$+ (48-(\tfrac{5}{2}\cdot 18 + \tfrac{1}{4}\cdot 16))x_{11} + (75-(\tfrac{1}{2}\cdot 18 + \tfrac{5}{4}\cdot 16))x_{12}$$

$$+ (95,5-(18+\tfrac{3}{2}\cdot 16))x_{13} + (32,5-(\tfrac{1}{4}\cdot 18 + \tfrac{3}{4}\cdot 16))x_{14}$$

$$+ (18-(18+2,9))x_{15}$$

$$= 19x_1 + 50x_2 + 61,5x_3 + 18x_4 + 5,1x_5$$

$$+ 6,5x_6 + 47,5x_7 + 56,5x_8 + 16,75x_9 + 0,1x_{10}$$

$$- x_{11} + 46x_{12} + 53,5x_{13} + 16x_{14} - 2,9x_{15}\text{[1]}$$

unter den Nebenbedingungen:[2]

$$\tfrac{5}{2}x_1 + \tfrac{1}{2}x_2 + x_3 + \tfrac{1}{4}x_4 + x_5 \qquad\qquad\qquad = 500\text{[3]}$$

$$\tfrac{5}{2}x_6 + \tfrac{1}{2}x_7 + x_8 + \tfrac{1}{4}x_9 + x_{10} \qquad\qquad = 500\text{[3]}$$

$$\tfrac{5}{2}x_{11} + \tfrac{1}{2}x_{12} + x_{13} + \tfrac{1}{4}x_{14} + x_{15} \le 1000\text{[4]}$$

$$\tfrac{1}{4}x_1 + \tfrac{5}{4}x_2 + \tfrac{3}{2}x_3 + \tfrac{3}{4}x_4$$

$$+ \tfrac{1}{4}x_6 + \tfrac{5}{4}x_7 + \tfrac{3}{2}x_8 + \tfrac{3}{4}x_9$$

$$+ \tfrac{1}{4}x_{11} + \tfrac{5}{4}x_{12} + \tfrac{3}{2}x_{13} + \tfrac{3}{4}x_{14} \qquad \le 2000$$

$$x_1 \quad + x_6 \quad + x_{11} \qquad\qquad\qquad\qquad \le 1600$$

$$x_2 \quad + x_7 \quad + x_{12} \qquad\qquad\qquad \le 600$$

$$x_3 \quad + x_8 \quad + x_{13} \qquad\qquad \le 800$$

$$x_4 \quad + x_9 \quad + x_{14} \qquad \le 1000$$

$$x_5 \quad + x_{10} \quad + x_{15} \le 500$$

$$x_1, \ldots, x_{15} \ge 0.$$

---

1) Vgl. Adam (1970), S. 69.

2) Vgl. Adam (1970), S. 69.

Nach Einführung von 9 Schlupfvariablen $y_1, \ldots, y_9$ ergeben sich dann die folgenden Simplex-Tableaus:

Fortsetzung der Fußnoten der vorherigen Seite!

3) Da eine erneute Lagerung nicht verbrauchter Mengen der beiden ersten Rohstoffvarianten nicht vorgesehen ist, müssen eventuelle Restmengen verkauft werden.

4) Da von der dritten Rohstoffvariante benötigte Mengen unmittelbar zuerworben werden können, ist hier lediglich die maximal mögliche Beschaffungsmenge von 1ooo Einheiten zu berücksichtigen.

y_1^{*}[1]	y_2^{*}[1]	y_3	y_4	y_5	y_6	y_7	y_8	y_9	x_1	x_2	x_3	x_4	x_5	x_6	x_7	x_8	x_9	x_{10}	x_{11}	x_{12}	x_{13}	x_{14}	x_{15}	DB($\underline{x}$)
0	0	0	0	0	0	0	0	0	-19	-50	$-61\frac{1}{2}$	-18	$-5\frac{1}{10}$	$-6\frac{1}{2}$	$-47\frac{1}{2}$	$-56\frac{1}{2}$	$-16\frac{3}{4}$	$-\frac{1}{10}$	1	-46	$-53\frac{1}{2}$	-162	$\frac{9}{10}$	0
1									$\frac{5}{2}$	$\frac{1}{2}$	1	$\frac{1}{4}$	1											500
	1													$\frac{5}{2}$	$\frac{1}{2}$	1	$\frac{1}{4}$	1						500
		1																	$\frac{5}{2}$	$\frac{1}{2}$	1	$\frac{1}{4}$	1	1000
			1						$\frac{1}{4}$	$\frac{5}{4}$	$\frac{3}{2}$	$\frac{3}{4}$												2000
				1										$\frac{1}{4}$	$\frac{5}{4}$	$\frac{3}{2}$	$\frac{3}{4}$							1600
					1														$\frac{1}{4}$	$\frac{5}{4}$	$\frac{3}{2}$	$\frac{3}{4}$		600
						1			1	1	1	1	1											800
							1							1	1	1	1	1						1000
								1											1	1	1	1	1	500
$61\frac{1}{2}$	0	0	0	0	0	0	0	0	$\frac{539}{4}$	$-\frac{77}{4}$	0	$-\frac{21}{8}$	$56\frac{4}{10}$	$-6\frac{1}{2}$	$-47\frac{1}{2}$	$-56\frac{1}{2}$	$-16\frac{3}{4}$	$-\frac{1}{10}$	1	-46	$-53\frac{1}{2}$	-162	$\frac{9}{10}$	30750
1									$\frac{5}{2}$	$\frac{1}{2}$	1	$\frac{1}{4}$	1											500
	1													$\frac{5}{2}$	$\frac{1}{2}$	1	$\frac{1}{4}$	1						500
		1																	$\frac{5}{2}$	$\frac{1}{2}$	1	$\frac{1}{4}$	1	1000
$-\frac{3}{2}$			1						$-\frac{7}{2}$	$\frac{1}{2}$		$\frac{3}{8}$	$-\frac{3}{2}$											1250
				1										$\frac{1}{4}$	$\frac{5}{4}$	$\frac{3}{2}$	$\frac{3}{4}$							1600
					1														$\frac{1}{4}$	$\frac{5}{4}$	$\frac{3}{2}$	$\frac{3}{4}$		600
-1						1			$-\frac{3}{2}$	$\frac{1}{2}$		$\frac{3}{4}$												300
							1							1	1	1	1	1						1000
								1											1	1	1	1	1	500

1) Im Optimum muß $y_1 = y_2 = $ o gelten; y_1 und y_2 sind also gesperrte Schlupfvariable. Vgl. S. 34o. Die Phase o der Drei-Phasen-Methode, vgl. S. 338 ff., wird hier nicht durchgeführt, da sich bei der optimalen Lösung ergibt, daß y_1 und y_2 Nebenbasisvariable, also gleich Null sind.

5	o	o	o	o	o	56 1/2	o	o	-13/2	-95/2	o	-67/4	-1/10	-6 1/2	-47 1/2	o	-16 3/4	-1/10	1	-46	3	-162 9/10	47700
1									5/2	1/2	1	1/4	1										500
1	1					-1			5/2	1/2		1/4	1	5/2	1/2		1/4			-1			200
		1							1/4	5/4		3/4		1/4	5/4		3/4					1	1000
			1			-3/2			1	1		1		1/4	5/4		3/4						800
				1										1	1								1600
						1	1							1	1		1						600
-1						1			-5/2	-1/2		-1/4	-1			1	1			1			300
							1					1									1		1000
								1	1		1	1	1				1					1	500
100	95	o	o	o	o	38 1/2	o	o	231	o	o	7	94 9/10	231	o	o	7	94 9/10	1	-46	-92	-162 9/10	66700
	-1					1			1			1		-5/2	-1/2		-1/4	-1			1		300
2	2					-2			5			1/2	2	5	1		1/2	2		-2			400
		1																				1	1000
-5/2	-5/2		1			1			-6			1/8	-5/2	-6			1/8	-5/2		5/2	3/4		300
				1																			1600
-2	-2					2			-5			-1/2	-2	-5			-1/2	-2		1	2		200
	1													5/2	1/2		1/4		1				500
								1															1000
																						1	500

Final tableau (two optimal basic solutions shown side by side). The table is printed with the column headers and row labels set rotated; the two blocks share the basis-variable column.

Left block — DB(x̲) = 75900

Basis	DB(x̲)	200	600	900	50	1600	100	500	1000	500
x_{15}	-162 9/10			1						1
x_{14}	0		-1/4	3/4						1
x_{13}	0						1			
x_{12}	0	-1/2		1			-1/2			
x_{11}	1		5/2		-1/4		1			
x_{10}	-162 9/10			1			1	1		1
x_{9}	0		-1/4	3/4			-1/4	-1/4		1
x_{8}	0						1			
x_{7}	0	-1/2		1			-1/2			
x_{6}	1		5/2		-1/4		1	5/2	5/2	
x_{5}	-162 9/10			1				1		1
x_{4}	0	-1/4	-1/4	3/4			-1/4	1		
x_{3}	0	1								
x_{2}	0		5/2		-1/4		1	5/2		
x_{1}	1	5/2	5/2		-1/4		1	5/2		
y_{9}	0							1		
y_{8}	0						1			
y_{7}	4653 1/2		-1					1		
y_{6}	0	-1/2	-1		5/4		-1/2			
y_{5}	0			1						
y_{4}	0						1			
y_{3}	0		1							
*y_{2}	3		1				-1	1		
*y_{1}	8	1		1			-1			

Right block — DB(x̲) = 76966 2/3

Basis	DB(x̲)	183 1/3	600	883 1/3	66 2/3	1600	116 2/3	500	933 1/3	500
x_{15}	29/10			1						1
x_{14}	0	-1/4		1			-1/4			
x_{13}	0			1						
x_{12}	0 [1]	-1/2		1			-1/2			
x_{11}	19/3	-1/2		29/12	-1/3	1	-1/2		-1/3	
x_{10}	29/10			1			1	1		1
x_{9}	0 [1]	-1/4		1			-1/4			
x_{8}	0			1						
x_{7}	0 [1]	-1/2		1			-1/2			
x_{6}	19/3	-1/2		29/12	-1/3	1	-1/2	5/2	-1/3	
x_{5}	29/10	1		1			1			1
x_{4}	0			1						
x_{3}	0	1								
x_{2}	19/3	29/12		29/12	-1/3	1	29/12		-1/3	
x_{1}	19/3	29/12		29/12	-1/3	1	29/12		-1/3	
y_{9}	0			1						
y_{8}	0							1		
y_{7}	43/2	-1/2		-1/2	2		-1/2			2
y_{6}	58/3	-1/2	-1	-1/2	5/3		-1/2		5/3	
y_{5}	0			1						
y_{4}	64/3	-1/3		-1/3	4/3		-1/3		4/3	
y_{3}	0			1						
*y_{2}	3	1		1	-1		1			
*y_{1}	8	1		1			-1			

---

1) Es gibt also mehrere optimale Basislösungen. Vgl. S. 326,A 3.2.

Aus dem letzten, optimalen Simplex-Tableau ergibt sich:[1]

1. $\underline{x}^{bT} = (0,600,183\tfrac{1}{3},66\tfrac{2}{3},0,0,0,500,0,0,0,0,116\tfrac{2}{3},0,0)$[2],

$\underline{y}^{bT} = (0,0,883\tfrac{1}{3},0,1600,0,0,933\tfrac{1}{3},500)$,

$\underline{b}_{opt}^{T} = \underline{b}^{T} - \underline{y}^{bT}$
$= (500,500,116\tfrac{2}{3},2000,0,600,800,66\tfrac{2}{3},0)$.

2. $r = 4$, $i(1) = 3$, $i(2) = 5$, $i(3) = 8$, $i(4) = 9$,
$i(5) = 11$, $i(6) = 12$, $i(7) = 13$, $i(8) = 17$, $i(9) = 22$,
$p(1) = 3$, $p(2) = 5$, $p(3) = 8$, $p(4) = 9$, $p(5) = 2$,
$p(6) = 1$, $p(7) = 4$, $p(8) = 7$, $p(9) = 6$.

3. $b_{p(1)}^{+} = b_3^{+} = 883\tfrac{1}{3} > 1$, $b_{p(2)}^{+} = b_5^{+} = 1600 > 1$,

$b_{p(3)}^{+} = b_8^{+} = 933\tfrac{1}{3} > 1$, $b_{p(4)}^{+} = b_9^{+} = 500 > 1$,

$$\max\left\{\frac{-b_k^{+}}{b_{k1}^{+}} : b_{k1}^{+} > 0, k=1,\ldots,9\right\} = \max\left\{\frac{-183\tfrac{1}{3}}{1}, \frac{-883\tfrac{1}{3}}{1}\right\}$$

$$= -183\tfrac{1}{3} < -1,$$

$$\max\left\{\frac{-b_k^{+}}{b_{k2}^{+}} : b_{k2}^{+} > 0, k=1,\ldots,9\right\} = \max\left\{\frac{-883\tfrac{1}{3}}{1}, \frac{-500}{1}\right\}$$

$$= -500 < -1,$$

$$\max\left\{\frac{-b_k^{+}}{b_{k4}^{+}} : b_{k4}^{+} > 0, k=1,\ldots,9\right\} = \max\left\{\frac{-883\tfrac{1}{3}}{\tfrac{1}{3}}, \frac{-66\tfrac{2}{3}}{\tfrac{4}{3}}, \frac{-116\tfrac{2}{3}}{\tfrac{1}{3}}\right\}$$

$$= -50 < -1,$$

$$\max\left\{\frac{-b_k^{+}}{b_{k6}^{+}} : b_{k6}^{+} > 0, k=1,\ldots,9\right\} = \max\left\{\frac{-600}{1}, \frac{-116\tfrac{2}{3}}{\tfrac{1}{12}}, \frac{-933\tfrac{1}{3}}{\tfrac{5}{3}}\right\}$$

$$= -560 < -1,$$

$$\max\left\{\frac{-b_k^{+}}{b_{k7}^{+}} : b_{k7}^{+} > 0, k=1,\ldots,9\right\} = \max\left\{\frac{-183\tfrac{1}{3}}{\tfrac{1}{2}}, \frac{-116\tfrac{2}{3}}{\tfrac{1}{2}}, \frac{-933\tfrac{1}{3}}{2}\right\}$$

$$= -\frac{700}{3} < -1.$$

---

1) Zu den Bezeichnungen vgl. S. 228f.,(2o).
2) Vgl. Adam (197o), S. 7o.

Also sind die Voraussetzungen in (2o) erfüllt.[1]

4. Für die entscheidungsorientierten Kostenwerte der nicht relativ knappen Faktoren 3 (zugekaufter Roh-stoff), 5 (Absatz des Erzeugnisses 1), 8 (Absatz des Erzeugnisses 4) und 9 (Absatz des Erzeugnisses 5) gilt somit:[2]

$$EKW_3 = EKW_5 = EKW_8 = EKW_9 = o.$$

Für die entscheidungsorientierten Kostenwerte der re-lativ knappen Faktoren 1 (Rohstoff aus Lager zu 1o DM), 2 (Rohstoff aus Lager zu 15 DM), 4 (Maschine), 6 (Absatz des Erzeugnisses 2) und 7 (Absatz des Er-zeugnisses 3) gilt:

$$EKW_i = z_i^+ + K(\underline{x}^{\underline{b}}) - K(\underline{x}^{\underline{b-e}_i{}^9})^{3)}$$

$$= z_i^+ + \underline{k}^T\underline{A}'(\underline{e}_i{}^9 - \sum_{s=1}^{4} b_{p(s)i}^+ \underline{e}_{i(s)}{}^9)^{4)}$$

$$= z_i^+ + k_i' - \sum_{s=1}^{4} b_{p(s)i}^+ \cdot k_{i(s)}'^{5)}$$

für i = 1,2,4,6,7, also:

$$EKW_1 = z_1^+ + k_1' - (b_{p(1)1}^+ \cdot k_{i(1)}' + b_{p(2)1}^+ \cdot k_{i(2)}'$$

$$+ b_{p(3)1}^+ \cdot k_{i(3)}' + b_{p(4)1}^+ \cdot k_{i(4)}')$$

$$= z_1^+ + k_1' - (b_{31}^+ \cdot k_3' + b_{51}^+ \cdot k_5' + b_{81}^+ \cdot k_8'$$

$$+ b_{91}^+ \cdot k_9')$$

$$= 8 + 1o - (1 \cdot 18 + o \cdot o + o \cdot o + o \cdot 2,9) = o^{6)},$$

---

1) Siehe S. 228f. Vgl. auch S. 234,(21).

2) Vgl. S. 113,(13)(a), für $i \in \{i(1),i(2),i(3),i(4)\}$ = $\{3,5,8,9\}$.

3) Vgl. S. 113f.,(13)(b), für $i \in \{1,2,4,6,7\}$.

4) Vgl. S. 235.

5) Vgl. S. 235.

6) Adam ermittelt hierfür 18 (= 8 + 1o) als "wertmäßige Kosten". Vgl. Adam (197o), S. 7o.

$$\underline{\underline{EKW_2}} = 3 + 15 - 1 \cdot 18 = \underline{\underline{o}}\,^{1)},$$

$$\underline{\underline{EKW_4}} = \frac{64}{3} + 16 - (-\frac{1}{3}) \cdot 18 = \underline{\underline{43\tfrac{1}{3}}}\,^{2)},$$

$$\underline{\underline{EKW_6}} = \frac{58}{3} + o - (-\frac{1}{12}) \cdot 18 = \underline{\underline{2o\tfrac{5}{6}}}\,^{3)},$$

$$\underline{\underline{EKW_7}} = \frac{43}{2} + o - (-\frac{1}{2}) \cdot 18 = \underline{\underline{3o,5}}\,^{4)}.$$

5. Für den Wert $W(\underline{b}_{opt})$ des optimalen variablen Faktor-verbrauchs ergibt sich:[5]

$$\underline{\underline{W(\underline{b}_{opt})}} = \sum_{i=1}^{9} b_i^{\,opt} \cdot EKW_i$$

$$= 2ooo \cdot 43\tfrac{1}{3} + 6oo \cdot 2o\tfrac{5}{6} + 8oo \cdot 3o,5$$

$$= \underline{\underline{123566\tfrac{2}{3}}}\,^{6)}.$$

6. Für die wertmäßigen Deckungsbeiträge der 15 Produkte ergibt sich

   für die Basisvariablen:

   $$\underline{\underline{dbw_2 = dbw_3 = dbw_4 = dbw_8 = dbw_{13} = o}}\,^{7)},$$

---

1) Adam ermittelt hierfür ebenfalls 18 (= 3 + 15) als "wertmäßige Kosten". Vgl. Adam (197o), S. 7o.

2) Adam ermittelt hierfür $37\tfrac{1}{3}$ (= $\frac{64}{3}$ + 16) als "wertmäßige Kosten". Vgl. Adam (197o), S. 7o.

3) Adam gibt $\frac{58}{3}$ = $19\tfrac{1}{3}$ als dem Erzeugnis 2 zugeordnete "positive Deckungsspanne" an. Vgl. Adam (197o), S. 71. Hier stellt EKW_6 den entscheidungsorientierten Kostenwert des Faktors "Absatz des Erzeugnisses 2" dar.

4) Adam gibt $\frac{43}{2}$ = 21,5 als dem Erzeugnis 3 zugeordnete "positive Deckungsspanne" an. Vgl. Adam (197o), S. 71. Hier stellt EKW_7 den entscheidungsorientierten Kostenwert des Faktors "Absatz des Erzeugnisses 3" dar.

5) Vgl. S. 228f.,(2o).

6) $W(\underline{b}_{opt})$ stimmt damit mit $E_v(\underline{x}^b)$ überein, vgl. S. 227, denn $E_v(\underline{x}^b) = \underline{e}^T \underline{x}^b = 75 \cdot 6oo + 95,5 \cdot 183\tfrac{1}{3} + 32,5 \cdot 66\tfrac{2}{3}$ $+ 95,5 \cdot 5oo + 95,5 \cdot 116\tfrac{2}{3} = 123566\tfrac{2}{3}.$

7) Vgl. S. 241,(25)(a), für $j \in \{2,3,4,8,13\}$.

für die Nebenbasisvariablen:

$$dbw_j = (e_j - k_j) - \sum_{i=1}^{9} a_{ij} \cdot z_i^+ + \sum_{s=1}^{4} b_{p(s)j+9}^+ \cdot k_{i(s)}{}' \qquad [1]$$

$$= - z_{j+9}^+ + \sum_{s=1}^{4} b_{p(s)j+9}^+ \cdot k_{i(s)}{}' \qquad [2]$$

für $j = 1,5,6,7,9,10,11,12,14,15$, also:

$$\underline{dbw_1} = - z_{10}^+ + (b_{p(1)10}^+ \cdot k_{i(1)}{}' + b_{p(2)10}^+ \cdot k_{i(2)}{}'$$
$$+ b_{p(3)10}^+ \cdot k_{i(3)}{}' + b_{p(4)10}^+ \cdot k_{i(4)}{}')$$
$$= - z_{10}^+ + (b_{3,10}^+ \cdot k_3{}' + b_{5,10}^+ \cdot k_5{}' + b_{8,10}^+ \cdot k_8{}'$$
$$+ b_{9,10}^+ \cdot k_9{}')$$
$$= -\frac{19}{3} + (\frac{29}{12} \cdot 18 + 1 \cdot 0 + (-\frac{1}{3}) \cdot 0 + 0 \cdot 2,9) = \underline{37\tfrac{1}{3}},$$

$$\underline{dbw_5} = -2,9 + 1 \cdot 18 = \underline{15,1},$$

$$\underline{dbw_6} = -\frac{19}{3} + \frac{29}{12} \cdot 18 = \underline{37\tfrac{1}{3}},$$

$$\underline{dbw_7} = 0 + 0 = \underline{0},$$

$$\underline{dbw_9} = 0 + 0 = \underline{0},$$

$$\underline{dbw_{10}} = -2,9 + 1 \cdot 18 + 1 \cdot 2,9 = \underline{18},$$

$$\underline{dbw_{11}} = -\frac{19}{3} + \frac{29}{12} \cdot 18 = \underline{37\tfrac{1}{3}},$$

$$\underline{dbw_{12}} = 0 + 0 = \underline{0},$$

$$\underline{dbw_{14}} = 0 + 0 = \underline{0},$$

$$\underline{dbw_{15}} = -2,9 + 1 \cdot 18 + 1 \cdot 2,9 = \underline{18}.$$

Hier wird also besonders deutlich, daß die wertmäßigen
Deckungsbeiträge von Produkten nichts darüber aussagen,

---

1) Vgl. S. 236f.,(22).
2) Vgl. S. 238,(23).

- 255 -

ob ein Produkt hergestellt wird oder nicht:[1] die Produkte 1,5,6,1o,11 und 15 haben positive wertmäßige Deckungsbeiträge, das heißt, ihre variablen Erlöse je Einheit sind größer als die Summe der einer Einheit von ihnen zugerechneten Opportunitätskosten und Grenzaufwendungen,[2] und werden im optimalen Produktionsprogramm dennoch nicht hergestellt.[3]

Hingegen ist auch hier die Höhe der Differenz aus dem Deckungsbeitrag eines Produktes und den einer Einheit dieses Produktes zugerechneten Opportunitätskosten charakteristisch dafür, daß dieses Produkt im optimalen Produktionsprogramm hergestellt wird oder nicht;[4] diese Differenz ist aber genau der mit -1 multiplizierte Zielkoeffizient des jeweiligen Produktes im optimalen Simplex-Tableau:[5]

Produkt	1	2	3	4	5	6	7	8	9	1o
$x_j^{\underline{b}}$	o	6oo	$183\frac{1}{3}$	$66\frac{2}{3}$	o	o	o	5oo	o	o
$-z_{j+m}^{+}$	$-\frac{196}{3}$[6]	o[7]	o[8]	o	-2,9	$-\frac{196}{3}$[6]	o[7]	o[8]	o	-2,9
dbw_j	$37\frac{1}{3}$	o	o	o	15,1	$37\frac{1}{3}$	o	o	o	18

Produkt	11	12	13	14	15
$x_j^{\underline{b}}$	o	o	$116\frac{2}{3}$	o	o
$-z_{j+m}^{+}$	$-\frac{196}{3}$[6]	o[7]	o[8]	o	-2,9
dbw_j	$37\frac{1}{3}$	o	o	o	18

---

1) Vgl. S. 241.

2) Vgl. S. 224.

3) Vgl. dagegen zum Beispiel Adam (197o), S. 37, S. 46 und S. 71.

4) Vgl. S. 24of.,(24), da für dieses Beispiel (21) erfüllt ist.

5) Vgl. S. 238,(23).

6) Diesen Wert gibt auch Adam an. Vgl. Adam (197o), S. 71.

7) Für das Erzeugnis 2 (Produkte 2, 7 und 12) ermittelt

6 Anwendbarkeit der entscheidungsorientierten Kostenwerte?

Die entscheidungsorientierten Kostenwerte der Faktoren,
die am unternehmerischen Produktionsprozeß beteiligt
sind, dienen der Vergleichbarkeit dieser Faktoren miteinander. Sie stellen Werte dar, die sich bei Vorliegen
der optimalen unternehmerischen Entscheidung bestimmen
lassen, und sind abhängig vom optimalen Produktionsprogramm und über dies vom vom Unternehmer angestrebten
Ziel und vom Entscheidungsfeld des Unternehmers.[1]

Daher sind die entscheidungsorientierten Kostenwerte im

Fortsetzung der Fußnoten der vorherigen Seite!

Adam die "positive Deckungsspanne" $19\frac{1}{3}$ als Kriterium.
Vgl. Adam (1970), S. 71. Dies sind aber genau die
einer Einheit des Erzeugnisses 2 ebenfalls zuzurechnenden Opportunitätskosten des Faktors "Absatz des
Erzeugnisses 2", die Adam offensichtlich vergißt, obwohl er an anderer Stelle betont, daß diese auch zu
berücksichtigen sind. Vgl. Adam (1970), S. 51f. Demnach ergibt sich aber etwa für das Produkt 2:

$$e_2 - k_2 - \sum_{i=1}^{9} a_{i2} z_i^{+} = 50 - (\frac{1}{2} \cdot 8 + \frac{5}{4} \cdot \frac{64}{3} + 1 \cdot \frac{58}{3}) =$$

$$(50 - \frac{1}{2} \cdot 8 - \frac{5}{4} \cdot \frac{64}{3}) - \frac{58}{3} = \frac{58}{3} - \frac{58}{3} = 0.$$

8) Für das Erzeugnis 3 (Produkte 3, 8 und 13) ermittelt
Adam die "positive Deckungsspanne" $\frac{43}{2}$. Vgl. Adam
(1970), S. 71. Dies sind genau die einer Einheit des
Erzeugnisses 3 zuzurechnenden Opportunitätskosten des
Faktors "Absatz des Erzeugnisses 3", die Adam nicht
berücksichtigt; so gilt etwa für das Produkt 3:

$$e_3 - k_3 - \sum_{i=1}^{9} a_{i3} z_i^{+} = 61,5 - (1 \cdot 8 + \frac{3}{2} \cdot \frac{64}{3} + 1 \cdot \frac{43}{2}) =$$

$$(61,5 - 8 - 32) - \frac{43}{2} = 21,5 - 21,5 = 0.$$

Adam ist demnach vorzuwerfen, daß er einerseits die
wertmäßigen Deckungsbeiträge und die Differenzen aus
Deckungsbeiträgen und zugerechneten Opportunitätskosten nicht unterscheidet, vgl. Adam (1970), S. 37, S.
46, S. 51f. und S. 71, und daß er andrerseits die
letzteren obendrein im Beispiel nicht richtig ermittelt.

1) Vgl. Kapitel 2, S. 38ff.

allgemeinen auch nicht in der Lage, die optimale Entscheidung ohne deren Kenntnis zu ermitteln.[1] Zur Bestimmung des optimalen Produktionsprogramms genügt vielmehr neben der Kenntnis des (unmittelbaren) Absatznutzens eines beliebigen realisierbaren Produktionsprogramms die Kenntnis des unmittelbaren Beschaffungsnutzens der an der Produktion beteiligten Faktoren.[2] Für das Ziel der Maximierung des kurzfristigen unternehmerischen Gewinns etwa bedeutet dies:

> Neben den (variablen) Erlösen der Produkte müssen lediglich die unmittelbaren variablen Aufwendungen je Einheit der Faktoren bekannt sein, damit unter Berücksichtigung des unternehmerischen Entscheidungsfeldes die optimale Entscheidung getroffen werden kann.[3]

Hierbei wurde nachgewiesen, daß "isolierte Entscheidungen" über einzelne Produkte anhand ihrer wertmäßigen Deckungsbeiträge, die nur bei Kenntnis der entscheidungsorientierten Kostenwerte bestimmt werden können, wenn zusätzliche Bedingungen erfüllt sind, im allgemeinen nicht möglich sind. Möglich sind solche "isolierte Entscheidungen" jedoch, wenn nur gewisse Bestandteile der entscheidungsorientierten Kostenwerte berücksichtigt werden. Indes muß auch hierzu im allgemeinen die optimale Entscheidung bereits bekannt sein.[4]

Im folgenden soll nun untersucht werden, inwieweit entscheidungsorientierte Kostenwerte beziehungsweise Bestandteile von ihnen bei der Lösung spezieller Probleme Hilfestellung zu leisten vermögen. Unterstellt wird dabei das Modell zur Bestimmung des optimalen Produktions-

---

1) Hierauf wurde zum Beispiel zu Beginn der vorliegenden Arbeit hingewiesen. Vgl. S. 1o.
2) Vgl. Kapitel 2, S. 38ff.
3) Vgl. S. 187ff.
4) Vgl. Kapitel 5.4, S. 222ff.

programms beim Ziel der Maximierung des kurzfristigen unternehmerischen Gewinns.[1]

6.1 Anwendbarkeit der entscheidungsorientierten Kostenwerte bei unveränderten Daten des Basismodells?

In der Literatur wird auf der Basis vorgegebener Entscheidungsmodelle eine Vielzahl von Sonderproblemen diskutiert, und es wird versucht, die jeweiligen Lösungen mithilfe der entscheidungsorientierten Bewertung der Faktoren zu bestimmen oder zumindest zu interpretieren. Zu solchen Sonderproblemen gehören unter anderem

1. die Bewertung unternehmereigener Faktoren, das heißt solcher Güter, die dem Unternehmer unmittelbar zur Verfügung stehen und ausschließlich der Produktion von anderen Gütern, die nur zum Tausch vorgesehen sind, dienen;[2] hierzu zählt insbesondere die Ermittlung des kalkulatorischen Eigenkapitalzinses[3], des kalkulatorischen Unternehmerlohnes[4] und des kalkulatorischen Unternehmerwagnisses[5],

2. die Bewertung von Faktoren, die dem Unternehmer un-

---

1) Vgl. S. 187ff.

2) Vgl. S. 8 und S. 13f.

3) Vgl. unter anderem Koch (1958), S. 383ff.;
Mellerowicz (1963), S. 1o, S. 14, S. 15 und S. 78ff.;
Kosiol (1964), S. 34ff.; Pohmer (1964), S. 337ff.;
Buchner (1967), S. 359ff.; Hax (1967), S. 754;
Zieschang (1969), S. 24ff., S. 99 und S. 1ooff.;
Heinen (197o), S. 65, S. 85f., S. 96, S. 99 und S.
1o7, und Swoboda (1973), S. 354.

4) Vgl. unter anderem Koch (1958), S. 383ff.;
Mellerowicz (1963), S. 1o, S. 14, S. 15f. und S. 42;
Kosiol (1964), S. 34ff.; Pohmer (1964), S. 337ff.;
Buchner (1967), S. 359ff.; Hax (1967), S. 754;
Zieschang (1969), S. 24ff., S. 99 und S. 1ooff.;
Heinen (197o), S. 63, S. 85f., S. 96, S. 99 und S.
1o7; Moews (197o), Sp. 1896 und Sp. 19oo, und Swoboda
(1973), S. 354.

5) Vgl. insbesondere Pohmer (1964), S. 337ff.

entgeltlich zur Verfügung gestellt wurden,[1]

3. die Bewertung von Faktoren, die zwar technisch identisch sind, jedoch zu unterschiedlichen Preisen erworben wurden,[2]

4. die Entscheidung zwischen Eigenfertigung und Fremdbezug[3] beziehungsweise zwischen Eigenverbrauch und
Verkauf[4],

5. die Ermittlung von Preisuntergrenzen[5] und von Preis-

---

1) Vgl. unter anderem Koch (1958), S. 371; Mellerowicz
(1963), S. 1o; Franke - Laux (197o), S. 4oo, und
Heinen (197o), S. 88ff.

2) Vgl. Kapitel 4, S. 147ff., und zum Beispiel
Schmalenbach (1919), S. 283f.; Koch (1958), S. 371;
Mellerowicz (1963), S. 465 und S. 513; Schmalenbach
(1963), S. 151, S. 211ff., S. 222ff., S. 231ff., S.
289f. und S. 488f.; Kosiol (1964), S. 95; Buchner
(1967), S. 363ff.; Mellerowicz (1968), S. 226, S.
233, S. 255ff. und S. 372f.; Adam (197o), insbesondere S. 99ff.; heinen (197o), S. 88ff., und Löcherbach.

3) Vgl. unter anderem Zuckerkandl (1925), S. 1oo3;
Schmalenbach (1963), S. 248; Kosiol (1964), S. 7o;
Coenenberg (1967); Männel (1968); Mellerowicz (1968),
S. 227, S. 24o und S. 367; Heinen (197o), S. 398 und
S. 491; Kilger (197o), S. 714ff.; Hölscher (1971);
Kruschwitz (1971); Männel (1971), S. 214ff.; Baugut
(1973); Kilger (1973a), S. 271ff., und Wild (1973),
S. 619.

4) Vgl. zum Beispiel Mayer (1925b), S. 112o; Mayer
(1928), S. 1221; Mellerowicz (1963), S. 144, S. 147
und S. 191; Schmalenbach (1963), S. 248, und
Kruschwitz (1971).

5) Vgl. zum Beispiel Schmalenbach (1919), S. 321ff. und
S. 355f.; Mayer (1925a), S. 1o3o; Schmalenbach
(1948), S. 62ff.; Mellerowicz (1952), S. 38; Koch
(1958), S. 356 und S. 394f.; Walther (1958), Sp.
24o8; Gälweiler (196o), Sp. 44o6; Hax (1961);
Bussmann (1963), S. 131f., S. 134 und S. 141;
Mellerowicz (1963), S. 74, S. 79, S. 2o6, S. 363, S.
5o1, S. 516ff. und S. 521; Schmalenbach (1963), S. 6,
S. 248, S. 475 und S. 49off.; Kosiol (1964), S. 69f.,
S. 86 und S. 283ff.; Hax (1965a), S. 2o2f.; Langen
(1966); Mellerowicz (1966), S. 63f., S. 65 und S. 67;
Mellerowicz (1968), S. 366; Petersdorff-Campen
(1968); Moews (1969), S. 72ff. und S. 13off.;
Zieschang (1969), S. 55f.; Busse von Colbe -
Eisenführ (197o); Hasenack (197o), Sp. 947; Kilger
(197o), S. 673ff.; Drumm (1972c), S. 472 und S.
475f.; Hax (1973) und Pack (1973).

obergrenzen[1],

6. die pretiale Lenkung[2],

7. die Bewertung von Zwischenerzeugnissen[3],

8. die Bestimmung innerbetrieblicher Verrechnungsprei-
se[4] und

9. die Bewertung von Kuppelprodukten[5].

---

1) Vgl. unter anderem Mellerowicz (1963), S. 1o6 und S.
516ff.; Schmalenbach (1963), S. 248; Kosiol (1964),
S. 7o; Münstermann (1966a), S. 35f.; Busse von Colbe
- Eisenführ (197o); Reichmann (1971) und Drumm
(1972c), S. 472 und S. 476f.

2) Vgl. zum Beispiel Schmalenbach (1948); Mellerowicz
(1952), S. 78f.; Schmalenbach (1963), S. 3f., S. 23,
S. 28, S. 158f., S. 18o, S. 2o3ff. und S. 243; Dlugos
(1964), S. 51of. und S. 516; Kosiol (1964), S. 98 und
S. 279; Hax (1965a), S. 2o7ff.; Hax (1965b), insbesondere S. 129ff. und S. 215ff.; Samuels (1965);
Münstermann (1966a), S. 35f.; Schneider (1966), insbesondere S. 268ff.; Vischer (1967), S. 112ff., S.
119ff. und S. 132ff.; Lücke (1969), S. 264ff.;
Zieschang (1969), S. 56ff. und S. 115ff.; Adam
(197o), S. 173ff., S. 185ff. und S. 196ff.; Hax
(197ob); Heinen (197o), S. 32f., S. 314ff. und S.
358ff.; Drumm (1972a), S. 128; Drumm (1972b); Drumm
(1972c); Koch (1972), S. 223ff., und Grochla (1973),
S. 569ff. und 576ff.

3) Vgl. unter anderem Stackelberg (1932), S. 585ff.;
Mellerowicz (1963), S. 65, S. 192 und S. 517f.;
Schmalenbach (1963), S. 246ff.; Hax (1965b), insbe-
sondere S. 164ff.; Buhr (1967), insbesondere S. 7o8;
Hasenack (197o), Sp. 949; Hax (197ob), Sp. 1434;
Männel (1971), S. 2o4 und S. 22o, und Riebel e.a.
(1973).

4) Vgl. unter anderem Stackelberg (1932), S. 585ff.;
Hax (1965b), insbesondere S. 129ff.; Kern (1965), S.
14of.; Münstermann (1966a), S. 35f.; Schneider
(1966), insbesondere S. 268ff.; Buhr (1967), S. 688f.
und S. 7o6ff.; Mellerowicz (1968), S. 237ff.;
Zieschang (1969), S. 19, S. 57ff. und S. 115;
Hasenack (197o), Sp. 949; Hax (197ob), Sp. 1432;
Drumm (1972b); Drumm (1972c); Koch (1972), S. 224,
Fußnote 3; Marquardt (1972), S. 13; Wälter (1972), S.
27f.; Poensgen (1973) und Riebel e.a. (1973).

5) Vgl. zum Beispiel Schmalenbach (1919), S. 28off.;
Stackelberg (1932), insbesondere S. 573; Riebel
(1955); Mellerowicz (1963), S. 14off.; Schmalenbach
(1963), S. 25, S. 249ff. und S. 29o; Hax (1965b),
insbesondere S. 164ff.; Riebel (197ob) und Riebel
e.a. (1973).

Die Untersuchung solcher Sonderprobleme ist im Grunde
- bei unveränderten Daten des Basismodells[1] - nicht
notwendig, da sämtliche spezielle Fragestellungen simultan gelöst werden, wenn unter Berücksichtigung des gesamten unternehmerischen Entscheidungsfeldes und des vom
Unternehmer angestrebten Zieles das optimale Produktionsprogramm bestimmt wird.

Im folgenden soll an einfachen Beispielen gezeigt werden, daß die Lösung solcher "isolierter" Probleme dennoch sinnvoll sein kann, jedoch nicht notwendig
sein muß. Ausgewählt wird hierzu das Problem, das daraus
resultiert, daß das Entscheidungssubjekt nicht über alle
Informationen über sein Entscheidungsfeld verfügt,[2] das
heißt, daß der Unternehmer nicht alle Verwendungsmöglichkeiten der Faktoren kennt, daß also sein Entscheidungsfeld nicht vollständig ist. Die gleiche Fragestellung ergibt sich, wenn das Entscheidungsfeld bewußt eingeschränkt wird, etwa bei der Beschränkung der Analyse
auf den Betrieb als einen Teil der Unternehmung[3], und
wenn somit ebenfalls Verwendungsmöglichkeiten von Faktoren außer Ansatz bleiben.[4] Hierzu wird das folgende
Beispiel gewählt:
Sei $n = 3$, $m = 4$, $\underline{e}^T = (10, 13, e_3)$, $\underline{k}'^T = (1, 1, 2, 1)$,

$$\underline{A} = \begin{pmatrix} 1 & 2 & 1 \\ 2 & 1 & 0 \\ 1 & 1 & 0 \\ 0 & 0 & 1 \end{pmatrix}, \quad \underline{b} = \begin{pmatrix} 100 \\ 100 \\ 60 \\ 150 \end{pmatrix}.$$

---

1) Hier also des Modells zur Bestimmung des optimalen
Produktionsprogramms beim Ziel der Maximierung des
kurzfristigen unternehmerischen Gewinns. Vgl. S.
257f. und S. 187ff.

2) In diesem Fall ist somit die Informationsprämisse
nicht erfüllt. Zur Informationsprämisse vgl.
Münstermann (1966a), S. 22ff.

3) Zur Abgrenzung der Begriffe "Unternehmung" und "Betrieb" vgl. zum Beispiel Gutenberg (1969), S. 493ff.

4) Etwa die Anlage des Eigenkapitals des Unternehmers
am Kapitalmarkt.

<u>1. Fall</u>: $e_3 = 8$

<u>a) Teilmodell</u>:

Im Teilmodell bleibe das Produkt 3 außer Ansatz[1]:

$$\text{Maximiere } DB^B(\underline{x})^{[2]} = 10x_1 + 13x_2 - (1\cdot1+2\cdot1+1\cdot2)x_1$$
$$- (2\cdot1+1\cdot1+1\cdot2)x_2{}^{[3]}$$
$$= 5x_1 + 8x_2$$

unter den Nebenbedingungen:

$$x_1 + 2x_2 \leqq 100$$
$$2x_1 + x_2 \leqq 100$$
$$x_1 + x_2 \leqq 60$$
$$x_1, x_2 \geqq 0.$$

Aus den Simplex-Tableaus

y_1	y_2	y_3	x_1	x_2	$DB^B(\underline{x})$
o	o	o	-5	-8	o
1			1	2	1oo
	1		2	1	1oo
		1	1	1	6o
4	o	o	-1	o	4oo
$\frac{1}{2}$			$\frac{1}{2}$	1	5o
$-\frac{1}{2}$	1		$\frac{3}{2}$		5o
$-\frac{1}{2}$		1	$\frac{1}{2}$		1o
3	o	2	o	o	42o
1		-1		1	4o
1	1	-3			2o
-1		2	1		2o

ergibt sich als optimales "Teilprogramm":

$$x_1{}^B = 20, \quad x_2{}^B = 40 \text{ mit } 420 \text{ als zugehörigem Deckungs-}$$
beitrag. Hierbei ist der Faktor 1 relativ knapp.

---

1) Es wird also eine Verwendungsmöglichkeit des Faktors
   1 nicht berücksichtigt. Der Faktor 4 stellt etwa die
   Absatzaktivität für das Produkt 3 dar; er kann dann
   ebenfalls außer acht gelassen werden.

2) DB^B bezeichnet den (Gesamt-) Deckungsbeitrag des "Betriebes".

3) Vgl. S. 189.

Das Problem ist nun, wie dies Ergebnis korrigiert werden kann unter Berücksichtigung der Tatsache, daß nicht alle Verwendungsmöglichkeiten des Faktors 1 in die "Teilplanung" eingegangen sind.

Hierzu werde zunächst die Herstellung von Produkt 3 allein untersucht:

b) <u>Ausschließliche Herstellung von Produkt 3:</u>

Als optimale Herstellmenge x_3^{opt} für Produkt 3 ergibt sich:

$$x_3^{opt} = 1oo \text{ mit } DB^3 = 6oo = (8-(1 \cdot 1 + 1 \cdot 1)) \cdot 1oo \text{ als}$$

Deckungsbeitrag, der also größer ist als der optimale Deckungsbeitrag des Betriebes von 42o.

Ist nun diese Verwendungsmöglichkeit des Faktors 1 nicht bekannt, so ist offensichtlich, daß das Ergebnis aus dem Teilmodell nicht korrigiert werden kann. Erhält der Unternehmer jedoch nach vollzogener Betriebsplanung Kenntnis von dieser weiteren Verwendungsmöglichkeit des Faktors 1, so kann er in diesem Fall seine Planung nachträglich korrigieren, indem er die Produkte 1 und 2 zusätzlich mit dem von ihnen jeweils verdrängten Deckungsbeitrag des Produktes 3, bezogen auf den Faktor 1, belastet[1]:

Je Einheit von Produkt 1 wird eine Einheit des Faktors 1 benötigt, mit der von Produkt 3 eine Einheit mit dem Deckungsbeitrag von 6 hergestellt werden kann:

Korrigierter Deckungsbeitrag db_1^k von Produkt 1
= 5 - 1·6 = -1.

Analog ergibt sich:

Korrigierter Deckungsbeitrag db_2^k von Produkt 2
= 8 - 2·6 = -4.

---

1) Zu dieser Vorgehensweise vgl. insbesondere Sieben e.a. (HWF), S. 3ff.

c) Korrigiertes Teilmodell:

Die korrigierten Deckungsbeiträge der Produkte 1 und 2
sind negativ und weisen daraufhin, daß von diesen beiden
Produkten nichts hergestellt werden sollte, daß vielmehr
ausschließlich das Produkt 3 ins Programm aufzunehmen
ist.

Auf diese Weise ergibt sich in der Tat das optimale Produktionsprogramm:

d) Gesamtmodell:

y_1	y_2	y_3	y_4	x_1	x_2	x_3	$DB(\underline{x})$
o	o	o	o	-5	-8	-6	o
1				1	2	1	1oo
	1			2	1	o	1oo
		1		1	1	o	6o
			1	o	o	1	15o
6	o	o	o	1	4	o	6oo
1				1	2	1	1oo
o	1			2	1		1oo
o		1		1	1		6o
-1			1	-1	-1		5o

$$\underline{x}^{\underline{b}} = \begin{pmatrix} o \\ o \\ 1oo \end{pmatrix}, \quad \underline{b}_{opt} = \begin{pmatrix} 1oo \\ o \\ o \\ 1oo \end{pmatrix}.$$

Mithilfe des optimalen Simplex-Tableaus zum Gesamtmodell lassen sich auch die korrigierten Deckungsbeiträge der Produkte 1 und 2 interpretieren:
Für Produkt 1:

$$db_1^{\,k} = -1 = \text{Differenz aus dem Deckungsbeitrag des}$$
Produktes 1 und den einer Einheit des Produktes 1 zu-
gerechneten Opportunitätskosten[1] = Differenz aus dem
Deckungsbeitrag des Produktes 1 und den einer Einheit
des Produktes 1 zugerechneten Opportunitätskosten des
Faktors 1[2].

---

1) Vgl. S. 238,(23).
2) -1 = 5 - 1·6.

Für Produkt 2:

$db_2{}^k = -4$ = Differenz aus dem Deckungsbeitrag des Produktes 2 und den einer Einheit des Produktes 2 zugerechneten Opportunitätskosten[1] = Differenz aus dem Deckungsbeitrag des Produktes 2 und den einer Einheit des Produktes 2 zugerechneten Opportunitätskosten des Faktors 1[2].

2. Fall: $e_3 = 6{,}5$

a) Teilmodell:

Optimales Teilprogramm: $x_1{}^B = 20$, $x_2{}^B = 40$.

Zugehöriger Deckungsbeitrag: $DB^B = 420$.[3]

b) Ausschließliche Herstellung von Produkt 3:

$x_3{}^{opt} = 100$ mit $DB^3 = 450 = (6{,}5-(1\cdot1+1\cdot1))\cdot100 > 420 = DB^B$.

c) Korrigiertes Teilmodell:

$db_1{}^k = 5 - 1\cdot4{,}5 = 0{,}5,$

$db_2{}^k = 8 - 2\cdot4{,}5 = -1,$

y_1	y_2	y_3	x_1	x_2	$DB^k(\underline{x})$
o	o	o	$-\frac{1}{2}$	1	o
1			1	2	100
	1		2	1	100
		1	1	1	60
o	$\frac{1}{4}$	o	o	$\frac{5}{4}$	25
1	$-\frac{1}{2}$			$\frac{3}{2}$	50
	$\frac{1}{2}$		1	$\frac{1}{2}$	50
	$-\frac{1}{2}$	1		$\frac{1}{2}$	10

$$\underline{x}^{k[4]} = \begin{pmatrix} 50 \\ o \end{pmatrix}, \quad DB^{k[5]} = 25.$$

---

1) Vgl. S. 238,(23).

2) $-4 = 8 - 2\cdot6$.

3) Vgl. S. 262.

4) x^k bezeichnet das optimale Produktionsprogramm des korrigierten Teilmodells.

- 266 -

d) Gesamtmodell:

y_1	y_2	y_3	y_4	x_1	x_2	x_3	$DB(\underline{x})$
0	0	0	0	-5	-8	-4,5	0
1				1	2	1	1oo
	1			2	1	o	1oo
		1		1	1	o	6o
			1	o	o	1	15o
0	$\frac{5}{2}$	0	0	0	$-\frac{11}{2}$	-4,5	25o
	$-\frac{1}{2}$				$\frac{3}{2}$	1	5o
	$\frac{1}{2}$			1	$\frac{1}{2}$	o	5o
	$-\frac{1}{2}$	1			$\frac{1}{2}$	o	1o
	o		1		o	1	15o
4,5	$\frac{1}{4}$	0	0	0	$\frac{5}{4}$	o	475
1	$-\frac{1}{2}$				$\frac{3}{2}$	1	5o
o	$\frac{1}{2}$			1	$\frac{1}{2}$	o	5o
o	$-\frac{1}{2}$	1			$\frac{1}{2}$	o	1o
-1	$\frac{1}{2}$		1		$-\frac{3}{2}$		1oo

$$\underline{x}^b = \begin{pmatrix} 5o \\ o \\ 5o \end{pmatrix}, \; DB = 475.$$

Hierbei gilt offensichtlich:

$$\underline{\underline{DB}} = 475 = 45o + 25 = \underline{\underline{DB^3 + DB^k}},$$

$db_1^k = o,5 = o + o,5 =$ Differenz aus dem Deckungsbeitrag des Produktes 1 und den einer Einheit des Produktes 1 zugerechneten Opportunitätskosten[1] zuzüglich den einer Einheit des Produktes 1 zugerechneten Opportunitätskosten des Faktors 2[2] = Differenz aus dem Deckungsbeitrag des Produktes 1 und den einer Einheit des Produktes 1 zugerechneten Opportunitätskosten des Faktors 1[3],

---

Fortsetzung der Fußnoten der vorherigen Seite!

5) DB^k bezeichnet den korrigierten (Gesamt-) Deckungsbeitrag.

1) Vgl. S. 238,(23).

2) $o,5 = 2 \cdot \frac{1}{4}$.

3) $o,5 = 5 - 1 \cdot 4,5$.

$$db_2{}^k = -1 = -\frac{5}{4} + \frac{1}{4} = \text{Differenz aus dem Deckungsbei-}$$

trag des Produktes 2 und den einer Einheit des Produktes 2 zugerechneten Opportunitätskosten[1] zuzüglich den einer Einheit des Produktes 2 zugerechneten
Opportunitätskosten des Faktors 2[2] = Differenz aus
dem Deckungsbeitrag des Produktes 2 und den einer
Einheit des Produktes 2 zugerechneten Opportunitätskosten des Faktors 1[3].

3. Fall: $e_3 = 5,5$

a) Teilmodell:

$$x_1{}^B = 20, \quad x_2{}^B = 40, \quad DB^B = 420.[4]$$

b) Ausschließliche Herstellung von Produkt 3:

$$x_3{}^{opt} = 100, \quad DB^3 = 350 = (5,5-(1\cdot1+1\cdot1))\cdot100 <$$

$$420 = DB^B.$$

c) Korrigiertes Teilmodell:

$$db_1{}^k = 5 - 1\cdot3,5 = 1,5,$$

$$db_2{}^k = 8 - 2\cdot3,5 = 1,$$

y_1	y_2	y_3	x_1	x_2	$DB^k(\underline{x})$
0	0	0	$-\frac{3}{2}$	-1	0
1			1	2	100
	1		2	1	100
		1	1	1	60
0	$\frac{3}{4}$	0	0	$-\frac{1}{4}$	75
1	$-\frac{1}{2}$			$\frac{3}{2}$	50
	$\frac{1}{2}$		1	$\frac{1}{2}$	50
	$-\frac{1}{2}$	1		$\frac{1}{2}$	10
0	$\frac{1}{2}$	$\frac{1}{2}$	0	0	80
1	1	-3			20
	1	-1	1		40
	-1	2		1	20

---

1) Vgl. S. 238,(23).

2) $\frac{1}{4} = 1\cdot\frac{1}{4}.$

3) $-1 = 8 - 2\cdot4,5.$ Vgl. auch S. 265.

$$\underline{x}^k = \begin{vmatrix} 40 \\ 20 \end{vmatrix}, \quad DB^k = 80.$$

d) <u>Gesamtmodell</u>:

y_1	y_2	y_3	y_4	x_1	x_2	x_3	DB($\underline{x}$)
o	o	o	o	-5	-8	-3,5	o
1					1	2	1	100
	1				2	1	o	100
		1			1	1	o	60
			1	o	o	1	150
4	o	o	o	-1	o	$\frac{1}{2}$	400
$\frac{1}{2}$				$\frac{1}{2}$	1	$\frac{1}{2}$	50
$-\frac{1}{2}$	1			$\frac{3}{2}$		$-\frac{1}{2}$	50
$-\frac{1}{2}$		1		$\frac{1}{2}$		$-\frac{1}{2}$	10
o			1	o		1	150
3	o	2	o	o	o	$-\frac{1}{2}$	420
1		-1		1		1	40
1	1	-3				1	20
-1		2	1			-1	20
o		o	1			1	150
3,5	0,5	0,5	o	o	o	o	430
o	-1	2		1			20
1	1	-3				1	20
o	1	-1	1				40
-1	-1	3	1				130

$$\underline{x}^b = \begin{vmatrix} 40 \\ 20 \\ 20 \end{vmatrix}, \quad DB = 430.$$

Hierbei gilt offensichtlich:

$$\underline{\underline{DB}} = 430 = 350 + 80 \underline{\underline{= DB^3 + DB^k}},^{1)}$$

$db_1{}^k = 1,5 =$ Differenz aus dem Deckungsbeitrag des Produktes 1 und den einer Einheit des Produktes 1 zugerechneten Opportunitätskosten des Faktors 1[2],

$db_2{}^k = 1 =$ Differenz aus dem Deckungsbeitrag des Produktes 2 und den einer Einheit des Produktes 2 zuge-

---

Fortsetzung der Fußnoten der vorherigen Seite!

4) Vgl. S. 262.

1) Vgl. S. 266.

2) 1,5 = 5 - 1·3,5. Vgl. S. 266.

rechneten Opportunitätskosten des Faktors 1[1].

Auf eine weiter gehende Analyse des Beispiels beziehungsweise auf entsprechende allgemeine Ausführungen sei hier verzichtet. Festgehalten werden kann jedoch das folgende:

Bei den diskutierten Versionen des angeführten Beispiels[2] ist es möglich, die Opportunitätskosten eines Faktors zu bestimmen, ohne daß das optimale Produktionsprogramm bestimmt ist.[3] Unter Berücksichtigung dieser Opportunitätskosten in der angegebenen Weise[4] lassen sich sodann das optimale Produktionsprogramm des Gesamtmodells und der zugehörige Deckungsbeitrag mithilfe des korrigierten Teilmodells ermitteln.[5]

Wird hingegen die erste Version[6] dahingehend geändert, daß vom Produkt 3 maximal 1o Einheiten[7] abgesetzt werden können, so ergibt sich bei im übrigen unveränderten Daten:

a) Teilmodell:

$$x_1^B = 2o, \quad x_2^B = 4o, \quad DB^B = 42o.[8]$$

---

1) 1 = 8 - 2·3,5. Vgl. S. 267.

2) Siehe S. 261ff.

3) Vgl. S. 264f., S. 266f. und S. 268f.

4) Vgl. S. 263, S. 265 und S. 267.

5) Vgl. S. 265f. und S. 267f. Die Bestimmung des optimalen Produktionsprogramms sei an der letzten Version des Beispiels, vgl. S. 267f., erläutert: $\underline{x}^k = \begin{vmatrix} 4o \\ 2o \end{vmatrix}$; zugehöriger variabler Verbrauch r_1 des Faktors 1: $r_1 = 1·4o + 2·2o = 8o$; es können demnach noch $1oo - 8o = 2o$ Einheiten des Faktors 1 zur Herstellung des Produktes 3 verwandt werden; somit gilt: $x_3 = 2o$.

6) Siehe S. 261ff.

7) Statt oben 15o. Vgl. S. 261 und S. 262, Fußnote 1.

8) Vgl. S. 262.

b) Ausschließliche Herstellung von Produkt 3:

$$x_3^{opt} = 10, \quad DB^3 = 6 \cdot 10 = 60.$$

c) Gesamtmodell:

y_1	y_2	y_3	y_4	x_1	x_2	x_3	$DB(\underline{x})$
0	0	0	0	-5	-8	-6	0
1				1	2	1	100
	1			2	1	0	100
		1		1	1	0	60
			1	0	0	1	10
0	0	0	6	-5	-8	0	60
1			-1	1	2		90
	1		0	2	1		100
		1	0	1	1		60
			1	0	0	1	10
4	0	0	2	-1	0	0	420
$\frac{1}{2}$			$-\frac{1}{2}$	$\frac{1}{2}$	1		45
$-\frac{1}{2}$	1		$\frac{1}{2}$	$\frac{3}{2}$			55
$-\frac{1}{2}$		1	$\frac{1}{2}$	$\frac{1}{2}$			15
0			1	0		1	10
3	0	2	3	0	0	0	450
1		-1	-1		1		30
1	1	-3	-1				10
-1		2	1	1			30
0		0	1			1	10

$$\underline{x}^b = \begin{pmatrix} 30 \\ 30 \\ 10 \end{pmatrix}, \quad DB = 450.$$

Hier läßt sich das Teilmodell ohne weiteres nicht
dahingehend korrigieren, daß das optimale Produktionsprogramm bestimmt werden kann, ohne sämtliche Verwendungsmöglichkeiten der gegebenen Faktoren simultan zu
berücksichtigen.

Eine Lösung des Problems, das aus der Unvollständigkeit
des Entscheidungsfeldes resultiert, ist demnach ohne
Kenntnis des optimalen Produktionsprogramms und des zugehörigen optimalen Simplex-Tableaus im allgemeinen
nicht möglich.

6.2 Anwendbarkeit der entscheidungsorientierten Kostenwerte bei Änderung von Daten des Basismodells?

Ist das unter dem Ziel der **Maximierung** des kurzfristigen unternehmerischen Gewinns optimale Produktionsprogramm für eine vorgegebene Planungsperiode bestimmt, so ist es möglich, daß im Ablauf dieser Periode Änderungen von Daten, insbesondere des Entscheidungsfeldes des Unternehmers, auftreten, die eine Revision der Planung und damit des Basismodells zumindest für die nachfolgende Periode erzwingen können. Die Auswirkungen solcher Änderungen lassen sich allgemein mithilfe von Sensitivitätsanalysen bestimmen,[1] eine Bewertung der Faktoren im Sinne entscheidungsorientierter Kostenwerte beziehungsweise wertmäßiger Kosten unter Berücksichtigung solcher Datenänderungen erübrigt sich demnach.

Im folgenden soll dennoch beispielhaft anhand der Entscheidung über die Annahme oder die Ablehnung eines Zusatzauftrages[2] gezeigt werden, daß diese Entscheidung mithilfe von entscheidungsorientierten Kostenwerten beziehungsweise Bestandteilen von ihnen interpretiert werden kann, jedoch nicht notwendig derartig interpretierbar sein muß. Hierzu diene das folgende Beispiel:[3]

Sei $n = 2$, $m = 3$, $\underline{e}^T = (135 \, , \, 255)$, $\underline{k}^T =$

$$(65,87 \, , \, 1o3,29), \quad \underline{A} = \begin{pmatrix} \frac{1}{3} & \frac{3}{2} \\ 1 & o \\ o & 1 \end{pmatrix}, \quad \underline{b} = \begin{pmatrix} 9oo \\ 6oo \\ 48o \end{pmatrix}.$$

---

1) Vgl. insbesondere Dinkelbach (1969a).

2) Diese Entscheidung hängt natürlich von den Deckungsbeiträgen der Produkte des Zusatzauftrages ab. Wird die Untersuchung auf ein neues Produkt beschränkt, so ist letztlich der Erlös dieses Produktes ausschlaggebend. Die Entscheidung kann dann anhand von "Preisuntergrenzen" gefällt werden. Vgl. hierzu neben der bereits oben angegebenen Literatur, vgl. S. 259, Fußnote 5, zum Beispiel Hax (1965a), S. 2o9f., und Hax (1965b), S. 161ff.

3) Die Daten sind überwiegend Männel (1968), S. 65ff., entnommen.

1. Optimales Produktionsprogramm:

y_1	y_2	y_3	x_1	x_2	DB($\underline{x}$)
o	o	o	-69,13	-151,71	o
1			$\frac{1}{3}$	$\frac{3}{2}$	9oo
	1		1	o	6oo
		1	o	1	48o
o	69,13	o	o	-151,71	41478
1	$-\frac{1}{3}$			$\frac{3}{2}$	7oo
	1		1	o	6oo
	o	1		1	48o
1o1,14	$\frac{425}{12}$	o	o	o	112276
$\frac{2}{3}$	$-\frac{2}{9}$			1	$466\frac{2}{3}$
o	1		1		6oo
$-\frac{2}{3}$	$\frac{2}{9}$	1			$13\frac{1}{3}$

$$\underline{x}^{b} = \begin{pmatrix} 6oo \\ 466\frac{2}{3} \end{pmatrix}, \quad DB = 112276.$$

2. Neues Produkt:

Dem Unternehmer wird angeboten, ein weiteres Produkt
herzustellen, das variable Aufwendungen von 64,75 DM je
Einheit verursacht. Je Einheit dieses Produktes wird
eine Einheit des Faktors 1 benötigt, der Auftraggeber
würde maximal 4oo Einheiten abnehmen. Der Unternehmer
hat nun zwei Aufgaben zu lösen. Einerseits muß er den
Erlös bestimmen, den das neue Produkt mindestens erzielen muß, damit er den Zusatzauftrag annehmen kann; andrerseits muß er das neue optimale Produktionsprogramm
- unter Einschluß des neuen Produktes - bestimmen, wenn
er den Zusatzauftrag annimmt.

Beide Probleme lassen sich gemeinsam mithilfe der Linearen Programmierung lösen:

3. Bestimmung des optimalen Produktionsprogramms unter Berücksichtigung des neuen Produktes:

Ist e_3 der noch nicht spezifizierte Erlös des neuen Pro-
duktes, so ergibt sich mit $\hat{n} = 3$, $\hat{m} = 4$, $\underline{\hat{e}}^T =$
(135 , 255 , e_3), $\underline{\hat{k}}^T = (65,87$, 1o3,29 , 64,75),

$$\overset{\wedge}{\underline{A}} = \begin{pmatrix} 1 & \frac{3}{3} & 1 \\ \frac{3}{3} & \frac{3}{2} & 1 \\ 1 & 0 & 0 \\ 0 & 1 & 0 \\ 0 & 0 & 1 \end{pmatrix} \quad \text{und} \quad \overset{\wedge}{\underline{b}} = \begin{pmatrix} 900 \\ 600 \\ 480 \\ 400 \end{pmatrix} :$$

y_1	y_2	y_3	y_4	x_1	x_2	x_3	$DB(\underline{x})$
o	o	o	o	-69,13	-151,71	$64,75-e_3$	o
1				$\frac{1}{3}$	$\frac{3}{2}$	1	9oo
	1			1	o	o	600
		1		o	1	o	48o
			1	o	o	1	400
o	69,13	o	o	o	-151,71	$64,75-e_3$	41478
1	$-\frac{1}{3}$				$\frac{3}{2}$	1	7oo
	1		1		o	o	600
	o	1			1	o	48o
	o		1		o	1	400
1o1,14	$\frac{425}{12}$	o	o	o	o	$165,89-e_3$	112276
$\frac{2}{3}$	$-\frac{2}{9}$				1	$\frac{2}{3}$	$\frac{1400}{3}$
o	1			1		o	600
$-\frac{2}{3}$	$\frac{2}{9}$	1				$-\frac{2}{3}$	$\frac{40}{3}$
o	o		1			1	400

Ist $e_3 < 165,89$, so muß der Unternehmer den Zusatzauftrag ablehnen; gilt hingegen $e_3 \geqq 165,89$, so ergibt sich als optimales Simplex-Tableau:

y_1	y_2	y_3	y_4	x_1	x_2	x_3	$DB(\underline{x})$
1o1,14	$\frac{425}{12}$	o	$e_3-165,89$	o	o	o	$45920+400e_3$
$\frac{2}{3}$	$-\frac{2}{9}$		$-\frac{2}{3}$		1		2oo
o	1		o	1			600
$-\frac{2}{3}$	$\frac{2}{9}$	1	$\frac{2}{3}$				28o
o	o		1			1	400

$$\text{mit} \quad \underline{x}^{\hat{b}} = \begin{pmatrix} 600 \\ 2oo \\ 400 \end{pmatrix} \quad \text{und} \quad DB = 45920 + 400 \cdot e_3.$$

4. Interpretation:

Der Betrag von 165,89 DM, der den mindestens zu erzielenden Erlös des neuen Produktes darstellt, damit der Unternehmer den Zusatzauftrag annehmen kann, ist gleich der Summe aus den variablen Aufwendungen einer Einheit

des neuen Produktes und den einer Einheit des neuen Produktes zugerechneten Opportunitätskosten des Faktors
1:[1]

$$165,89 = 64,75 + 1 \cdot 1o1,14.$$

Der Erlös des neuen Produktes muß also mindestens die
von einer Einheit dieses Produktes verursachten variablen Aufwendungen und die einer Einheit dieses Produktes
zuzurechnenden Opportunitätskosten des Faktors 1 kompen-
sieren, damit das neue Produkt in das Produktionsprogramm aufgenommen werden kann. Diese "Preisuntergrenze"
läßt sich in diesem Beispiel sogar bereits anhand des
optimalen Simplex-Tableaus ermitteln, das vor der Kenntnis des Zusatzauftrages bestimmt worden ist.[2]

Die angeführte Interpretation dieser "Preisuntergrenze"
trifft jedoch, trotz der speziellen Struktur des Beispiels,[3] bereits bei einer geringfügigen Modifikation
nicht mehr zu. Ist der Auftraggeber bereit, naximal 75o
Einheiten des neuen Produktes abzunehmen, so ergibt sich
zwar die gleiche "Preisuntergrenze" für dieses Produkt,
die Opportunitätskosten des Faktors 1 ändern sich aber:

y_1	y_2	y_3	y_4	x_1	x_2	x_3	$DB(\underline{x})$
o	o	o	o	$-69,13$	$-151,71$	$64,75-e_3$	o
1				$\frac{1}{3}$	$\frac{3}{2}$	1	9oo
	1			1	o	o	6oo
		1		o	1	o	48o
			1	o	o	1	75o
o	$69,13$	o	o	o	$-151,71$	$64,75-e_3$	41478
1	$-\frac{1}{3}$				$\frac{3}{2}$	1	7oo
	1			1	o	o	6oo
	o	1			1	o	48o
	o		1		o	1	75o

---

1) Die Bedingung (21) von S. 234 ist für i = 1 erfüllt.

2) Vgl. S. 272.

3) Lediglich der Faktor 1 wird zur Herstellung von mehr
   als einem Produkt benötigt. Vgl. hierzu auch Kapitel
   5.2, S. 2o3ff.

y_1	y_2	y_3	y_4	x_1	x_2	x_3	$DB(\underline{x})$
$101,14$	$\frac{425}{12}$	o	o	o	o	$165,89-e_3$	112276
$\frac{2}{3}$	$-\frac{2}{9}$				1	$\frac{2}{3}$	$\frac{1400}{3}$
o	$\frac{1}{9}$			1		o	600
$-\frac{2}{3}$	$\frac{2}{9}$	1				$-\frac{2}{3}$	$\frac{40}{3}$
o	o		1			1	750
$e_3-64,75$	$\frac{1}{3}(272,14-e_3)$	o	o	o	$\frac{3}{2}e_3-248,835$	o	$700e_3-3847$
1	$-\frac{1}{3}$				$\frac{3}{2}$	1	700
o	$\frac{1}{3}$			1	o		600
o	o	1			1		480
-1	$\frac{1}{3}$		1		$-\frac{3}{2}$		50

Die "Preisuntergrenze" beträgt auch hier 165,89 DM.[1]
Für die Summe aus den von einer Einheit des neuen Produktes verursachten variablen Aufwendungen und den einer
Einheits dieses Produktes zugerechneten Opportunitätskosten des Faktors 1 gilt hingegen:[2]

$$64,75 + 1 \cdot (e_3-64,75) = e_3 \neq 165,89 \text{ für } e_3 > 165,89.$$

Auch mithilfe des Zielfunktionskoeffizienten des neuen
Produktes im optimalen Simplex-Tableau läßt sich eine
entsprechende Interpretation der "Preisuntergrenze"
nicht herleiten; es ergibt sich nämlich nur die triviale
Aussage:[3]

$$e_3 = e_3.$$

---

1) Vgl. den Zielfunktionskoeffizienten $165,89-e_3$ des
   dritten Produktes im ersten Simplex-Tableau auf dieser Seite.
2) Die Bedingung (21) von S. 234 ist für $i = 1$ erfüllt.
3) Es ergibt sich gemäß (24)(b) von S. 240 mit $j = 3$ und
   $m = 4$:
   $$e_3-64,75 = 1 \cdot (e_3-64,75) + 1 \cdot o \text{ beziehungsweise}$$
   $$e_3 = e_3.$$

6.3 Zusammenfassung

Sind die entscheidungsorientierten Kostenwerte beziehungsweise die Opportunitätskosten der am unternehmerischen Produktionsprozeß beteiligten Faktoren bekannt, so kann es in speziellen Entscheidungssituationen möglich sein, mit ihrer Hilfe das optimale Produktionsprogramm zu bestimmen[1] oder die optimale Entscheidung zu interpretieren[2].

Indes läßt sich auch im allgemeinen Modell zur Bestimmung des optimalen Produktionsprogramms beim Ziel der Maximierung des kurzfristigen unternehmerischen Gewinns die Tatsache, daß ein Produkt im optimalen Produktionsprogramm hergestellt wird oder nicht, anhand der den Produkten zugerechneten Opportunitätskosten charakterisieren, wenn zusätzliche Bedingungen erfüllt sind.[3]

Daher erscheint es verständlich, daß in der Literatur wiederholt der Versuch unternommen wurde, das Dilemma zu lösen, das darin besteht, daß im allgemeinen die entscheidungsorientierten Kostenwerte beziehungsweise die wertmäßigen Kosten der Faktoren erst bestimmt werden können, wenn das optimale Produktionsprogramm ermittelt ist. Da solche Lösungsversuche im allgemeinen allein aus logischen Gründen zum Scheitern verurteilt sind, braucht hier jedoch nicht darauf eingegangen zu werden.[4]

---

1) Vgl. S. 269. Vgl. auch S. 219, Fußnote 4.

2) Vgl. S. 273f.

3) Vgl. S. 24of.,(24).

4) Zu solchen Lösungsvorschlägen vgl. insbesondere Kirsch (1968), S. 53ff., und Adam (197o), S. 185ff. und S. 2o1ff. Daß die dort angeführten Lösungen des Dilemmas nicht richtig sind, läßt sich obendrein durch eine eingehende Analyse der jeweiligen Ausführungen nachweisen. Da dieser Nachweis notwendig mathematischer Natur und relativ umfangreich ist, soll hier darauf verzichtet werden, zumal das Ergebnis dieses Nachweises, nämlich daß die Lösungsvorschläge nicht zutreffen, wenig konstruktiv erscheint.

Abschließend läßt sich somit festhalten:
Die Theorie der entscheidungsorientierten Kostenwerte
dient ausschließlich der Bewertung der am unternehmerischen Produktionsprozeß beteiligten Faktoren. Die entscheidungsorientierten Kostenwerte stellen dabei lediglich aus der Zielvorstellung des Entscheidungssubjektes
abgeleitete Werte dar,[1] die die Bedeutung der Faktoren
für das Entscheidungssubjekt bei vollzogener optimaler
Entscheidung wiedergeben und die Faktoren untereinander
vergleichbar machen im Sinne der vorgegebenen Zielvorstellung.

Ob ein realisierbares Produktionsprogramm optimal ist
oder nicht, wird - bei linearer Zielfunktion und linea-
rem Produktionsprozeß - allgemein anhand von Kriterien
überprüft, die die Theorie der Linearen Programmierung
bereitstellt.[2] Liegt das optimale Produktionsprogramm
vor, so können diese Kriterien für die einzelnen Produkte[3] mithilfe der Theorie der Bewertung der Faktoren interpretiert werden, wenn zusätzliche Bedingungen erfüllt
sind;[4] denn dann stimmen die Grenznutzen der Faktoren
mit den Zielfunktionskoeffizienten der zugehörigen
Schlupfvariablen im optimalen Simplex-Tableau überein.[5]

---

1) Vgl. S. 42, Fußnote 1.
2) Vgl. das Simplex-Kriterium, S. 32o,A 2.7.21.
3) Vgl. S. 238,(23).
4) Vgl. S. 24of.,(24).
5) Vgl. S. 234,(21), und S. 1o7,(11).

Verzeichnis der im Text verwandten Symbole

Symbol	Bedeutung	Seite
n	Anzahl der Produkte	18
x_j	Herstellmenge des Produktes j	18
M_j	Liste der zur Herstellung des Produktes j benötigten Faktorarten	18
R_j	Liste der Anzahlen der von den einzelnen Faktorarten zur Herstellung des Produktes j benötigten Einheiten	18
m	Anzahl der Faktor(art)en	21
b_i	Maximale Anzahl der verfügbaren Einheiten des Faktors i	22
r_i	Anzahl der zur Produktion benötigten Einheiten des Faktors i	22
M_i'	Liste der Produktarten, zu deren Herstellung der Faktor i benötigt wird	22
R_i'	Liste der für eine Einheit des jeweiligen Produktes benötigten Einheiten des Faktors i	23
$\underline{x} = (x_j)_{j=1,\ldots,n}$	Produktionsprogramm	23
$\underline{r} = (r_i)_{i=1,\ldots,m}$	Gesamter Faktorverbrauch	24
A	Transformationsfunktion	24
A'	Transformationsfunktion	24
a_i	i-te Komponente von A	24
a_j'	j-te Komponente von A'	24
$\underline{b} = (b_i)_{i=1,\ldots,m}$	Maximal verfügbare Mengen aller Faktoren	25
$\underline{A} = (a_{ij})_{\substack{i=1,\ldots,m \\ j=1,\ldots,n}}$	(m,n)-Matrix ($\underline{A}\underline{x} = A(\underline{x})$, wenn A linear ist)	26

k_i'	Unmittelbarer variabler Beschaffungsnutzen einer Einheit des Faktors i	95
$\underline{k}' = (k_i')_{i=1,\ldots,m}$	Vektor der unmittelbaren variablen Beschaffungsnutzen je Einheit der m Faktoren	124
DB	(Gesamt-) Deckungsbeitrag	188
ds_j	Spezifischer Deckungsbeitrag des Produktes j	2o7
dbw_j	Wertmäßiger Deckungsbeitrag des Produktes j	224
DBW	Wertmäßiger (Gesamt-) Deckungsbeitrag	225

Anhang: Theorie der (Primalen) Linearen Programmierung

Inhaltsverzeichnis

Einleitung

Ausgehend vom Grundmodell des Kapitels 3.1[1], wird im
folgenden die Theorie der Primalen Linearen Programmierung dargestellt. Ziel dieser Darstellung sind die For-
mulierung der in der vorliegenden Arbeit verwandten Sät-
ze mit einheitlicher Bezeichnung der darin enthaltenen
Größen und die Bereitstellung von Ergebnissen, die in
der diesbezüglichen Literatur in der benötigten Form
nicht angeboten werden.

In der Literatur zur Bewertung von Faktoren beziehungsweise von Faktorverbräuchen wird häufig von der Theorie
der Dualen Linearen Programmierung Gebrauch gemacht; dabei wird insbesondere die Bedeutung von Dualvariablen
für den Wertansatz von Faktoren beziehungsweise Faktorverbräuchen diskutiert[2]. Im Gegensatz dazu sind die
folgenden Ausführungen auf die Theorie der Primalen Linearen Programmierung beschränkt, da diese bereits alle
notwendigen Aussagen bereitstellt. Deshalb wird hier
von "(Primaler) Linearer Programmierung" gesprochen.

Zunächst wird in Kapitel A 1 der modifizierte Gaußsche
Algorithmus auf der Basis von Pivot-Operationen dargestellt; in den Kapiteln A 2 und A 3 wird sodann die Simplex-Methode zur Lösung des sogenannten speziellen Maximumproblems und in den Kapiteln A 4 und A 5 schließlich
eine Methode zur Lösung des allgemeinen Maximumproblems
entwickelt.

Vorausgesetzt werden Kenntnisse der Linearen Algebra nur
insoweit, wie sie beispielsweise von Münstermann[3] ver-
mittelt werden.

---

1) Siehe S. 66ff.

2) Vgl. zum Beispiel Opfermann - Reinermann (1965), S.
   223, Fußnote 2o; Münstermann (1966a), S. 29f.;
   Schneider (1966), S. 267; Buhr (1967); Vischer
   (1967), S. 114ff.; Bernhard (1968), S. 146; Wright
   (1968), S. 227ff.; Zieschang (1969), S. 44ff.; Adam
   (197o), S. 35f., S. 51f. und S. 96ff.

A 1 Der modifizierte Gaußsche Algorithmus zur Lösung linearer Gleichungssysteme[1]

Ist das lineare Gleichungssystem $\underline{A}\underline{x} = \underline{b}$ mit $\underline{A} = (a_{ij})_{\substack{i=1,\ldots,m \\ j=1,\ldots,n}} \in R^{m \cdot n}$ als (m,n)-Matrix[2], $\underline{x} = (x_j)_{j=1,\ldots,n} \in R^n$ und $\underline{b} = (b_i)_{i=1,\ldots,m} \in R^m$ zu lösen,[3] das heißt, ist ein $\underline{x} \in R^n$ mit $\underline{A}\underline{x} = \underline{b}$ bei vorgegebenen $\underline{A}$ und $\underline{b}$ zu bestimmen, so bietet sich als Lösungsmethode der modifizierte Gaußsche Algorithmus an, der unter Verwendung von Pivot-Operationen in vorgeschriebener Reihenfolge möglichst viele der gesuchten Unbekannten $x_1,\ldots,x_n$ zu eliminieren versucht. Elimination einer Unbekannten, etwa x_j, bedeutet dabei die Transformation des Gleichungssystems $\underline{A}\underline{x} = \underline{b}$ in ein solches, in dem die Unbekannte x_j nur noch in einer Gleichung, etwa in Gleichung i, enthalten ist und den Faktor 1 hat:

$$
\begin{array}{l}
a_{11}x_1 + \ldots + a_{1j}x_j + \ldots + a_{1n}x_n = b_1 \\
\quad\quad\quad\quad\quad\vdots \\
a_{i1}x_1 + \ldots + a_{ij}x_j + \ldots + a_{in}x_n = b_i \longrightarrow \\
\quad\quad\quad\quad\quad\vdots \\
a_{m1}x_1 + \ldots + a_{mj}x_j + \ldots + a_{mn}x_n = b_m \\
a_{11}'x_1 + \ldots + 0 \cdot x_j + \ldots + a_{1n}'x_n = b_1' \\
\quad\quad\quad\quad\quad\vdots \\
a_{i1}'x_1 + \ldots + 1 \cdot x_j + \ldots + a_{in}'x_n = b_i' \\
\quad\quad\quad\quad\quad\vdots \\
a_{m1}'x_1 + \ldots + 0 \cdot x_j + \ldots + a_{mn}'x_n = b_m'
\end{array}
$$

Fortsetzung der Fußnoten der vorherigen Seite!

3) Münstermann (1969), S. 89ff.

1) Vgl. zu diesem Kapitel Münstermann (1969), S. 95ff.

2) A heißt auch Koeffizientenmatrix. Vgl. Dinkelbach (1969a), S. 45.

3) R ist die Menge der reellen Zahlen, R^n die Menge der n-Tupel aus reellen Zahlen.

Das Element a_{ij} heißt dann Pivot-Element, die Transformation Pivot-Operation. Da solche Pivot-Operationen auch bei der Simplex-Methode verwandt werden, soll auf sie zunächst eingegangen werden:

A 1.1 Die Pivot-Operation

Sei also ein lineares Gleichungssystem in der Form
(1) $\underline{A}\underline{x} = \underline{b}$ mit $\underline{A},\underline{x}$ und $\underline{b}$ wie oben[1]
oder in der dazu äquivalenten Form
$$(2) \quad a_{11}x_1 + \ldots + a_{1n}x_n = b_1$$
$$\vdots$$
$$a_{m1}x_1 + \ldots + a_{mn}x_n = b_m$$
gegeben. Ist a_{ij} ($\neq o$) Pivot-Element, so bedeutet die Anwendung der zugehörigen Pivot-Operation, mit der in (2) die Unbekannte x_j aus den Gleichungen $1,\ldots,i-1,i+1,\ldots,m$ eliminiert wird, so daß x_j nur noch in der Gleichung i enthalten ist und dort 1 als Faktor hat, eine Transformation der Matrix $\underline{A}$ in folgender Weise:

Es werden geeignete Vielfache der Zeile i zu den übrigen Zeilen der Matrix addiert, so daß in der Spalte j außerhalb der Zeile i nur o auftritt, und die Zeile i selbst wird durch a_{ij} dividiert:

$$\underline{A} \longrightarrow \begin{pmatrix} a_{11}^{*} \cdots a_{1j-1}^{*} & o & a_{1j+1}^{*} \cdots a_{1n}^{*} \\ \vdots & & \\ a_{i1}^{*} \cdots a_{ij-1}^{*} & 1 & a_{ij+1}^{*} \cdots a_{in}^{*} \\ \vdots & & \\ a_{m1}^{*} \cdots a_{mj-1}^{*} & o & a_{mj+1}^{*} \cdots a_{mn}^{*} \end{pmatrix} =: \underline{A}^{*}$$

Die Zeile i der Matrix $\underline{A}$, mit deren Hilfe x_j aus den übrigen Zeilen eliminiert wird, heißt Pivot-Zeile, die Spalte j von $\underline{A}$ heißt Pivot-Spalte.

Die Elemente von $\underline{A}^{*}$ lassen sich nun wie folgt bestimmen:[2]

---

1) Siehe S. 285.
2) Vgl. Joksch (1965), S. 8of.

1. Bestimmung der Zeile i von $\underline{A}^{*}$:

$$a_{ik}^{*} = \frac{a_{ik}}{a_{ij}} \text{ für } k = 1,\dots,n.$$

2. Bestimmung der Spalte j von $\underline{A}^{*}$:

$$a_{1j}^{*} = \delta_{li}^{\,1)} = \begin{cases} 1, & \text{wenn } l = i \\ o, & \text{wenn } l \neq i \end{cases} \text{ für } l = 1,\dots,m.$$

3. Bestimmung der übrigen Elemente von $\underline{A}^{*}$:

$$a_{kl}^{*} = a_{kl} - \frac{a_{kj}}{a_{ij}} \cdot a_{il} \text{ für } k = 1,\dots,m, \ l = 1,\dots,n,$$

$$k \neq i, \ l \neq j.$$

Die so bestimmte Matrix $\underline{A}^{*}$ läßt sich auch durch Multiplikation der Matrix $\underline{A}$ mit einer geeigneten (m,m)-Matrix $\underline{A}^{ij}$ darstellen:[2]

Sei $\underline{A}^{ij} := (\underline{e}_1^{\,m},\dots,\underline{e}_{i-1}^{\,m},\underline{d}^{ij},\underline{e}_{i+1}^{\,m},\dots,\underline{e}_m^{\,m})$[3][4]

mit $\underline{d}^{ij} = (d_k^{\,ij})_{k=1,\dots,m}$ und

$$d_k^{\,ij} = \begin{cases} -\dfrac{a_{kj}}{a_{ij}} & \text{für } k = 1,\dots,m, \ k \neq i \\ \dfrac{1}{a_{ij}} & \text{für } k = i \end{cases}, \text{ so gilt:}$$

$$\underline{A}^{ij}\underline{A} = \underline{A}^{*}.$$

Die quadratische Matrix $\underline{A}^{ij}$ entsteht also aus der Ein-

---

1) δ_{li} ist das sogenannte Kronecker-Symbol. Vgl. Sperner (1961), S. 93.

2) Vgl. Joksch (1965), S. 81.

3) Ist $\underline{A}$ eine (m,n)-Matrix, $\underline{B}$ eine (m,1)-Matrix, so ist $(\underline{A},\underline{B})$ die (m,n+1)-Matrix, deren ersten n Spalten mit denen von $\underline{A}$ und deren letzten 1 Spalten mit denen von $\underline{B}$ übereinstimmen. Ist $\underline{C}$ eine (m,n)-Matrix, $\underline{D}$ eine (1,n)-Matrix, so ist $\left(\frac{\underline{C}}{\underline{D}}\right)$ die (m+1,n)-Matrix, deren ersten m Zeilen mit denen von $\underline{C}$ und deren letzten 1 Zeilen mit denen von $\underline{D}$ übereinstimmen.

4) $\underline{e}_i^{\,m} := (\delta_{ik})_{k=1,\dots,m}$ ist der i-te Einheitsvektor des R^n.

heitsmatrix $\underline{E}_m$[1], indem dort der Spaltenvektor $\underline{e}_i^m$ ersetzt wird durch den Vektor $\underline{d}^{ij}$. Für dessen Komponenten gilt: d_k^{ij} ist für $k \neq i$ der Faktor, mit dem bei der Durchführung der Pivot-Operation mit a_{ij} als Pivot-Element die Pivot-Zeile multipliziert wird; das Ergebnis dieser Multiplikation wird sodann zur Zeile k addiert. d_k^{ij} ist für $k = i$ der Kehrwert des Pivot-Elementes, mit dem die Pivot-Zeile multipliziert wird.

A 1.2 Die Lösung von linearen Gleichungssystemen mithilfe des modifizierten Gaußschen Algorithmus

Diese Pivot-Operationen, in geeigneter Reihenfolge sukzessiv angewandt, sollen nun dazu benutzt werden, das lineare Gleichungssystem $\underline{A}\underline{x} = \underline{b}$[2] zu lösen. Sind

$$L_{hom}(\underline{A}) := \left\{ \underline{x} \in R^n : \underline{A}\underline{x} = \underline{o}_m \right\}[3], \quad L_{inh}(\underline{A},\underline{b}) := \left\{ \underline{x} \in R^n : \underline{A}\underline{x} = \underline{b} \right\}$$

und $rg(\underline{A}) :=$ Rang von $\underline{A}$, so gilt, daß die Anwendung einer Pivot-Operation mit einem beliebigen Element a_{ij} von $\underline{A}$ mit $a_{ij} \neq o$ als Pivot-Element $L_{hom}(\underline{A})$, $L_{inh}(\underline{A},\underline{b})$ und $rg(\underline{A})$ unverändert läßt.[4] Pivot-Operationen sind also in diesem Sinne uneingeschränkt durchführbar.

Als modifizierter Gaußscher Algorithmus wird nun im folgenden der Algorithmus verstanden, bei dem die Pivot-Elemente "diagonal" gewählt werden[5]:

---

1) $\underline{E}_m := (\underline{e}_1^m, \ldots, \underline{e}_m^m)$ ist die Einheitsmatrix mit m Zeilen und Spalten.

2) Siehe S. 285.

3) $\underline{o}_m$ ist der Nullvektor des R^m.

4) Vgl. Sperner (1961), S. 3o, S. 56 und S. 6o.

5) Dazu sind eventuell Zeilen- oder Spaltenvertauschungen notwendig, da das Pivot-Element ungleich Null sein muß. Hierauf soll jedoch nicht eingegangen werden.

1. Schritt: Pivot-Element a_{11}, transformierte Matrix

$$\underline{A}^{(1)} = (a_{ij}^{(1)})_{\substack{i=1,\ldots,m \\ j=1,\ldots,n}} ;$$

2. Schritt: Pivot-Element $a_{22}^{(1)}$, transformierte Matrix

$$\underline{A}^{(2)} = (a_{ij}^{(2)})_{\substack{i=1,\ldots,m \\ j=1,\ldots,n}} ;$$

3. Schritt: Pivot-Element $a_{33}^{(2)}$, transformierte Matrix
$\underline{A}^{(3)}$; und so fort.

Auf $\underline{b}$ werden die Pivot-Operationen analog angewandt; allerdings darf aus den entsprechenden transformierten Spalten kein Pivot-Element gewählt werden.

Der modifizierte Gaußsche Algorithmus transformiert auf die angegebene Weise die Matrix $(\underline{A},\underline{b})$ nach etwa k Schritten in die Matrix

$$\left(\begin{array}{cc|c} \underline{E}_k & \underline{D} & \underline{c}_1 \\ \hline \underline{O}_{m-k,k} & \underline{O}_{m-k,n-k} & \underline{c}_2 \end{array} \right)^{1)}$$

mit der $(k,n-k)$-Matrix $\underline{D} = (a_{ij}^{(k)})_{\substack{i=1,\ldots,k \\ j=k+1,\ldots,n}}$,

$$\underline{c}_1 = (b_i^{(k)})_{i=1,\ldots,k} \quad \text{und} \quad \underline{c}_2 = (b_i^{(k)})_{i=k+1,\ldots,m} .$$

Damit ergibt sich:

<u>1. Fall</u>: $\underline{c}_2 \neq \underline{o}_{m-k}$

$L_{inh}(\underline{A},\underline{b}) = \emptyset^{2)}$, das heißt, es gibt keine Lösung zu $\underline{A}\underline{x} = \underline{b}.^{3)}$

<u>2. Fall</u>: $\underline{c}_2 = \underline{o}_{m-k}$

$$L_{inh}(\underline{A},\underline{b}) = \left\{ \underline{z} + \sum_{i=1}^{n-k} r_i \underline{x}_i : r_1,\ldots,r_{n-k} \in R \right\} \text{ mit:}$$

---

1) $\underline{O}_{rs}$ ist die Nullmatrix mit r Zeilen und s Spalten.
2) $\emptyset$ ist die leere Menge.
3) Vgl. Sperner (1961), S. 61.

$$
\underline{z} = \begin{pmatrix} \underline{c}_1 \\ \underline{o}_{n-k} \end{pmatrix}, \quad \underline{x}_i = \begin{pmatrix} -a_{1k+i}{}^{(k)} \\ \vdots \\ -a_{kk+i}{}^{(k)} \\ \underline{e}_i{}^{n-k} \end{pmatrix} \quad \text{für } i = 1, \ldots, n-k;
$$

$\underline{x}_1, \ldots, \underline{x}_{n-k}$ ist eine Basis von $L_{hom}(\underline{A})$.[1] $\underline{z}$ heißt
auch spezielle Lösung von $\underline{A}\underline{x} = \underline{b}$.
Ist $k = n$,[2] so tritt die Matrix $\underline{D}$ nicht auf, und
$\underline{z} = \underline{c}_1$ ist die einzige Lösung von $\underline{A}\underline{x} = \underline{b}$.

---

1) Vgl. Peschl (1961), S. 43ff.
2) Dann gilt notwendig: $n \leq m$.

A 2 Die Simplex-Methode zur Lösung des speziellen Maximumproblems

A 2.1 Definition[1]

Seien $\underline{A} = (a_{ij})_{\substack{i=1,\ldots,m \\ j=1,\ldots,n}} \in R^{m \cdot n}$, $\underline{b} = (b_i)_{i=1,\ldots,m}$

$\in R^m$ mit $\underline{b} \geq \underline{o}_m$[2], $\underline{z} = (z_j)_{j=1,\ldots,n} \in R^n$ und $z_o \in R$

fest vorgegeben.

Als das zugehörige __spezielle Maximumproblem__ wird
das folgende Problem bezeichnet:

Maximiere $Z := Z(\underline{x}) := \underline{z}^T\underline{x} + z_o$[3] unter den Nebenbedingungen:

$\underline{Ax} \leq \underline{b}, \ \underline{x} \geq \underline{o}_n.$[4]

Durch Einführung von m nichtnegativen Schlupfvariablen[5]
$y_1,\ldots,y_m$ mit $\underline{y} = (y_i)_{i=1,\ldots,m} := \underline{b} - \underline{Ax}$ ergibt sich

das zum speziellen Maximumproblem äquivalente Problem[6]:

A 2.2 Maximiere $Z := Z(\underline{x},\underline{y}) := (\underline{o}_m^T,\underline{z}^T)\left|\begin{matrix}\underline{y}\\\underline{x}\end{matrix}\right| + z_o$ unter

den Nebenbedingungen:

$(\underline{E}_m,\underline{A})\left|\begin{matrix}\underline{y}\\\underline{x}\end{matrix}\right| = \underline{b}, \ (\underline{y},\underline{x})^T \geq \underline{o}_{n+m}^T$ mit $\underline{b} \geq \underline{o}_m.$

---

1) Vgl. Dinkelbach (1969a), S. 46.

2) Sind $\underline{x} = (x_j)_{j=1,\ldots,n}$ und $\underline{y} = (y_j)_{j=1,\ldots,n}$, so
gilt: $\underline{x} \leq \underline{y}$ (oder $\underline{y} \geq \underline{x}$) genau dann, wenn $x_j \leq y_j$ für
$j = 1,\ldots,n.$

3) Ist $\underline{A} = (a_{ij})_{\substack{i=1,\ldots,m \\ j=1,\ldots,n}}$ eine (m,n)-Matrix, so ist $\underline{A}^T =$
$(a_{ji}^T)_{\substack{j=1,\ldots,n \\ i=1,\ldots,m}}$ die zugehörige transponierte (n,m)-
Matrix mit $a_{ij} = a_{ji}^T$ für $j = 1,\ldots,n$ und $i = 1,\ldots,m.$

4) Vgl. auch das Grundmodell in Kapitel 3.1, S. 66ff.

5) Vgl. Dinkelbach (1969a), S. 47.

6) Vgl. Dorfman e.a. (1958), S. 67.

A 2.3 Definitionen

(1) $L_{inh} := \left\{ \left|\begin{matrix} \underline{y} \\ \underline{x} \end{matrix}\right| \in R^{n+m} : (\underline{E}_m, \underline{A}) \left|\begin{matrix} \underline{y} \\ \underline{x} \end{matrix}\right| = \underline{b} \right\}$ heißt

Menge aller Lösungen, $\left|\begin{matrix} \underline{y} \\ \underline{x} \end{matrix}\right| \in L_{inh}$ heißt Lösung

zu A 2.1 beziehungsweise A 2.2.[1]

(2) $L := \left\{ \left|\begin{matrix} \underline{y} \\ \underline{x} \end{matrix}\right| \in R^{n+m} : (\underline{E}_m, \underline{A}) \left|\begin{matrix} \underline{y} \\ \underline{x} \end{matrix}\right| = \underline{b}, \left|\begin{matrix} \underline{y} \\ \underline{x} \end{matrix}\right| \geq \underline{o}_{n+m} \right\}$

heißt Menge aller zulässigen Lösungen, $\left|\begin{matrix} \underline{y} \\ \underline{x} \end{matrix}\right| \in L$

heißt zulässige Lösung zu A 2.1 beziehungsweise A 2.2.

(3) $\left|\begin{matrix} \underline{y}^o \\ \underline{x}^o \end{matrix}\right| \in L$ heißt optimale Lösung zu A 2.1 bezie-

hungsweise A 2.2, wenn gilt:

$$Z(\underline{x}^o, \underline{y}^o) = \max\left\{ Z(\underline{x}, \underline{y}) : \left|\begin{matrix} \underline{y} \\ \underline{x} \end{matrix}\right| \in L \right\}.$$

Wegen $Z(\underline{x}, \underline{y}) + (\underline{o}_m^T, -\underline{z}^T) \left|\begin{matrix} \underline{y} \\ \underline{x} \end{matrix}\right| = z_o$ lassen sich die Zielfunktion und die Nebenbedingungen von A 2.2 auch tabellarisch darstellen:[2]

Z	y_1	$\cdots$	y_i	$\cdots$	y_m	x_1	$\cdots$	x_j	$\cdots$	x_n	
1	o	$\cdots$	o	$\cdots$	o	$-z_1$	$\cdots$	$-z_j$	$\cdots$	$-z_n$	z_o
o	1	$\cdots$	o	$\cdots$	o	a_{11}	$\cdots$	a_{1j}	$\cdots$	a_{1n}	b_1
$\vdots$	$\vdots$		$\vdots$		$\vdots$	$\vdots$		$\vdots$		$\vdots$	$\vdots$
o	o	$\cdots$	1	$\cdots$	o	a_{i1}	$\cdots$	a_{ij}	$\cdots$	a_{in}	b_i
$\vdots$	$\vdots$		$\vdots$		$\vdots$	$\vdots$		$\vdots$		$\vdots$	$\vdots$
o	o	$\cdots$	o	$\cdots$	1	a_{m1}	$\cdots$	a_{mj}	$\cdots$	a_{mn}	b_m

Tableau o

Werden die erste Zeile und die erste Spalte des Tableaus o außer acht gelassen, ergibt sich:[3]

---

1) L_{inh} stimmt mit $L_{inh}((\underline{E}_m, \underline{A}), \underline{b})$ überein. Vgl. S. 288.

2) Vgl. Münstermann (1969), S. 19o. In Anlehnung an Müller-Merbach wird hier die Zielfunktionszeile als erste Zeile angeführt. Vgl. Müller-Merbach (1969), S. 1o5.

3) Vgl. S. 289f.

$\underline{s} := \begin{pmatrix} \underline{b} \\ \underline{o}_n \end{pmatrix} \triangleq \underline{o}_{n+m}$ ist eine zulässige Lösung, bei der

gilt: $y_i = b_i \triangleq o$ für $i = 1,\ldots,m$ und $x_j = o$ für $j = 1,\ldots,n$.

A 2.4 Definitionen

(1) <u>Basislösung</u> zu einem Tableau der Art wie Tableau o heißt die zugehörige spezielle Lösung; die n Variablen der Basislösung, deren zugehörige Spaltenvektoren eine Basis von $L_{hom}(\underline{E}_m, \underline{A})$ ergeben[1] und die den Wert o haben, heißen <u>Nebenbasisvariable</u>, die anderen m Variablen heißen <u>Basisvariable</u>[2].

(2) <u>Zulässige Basislösung</u> heißt eine Basislösung, die nichtnegativ ist, die also Element von L ist.

(3) <u>Optimale Basislösung</u> heißt eine optimale Lösung, die Basislösung zu einem Tableau der Art wie Tableau o ist.

Basislösungen sind also durch die zugehörigen Tableaus der Art wie Tableau o einfach darzustellen. Der folgende Satz rechtfertigt nun allgemein die Beschränkung auf zulässige Basislösungen bei der Lösung des Ausgangsproblems A 2.1 beziehungsweise A 2.2:

A 2.5 Simplex-Theorem

Existiert eine optimale Lösung zu A 2.1 beziehungsweise A 2.2, dann existiert auch eine optimale Basislösung.[3]

---

1) Vgl. S. 289f.

2) Die zugehörigen Spaltenvektoren, die Einheitsvektoren $\underline{e}_1^m,\ldots,\underline{e}_m^m$, sind linear unabhängig und bilden somit eine Basis des R^m.

3) Vgl. Collatz - Wetterling (1966), S. 12. Das Simplex-Theorem gilt sogar für beliebiges <u>b</u>. Vgl. Collatz - Wetterling (1966), S. 8ff.

Die im folgenden zu entwickelnde Simplex-Methode geht nun so vor, daß sie, ausgehend von einer zulässigen Basislösung, eine neue zulässige Basislösung bestimmt, deren Zielfunktionswert größer oder zumindest nicht kleiner als der bisher erreichte ist. Da beim speziellen Maximumproblem A 2.1 beziehungsweise A 2.2 die zugehörige Basislösung bereits zulässig ist,[1] kann die Simplex-Methode dargestellt werden, indem von einem beliebigen Tableau[2] mit zugehöriger zulässiger Basislösung ausgegangen wird. Dies sei das Tableau r ($r \geqq o$), das nach r Schritten der Art, wie sie im folgenden beschrieben wird, erreicht sei; ohne Einschränkung seien $s_1, \ldots, s_m$ Basisvariable[3]. Da die Simplex-Methode die neue Basislösung mithilfe einer geeigneten Pivot-Operation bestimmt,[4] ändert sich die erste Spalte in Tableau o nicht,[5] sie wird deshalb im folgenden außer acht gelassen.

A 2.6 Die Simplex-Methode

Ausgangstableau sei also das Tableau r:

s_1	$\ldots$	s_i	$\ldots$	s_m	s_{m+1}	$\ldots$	s_{m+j}	$\ldots$	s_{m+n}	
o	$\ldots$	o	$\ldots$	o	$z_1^{(r)}$	$\ldots$	$z_j^{(r)}$	$\ldots$	$z_n^{(r)}$	$z_o^{(r)}$
1	$\ldots$	o	$\ldots$	o	$a_{11}^{(r)}$	$\ldots$	$a_{1j}^{(r)}$	$\ldots$	$a_{1n}^{(r)}$	$b_1^{(r)}$
o	$\ldots$	1	$\ldots$	o	$a_{i1}^{(r)}$	$\ldots$	$a_{ij}^{(r)}$	$\ldots$	$a_{in}^{(r)}$	$b_i^{(r)}$
o	$\ldots$	o	$\ldots$	1	$a_{m1}^{(r)}$	$\ldots$	$a_{mj}^{(r)}$	$\ldots$	$a_{mn}^{(r)}$	$b_m^{(r)}$

Tableau r

---

1) Vgl. S. 293.

2) Das im folgenden auch Simplex-Tableau genannt wird.

3) Dies kann immer durch entsprechende Umnumerierung der Variablen $y_1, \ldots, y_m, x_1, \ldots, x_n$ erreicht werden.

4) Eine andere Basislösung kann sich nur ergeben, indem eine der Nebenbasisvariablen eliminiert und somit Basisvariable wird und dafür die Elimination einer Basisvariablen rückgängig gemacht und diese somit Nebenbasisvariable wird.

Sei nun $z_j^{(r)} < o$ für ein $j \epsilon \{1,\dots,n\}$.[1]

(r1) **Wahl der Pivot-Spalte (Welche Nebenbasisvariable wird Basisvariable?)**

Es gilt: $Z + \sum\limits_{j=1}^{n} z_j^{(r)} s_{m+j} = z_o^{(r)}$ oder $Z = z_o^{(r)}$

$- \sum\limits_{j=1}^{n} z_j^{(r)} s_{m+j}$, $s_{m+j} = o$ für $j = 1,\dots,n$. Daraus

folgt: Z kann vergrößert werden, wenn ein s_{m+j} mit $z_j^{(r)} < o$ positiv gewählt wird: s_{m+j} mit $z_j^{(r)} < o$ wird Basisvariable, das heißt, s_{m+j} wird eliminiert.[2]

(r2) **Wahl der Pivot-Zeile (Welche Basisvariable wird Nebenbasisvariable?)**

s_{m+j} soll möglichst groß werden, da Z zu maximieren ist. Zu beachten ist jedoch, daß die Lösung zulässig bleibt. Es müssen demnach die folgenden Bedingungen erfüllt sein:

$s_i = b_i^{(r)} - a_{ij}^{(r)} s_{m+j}$ [3] $\geq o$ für $i = 1,\dots,m$,

also: $a_{ij}^{(r)} s_{m+j} \leq b_i^{(r)}$ für $i = 1,\dots,m$.

Es lassen sich nun die folgenden Fälle unterscheiden:

1. $\underline{a_{ij}^{(r)} = o}$: Keine Bedingung an die Wahl von

s_{m+j}.

Fortsetzung der Fußnoten der vorherigen Seite!

5) Als Pivot-Element kommen nur Elemente der Matrix, die aus $(\underline{E}_m,\underline{A})$ entstanden ist, in Frage.

1) Gibt es kein negatives $z_j^{(r)}$, so ist das Optimum bereits bestimmt. Vgl. S. 32o, A 2.7.21.

2) Häufig wird die neue Basisvariable wie folgt bestimmt: $z_j^{(r)} = \min\{z_l^{(r)} : l = 1,\dots,m, z_l^{(r)} < o\}$. Vgl. beispielsweise Dinkelbach (1969a), S. 51. Hier wird auf diese spezielle und ebenfalls nicht notwendig eindeutige Wahl der Pivot-Spalte, vgl. Dinkelbach (1969a), S. 51, verzichtet.

3) Da $s_{m+k} = o$ für $k \neq j$.

2. $a_{ij}^{(r)} < 0$: $s_{m+j} \doteq \dfrac{b_i^{(r)}}{a_{ij}^{(r)}}$, also ebenfalls kei-

ne Bedingung an die Wahl von s_{m+j}, da $\dfrac{b_i^{(r)}}{a_{ij}^{(r)}} \leq$

o gilt und s_{m+j} positiv werden soll.

3. $a_{ij}^{(r)} > 0$: $s_{m+j} \leq \dfrac{b_i^{(r)}}{a_{ij}^{(r)}} \cdot s_{m+j}$ darf also

nicht größer werden als der kleinste dieser Qotienten.

Sei $\dfrac{b_i^{(r)}}{a_{ij}^{(r)}} = \min\left\{\dfrac{b_l^{(r)}}{a_{lj}^{(r)}} : a_{lj}^{(r)} > 0, l=1,\ldots,m\right\}$[1].

Wird nun $a_{ij}^{(r)}$ als Pivot-Element gewählt,

nimmt s_{m+j} den Wert $\dfrac{b_i^{(r)}}{a_{ij}^{(r)}}$ an, und s_i wird Ne-

benbasisvariable.

Durch Anwendung der Pivot-Operation mit $a_{ij}^{(r)}$ als Pivot-Element ergibt sich das Tableau r+1:

$$
\begin{array}{llllllll}
s_1\cdots & s_i & \cdots s_m & s_{m+1} & \cdots s_{m+j} & \cdots & s_{m+n} & \\
\end{array}
$$

o $\cdots$ $\dfrac{-z_j^{(r)}}{a_{ij}^{(r)}}$ $\cdots$ o	$z_1^{(r+1)}$ $\cdots$	o	$\cdots$	$z_n^{(r+1)}$		$z_o^{(r+1)}$
1 $\cdots -\dfrac{a_{1j}^{(r)}}{a_{ij}^{(r)}}$ $\cdots$ o	$a_{11}^{(r+1)}$ $\cdots$	o	$\cdots$	$a_{1n}^{(r+1)}$		$b_1^{(r+1)}$
o $\cdots \dfrac{1}{a_{ij}^{(r)}}$ $\cdots$ o	$\dfrac{a_{i1}^{(r)}}{a_{ij}^{(r)}}$ $\cdots$	1	$\cdots$	$\dfrac{a_{in}^{(r)}}{a_{ij}^{(r)}}$		$\dfrac{b_i^{(r)}}{a_{ij}^{(r)}}$
o $\cdots -\dfrac{a_{mj}^{(r)}}{a_{ij}^{(r)}}$ $\cdots$ 1	$a_{m1}^{(r+1)}$ $\cdots$	o	$\cdots$	$a_{mn}^{(r+1)}$		$b_m^{(r+1)}$

Tableau r+1

<hr>

1) Der Fall, daß dieses Minimum nicht eindeutig be-

<u>Zugehörige Basislösung:</u>

Nebenbasisvariable: $s_i = s_{m+1} = \ldots = s_{m+j-1} = s_{m+j+1}$

$$= \ldots = s_{m+n} = 0.$$

Basisvariable: $s_1 = b_1^{(r+1)} = b_1^{(r)} - \dfrac{a_{1j}^{(r)}}{a_{ij}^{(r)}} b_i^{(r)}$ für

$$1 = 1,\ldots,m,\ 1 \neq i.$$

<u>1. Fall: $a_{1j}^{(r)} = 0$</u>: $s_1 = b_1^{(r)} = 0.$

<u>2. Fall: $a_{1j}^{(r)} < 0$</u>: $s_1 \geq b_1^{(r)} \geq 0.$

<u>3. Fall: $a_{1j}^{(r)} > 0$</u>: $s_1 \geq 0$ gilt genau

dann, wenn $\dfrac{b_1^{(r)}}{a_{1j}^{(r)}} \geq \dfrac{b_i^{(r)}}{a_{ij}^{(r)}}$, dies

gilt jedoch nach (r2).

$$s_{m+j} = \dfrac{b_i^{(r)}}{a_{ij}^{(r)}} \geq 0.$$

Die Basislösung zum Tableau r+1 ist also zulässig.

<u>Zielfunktionswert:</u>

$$Z = z_0^{(r+1)} = z_0^{(r)} - \dfrac{z_j^{(r)}}{a_{ij}^{(r)}} b_i^{(r)} \geq z_0^{(r)}, \text{ da } z_j^{(r)}$$

negativ ist, und es gilt $z_0^{(r+1)} > z_0^{(r)}$, wenn $b_i^{(r)}$
positiv ist.

Damit ist gezeigt, daß die Simplex-Methode eine neue zulässige Basislösung mit nicht kleinerem Zielfunktions-

---

Fortsetzung der Fußnote der vorherigen Seite!

 stimmt ist, wird in Kapitel A 3, S. 325ff., behandelt. Er wird mit Degeneration bezeichnet. Vgl.
Dinkelbach (1969a), S. 48. Der Fall, daß es kein positives $a_{1j}^{(r)}$ für $1 = 1,\ldots,m$ gibt, wird ebenfalls
in Kapitel A 3, S. 325ff., untersucht.

wert bestimmt, wenn die Ausgangsbasislösung ebenfalls zulässig ist.

A 2.7 Diskussion des allgemeinen Simplex-Tableaus und das Simplex-Kriterium

Die Simplex-Methode A 2.6 wird nun, beginnend mit $r = o$ und $a_{ij}^{(o)} := a_{ij}$, $b_i^{(o)} := b_i$, $z_o^{(o)} := z_o$, $z_j^{(o)} := -z_j$, $s_i := y_i$ und $s_{m+j} := x_j$ für $i = 1,\ldots,m$, $j = 1,\ldots,$ n,[1] so lange angewandt, bis das Optimum nach endlich vielen Schritten, da es nur endlich viele verschiedene Basislösungen zu A 2.2 gibt,[2] erreicht ist.[3] Dies gilt auch im Fall der Degeneration, wenn eine Zusatzregel beachtet wird.[4]

Das Simplex-Kriterium[5] gibt nun darüber Auskunft, wann die optimale Basislösung erreicht ist. Zum Verständnis dieses Kriteriums soll zunächst gezeigt werden, wie ein beliebiges Simplex-Tableau unmittelbar aus dem Tableau o[6] gewonnen werden kann:[7]

A 2.7.1

$$\left[\begin{array}{cccccc|c} o & \cdots & o & -z_1 & \cdots & -z_n & z_o \\ \hline 1 & \cdots & o & a_{11} & \cdots & a_{1n} & b_1 \\ \vdots & & \vdots & \vdots & & \vdots & \vdots \\ o & \cdots & 1 & a_{m1} & \cdots & a_{mn} & b_m \end{array}\right] = \left[\begin{array}{cc|c} \underline{o}_m^T & -\underline{z}^T & z_o \\ \hline \underline{E}_m & \underline{A} & \underline{b} \end{array}\right]$$

Tableau o $\qquad\qquad$ Tableau o

---

1) Siehe Tableau o, S. 292.

2) Vgl. Collatz - Wetterling (1966), S. 1o.

3) In Kapitel A 3, S. 325ff., wird der Fall diskutiert, daß kein Optimum existiert.

4) Siehe Kapitel A 3, S. 325ff.

5) Siehe S. 32o, A 2.7.21.

6) Siehe S. 292.

7) Vgl. zu den folgenden Ausführungen Krelle - Künzi (1958), S. 77ff.

Mit $\underline{B} = (\underline{b}_1, \ldots, \underline{b}_{m+n}) := (\underline{E}_m, \underline{A})$[1] gilt dann für jedes $\underline{s} \in L$:

A 2.7.2 $\quad \underline{B}\underline{s} = \underline{b}.$[2]

Sei nun $\underline{s}$ eine beliebige Basislösung aus L mit dem Ziel-funktionswert $Z(\underline{s})$ und dem zugehörigen Simplex-Tableau:[3]

A 2.7.3

$$
\left[
\begin{array}{ccc|c}
z_1^+ & \cdots & z_{m+n}^+ & Z(\underline{s}) \\
\hline
\underline{b}_1^+ & \cdots & \underline{b}_{m+n}^+ & \underline{b}^+
\end{array}
\right]
=
\left[
\begin{array}{c|c}
\underline{z}^{+T} & Z(\underline{s}) \\
\hline
\underline{B}^+ & \underline{b}^+
\end{array}
\right]
$$

Allgemeines Simplex-Tableau

Von den $m+n$ Variablen $y_1, \ldots, y_m, x_1, \ldots, x_n$ sind m Basisvariable. I sei die Menge der Indizes dieser Basisvariablen:

A 2.7.4 $\quad I = \{i(1), \ldots, i(m)\}$ mit $i(k) < i(k+1)$ für $k = 1, \ldots, m-1$.

r ($\overset{\geq}{=} o$) der Basisvariablen seien Schlupfvariable, also $m-r$ der Basisvariablen "eigentliche" Variable:

A 2.7.5 $\quad$ Basisvariable: $y_{i(1)}, \ldots, y_{i(r)}, x_{i(r+1)-m}, \ldots,$

$\qquad\qquad\qquad x_{i(m)-m}.$

$\qquad I_1 := \{i(1), \ldots, i(r)\},$

$\qquad I_2 := \{i(r+1)-m, \ldots, i(m)-m\}.$

---

1) B wird auch erweiterte Koeffizientenmatrix genannt. Vgl. Dinkelbach (1969a), S. 47.

2) Im folgenden wird zugelassen, daß $\underline{b}$ auch negative Komponenten enthält.

3) Dies ist also ein Tableau r mit $r \overset{\geq}{=} o$, wie es in A 2.6, siehe S. 294, verwandt wurde. Hier sind die Variablen $y_1, \ldots, y_m, x_1, \ldots, x_n$ jedoch nicht nach Basis- und Nebenbasisvariablen geordnet.

Sind $\underline{a}_1,\ldots,\underline{a}_n$ die Spaltenvektoren von $\underline{A}$, gilt also:

$\underline{A} = (\underline{a}_1,\ldots,\underline{a}_n)$, und werden die Matrix $\underline{B}$, die Basislösung $\underline{s}$ und die Zielfunktionszeile in Tableau o der Menge der Indizes der Basisvariablen entsprechend zerlegt:

A 2.7.6 $\quad \underline{B}_I := (\underline{e}_{i(1)}{}^m,\ldots,\underline{e}_{i(r)}{}^m),$

$$\underline{B}_{II} := (\underline{a}_{i(r+1)-m},\ldots,\underline{a}_{i(m)-m}),$$

$$\underline{s}_1{}^T := (y_{i(1)},\ldots,y_{i(r)},x_{i(r+1)-m},\ldots,x_{i(m)-m}),$$

$$\underline{s}_2 := \begin{pmatrix} (y_i)_{i=1,\ldots,m,\,i\notin I_1} \\ (x_j)_{j=1,\ldots,n,\,j\notin I_2} \end{pmatrix},$$

$$\underline{z}_1{}^T := (\underline{o}_r{}^T, z_{i(r+1)-m},\ldots,z_{i(m)-m}) \text{ und}$$

$$\underline{z}_2 := \begin{pmatrix} \underline{o}_{m-r} \\ (z_j)_{j=1,\ldots,n,\,j\notin I_2} \end{pmatrix},$$

so gilt:

A 2.7.7 $\quad \underline{B}_1 := (\underline{B}_I,\underline{B}_{II})$ enthält die Spalten von $\underline{B}$ in
A 2.7.1/A 2.7.2, die zu den Basisvariablen in
A 2.7.3 gehören. Enthält $\underline{B}_2$ analog die Spalten
von $\underline{B}$ in A 2.7.1/A 2.7.2, die zu den Nebenbasisvariablen in A 2.7.3 gehören, so folgt:

$$\underline{B}\underline{s} = \underline{B}_1\underline{s}_1 + \underline{B}_2\underline{s}_2 = \underline{b}.$$

Nun ist $\underline{s}_2 = \underline{o}_n$. $\underline{B}_1$ ist invertierbar, da die Spaltenvektoren von $\underline{B}_1$ als zu den Basisvariablen gehörig linear unabhängig sind.[1] Daraus folgt:

A 2.7.8 $\quad \underline{s}_1 = \underline{B}_1{}^{-1}(\underline{b} - \underline{B}_2\underline{s}_2) = \underline{B}_1{}^{-1}\underline{b}.$

Analog ergibt sich:

---

1) Vgl. Collatz - Wetterling (1966), S. 14.

A 2.7.9 Ist $\underline{A}_1 := \left(\begin{array}{c|c} 1 & -\underline{z}_1^T \\ \hline \underline{o}_m & \underline{B}_1 \end{array} \right)$, so gilt: $\underline{A}_1 \begin{pmatrix} Z(\underline{s}) \\ \underline{s}_1 \end{pmatrix} = \begin{pmatrix} z_o \\ \underline{b} \end{pmatrix}$.

Mit $\underline{B}_1$ ist auch $\underline{A}_1$ invertierbar. Daraus folgt:

$$\text{A 2.7.1o} \qquad \begin{pmatrix} Z(\underline{s}) \\ \underline{s}_1 \end{pmatrix} = \underline{A}_1^{-1} \begin{pmatrix} z_o \\ \underline{b} \end{pmatrix} = \left(\begin{array}{c|c} 1 & \underline{z}_1^T \underline{B}_1^{-1} \\ \hline \underline{o}_m & \underline{B}_1^{-1} \end{array} \right) \begin{pmatrix} z_o \\ \underline{b} \end{pmatrix} \text{ 1)}$$

und

$$\text{A 2.7.11} \qquad Z(\underline{s}) = z_o + \underline{z}_1^T \underline{B}_1^{-1} \underline{b} = z_o + \underline{z}_1^T \underline{s}_1 \text{ 2)}.$$

Wird nun das Tableau A 2.7.3 analog aufgespalten:

A 2.7.12 $\underline{B}_1^+ := (\underline{b}_{i(1)}^+, \ldots, \underline{b}_{i(m)}^+)$

$\qquad\qquad = (\underline{e}_{p(1)}^m, \ldots, \underline{e}_{p(m)}^m) =: \underline{P}$ ist eine Permutationsmatrix[3],

$\qquad\qquad \underline{B}_2^+ := (\underline{b}_j^+)_{j=1,\ldots,m+n,\, j \notin I}$,

$\qquad\qquad \underline{z}_1^{+T} := (z_{i(1)}^+, \ldots, z_{i(m)}^+) = \underline{o}_m^T$,[4]

$\qquad\qquad \underline{z}_2^+ := (z_j^+)_{j=1,\ldots,m+n,\, j \notin I}$,

---

1) Vgl. Münstermann (1969), S. 14o.

2) Vgl. S. 3oo, A 2.7.8.

3) $\underline{B}_1^+$ enthält die m Einheitsvektoren $\underline{e}_1^m, \ldots, \underline{e}_m^m$ des R^m, jedoch nicht notwendig der Reihe nach, es gilt also nicht notwendig: $\underline{B}_1^+ = \underline{E}_m$. Vielmehr muß zugelassen werden, daß die Einheitsvektoren in beliebiger Reihenfolge in $\underline{B}_1^+$ enthalten sind, das heißt, $\underline{B}_1^+$ ist eine Permutationsmatrix $\underline{P}$. Vgl. hierzu Münstermann (1969), S. 94. Werden die Indizes der Reihe nach aufgezählt, so stellen sie eine Permutation von $(1,\ldots,m)$ dar. $p(i)$ ist also der Index des i-ten Einheitsvektors in $\underline{P}$ für $i = 1,\ldots,m$. Zum Begriff der Permutation von n-Tupeln vgl. Peschl (1961), S. 51.

4) Da die zugehörigen Variablen Basisvariable sind.

so gilt wegen A 2.7.3:

A 2.7.13 $\quad \underline{b}^+ = \underline{B}^+\underline{s} = \underline{B}_1{}^+\underline{s}_1 + \underline{B}_2{}^+\underline{s}_2 = \underline{B}_1{}^+\underline{s}_1{}^{1)} = \underline{P}\underline{s}_1.$

Daraus folgt:

A 2.7.14 $\quad \underline{s}_1 = \underline{P}^{-1}\underline{B}^+\underline{s} = \underline{P}^{-1}\underline{b}^+,{}^{2)}$ also:

$$s_{i(k)} = b_{p(k)}{}^+, \quad b_k{}^+ = s_{i(p^{-1}(k))} \quad \text{für } k = 1,$$
$$\ldots, m,{}^{3)} \text{ wenn } \underline{b}^+ = (b_k{}^+)_{k=1,\ldots,m}.$$

Damit gilt:

$$\underline{s}_1 = \underline{P}^{-1}\underline{B}^+\underline{s}{}^{4)} = \underline{B}_1{}^{-1}\underline{b}{}^{5)} = \underline{B}_1{}^{-1}\underline{B}\underline{s}{}^{6)}.$$

Zu jeder Basislösung gehört jedoch genau ein Tableau;[7] daraus folgt:

A 2.7.15 $\quad \underline{P}^{-1}\underline{B}^+ = \underline{B}_1{}^{-1}\underline{B}$ oder $\underline{B}^+ = \underline{P}\underline{B}_1{}^{-1}\underline{B}.$

Die Matrix $\underline{P}\underline{B}_1{}^{-1}$ "enthält" demnach die zur Transformation von $\underline{B}$ in $\underline{B}^+$ notwendigen Pivot-Operationen.[8] Wegen A 2.7.13 und A 2.7.8 gilt schließlich:

A 2.7.16 $\quad \underline{b}^+ = \underline{P}\underline{s}_1 = \underline{P}\underline{B}_1{}^{-1}\underline{b}.$

Es soll nun gezeigt werden, daß ähnlich wie $\underline{B}^+$, $\underline{b}^+$ und

---

1) Da $\underline{s}_2 = \underline{o}_n$. Siehe S. 3oo.
2) Die Inverse zu $\underline{P}$ läßt sich leicht bestimmen; es gilt nämlich: $\underline{P}^{-1} = \underline{P}^T$. Vgl. Kemeny e.a. (1963), S. 247.
3) Da $b_k{}^+ = b_{p(p^{-1}(k))}{}^+ = s_{i(p^{-1}(k))}.$
4) Siehe A 2.7.14.
5) Siehe S. 3oo, A 2.7.8.
6) Siehe S. 299, A 2.7.2.
7) Vgl. Dantzig (1966), S. 94.
8) Vgl. S. 287 und Joksch (1965), S. 81.

$Z(\underline{s})$ auch $\underline{z}^+$ in A 2.7.3 direkt aus dem Tableau A 2.7.1 bestimmt werden kann,[1] aber auch, indem das Gleichungssystem $\underline{B}^+\underline{s} = \underline{b}^+$ in A 2.7.3 nach den Basisvariablen unter $x_1,\ldots,x_n$ aufgelöst und das Ergebnis in die Zielfunktion aus A 2.7.1 eingesetzt wird[2]. Danach kann das Simplex-Kriterium[3] formuliert werden.

In A 2.7.3 sind $x_{i(r+1)-m},\ldots,x_{i(m)-m}$ Basisvariable, und es ist $\underline{s}_1{}^T = (y_{i(1)},\ldots,y_{i(r)},x_{i(r+1)-m},\ldots,x_{i(m)-m})$.
Aus A 2.7.13 folgt somit:

$$\underline{P}\underline{s}_1 = \underline{b}^+ - \underline{B}_2{}^+\underline{s}_2 = \underline{b}^+ - \sum_{\substack{j=1 \\ j\notin I}}^{n+m} s_j\underline{b}_j{}^+$$

oder wegen A 2.7.12:

$$\underline{s}_1 = \underline{P}^{-1}\left(\underline{b}^+ - \sum_{\substack{j=1 \\ j\notin I}}^{n+m} s_j\underline{b}_j{}^+\right)$$

$$= \begin{pmatrix} \underline{e}_{p(1)}{}^{mT} \\ \vdots \\ \underline{e}_{p(m)}{}^{mT} \end{pmatrix} \begin{pmatrix} b_1{}^+ - \sum_{\substack{j=1 \\ j\notin I}}^{n+m} s_j b_{1j}{}^+ \\ \vdots \\ b_m{}^+ - \sum_{\substack{j=1 \\ j\notin I}}^{n+m} s_j b_{mj}{}^+ \end{pmatrix} \quad [4][5]$$

$$= \begin{pmatrix} b_{p(1)}{}^+ - \sum_{\substack{j=1 \\ j\notin I}}^{n+m} s_j b_{p(1)j}{}^+ \\ \vdots \\ b_{p(m)}{}^+ - \sum_{\substack{j=1 \\ j\notin I}}^{n+m} s_j b_{p(m)j}{}^+ \end{pmatrix} = \begin{pmatrix} s_{i(1)} \\ \vdots \\ s_{i(m)} \end{pmatrix}$$

---

1) Siehe S. 3o5,A 2.7.18, und S. 316,A 2.7.19.

2) Siehe S. 3o5,A 2.7.17 und A 2.7.18.

3) Siehe S. 32o,A 2.7.21.

4) Da $\underline{P}^{-1} = \underline{P}^T$. Vgl. S. 3o2, Fußnote 2.

5) Wenn $\underline{b}_j{}^+ = (b_{ij}{}^+)_{i=1,\ldots,m}$ für $j = 1,\ldots,n+m$.

oder:

$$x_{i(k)-m} = s_{i(k)} = b_{p(k)}{}^+ - \sum_{\substack{j=1 \\ j \notin I}}^{n+m} b_{p(k)j}{}^+ s_j$$

$$= b_{p(k)}{}^+ - \sum_{\substack{i=1 \\ i \notin I_1}}^{m} b_{p(k)i}{}^+ y_i - \sum_{\substack{j=1 \\ j \notin I_2}}^{n} b_{p(k)m+j}{}^+ x_j \quad {}^{1)}$$

für $k = r+1,\ldots,m$ und

$$Z = z_0 + \sum_{j=1}^{n} z_j x_j$$

$$= z_0 + \sum_{k=r+1}^{m} z_{i(k)-m} x_{i(k)-m} + \sum_{\substack{j=1 \\ j \notin I_2}}^{n} z_j x_j$$

$$= z_0 + \sum_{k=r+1}^{m} z_{i(k)-m} \left(b_{p(k)}{}^+ - \sum_{\substack{i=1 \\ i \notin I_1}}^{m} b_{p(k)i}{}^+ y_i \right.$$

$$\left. - \sum_{\substack{j=1 \\ j \notin I_2}}^{n} b_{p(k)m+j}{}^+ x_j \right) + \sum_{\substack{j=1 \\ j \notin I_2}}^{n} z_j x_j$$

$$= z_0 + \sum_{k=r+1}^{m} z_{i(k)-m} b_{p(k)}{}^+$$

$$- \sum_{\substack{i=1 \\ i \notin I_1}}^{m} \left(\sum_{k=r+1}^{m} z_{i(k)-m} b_{p(k)i}{}^+ \right) y_i$$

$$- \sum_{\substack{j=1 \\ j \notin I_2}}^{n} \left(\sum_{k=r+1}^{m} z_{i(k)-m} b_{p(k)m+j}{}^+ - z_j \right) x_j .$$

Also folgt wegen $Z(\underline{s}) = z_0 + \sum_{k=r+1}^{m} z_{i(k)-m} b_{p(k)}{}^+ \quad {}^{2)}$:

---

1) Wegen A 2.7.5. Siehe S. 299.
2) Siehe S. 3o1,A 2.7.11, und S. 3o2,A 2.7.14.

A 2.7.17 Für die Zielfunktion in A 2.7.3 gilt:

$$Z + \sum_{\substack{i=1 \\ i \notin I_1}}^{m} \left(\sum_{k=r+1}^{m} z_{i(k)-m} b_{p(k)i}^{+} \right) y_i$$

$$+ \sum_{\substack{j=1 \\ j \notin I_2}}^{n} \left(\sum_{k=r+1}^{m} z_{i(k)-m} b_{p(k)m+j}^{+} - z_j \right) x_j$$

$$= Z(\underline{s}).^{1)}$$

Die Koeffizienten der Nebenbasisvariablen in der Darstellung A 2.7.17 der Zielfunktion stimmen mit den jeweiligen Koeffizienten der Nebenbasisvariablen in der Zielfunktionszeile von A 2.7.3 überein:

A 2.7.18 Sei $\underline{s}$ die Basislösung zum Tableau A 2.7.3. I, I_1, I_2, r und $\underline{P}$ seien wie in A 2.7.4, A 2.7.5 und A 2.7.12 definiert. Dann gilt für $\underline{z}^{+} = (z_j^{+})_{j=1,\ldots,n+m}$:

(1) $z_j^{+} = o$ für $j \in I = \{i(1),\ldots,i(m)\}$.

(2) $z_i^{+} = \sum_{k=r+1}^{m} z_{i(k)-m} b_{p(k)i}^{+}$ (= Koeffizient

der Nebenbasisvariablen y_i in A 2.7.17) für $i = 1,\ldots,m$, $i \notin I_1 = \{i(1),\ldots,i(r)\}$.

(3) $z_j^{+} = \sum_{k=r+1}^{m} z_{i(k)-m} b_{p(k)j}^{+} - z_{j-m}$ (= Koef-

fizient der Nebenbasisvariablen x_{j-m} in A 2.7.17) für $j = m+1,\ldots,m+n$, $j \notin \{i(r+1),\ldots,i(m)\}$.

<u>Beweis durch Induktion:</u>

<u>1. Schritt</u>: A 2.7.18 gilt für das Tableau o

In A 2.7.1 gilt: $I = \{1,\ldots,m\}$, $r = m$, also: $I_1 = I$,

---

1) Hier wird also die Abhängigkeit der Zielfunktion von den Nebenbasisvariablen dargestellt.

$I_2 = \emptyset$, $\underline{P} = \underline{E}_m$.

<u>Zu (1)</u>: Die Zielfunktionskoeffizienten von $y_1, \ldots, y_m$ sind Null.

<u>Zu (2)</u>: Diese Aussage ist leer.

<u>Zu (3)</u>: Wegen $r = m$ tritt die Summe $\sum\limits_{k=r+1}^{m} z_{i(k)-m} b_{p(k)j}^+$ nicht auf.

<u>2. Schritt</u>: A 2.7.18 gelte für das Tableau A 2.7.3. Dann gilt A 2.7.18 analog für das auf A 2.7.3 folgende Tableau, das durch Anwendung einer Pivot-Operation aus A 2.7.3 entsteht

Sei $b_{ij}^+ \neq o$ Pivot-Element:

$$
\begin{array}{cccccccc|c}
s_1 & \cdots & s_{i(1)} & \cdots & s_j & \cdots & s_{m+n} & & \\
\hline
z_1^+ & \cdots & o & \cdots & z_j^+ & \cdots & z_{m+n}^+ & & Z^+ \\
\hline
b_{11}^+ & \cdots & o & \cdots & b_{1j}^+ & \cdots & b_{1m+n}^+ & & b_1^+ \\
\vdots & & \vdots & & \vdots & & \vdots & & \vdots \\
b_{i1}^+ & \cdots & b_{ii(1)}^+ = 1 & \cdots & b_{ij}^+ & \cdots & b_{im+n}^+ & & b_i^+ \\
\vdots & & \vdots & & \vdots & & \vdots & & \vdots \\
b_{m1}^+ & \cdots & o & \cdots & b_{mj}^+ & \cdots & b_{mm+n}^+ & & b_m^+
\end{array}
=
\begin{array}{|c|c|}
\hline
\underline{z}^{+T} & Z^+ \\
\hline
\underline{B}^+ & \underline{b}^+ \\
\hline
\end{array}
\quad .
$$

Es ist also mit $i = p(1)$, $i(1) \in I$ und $j \notin I$ $s_{i(1)}$ Basisvariable und s_j Nebenbasisvariable in A 2.7.3.[1] Die zugehörige Pivot-Operation ergibt das Simplex-Tableau:

$$
\begin{array}{|c|c|}
\hline
\underline{z}^{++T} & Z^{++} \\
\hline
\underline{B}^{++} & \underline{b}^{++} \\
\hline
\end{array}
=
$$

---

1) Vgl. S. 3o1, A 2.7.12.

	s_1	$\dots$	$s_{i(1)}$	$\dots$	s_j	$\dots$	s_{m+n}	
	z_1^{++}	$\dots$	$z_{i(1)}^{++}=-\dfrac{z_j^+}{b_{ij}^+}$	$\dots$	$z_j^{++}=o$	$\dots$	z_{m+n}^{++}	z^{++}
	b_{11}^{++}	$\dots$	$b_{1i(1)}^{++}=-\dfrac{b_{1j}^+}{b_{ij}^+}$	$\dots$	$b_{1j}^{++}=o$	$\dots$	b_{1m+n}^{++}	b_1^{++}
	$\vdots$		$\vdots$		$\vdots$		$\vdots$	$\vdots$
	$b_{i1}^{++}=\dfrac{b_{i1}^+}{b_{ij}^+}$	$\dots$	$b_{ii(1)}^{++}=\dfrac{1}{b_{ij}^+}$	$\dots$	$b_{ij}^{++}=1$	$\dots$	$b_{im+n}^{++}=\dfrac{b_{im+n}^+}{b_{ij}^+}$	$b_i^{++}=\dfrac{b_i^+}{b_{ij}^+}$
	$\vdots$		$\vdots$		$\vdots$		$\vdots$	$\vdots$
	b_{m1}^{++}	$\dots$	$b_{mi(1)}^{++}=-\dfrac{b_{mj}^+}{b_{ij}^+}$	$\dots$	$b_{mj}^{++}=o$	$\dots$	b_{mm+n}^{++}	b_m^{++}

mit $I' = \{i'(1),\dots,i'(r')\} + \{i'(r'+1),\dots,i'(m)\} =$
$I - \{i(1)\} + \{j\}^{[1]}$, r' = Anzahl der Schlupfvariablen un-
ter den Basisvariablen, $\underline{P}' = (\underline{e}_{p'(1)}^{\;m},\dots,\underline{e}_{p'(m)}^{\;m})$, und
es gilt:

---

[1] $I - \{i(1)\} + \{j\} = \{k : k \in I, k \neq i(1), k = j\} =$
$\{i(1),\dots,i(1-1),i(1+1),\dots,i(m),j\}$.

$$z_p^{++} = z_p^+ - \frac{z_j^+}{b_{ij}^+}b_{ip}^+ = z_p^+ - z_j^+\frac{b_{ip}^+}{b_{ij}^+} \quad \text{für } p = 1,$$

..., m+n und

$$b_{st}^{++} = b_{st}^+ - \frac{b_{it}^+}{b_{ij}^+}b_{sj}^+ \quad \text{für } s = 1,\ldots,m, \ t = 1,\ldots,$$

m+n, $s \neq i$, $t \neq j$.[1]

<u>Zu (1)</u>: Ist $p \in I - \{i(1)\}$, so gilt: $z_p^{++} = o - z_j^+ \cdot o$

$= o$, da $b_{ip}^+ = z_p^+ = o$ für $p \in I - \{i(1)\}$.

Ist $p = j$, so gilt: $z_j^{++} = z_j^+ - z_j^+ \cdot 1 = o$.

Für den Beweis der Aussagen (2) und (3) werden die folgenden Fälle unterschieden:

<u>1. Fall</u>: $i = p(1)$ mit $1 \leq r$ ($y_{i(1)}$ wird Nebenbasisvariable):

a) $j \leq m$ (y_j wird Basisvariable): $r' = r$:

Es gilt also:

$$I' = \{i(1),\ldots,i(1-1),i(1+1),\ldots,i(r),j\}^{[2]} +$$
$$\{i(r+1),\ldots,i(m)\} \text{ mit } i'(k) = i(k) \text{ für } k = r+1,$$
..., m und

$$\underline{P}' = (\underline{e}_{p'(1)}^m,\ldots,\underline{e}_{p'(r)}^m,\underline{e}_{p(r+1)}^m,\ldots,\underline{e}_{p(m)}^m) \text{ mit}$$

$p'(k) = p(k)$ für $k = r+1,\ldots,m$ und
$\{p'(1),\ldots,p'(r)\} = \{p(1),\ldots,p(1-1),p(1+1),\ldots,$
$p(r),i\}^{[3]}$.

---

[1] Vgl. S. 287.

[2] Die Elemente von $\{i(1),\ldots,i(1-1),i(1+1),\ldots,i(r),j\}$ sind nicht notwendig der Größe nach geordnet; es kann gelten: $j > i(r)$, $j < i(1)$ oder $i(1) < j < i(r)$.

[3] $p(1),\ldots,p(1-1),p(1+1),\ldots,p(r),i$ braucht nicht die Reihenfolge der ersten r Einheitsvektoren in $\underline{P}'$ anzugeben, da $\underline{e}_i^m = \underline{e}_{p(1)}^m$ nach der Durchführung der Pivot-Operation mit b_{ij}^+ als Pivot-Element in der j-ten Spalte steht.

__Zu (2): p=1,...,m, p∉{i(1),...,i(l-1),i(l+1),...,i(r),j}__

__1. p=i(l):__ $z_{i(l)}^{++} = z_{i(l)}^+ - z_j^+ \dfrac{b_{ii(l)}^+}{b_{ij}^+}$

$$= 0 - \frac{1}{b_{ij}^+} \sum_{k=r+1}^m z_{i(k)-m} b_{p(k)j}^+ \qquad 1)$$

$$= \sum_{k=r+1}^m z_{i(k)-m} \frac{-b_{p(k)j}^+}{b_{ij}^+}$$

$$= \sum_{k=r+1}^m z_{i(k)-m} b_{p(k)i(l)}^{++} \qquad 2)$$

$$= \sum_{k=r+1}^m z_{i'(k)-m} b_{p'(k)i(l)}^{++}.$$

__2. p≠i(l):__ $z_p^{++} = z_p^+ - z_j^+ \dfrac{b_{ip}^+}{b_{ij}^+}$

$$= \sum_{k=r+1}^m z_{i(k)-m} b_{p(k)p}^+$$

$$- \frac{b_{ip}^+}{b_{ij}^+} \sum_{k=r+1}^m z_{i(k)-m} b_{p(k)j}^+ \qquad 3)$$

$$= \sum_{k=r+1}^m z_{i(k)-m} \left(b_{p(k)p}^+ - \frac{b_{ip}^+}{b_{ij}^+} b_{p(k)j}^+ \right)$$

$$= \sum_{k=r+1}^m z_{i'(k)-m} b_{p'(k)p}^{++} \qquad 4).$$

---

1) Nach Induktionsannahme, und da $b_{ii(l)}^+ = 1$. Vgl. S. 306.

2) Da $p(k) \neq i$ (= p(l)) für k = r+1,...,m.

3) Nach Induktionsannahme.

4) Da $b_{p(k)p}^{++} = b_{p(k)p}^+ - \dfrac{b_{ip}^+}{b_{ij}^+} b_{p(k)j}^+$ wegen $p(k) \neq i$

(= p(l)) für k = r+1,...,m.

$\underline{\text{Zu (3)}}$: $p=m+1,\ldots,m+n$, $p \notin \{i(r+1),\ldots,i(m)\}$

$$z_p^{++} = z_p^{+} - z_j^{+}\frac{b_{ip}^{+}}{b_{ij}^{+}}$$

$$= \sum_{k=r+1}^{m} z_{i(k)-m} b_{p(k)p}^{+} - z_{p-m}$$

$$- \frac{b_{ip}^{+}}{b_{ij}^{+}} \sum_{k=r+1}^{m} z_{i(k)-m} b_{p(k)j}^{+} \quad [1]$$

$$= \sum_{k=r+1}^{m} z_{i(k)-m}\left(b_{p(k)p}^{+} - \frac{b_{ip}^{+}}{b_{ij}^{+}} b_{p(k)j}^{+}\right) - z_{p-m}$$

$$= \sum_{k=r+1}^{m} z_{i'(k)-m} b_{p'(k)p}^{++} - z_{p-m} \quad [2].$$

b) $j > m$ (x_{j-m} wird Basisvariable): $r' = r-1$:

Es gilt also:

$\quad I' = \{i(1),\ldots,i(1-1),i(1+1),\ldots,i(r)\} +$

$\qquad \{i(r+1),\ldots,i(m),j\}^{[3]}$ mit $\{i(r+1),\ldots,i(m),j\} =$

$\qquad \{i'(r'+1),\ldots,i'(m)\}$ und

$\quad \underline{P}' = (\underline{e}_{p(1)}{}^{m},\ldots,\underline{e}_{p(1-1)}{}^{m},\underline{e}_{p(1+1)}{}^{m},\ldots,\underline{e}_{p(r)}{}^{m},$

$\qquad \underline{e}_{p'(r'+1)}{}^{m},\ldots,\underline{e}_{p'(m)}{}^{m})$ mit

$\qquad \{p'(r'+1),\ldots,p'(m)\} = \{p(r+1),\ldots,p(m),i\}^{[4]}.$

$\underline{\text{Zu (2)}}$: $p=1,\ldots,m$, $p \notin \{i(1),\ldots,i(1-1),i(1+1),\ldots,i(r)\}$

$\underline{\text{1. } p=i(1)}$: $z_{i(1)}^{++} = z_{i(1)}^{+} - z_j\frac{b_{ii(1)}^{+}}{b_{ij}^{+}} = o - z_j^{+}\frac{1}{b_{ij}^{+}} \quad [5]$

---

1) Nach Induktionsannahme.

2) Da $b_{p(k)p}^{++} = b_{p(k)p}^{+} - \dfrac{b_{ip}^{+}}{b_{ij}^{+}} b_{p(k)j}^{+}$ wegen $p(k) \neq i$

$\quad$ (= $p(1)$) für $k = r+1,\ldots,m$.

3) Vgl. S. 3o8, Fußnote 2.

4) Vgl. S. 3o8, Fußnote 3.

5) Da $z_{i(1)}^{+} = o$ und $b_{ii(1)}^{+} = 1$.

$$= \sum_{k=r+1}^{m} z_{i(k)-m} \frac{-b_{p(k)j}^{+}}{b_{ij}^{+}} + z_{j-m}\frac{1}{b_{ij}^{+}} \quad 1)$$

$$= \sum_{k=r+1}^{m} z_{i(k)-m} b_{p(k)i(1)}^{++} + z_{j-m} b_{ii(1)}^{++} \quad 2)$$

$$= \sum_{k=r'+1}^{m} z_{i'(k)-m} b_{p'(k)i(1)}^{++}.$$

<u>2. $p\neq i(1)$</u>: $\quad z_p^{++} = z_p^{+} - z_j^{+}\frac{b_{ip}^{+}}{b_{ij}^{+}}$

$$= \sum_{k=r+1}^{m} z_{i(k)-m} b_{p(k)p}^{+}$$

$$- \frac{b_{ip}^{+}}{b_{ij}^{+}}\Big(\sum_{k=r+1}^{m} z_{i(k)-m} b_{p(k)j}^{+} - z_{j-m}\Big) \quad 3)$$

$$= \sum_{k=r+1}^{m} z_{i(k)-m}\Big(b_{p(k)p}^{+} - \frac{b_{ip}^{+}}{b_{ij}^{+}}b_{p(k)j}^{+}\Big)$$

$$+ z_{j-m}\frac{b_{ip}^{+}}{b_{ij}^{+}}$$

$$= \sum_{k=r'+1}^{m} z_{i'(k)-m} b_{p'(k)p}^{++} \quad 4).$$

<u>Zu (3)</u>: $p = m+1,\ldots,m+n$, $p\notin\{i(r+1),\ldots,i(m),j\}$

$$z_p^{++} = z_p^{+} - z_j^{+}\frac{b_{ip}^{+}}{b_{ij}^{+}}$$

---

1) Nach Induktionsannahme.

2) Da $b_{ii(1)}^{++} = \dfrac{1}{b_{ij}^{+}}$ und $b_{p(k)i(1)}^{++} = \dfrac{-b_{p(k)j}^{+}}{b_{ij}^{+}}$ für

$k = r+1,\ldots,m$.

3) Nach Induktionsannahme.

4) Da $b_{ip}^{++} = \dfrac{b_{ip}^{+}}{b_{ij}^{+}}$ und $b_{p(k)p}^{++} = b_{p(k)p}^{+} - \dfrac{b_{ip}^{+}}{b_{ij}^{+}}b_{p(k)j}^{+}$

wegen $p(k) \neq i\ (= p(1))$ für $k = r+1,\ldots,m$.

$$= \sum_{k=r+1}^{m} z_{i(k)-m}\, b_{p(k)p}^{+} - z_{p-m}$$

$$- \frac{b_{ip}^{+}}{b_{ij}^{+}} \left(\sum_{k=r+1}^{m} z_{i(k)-m}\, b_{p(k)j}^{+} - z_{j-m} \right)\ ^{1)}$$

$$= \sum_{k=r+1}^{m} z_{i(k)-m} \left(b_{p(k)p}^{+} - \frac{b_{ip}^{+}}{b_{ij}^{+}} b_{p(k)j}^{+} \right) + z_{j-m} \frac{b_{ip}^{+}}{b_{ij}^{+}}$$

$$- z_{p-m}$$

$$= \sum_{k=r'+1}^{m} z_{i'(k)-m}\, b_{p'(k)p}^{++} - z_{p-m}\ ^{2)}.$$

<u>2. Fall</u>: $i = p(l)$ mit $l \geq r+1$ ($x_{i(l)-m}$ wird Nebenbasis-
variable):

a) $j \leq m$ (y_j wird Basisvariable): $r' = r+1$:

Es gilt also:

$$I' = \{i(1),\ldots,i(r),j\}^{3)} + \{i(r+1),\ldots,i(l-1),i(l+1),$$
$$\ldots,i(m)\}\ \text{mit}\ i(k) = i'(k+1)\ \text{für}\ k = r\ (= r'-1),$$
$$\ldots,l-1,\ i(k) = i'(k)\ \text{für}\ k = l+1,\ldots,m\ \text{und}$$

$$\underline{P}' = (\underline{e}_{p'(1)}^{\,m},\ldots,\underline{e}_{p'(r')}^{\,m},\underline{e}_{p(r+1)}^{\,m},\ldots,\underline{e}_{p(l-1)}^{\,m},$$

$$\underline{e}_{p(l+1)}^{\,m},\ldots,\underline{e}_{p(m)}^{\,m})\ \text{mit}\ \{p'(1),\ldots,p'(r')\} =$$

$$\{p(1),\ldots,p(r),i\}^{4)},\ p(k) = p'(k+1)\ \text{für}\ k = r$$
$$(= r'-1),\ldots,l-1,\ p(k) = p'(k)\ \text{für}\ k = l+1,\ldots,m.$$

<u>Zu (2)</u>: $p=1,\ldots,m$, $p \notin \{i(1),\ldots,i(r),j\}$

$$z_p^{++} = z_p^{+} - z_j^{+} \frac{b_{ip}^{+}}{b_{ij}^{+}}$$

---

1) Nach Induktionsannahme.

2) Da $b_{ip}^{++} = \dfrac{b_{ip}^{+}}{b_{ij}^{+}}$ und $b_{p(k)p}^{++} = b_{p(k)p}^{+} - \dfrac{b_{ip}^{+}}{b_{ij}^{+}} b_{p(k)j}^{+}$
wegen $p(k) \neq i\ (= p(l))$ für $k = r+1,\ldots,m$.

3) Vgl. S. 3o8, Fußnote 2.

4) Vgl. S. 3o8, Fußnote 3.

- 313 -

$$= \sum_{k=r+1}^{m} z_{i(k)-m} b_{p(k)p}^{+}$$

$$- \frac{b_{ip}^{+}}{b_{ij}^{+}} \sum_{k=r+1}^{m} z_{i(k)-m} b_{p(k)j}^{+} \quad 1)$$

$$= \sum_{k=r+1}^{m} z_{i(k)-m} \left(b_{p(k)p}^{+} - \frac{b_{ip}^{+}}{b_{ij}^{+}} b_{p(k)j}^{+} \right)$$

$$= \sum_{\substack{k=r+1 \\ k\neq l}}^{m} z_{i(k)-m} b_{p(k)p}^{++} + z_{i-m}\left(b_{ip}^{+} - \frac{b_{ip}^{+}}{b_{ij}^{+}} b_{ij}^{+} \right) \quad 2)$$

$$= \sum_{k=r'+1}^{m} z_{i'(k)-m} b_{p'(k)p}^{++} \; .$$

Zu (3): $p=m+1,\ldots,m+n$, $p \notin \{i(r+1),\ldots,i(l-1),i(l+1),\ldots,i(m)\}$

1. $p=i(l)$: $\quad z_{i(l)}^{++} = z_{i(l)}^{+} - z_{j}^{+} \dfrac{b_{ii(l)}^{+}}{b_{ij}^{+}} = 0 - z_{j}^{+} \dfrac{1}{b_{ij}^{+}} \quad 3)$

$$= \sum_{k=r+1}^{m} z_{i(k)-m} \frac{-b_{p(k)j}^{+}}{b_{ij}^{+}} \quad 4)$$

$$= \sum_{\substack{k=r+1 \\ k\neq l}}^{m} z_{i(k)-m} b_{p(k)i(l)}^{++} + z_{i(l)-m} \frac{-b_{ij}^{+}}{b_{ij}^{+}} \quad 5)$$

---

1) Nach Induktionsannahme.

2) Da $b_{p(k)p}^{++} = b_{p(k)p}^{+} - \dfrac{b_{ip}^{+}}{b_{ij}^{+}} b_{p(k)j}^{+}$ wegen $p(k) \neq i$

   ($= p(l)$) für $k = r+1,\ldots,m$.

3) Da $z_{i(l)}^{+} = 0$ und $b_{ii(l)}^{+} = 1$.

4) Nach Induktionsannahme.

5) Da $b_{p(k)i(l)}^{++} = \dfrac{-b_{p(k)i}^{+}}{b_{ij}^{+}}$ wegen $p(k) \neq i$ ($= p(l)$) für

   $k = r+1,\ldots,m$.

$$= \sum_{k=r'+1}^{m} z_{i'(k)-m} b_{p'(k)i(1)}^{++} - z_{i(1)-m} \cdot$$

2. $\underline{p \neq i(1)}$: $z_p^{++} = z_p^+ - z_j^+ \dfrac{b_{ip}^+}{b_{ij}^+}$

$$= \sum_{k=r+1}^{m} z_{i(k)-m} b_{p(k)p}^+ - z_{p-m}$$

$$- \frac{b_{ip}^+}{b_{ij}^+} \sum_{k=r+1}^{m} z_{i(k)-m} b_{p(k)j}^+ \qquad {}^{1)}$$

$$= \sum_{k=r+1}^{m} z_{i(k)-m} \left(b_{p(k)p}^+ - \frac{b_{ip}^+}{b_{ij}^+} b_{p(k)j}^+ \right) - z_{p-m}$$

$$= \sum_{\substack{k=r+1 \\ k \neq 1}}^{m} z_{i(k)-m} b_{p(k)p}^{++} - z_{p-m} \qquad {}^{2)}$$

$$= \sum_{k=r'+1}^{m} z_{i'(k)-m} b_{p'(k)p}^{++} - z_{p-m} \cdot$$

b) $j > m$ (x_{j-m} wird Basisvariable): $r' = r$:

Es gilt also:

$I' = \{i(1),\ldots,i(r)\} + \{i(r+1),\ldots,i(1-1),i(1+1),$
$\ldots,i(m),j\}^{3)}$ mit $\{i'(r'+1),\ldots,i'(m)\} =$
$\{i(r+1),\ldots,i(1-1),i(1+1),\ldots,i(m),j\}$ und

$\underline{P}' = (\underline{e}_{p(1)}^m,\ldots,\underline{e}_{p(r)}^m,\underline{e}_{p'(r'+1)}^m,\ldots,\underline{e}_{p'(m)}^m)$ mit
$\{p'(r'+1),\ldots,p'(m)\} = \{p(r+1),\ldots,p(1-1),$
$p(1+1),\ldots,p(m),i\}^{4)}.$

---

1) Nach Induktionsannahme.

2) Da $b_{p(k)p}^+ - \dfrac{b_{ip}^+}{b_{ij}^+} b_{p(k)j}^+$

$$= \begin{cases} o & \text{für } p(k) = i \ (= p(1)) \\ b_{p(k)p}^{++} & \text{für } p(k) \neq i \ (= p(1)) \end{cases} \text{ für } k = r+1,\ldots,m.$$

3) Vgl. S. 3o8, Fußnote 2.

4) Vgl. S. 3o8, Fußnote 3.

<u>Zu (2): $p=1,\ldots,m$, $p\notin\{i(1),\ldots,i(r)\}$</u>

$$z_p^{++} = z_p^{+} - z_j^{+}\frac{b_{ip}^{+}}{b_{ij}^{+}}$$

$$= \sum_{k=r+1}^{m} z_{i(k)-m} b_{p(k)p}^{+}$$

$$\quad - \frac{b_{ip}^{+}}{b_{ij}^{+}}\Big(\sum_{k=r+1}^{m} z_{i(k)-m} b_{p(k)j}^{+} - z_{j-m}\Big) \qquad 1)$$

$$= \sum_{k=r+1}^{m} z_{i(k)-m}\Big(b_{p(k)p}^{+} - \frac{b_{ip}^{+}}{b_{ij}^{+}} b_{p(k)j}^{+}\Big) + z_{j-m}\frac{b_{ip}^{+}}{b_{ij}^{+}}$$

$$= \sum_{\substack{k=r+1\\ k\neq l}}^{m} z_{i(k)-m} b_{p(k)p}^{++} + z_{j-m} b_{ip}^{++} \qquad 2)$$

$$= \sum_{k=r'+1}^{m} z_{i'(k)-m} b_{p'(k)p}^{++}.$$

<u>Zu (3): $p=m+1,\ldots,m+n$, $p\notin\{i(r+1),\ldots,i(l-1),i(l+1),$</u>
<u>$\ldots,i(m),j\}$</u>

<u>1. $p=i(l)$</u>: $z_{i(1)}^{++} = z_{i(1)}^{+} - z_j^{+}\dfrac{b_{ii(1)}^{+}}{b_{ij}^{+}} = o - z_j^{+}\dfrac{1}{b_{ij}^{+}}$ $\quad 3)$

$$= \sum_{k=r+1}^{m} z_{i(k)-m}\frac{-b_{p(k)j}^{+}}{b_{ij}^{+}} + z_{j-m}\frac{1}{b_{ij}^{+}} \qquad 4)$$

---

1) Nach Induktionsannahme.

2) Da $b_{ip}^{++} = \dfrac{b_{ip}^{+}}{b_{ij}^{+}}$ und $b_{p(k)p}^{+} - \dfrac{b_{ip}^{+}}{b_{ij}^{+}} b_{p(k)j}^{+}$

$$= \begin{cases} o & \text{für } p(k) = i\ (=p(1)) \\ b_{p(k)p}^{++} & \text{für } p(k) \neq i\ (=p(1)) \end{cases} \Bigg\}\ \text{für } k = r+1,\ldots,m.$$

3) Da $z_{i(1)}^{+} = o$ und $b_{ii(1)}^{+} = 1$.

4) Nach Induktionsannahme.

$$= \sum_{\substack{k=r+1 \\ k \neq 1}}^{m} z_{i(k)-m} b_{p(k)i(1)}^{++} + z_{j-m} b_{ii(1)}^{++}$$

$$- z_{i(1)-m} \qquad {}^{1)}$$

$$= \sum_{k=r'+1}^{m} z_{i'(k)-m} b_{p'(k)i(1)}^{++} - z_{i(1)-m} \cdot$$

<u>2. $p \neq i(1)$</u>: $z_p^{++} = z_p^+ - z_j^+ \dfrac{b_{ip}^+}{b_{ij}^+}$

$$= \sum_{k=r+1}^{m} z_{i(k)-m} \left(b_{p(k)p}^+ - \frac{b_{ip}^+}{b_{ij}^+} b_{p(k)j}^+ \right)$$

$$+ \frac{b_{ip}^+}{b_{ij}^+} z_{j-m} - z_{p-m} \qquad {}^{2)}$$

$$= \sum_{k=r'+1}^{m} z_{i'(k)-m} b_{p'(k)p}^{++} - z_{p-m} \qquad {}^{3)}.$$

Im folgenden Satz wird gezeigt, wie der Vektor $\underline{z}^+$ aus
A 2.7.3, der in A 2.7.17 und in A 2.7.18 bestimmt wurde,
direkt aus dem Tableau A 2.7.1 ermittelt werden kann:

A 2.7.19 Sei $\underline{z}^{+T}$ der Zeilenvektor der Zielfunktionskoeffizienten der Variablen im Tableau A 2.7.3.
$\underline{z}_1$, $\underline{B}_1$ seien wie in A 2.7.6 und A 2.7.7 definiert. Dann gilt:

$$\underline{z}^{+T} = (\underline{o}_m^T, -\underline{z}^T) + \underline{z}_1 \underline{B}_1^{-1} \underline{B}.$$

---

1) Da $b_{ii(1)}^{++} = \dfrac{1}{b_{ij}^+}$ und $b_{p(k)i(1)}^{++} = \dfrac{-b_{p(k)j}^+}{b_{ij}^+}$ wegen

   $p(k) \neq i \; (= p(1))$ für $k = r+1,\ldots,m$.

2) Nach Induktionsannahme.

3) Da $b_{ip}^{++} = \dfrac{b_{ip}^+}{b_{ij}^+}$ und $b_{p(k)p}^+ - \dfrac{b_{ip}^+}{b_{ij}^+} b_{p(k)j}^+ =$

$$\begin{cases} o & \text{für } p(k) = i \; (= p(1)) \\ b_{p(k)p}^{++} & \text{für } p(k) \neq i \; (= p(1)) \end{cases} \text{für } k = r+1,\ldots,m.$$

<u>Beweis:</u>

Es gilt:

$$\begin{pmatrix} \underline{o}_m \\ -\underline{z} \end{pmatrix} + (\underline{B}_1^{-1}\underline{B})^T \underline{z}_1 = \begin{pmatrix} \underline{o}_m \\ -\underline{z} \end{pmatrix} + (\underline{P}^T\underline{B}^+)^T \underline{z}_1 \qquad 1)$$

$$= \begin{pmatrix} \underline{o}_m \\ \\ -\underline{z} \end{pmatrix} + \left[\begin{pmatrix} \underline{e}_{p(1)}^{mT} \\ \vdots \\ \underline{e}_{p(m)}^{mT} \end{pmatrix} \begin{pmatrix} b_{11}^+ & \cdots & b_{1m+n}^+ \\ \vdots & & \vdots \\ b_{m1}^+ & \cdots & b_{mm+n}^+ \end{pmatrix} \right]^T \begin{pmatrix} \underline{o}_r \\ z_{i(r+1)-m} \\ \vdots \\ z_{i(m)-m} \end{pmatrix} \qquad 2)$$

$$= \begin{pmatrix} \underline{o}_m \\ \\ -\underline{z} \end{pmatrix} + \begin{pmatrix} b_{p(1)1}^+ & \cdots & b_{p(m)1}^+ \\ \vdots & & \vdots \\ b_{p(1)m+n}^+ & \cdots & b_{p(m)m+n}^+ \end{pmatrix} \begin{pmatrix} \underline{o}_r \\ z_{i(r+1)-m} \\ \vdots \\ z_{i(m)-m} \end{pmatrix}$$

$$= \begin{pmatrix} \underline{o}_m \\ \\ -\underline{z} \end{pmatrix} + \begin{pmatrix} \sum_{k=r+1}^{m} z_{i(k)-m} b_{p(k)1}^+ \\ \vdots \\ \sum_{k=r+1}^{m} z_{i(k)-m} b_{p(k)m+n}^+ \end{pmatrix}$$

$$= \begin{pmatrix} \sum_{k=r+1}^{m} z_{i(k)-m} b_{p(k)1}^+ \\ \vdots \\ \sum_{k=r+1}^{m} z_{i(k)-m} b_{p(k)m}^+ \\ \sum_{k=r+1}^{m} z_{i(k)-m} b_{p(k)m+1}^+ - z_1 \\ \vdots \\ \sum_{k=r+1}^{m} z_{i(k)-m} b_{p(k)m+n}^+ - z_n \end{pmatrix} .$$

<u>1. i = 1,...,m:</u>

$$i \in \{i(1),\ldots,i(r)\}: \quad \sum_{k=r+1}^{m} z_{i(k)-m} b_{p(k)i}^+ = o = z_i^+, \text{ da}$$

$$\underline{b}_{i(l)}^+ = \underline{e}_{p(l)}^m \text{ und } l \leq r.$$

---

1) Siehe S. 3o2, A 2.7.15 und Fußnote 2.
2) Siehe S. 3oo, A 2.7.6, und S. 3o1, A 2.7.12.

$$i \notin \{i(1),\dots,i(r)\} : \sum_{k=r+1}^{m} z_{i(k)-m} b_{p(k)i}^{+} = z_i^{+}.$$

2. $j = m+1,\dots,m+n$:

$j \in \{i(r+1),\dots,i(m)\} :$

$$\sum_{k=r+1}^{m} z_{i(k)-m} b_{p(k)j}^{+} - z_{j-m}$$

$$= \sum_{k=r+1}^{m} z_{i(k)-m} b_{p(k)i(1)}^{+} - z_{i(1)-m}$$

$$= z_{i(1)-m} - z_{i(1)-m} = o = z_j^{+} \text{ mit } j = i(1) \text{ und}$$

$$1 \in \{r+1,\dots,m\}, \text{ da } \underline{b}_{i(1)}^{+} = \underline{e}_{p(1)}^{m} \text{ für } 1 \geq r+1 \text{ und}$$

$$b_{p(k)i(1)}^{+} = \begin{Bmatrix} 1 \text{ für } p(k) = p(1) \\ o \text{ für } p(k) \neq p(1) \end{Bmatrix}.$$

$j \notin \{i(r+1),\dots,i(m)\} :$

$$\sum_{k=r+1}^{m} z_{i(k)-m} b_{p(k)j}^{+} - z_{j-m} = z_j^{+}.$$

Für das Tableau A 2.7.3 gilt somit insgesamt:

$$\text{A 2.7.11 : } Z(\underline{s}) = z_o + \underline{z}_1^{T} \underline{B}_1^{-1} \underline{b}$$

$$\text{A 2.7.5 : } \underline{B}^{+} = \underline{P}\underline{B}_1^{-1} \underline{B}$$

$$\text{A 2.7.16 : } \underline{b}^{+} = \underline{P}\underline{B}_1^{-1} \underline{b}$$

$$\text{A 2.7.19 : } \underline{z}^{+T} = (\underline{o}_m, -\underline{z}^{T}) + \underline{z}_1 \underline{B}_1^{-1} \underline{B}$$

Demnach kann das gesamte Tableau A 2.7.3 unmittelbar aus dem Tableau A 2.7.1 bestimmt werden, sobald bekannt ist, welche der Variablen in A 2.7.3 Basisvariable sind:[1]

---

1) Bis auf Permutation bei $\underline{B}^{+}$ und $\underline{b}^{+}$.

A 2.7.2o Seien $\underline{z}_1$, $\underline{B}_1$, $\underline{P}$ wie in A 2.7.6, A 2.7.7 und
A 2.7.12 definiert. Dann gilt:

$$\begin{pmatrix} \underline{z}^{+T} & | & Z(\underline{s}) \\ \hline \underline{B}^+ & | & \underline{b}^+ \end{pmatrix} = \underbrace{\begin{pmatrix} 1 & | & \underline{o}_m^T \\ \hline \underline{o}_m & | & \underline{P} \end{pmatrix}}_{\underline{P}_1} \underbrace{\begin{pmatrix} 1 & | & \underline{z}_1^T \underline{B}_1^{-1} \\ \hline \underline{o}_m & | & \underline{B}_1^{-1} \end{pmatrix}}_{\underline{A}_1^{-1}\ 2)} \underbrace{\begin{pmatrix} \underline{o}_m^T & | & -\underline{z}^T & | & \underline{z}_o \\ \hline \underline{E}_m & | & \underline{A} & | & \underline{b} \end{pmatrix}}_{\text{Tableau A 2.7.1}} .1)$$

$$\underbrace{\phantom{\begin{pmatrix} 1 \\ 1 \end{pmatrix}}}_{\text{Tableau A 2.7.3}}$$

<u>Beweis:</u>

Mit $\underline{P}_1 := \begin{pmatrix} 1 & | & \underline{o}_m^T \\ \hline \underline{o}_m & | & \underline{P} \end{pmatrix}$ gilt:

$$\underline{P}_1 \underline{A}_1^{-1} \begin{pmatrix} \underline{o}_m^T & | & -\underline{z}^T & | & \underline{z}_o \\ \hline \underline{E}_m & | & \underline{A} & | & \underline{b} \end{pmatrix} = \underline{P}_1 \begin{pmatrix} 1 & | & \underline{z}_1^T \underline{B}_1^{-1} \\ \hline \underline{o}_m & | & \underline{B}_1^{-1} \end{pmatrix} \begin{pmatrix} \underline{o}_m^T, & -\underline{z}^T & | & \underline{z}_o \\ \hline \underline{B} & | & \underline{b} \end{pmatrix} \quad 3)$$

$$= \underline{P}_1 \begin{pmatrix} (\underline{o}_m^T, -\underline{z}^T) + \underline{z}_1^T \underline{B}_1^{-1}\underline{B} & | & \underline{z}_o + \underline{z}_1^T \underline{B}_1^{-1}\underline{b} \\ \hline \underline{B}_1^{-1}\underline{B} & | & \underline{B}_1^{-1}\underline{b} \end{pmatrix}$$

$$= \begin{pmatrix} 1 & | & \underline{o}_m^T \\ \hline \underline{o}_m & | & \underline{P} \end{pmatrix} \begin{pmatrix} \underline{z}^{+T} & | & Z(\underline{s}) \\ \hline \underline{B}_1^{-1}\underline{B} & | & \underline{B}_1^{-1}\underline{b} \end{pmatrix} \quad 4)$$

$$= \begin{pmatrix} \underline{z}^{+T} & | & Z(\underline{s}) \\ \hline \underline{P}\underline{B}_1^{-1}\underline{B} & | & \underline{P}\underline{B}_1^{-1}\underline{b} \end{pmatrix} = \begin{pmatrix} \underline{z}^{+T} & | & Z(\underline{s}) \\ \hline \underline{B}^+ & | & \underline{b}^+ \end{pmatrix} \quad 5).$$

Nunmehr kann das Simplex-Kriterium formuliert werden:

---

1) Vgl. Hadley (1962), S. 2oo. Hadley berücksichtigt dabei nicht die im allgemeinen Ansatz notwendige Permutationsmatrix $\underline{P}$.

2) Siehe S. 3o1,A 2.7.9 und A 2.7.1o.

3) $\underline{B} = (\underline{E}_m,\underline{A})$. Siehe S. 299.

4) Wegen S. 3o1,A 2.7.11, und S. 316,A 2.7.19.

5) Wegen S. 3o2,A 2.7.15 und A 2.7.16.

A 2.7.21 Simplex-Kriterium

Sei das Tableau A 2.7.3 allgemeines Simplex-Tableau zum Tableau A 2.7.1.[1] Die zugehörige Basislösung $\underline{s}$ sei zulässig. Dann gilt:

(1) Ist $\underline{z}^+ \geqq \underline{o}_{n+m}$, so ist $\underline{s}$ optimale Basislösung.

(2) Ist $\underline{s}$ optimale Basislösung, so ist $\underline{z}^+ \geqq \underline{o}_{n+m}$.[2]

<u>Beweis:</u>

<u>Zu (1)</u>: Es gilt in A 2.7.3:

$$Z = z_o + \underline{z}_1^T\underline{s}_1 + \underline{z}_2^T\underline{s}_2 \quad [3]$$

$$= z_o + \underline{z}_1^T(\underline{B}_1^{-1}\underline{b} - \underline{B}_1^{-1}\underline{B}_2\underline{s}_2) + \underline{z}_2^T\underline{s}_2 \quad [4]$$

$$= z_o + \underline{z}_1^T\underline{B}_1^{-1}\underline{b} + (\underline{z}_2^T - \underline{z}_1^T\underline{B}_1^{-1}\underline{B}_2)\underline{s}_2$$

$$= Z(\underline{s}) + (\underline{z}_2^T - \underline{z}_1^T\underline{B}_1^{-1}\underline{B}_2)\underline{s}_2 \quad [5].$$

Daraus folgt: Z kann durch positive Wahl[6] von einer oder mehreren der Nebenbasisvariablen in $\underline{s}_2$ [7] nur dann größer werden als $Z(\underline{s})$, wenn $\underline{z}_2^T - \underline{z}_1^T\underline{B}_1^{-1}\underline{B}_2$ in mindestens einer Komponente positiv ist. Gilt also: $\underline{z}_2^T - \underline{z}_1^T\underline{B}_1^{-1}\underline{B}_2 \leqq \underline{o}_n$, so ist (1) bewiesen. Wegen A 2.7.19 ist jedoch

---

1) Es sei daran erinnert, daß $\underline{b} \geqq \underline{o}_m$ nicht zu gelten braucht. Vgl. S. 299, Fußnote 2.

2) Dies gilt nur, wenn keine Degeneration vorliegt. Liegt jedoch Degeneration vor, kann immer eine optimale Basislösung mit gleichem Zielfunktionswert Z und nichtnegativer Zielfunktionszeile bestimmt werden. Vgl. S. 331.

3) Siehe S. 3oo, A 2.7.6.

4) Siehe S. 3oo, A 2.7.7 und A 2.7.8.

5) Siehe S. 3o1, A 2.7.11.

6) $\underline{s}$ ist zulässige Basislösung.

7) In A 2.7.3 gilt: $\underline{s}_2 = \underline{o}_n$. Vgl. S. 3oo.

$$\underline{z}_2{}^T - \underline{z}_1{}^T\underline{B}_1{}^{-1}\underline{B}_2 = -\underline{z}_2{}^+ \leqq \underline{o}_n \text{ nach Voraussetzung.}$$

<u>Zu (2)</u>: Annahme: $z_j{}^+ < o$ für ein $j \notin I$. Nun ist $Z = Z(\underline{s}) +$

$(\underline{z}_2{}^T - \underline{z}_1{}^T\underline{B}_1{}^{-1}\underline{B}_2)\underline{s}_2 = Z(\underline{s}) - z_j{}^+s_j{}^{}$[1]. Daraus

folgt, daß Z durch positive Wahl von s_j vergrößert werden kann.[2] Dies steht jedoch im Wider-
spruch zur Optimalität von $\underline{s}$. Es muß also $z_j{}^+ \geqq o$
gelten.

A 2.7.22 Bemerkung

In der hier durchgeführten Analyse des allgemeinen
Simplex-Tableaus wurden im wesentlichen drei Aussagen
bewiesen, nämlich:

1. Ist $\underline{w}^T := \underline{z}_2{}^T - \underline{z}_1{}^T\underline{B}_1{}^{-1}\underline{B}_2$, so ist $-\underline{w} \geqq \underline{o}_n$ hinreichend und notwendig für die Optimalität einer Ba-
   sislösung im Sinne des Simplex-Kriteriums A 2.7.21.
2. $-\underline{w}$ besteht genau aus den n Koeffizienten der Nebenbasisvariablen in der Zielfunktionszeile des
   Tableaus A 2.7.3.[3]
3. $-\underline{w}$ besteht genau aus den n Zielfunktionskoeffizienten der Nebenbasisvariablen, wenn in Tableau
   A 2.7.3 nach den Basisvariablen unter $x_1, \ldots, x_n$
   aufgelöst wird.[4]

Insbesondere die zweite Aussage ermöglicht erst die
praktikable Handhabung des Simplex-Kriteriums, da damit gezeigt ist, daß ausschließlich anhand der Koeffizienten der Variablen in der Zielfunktionszeile der
Simplex-Tableaus entschieden werden kann, ob das Optimum bereits erreicht ist oder nicht. In diesem Sin-

---

1) Siehe den Beweis zu Aussage (1).
2) Vgl. S. 32o, Fußnote 2.
3) Vgl. S. 316, A 2.7.19, in Verbindung mit S. 3o5,
   A 2.7.18.
4) Vgl. S. 3o5, A 2.7.17, in Verbindung mit S. 3o5,
   A 2.7.18, und S. 316, A 2.7.19.

ne, nämlich daß alle drei Aussagen explizit bewiesen
werden, ist die Standardliteratur zur Linearen Programmierung jedoch häufig unvollständig.[1]

In A 2.7.2o wurde gezeigt, wie das Simplex-Tableau
A 2.7.3 aus dem Tableau A 2.7.1 bis auf Permutation bei
$\underline{B}^+$ und $\underline{b}^+$ bestimmt werden kann, wenn nur bekannt ist,
welche der Variablen Basisvariable sind. Liegt hingegen
das Simplex-Tableau A 2.7.3 bereits vor, so braucht umgekehrt die Inverse $\underline{B}_1^{-1}$ nicht mehr errechnet zu werden,
da sie dem Simplex-Tableau A 2.7.3 unmittelbar entnommen
werden kann:

A 2.7.23   Gegeben sei das Simplex-Tableau A 2.7.3. Seien
$\underline{P}$ und $\underline{B}_1$ wie in A 2.7.7 und A 2.7.12 definiert. Dann gilt:

$$\underline{B}_1^{-1} = \underline{P}^{-1}(\underline{b}_1^+,\dots,\underline{b}_m^+).\text{[2]}$$

Die Inverse von $\underline{B}_1$ kann also den ersten m Spalten der

Matrix $\underline{B}^+$ entnommen werden.

<u>Beweis:</u>

Da $\underline{B}_1$ invertierbar ist,[3] braucht nur gezeigt zu werden,

daß $\underline{B}_1\underline{P}^{-1}(\underline{b}_1^+,\dots,\underline{b}_m^+) = \underline{E}_m$ gilt. Aus A 2.7.15 folgt

---

1) Vgl. zum Beispiel bei Dantzig (1951), S. 341ff.;
Dorfman e.a. (1958), S. 82f., S. 88 und S. 9o; Gass
(1958), S. 5off.; Krelle - Künzi (1958), S. 29 und S.
77ff.; Beckmann (1959), S. 1o9f.; Karlin (1959), S.
163f.; Garvin (196o), S. 32ff. und S. 52f.; Charnes -
Cooper (1961), S. 115f.; Hadley (1962), S. 95ff.;
Künzi - Krelle (1962), S. 49ff.; Joksch (1965), S.
64ff.; Collatz - Wetterling (1966), S. 19 und S.
27f.; Dantzig (1966), S. 111; Künzi e.a. (1966), S.
3of.; Vogel (1967), S. 153ff. und S. 186f.; Krekó
(1968), S. 2o3f.; Niemeyer (1968), S. 134f.;
Dinkelbach (1969a), S. 5o und S. 53; Müller-Merbach
(1969), S. 1o6; Münstermann (1969), S. 195ff., und
Suchowitzki - Awdejewa (1969), S. 57ff.
2) Vgl. Krelle - Künzi (1958), S. 79.
3) Siehe S. 3oo.

- 323 -

nun aber:

$$\underline{P}^{-1}\underline{B}^+ = \underline{B}_1^{-1}\underline{B}, \text{ also: } \underline{B}_1\underline{P}^{-1}\underline{B}^+ = \underline{B} \text{ und somit:}$$

$$\underline{B}_1\underline{P}^{-1}(\underline{b}_1^+,\dots,\underline{b}_m^+) = (\underline{b}_1,\dots,\underline{b}_m) = \underline{E}_m \text{ [1]}.$$

Abschließend soll gezeigt werden, daß der Wert $Z(\underline{s})$ der Zielfunktion in A 2.7.3 sich auch bestimmen läßt, indem die Koeffizienten der Nebenbasisvariablen unter den Schlupfvariablen in der Zielfunktionszeile des Tableaus A 2.7.3 mit den zugehörigen Komponenten des Vektors $\underline{b}$ multipliziert und die Ergebnisse zu z_o addiert werden:

A 2.7.24 Gegeben sei das Simplex-Tableau A 2.7.3. Seien I_1, $\underline{b}$, $Z(\underline{s})$ und $\underline{z}^+$ wie in A 2.7.5, A 2.7.1 und A 2.7.3 definiert. [2] Dann gilt:

$$Z(\underline{s}) = z_o + \sum_{\substack{i=1 \\ i \notin I_1}}^{m} z_i^+ b_i. \text{ [3]}$$

Beweis:

Wegen A 2.7.11 genügt es zu zeigen, daß $\displaystyle\sum_{\substack{i=1 \\ i \notin I_1}}^{m} z_i^+ b_i = \underline{z}_1^{T}\underline{B}_1^{-1}\underline{b}$ gilt.

Nun ist $\underline{B}_1^{-1} = \underline{P}^{-1}(\underline{b}_1^+,\dots,\underline{b}_m^+)$ [4]

$$= \begin{pmatrix} \underline{e}_{p(1)}^{mT} \\ \vdots \\ \underline{e}_{p(m)}^{mT} \end{pmatrix} \begin{pmatrix} b_{11}^+ & \cdots & b_{1m}^+ \\ \vdots & & \vdots \\ b_{m1}^+ & \cdots & b_{mm}^+ \end{pmatrix} \text{ [5]}$$

---

1) Siehe S. 299.

2) b kann auch negative Komponenten enthalten. Vgl. S. 299, Fußnote 2.

3) Vgl. Joksch (1965), S. 121.

4) Siehe S. 322, A 2.7.23.

5) Vgl. S. 3o1, A 2.7.12, und S. 3o2, Fußnote 2.

$$= \begin{pmatrix} b_{p(1)1}^{+} & \cdots & b_{p(1)m}^{+} \\ \vdots & & \vdots \\ b_{p(m)1}^{+} & \cdots & b_{p(m)m}^{+} \end{pmatrix} \text{, also:}$$

$$\underline{B}_1^{-1}\underline{b} = \begin{pmatrix} b_{p(1)1}^{+} & \cdots & b_{p(1)m}^{+} \\ \vdots & & \vdots \\ b_{p(m)1}^{+} & \cdots & b_{p(m)m}^{+} \end{pmatrix} \begin{pmatrix} b_1 \\ \vdots \\ b_m \end{pmatrix} = \begin{pmatrix} \sum_{i=1}^{m} b_{p(1)i}^{+}b_i \\ \vdots \\ \sum_{i=1}^{m} b_{p(m)i}^{+}b_i \end{pmatrix} .$$

Daraus folgt:

$$\underline{z}_1^{T}\underline{B}_1^{-1}\underline{b} = (\underline{o}_r^{T}, z_{i(r+1)-m}, \ldots, z_{i(m)-m}) \begin{pmatrix} \sum_{i=1}^{m} b_{p(1)i}^{+}b_i \\ \vdots \\ \sum_{i=1}^{m} b_{p(m)i}^{+}b_i \end{pmatrix} \quad 1)$$

$$= \sum_{k=r+1}^{m} z_{i(k)-m}(\sum_{i=1}^{m} b_{p(k)i}^{+}b_i)$$

$$= \sum_{i=1}^{m} (\sum_{k=r+1}^{m} z_{i(k)-m}b_{p(k)i}^{+})b_i$$

$$= \sum_{\substack{i=1 \\ i\notin I_1}}^{m} z_i^{+}b_i + \sum_{i\in I_1} (\sum_{k=r+1}^{m} z_{i(k)-m}b_{p(k)i}^{+})b_i \quad 2).$$

Nun ist $\underline{b}_{i(l)}^{+} = \underline{e}_{p(l)}^{m}$ für $l = 1,\ldots,m,$ [3] also

$$b_{p(k)i(l)}^{+} = \left\{ \begin{matrix} 1 \text{ für } p(k) = p(l) \\ o \text{ für } p(k) \neq p(l) \end{matrix} \right\} \text{ für } k = 1,\ldots,m \text{ und}$$

$l = 1,\ldots,m$ und somit $b_{p(k)i}^{+} = o$ für $k = r+1,\ldots,m$ und $i\in I_1 = \{i(1),\ldots,i(r)\}$. Damit ist die zweite Summe gleich Null und es gilt:

$$\underline{z}_1\underline{B}_1^{-1}\underline{b} = \sum_{\substack{i=1 \\ i\notin I_1}}^{m} z_i^{+}b_i .$$

---

1) Siehe S. 3oo,A 2.7.6.
2) Siehe S. 3o5,A 2.7.18(2).
3) Vgl. S. 3o1,A 2.7.12.

A 3 Sonderfälle bei der Lösung des speziellen Maximum-
      problems mithilfe der Simplex-Methode

Bei der Erörterung der Simplex-Methode A 2.6 wurden
einige Sonderfälle außer acht gelassen, die hier im einzelnen behandelt werden sollen. Damit die folgenden Aussagen möglichst einfach gehalten werden können, soll zunächst von einem allgemeinen Simplex-Tableau ausgegangen
werden, das ohne Einschränkung die folgende Gestalt
hat:[1]

A 3.1

$$
\begin{array}{ccc|ccc|c}
s_1 & \ldots & s_m & s_{m+1} & \ldots & s_{m+n} & \\
\hline
o & \ldots & o & z_1 & \ldots & z_n & z_o \\
\hline
1 & \ldots & o & a_{11} & \ldots & a_{1n} & b_1 \\
\vdots & & \vdots & \vdots & & \vdots & \vdots \\
o & \ldots & 1 & a_{m1} & \ldots & a_{mn} & b_m \\
\end{array}
$$

<u>1. Sonderfall</u>: In einer optimalen Basislösung hat der
                Zielfunktionskoeffizient einer Nebenba-
                sisvariablen den Wert Null.

Da das Simplex-Kriterium A 2.7.21 lediglich die Nichtnegativität der Zielfunktionskoeffizienten aller Variablen
fordert, wird es von diesem Sonderfall nicht berührt.
Dieser ist dennoch von Interesse, da er zusätzliche Informationen enthalten kann.

Sei also A 3.1 optimales Simplex-Tableau, $\underline{s}$ die zugehörige optimale Basislösung. Ist $z_j = o$ für ein $j \in \{1,\ldots,n\}$
und ist $a_{ij} > o$ für ein $i \in \{1,\ldots,m\}$, so ergibt die Anwendung der Pivot-Operation mit a_{ij} als Pivot-Element
ein neues Simplex-Tableau, dessen Zielfunktionswert
ebenfalls gleich z_o ist und dessen Basislösung ebenfalls

---

1) Vgl. das allgemeine Simplex-Tableau A 2.7.3, S. 299,
   aus dem A 3.1 durch entsprechende Anordnung der Basisvariablen und der Nebenbasisvariablen und durch
   entsprechende Benennung aller Koeffizienten des Tableaus hervorgeht.

optimal ist. Werden die Elemente des neuen Tableaus mit
"'" gekennzeichnet, so ergibt sich nämlich:

$$z_o' = z_o - \frac{z_j}{a_{ij}}b_i = z_o, \text{ da } z_j = o,$$

$$z_1' = z_1 - \frac{z_j}{a_{ij}}a_{il} = z_1 \text{ für } l = 1,\ldots,n, \ l \neq j, \text{ da}$$

$$z_j = o \text{ und}$$

$$z_j = o \text{ ist der Zielfunktionskoeffizient der i-ten}$$

Komponente der neuen Basislösung.

Ist die neue Basislösung, etwa mit $\underline{t}$ bezeichnet, von $\underline{s}$
verschieden, so gibt es sogar unendlich viele optimale
Lösungen:

A 3.2 Satz
   Sei im optimalen Simplex-Tableau der Zielfunktionskoeffizient einer Nebenbasisvariablen gleich
   Null und ein Element in der zugehörigen Spalte der
   erweiterten Koeffizientenmatrix des optimalen Simplex-Tableaus positiv. Dann gilt:
   Es gibt zwei optimale Basislösungen. Sind diese
   verschieden, so gibt es unendlich viele optimale
   Lösungen.

<u>Beweis</u>:

Es braucht nur noch die letzte Aussage gezeigt zu wer-
den. Sei $\underline{s}_r := r\underline{s} + (1-r)\underline{t}$ für $o < r < 1$, wenn $\underline{s}$ und $\underline{t}$
die beiden optimalen Basislösungen sind. Dann folgt:

$$Z(\underline{s}_r) = Z(r\underline{s}+(1-r)\underline{t}) = (\underline{o}_m^T,\underline{z}'^T)(r\underline{s}+(1-r)\underline{t}) + z_o' \ ^{[1]}$$

$$= r(\underline{o}_m^T,\underline{z}'^T)\underline{s} + (1-r)(\underline{o}_m^T,\underline{z}'^T)\underline{t} + rz_o' + (1-r)z_o'$$

$$= rZ(\underline{s}) + (1-r)Z(\underline{t}) = Z(\underline{s}) = Z(\underline{t}).$$

---

[1] $\underline{z}'$ und z_o' seien die Zielfunktionskoeffizienten des
   Ausgangstableaus, aus dem Tableau A 3.1 entstanden
   ist durch Anwendung geeigneter Pivot-Operationen.

Also ist $\underline{s}_r$ ebenfalls optimale Lösung für jedes r mit
o < r < 1.

2. Sonderfall: In der Pivot-Spalte sind alle Elemente
          nichtpositiv.[1]

Es kann also nach der in A 2.6 unter (r2) angegebenen
Regel keine Pivot-Zeile bestimmt werden. Es gilt vielmehr:

A 3.3   Satz
        Sind in der Pivot-Spalte alle Elemente nichtposi-
        tiv, dann existiert keine (endliche) optimale Lö-
        sung.

Beweis:
Sei in Tableau A 3.1 etwa z_j < o, die zugehörige Spalte
Pivot-Spalte. Nach Voraussetzung gilt dann: $a_{ij} \leq$ o für
i = 1,...,m. Gemäß Fall 1. und Fall 2. in Schritt (r2)
von A 2.6 unterliegt die positive Wahl von s_{m+j} keiner
Beschränkung, das heißt, s_{m+j} kann beliebig große positive Werte annehmen, ohne die Nichtnegativitätsbedingun-
gen und die Gleichungen des Ausgangsproblems zu verlet-
zen. Die Zielfunktion kann demnach ebenfalls beliebig
große Werte annehmen.

3. Sonderfall: Das Minimum in der Regel (r2) von A 2.6
          zur Bestimmung der Pivot-Zeile ist nicht
          eindeutig (Degenerationsfall).[2]

Ist etwa in Tableau A 3.1 $\dfrac{b_1}{a_{1j}} = \dfrac{b_2}{a_{2j}} = \min\left\{\dfrac{b_l}{a_{lj}} : a_{lj} > o,\right.$

$\left. l = 1,...,m\right\}$, $\underline{s}$ die zugehörige Basislösung und $\underline{t}$ die Basislösung, die sich ergibt, wenn die Pivot-Operation mit

---

1) Vgl. S. 296, Fußnote 1.
2) Vgl. S. 296, Fußnote 1.

a_{2j} als Pivot-Element angewandt wird, so gilt:

$$t_1 = b_1 - \frac{a_{1j}}{a_{2j}}b_2 = o, \quad da \quad \frac{b_1}{a_{1j}} = \frac{b_2}{a_{2j}} \quad und \; damit \quad b_1 = \frac{a_{1j}}{a_{2j}}b_2.$$

t_1 nimmt also als Basisvariable den Wert Null an. Der Degenerationsfall hat demnach als Konsequenz, daß in der neu bestimmten Basislösung mindestens eine Basisvariable den Wert Null hat.[1] Solche Basislösungen werden degeneriert genannt.[2] Das Auftreten von degenerierten Basislösungen ist folglich charakteristisch für den Degenerationsfall.

Ebenfalls charakteristisch für den Degenerationsfall ist jedoch auch die Tatsache, daß Zyklen auftreten können, so daß mithilfe der Simplex-Methode A 2.6 nicht notwendig das Optimum erreicht wird, auch wenn es existiert.[3] Die Berücksichtigung der folgenden Zusatzregel bei der Durchführung der Simplex-Methode vermeidet indes mit Sicherheit solche Zyklen und führt zur optimalen Basislösung, sofern sie existiert:

A 3.4   Zusatzregel[4]

Das Tableau r der Simplex-Methode[5] sei in der allgemeinen Form[6] wie folgt gegeben:[7]

---

1) Vgl. Dinkelbach (1969a), S. 48.
2) Vgl. Münstermann (1969), S. 211.
3) Vgl. Müller-Merbach (1969), S. 114f.
4) Vgl. Collatz - Wetterling (1966), S. 19ff. Die beispielsweise bei Krelle - Künzi (1958), S. 76, und bei Münstermann (1969), S. 211, angegebene Zusatzregel vermeidet nicht allgemein solche Zyklen, wie leicht nachgewiesen werden kann durch geeignete Modifikationen eines Beispiels, das bei Hadley (1962), S. 19off., vgl. auch Müller-Merbach (1969), S. 115, angeführt ist.
5) Siehe S. 294.
6) Also ohne Umnumerierung der Variablen.
7) Vgl. auch das allgemeine Simplex-Tableau A 2.7.3, S. 299.

A 3.4.1

$$
\begin{array}{|ccc|c|}
\hline
s_1 \quad \cdots \quad s_j \quad \cdots \quad s_{m+n} & \\
\hline
z_1^{(r)} \quad \cdots \quad z_j^{(r)} \quad \cdots \quad z_{m+n}^{(r)} & z_0^{(r)} \\
\hline
a_{11}^{(r)} \quad \cdots \quad a_{1j}^{(r)} \quad \cdots \quad a_{1m+n}^{(r)} & b_1^{(r)} \\
\vdots \qquad\qquad \vdots \qquad\qquad \vdots & \vdots \\
a_{m1}^{(r)} \quad \cdots \quad a_{mj}^{(r)} \quad \cdots \quad a_{mm+n}^{(r)} & b_m^{(r)} \\
\hline
\end{array}
$$

Sei $z_j^{(r)} < 0$ und s_j die neue Basisvariable und gelte:

A 3.4.2 $\quad N := \left\{ i \; : \; a_{ij}^{(r)} > 0 \text{ für } i = 1,\ldots,m \right\} \neq \emptyset$, [1]

A 3.4.3 $\quad \underline{w}_k^T := \left(\dfrac{b_k^{(r)}}{a_{kj}^{(r)}}, \dfrac{a_{k1}^{(r)}}{a_{kj}^{(r)}}, \ldots, \dfrac{a_{km}^{(r)}}{a_{kj}^{(r)}} \right)$ für $k \in N$.

Als Pivot-Zeile wird die Zeile i mit $i \in N$ gewählt, für die gilt:

A 3.4.4 $\quad \underline{w}_i = \min_{1.0.} \left\{ \underline{w}_k \; : \; k \in N \right\}$ [2].

Die Auswahlregel A 3.4.4 bedeutet im einzelnen:

1. Ist $\min\left\{ \dfrac{b_k^{(r)}}{a_{kj}^{(r)}} \; : \; a_{kj}^{(r)} > 0 \text{ für } k = 1,\ldots,m \right\}$ bereits

   eindeutig bestimmt, so ist Regel A 3.4.4 mit der Auswahlregel (r2) der Simplex-Methode A 2.6 identisch.

2. Ist dieses Minimum nicht eindeutig, so werden entsprechend der Wirkungsweise der lexikographischen Ordnung gemäß A 3.4.3 und A 3.4.4 in den Zeilen, in denen dieses Minimum angenommen wird, für die also

---

1) Vgl. S. 327, A 3.3.

2) min bedeutet, daß das Minimum bezüglich der lexiko-
   1.0.
   graphischen Ordnung im R^{m+1} gewählt wird. Zur Definition der lexikographischen Ordnung vgl. Collatz - Wetterling (1966), S. 21.

die erste Komponente in A 3.4.3 minimal ist, zunächst

die Quotienten $\dfrac{a_{k1}^{(r)}}{a_{kj}^{(r)}}$ aus dem Element $a_{k1}^{(r)}$ der er-

sten Spalte in A 3.4.1 und dem potentiellen Pivot-
Element $a_{kj}^{(r)}$, also die zweiten Komponenten in
A 3.4.3, miteinander verglichen. Ist noch keine Ent-
scheidung möglich, werden die dritten Komponenten in
A 3.4.3 miteinander verglichen, und so fort.

3. Die Auswahlregel A 3.4.4 führt immer zu einer eindeutigen Entscheidung;[1] herangezogen werden nämlich nur
die ersten m Spalten des Tableaus A 3.4.1 und diese
sind linear unabhängig, da die ersten m Spalten im
Ausgangstableau zu A 3.4.1 [2] als Einheitsvektoren
linear unabhängig sind und die Anwendung von Pivot-
Operationen die lineare Unabhängigkeit von Spalten
der erweiterten Koeffizientenmatrix nicht ändert[3].

Unter Beachtung der Zusatzregel A 3.4 gilt dann:

A 3.5 Satz[4]

Sei $\underline{v}_r^T := (z_0^{(r)}, z_1^{(r)}, \ldots, z_m^{(r)})$. $z_0^{(r)}$, $z_1^{(r)}$,
$\ldots, z_m^{(r)}$ seien wie in A 3.4.1 definiert. Dann
gilt:
Beim Übergang zum nächsten Simplex-Tableau unter
Beachtung der Zusatzregel A 3.4 wird $\underline{v}_r^T$ durch
einen lexikographisch größeren Vektor $\underline{v}_{r+1}^T =$
$(z_0^{(r+1)}, z_1^{(r+1)}, \ldots, z_m^{(r+1)})$ ersetzt.

Mit diesem Satz ist gewährleistet, daß kein Zyklus auftreten kann:

---

1) Vgl. Collatz - Wetterling (1966), S. 22.
2) Vgl. S. 298, A 2.7.1.
3) Vgl. S. 288.
4) Vgl. Collatz - Wetterling (1966), S. 22.

Ist $\underline{v}_{r+1}$ nämlich lexikographisch größer als $\underline{v}_r$, so auch $\underline{v}_{r+q}$ für $q \geqq 1$. Damit ist $\underline{v}_{r+q} \neq \underline{v}_r$ für $q \geqq 1$, das heißt, alle nachfolgenden Simplex-Tableaus sind untereinander und von A 3.4.1 verschieden. Daraus folgt, daß auch die zugehörigen Basislösungen voneinander verschieden sind, durch die diese Simplex-Tableaus jeweils eindeutig bestimmt sind[1].

Nunmehr kann auch die zweite Aussage des Simplex-Kriteriums A 2.7.21 präzisiert werden. Sie muß lauten:
Ist $\underline{s}$ optimale Basislösung, so ist $\underline{z}^+ \geqq \underline{o}_{n+m}$, wenn $\underline{s}$ nicht degeneriert ist. Ist $\underline{s}$ degeneriert, so gibt es eine optimale Basislösung mit gleichem Zielfunktionswert, bei der die Koeffizienten der Variablen in der Zielfunktionszeile nichtnegativ sind.[2]

---

1) Vgl. Collatz - Wetterling (1966), S. 23. Siehe auch S. 3o2.
2) Vgl. Collatz - Wetterling (1966), S. 23.

A 4   Die Dual-Simplex-Methode zur Lösung des speziellen
Minimumproblems und eine Zwei-Phasen-Methode zur
Lösung des Maximumproblems

A 4.1   Definition[1]

$\quad$ Seien $\underline{A} = (a_{ij})_{\substack{i=1,\ldots,m \\ j=1,\ldots,n}} \in R^{m \cdot n}$,

$\underline{b} = (b_i)_{i=1,\ldots,m} \in R^m$, $\underline{z} = (z_j)_{j=1,\ldots,n} \in R^n$ mit

$\underline{z} \geq \underline{o}_n$ und $z_o \in R$ fest vorgegeben.

Als das zugehörige <u>spezielle Minimumproblem</u> wird
das folgende Problem bezeichnet:

$\quad$ Minimiere $Z(\underline{x}) := \underline{z}^T\underline{x} + z_o$ unter den Nebenbe-

dingungen:

$\underline{Ax} \geq \underline{b}, \; \underline{x} \geq \underline{o}_n.$

Werden die Zielfunktion, $\underline{A}$ und $\underline{b}$ mit -1 multipliziert,
ergibt sich das folgende äquivalente Maximumproblem, das
kein spezielles Maximumproblem ist, da $\underline{b}$ beliebig ist[2]:

A 4.2   Maximiere $Z' := Z'(\underline{x}) := (-\underline{z})^T\underline{x} - z_o$ unter den

$\quad$ Nebenbedingungen:

$(-\underline{A})\underline{x} \leq -\underline{b}, \; \underline{x} \geq \underline{o}_n$ mit $\underline{z} \geq \underline{o}_n.$

Durch Einführung von m nichtnegativen Schlupfvariablen
$y_1,\ldots,y_m$ mit $\underline{y} = (y_i)_{i=1,\ldots,m} := \underline{Ax} - \underline{b}$ ergeben sich
das ebenfalls zu A 4.1 äquivalente Problem:

A 4.3   Maximiere $Z' := Z'(\underline{x},\underline{y}) := (\underline{o}_m^T, -\underline{z}^T)\left|\frac{\underline{y}}{\underline{x}}\right| - z_o$

$\quad$ unter den Nebenbedingungen:

$(\underline{E}_m, -\underline{A})\left|\frac{\underline{y}}{\underline{x}}\right| = -\underline{b}, \; \left|\frac{\underline{y}}{\underline{x}}\right| \geq \underline{o}_{n+m}$ mit $\underline{z} \geq \underline{o}_n,$

---

1) Vgl. Dinkelbach (1969a), S. 56f.
2) Vgl. S. 291,A 2.1.

- 333 -

und das zugehörige Simplex-Tableau:

A 4.4

$$
\begin{array}{ccccccccccc|c}
 & y_1 & \cdots & y_i & \cdots & y_m & x_1 & \cdots & x_j & \cdots & x_n & \\
\hline
 & o & \cdots & o & \cdots & o & z_1 & \cdots & z_j & \cdots & z_n & -z_o \\
\hline
 & 1 & \cdots & o & \cdots & o & -a_{11} & \cdots & -a_{1j} & \cdots & -a_{1n} & -b_1 \\
 & \vdots & & \vdots & & \vdots & \vdots & & \vdots & & \vdots & \vdots \\
 & o & \cdots & 1 & \cdots & o & -a_{i1} & \cdots & -a_{ij} & \cdots & -a_{in} & -b_i \\
 & \vdots & & \vdots & & \vdots & \vdots & & \vdots & & \vdots & \vdots \\
 & o & \cdots & o & \cdots & 1 & -a_{m1} & \cdots & -a_{mj} & \cdots & -a_{mn} & -b_m \\
\end{array}
$$

mit der Basislösung:

    Basisvariable: $y_1 = -b_1, \ldots, y_m = -b_m$,

    Nebenbasisvariable: $x_1 = \ldots = x_n = o$

und dem Zielfunktionswert:

    $Z' = -z_o$ oder $Z = z_o$.

Da nach Voraussetzung $\underline{z} \triangleq \underline{o}_n$ gilt, ist nach dem Simplex-Kriterium A 2.7.21 die optimale Basislösung bereits gefunden, wenn die Basislösung zulässig ist. Das Simplex-Kriterium ist ebenso wie das Simplex-Theorem und alle Aussagen von A 2.7 für das Maximumproblem A 4.3 gültig, da dort $\underline{b}$ als beliebig vorausgesetzt war[1]. Die Simplex-Methode hingegen ist allgemein zur Lösung von A 4.3 nicht verwendbar, da sie die Zulässigkeit der Ausgangs-basislösung benötigt[2].

Im folgenden wird die sogenannte Dual-Simplex-Methode beschrieben.[3] Deren Ziel ist, ausgehend von einer unzulässigen Basislösung, eine zulässige Basislösung zu finden, ohne daß die Zielfunktionskoeffizienten der Variablen negativ werden. Die erste zulässige Basislösung ist dann nach dem Simplex-Kriterium A 2.7.21 bereits optimal.

---

1) Siehe S. 293, Fußnote 3, und S. 299, Fußnote 2.

2) Vgl. S. 294 und S. 297f.

3) Vgl. Dinkelbach (1969a), S. 58f.

A 4.5 Die Dual-Simplex-Methode

Ausgangstableau sei das Tableau r:[1]

$$
\begin{array}{ccccccccccc}
s_1 & \cdots & s_i & \cdots & s_m & s_{m+1} & \cdots & s_{m+j} & \cdots & s_{m+n} & \\
\hline
0 & \cdots & 0 & \cdots & 0 & z_1^{(r)} & \cdots & z_j^{(r)} & \cdots & z_n^{(r)} & z_0^{(r)} \\
\hline
1 & \cdots & 0 & \cdots & 0 & a_{11}^{(r)} & \cdots & a_{1j}^{(r)} & \cdots & a_{1n}^{(r)} & b_1^{(r)} \\
\vdots & & \vdots & & \vdots & \vdots & & \vdots & & \vdots & \vdots \\
0 & \cdots & 1 & \cdots & 0 & a_{i1}^{(r)} & \cdots & a_{ij}^{(r)} & \cdots & a_{in}^{(r)} & b_i^{(r)} \\
\vdots & & \vdots & & \vdots & \vdots & & \vdots & & \vdots & \vdots \\
0 & \cdots & 0 & \cdots & 1 & a_{m1}^{(r)} & \cdots & a_{mj}^{(r)} & \cdots & a_{mn}^{(r)} & b_m^{(r)} \\
\end{array}
$$

Tableau r

Nach Annahme gilt: $z_j^{(r)} \geqq 0$ für $j = 1,\ldots,n$. Sei nun $b_i^{(r)} < 0$ für ein $i \in \{1,\ldots,m\}$.

(r1) <u>Wahl der Pivot-Zeile (Welche Basisvariable wird Nebenbasisvariable?)</u>

Ist $b_i^{(r)} < 0$, so wird die zugehörige neue Basisvariable positiv, wenn das Pivot-Element ebenfalls negativ ist:

s_i wird also Nebenbasisvariable.

(r2) <u>Wahl der Pivot-Spalte (Welche Nebenbasisvariable wird Basisvariable?)</u>

Die neue Basisvariable wird so gewählt, daß sie selbst positiv wird und im Tableau r+1 alle Zielfunktionskoeffizienten der Variablen nichtnegativ bleiben:

$$
\text{Sei } \frac{z_j^{(r)}}{a_{ij}^{(r)}} = \max\left\{ \frac{z_j^{(r)}}{a_{il}^{(r)}} : a_{il}^{(r)} < 0,\ l=1,\ldots,n \right\}^{2)}:
$$

s_{m+j} wird Basisvariable.

---

1) Vgl. S. 294.

2) Zu dem Fall, daß $a_{ij}^{(r)} \geqq 0$ für $j = 1,\ldots,n$ gilt, siehe S. 336, A 4.6; zu dem Fall, daß das Maximum nicht eindeutig bestimmt ist, siehe S. 336, A 4.7.

Durch Anwendung der Pivot-Operation mit $a_{ij}^{(r)}$ als Pivot-Element ergibt sich das Tableau r+1[1] mit der zugehörigen Basislösung:

Nebenbasisvariable: $s_i = s_{m+1} = \cdots = s_{m+j-1} = s_{m+j+1}$

$$= \cdots = s_{m+n} = 0,$$

Basisvariable: $s_1 = b_1^{(r+1)} = b_1^{(r)} - \dfrac{a_{1j}^{(r)}}{a_{ij}^{(r)}} b_i^{(r)}$ für

$$1 = 1,\ldots,m \quad 1 \neq i,$$

$$s_{m+j} = \frac{b_i^{(r)}}{a_{ij}^{(r)}} > 0,$$

und der neuen Zielfunktionszeile:

$$z_i^{(r+1)} = \frac{-z_j^{(r)}}{a_{ij}^{(r)}} \geq 0, \quad \text{da } z_j^{(r)} \geq 0 \text{ und } a_{ij}^{(r)} < 0,$$

$$z_1^{(r+1)} = z_1^{(r)} - \frac{z_j^{(r)}}{a_{ij}^{(r)}} a_{i1}^{(r)} \quad \text{für } 1 = 1,\ldots,n, \; 1 \neq j.$$

1. Fall: $a_{i1}^{(r)} = 0$: $z_1^{(r+1)} = z_1^{(r)} \geq 0$.

2. Fall: $a_{i1}^{(r)} > 0$: $z_1^{(r+1)} \geq z_1^{(r)} \geq 0$.

3. Fall: $a_{i1}^{(r)} < 0$: $z_1^{(r+1)} \geq 0$ gilt genau dann,

wenn $\dfrac{z_1^{(r)}}{a_{i1}^{(r)}} \leq \dfrac{z_j^{(r)}}{a_{ij}^{(r)}}$ [2], dies gilt jedoch nach

(r2).

Die Zielfunktionskoeffizienten der Variablen im Tableau r+1 sind also ebenfalls nichtnegativ.

Zu diskutieren sind noch zwei Sonderfälle:

---

1) Siehe S. 296.
2) Da $a_{i1}^{(r)} < 0$.

A 4.6 **Satz**

Sei im Tableau r in A 4.5 $b_i^{(r)} < 0$ und $a_{ij}^{(r)} \geq 0$ für $j = 1,\ldots,n$. Dann existiert keine zulässige Lösung zu A 4.3.

Beweis:

$$s_i + \sum_{j=1}^{n} a_{ij}^{(r)} s_{m+j} = b_i^{(r)} < 0$$ kann wegen $a_{ij}^{(r)} \geq 0$ für $j = 1,\ldots,n$ nur gelten, wenn s_i oder s_{m+j} für ein $j \in \{1,\ldots,n\}$ negativ sind. Da die Mengen der zulässigen Lösungen zu Tableau r in A 4.5 und zu A 4.3 identisch sind,[1] ist A 4.6 bewiesen.

A 4.7 Ist das Maximum in Schritt (r2) von A 4.5 nicht eindeutig bestimmt, so ergeben sich ähnliche Probleme wie beim Degenerationsfall.[2] Eine A 3.4 entsprechende Zusatzregel soll hier jedoch nicht entwickelt werden.

Da es zu einem beliebigen linearen Problem nur endlich viele Basislösungen gibt[3] und da die Dual-Simplex-Methode eine zulässige Lösung, sofern eine solche existiert, zu bestimmen vermag[4], kann sie auch dann angewandt werden, wenn die Nichtnegativität der Zielfunktionskoeffizienten der Variablen, wie sie in A 4.1 gefordert wird, nicht erfüllt ist. Bei linearen Problemen mit unzulässiger Ausgangsbasislösung kann demnach mithilfe der Dual-Simplex-Methode eine zulässige Basislösung gesucht werden. Ist eine solche bestimmt, kann sodann mithilfe der Simplex-Methode, ausgehend vom zugehörigen Ta-

---

1) Vgl. S. 288.
2) Siehe S. 296, Fußnote 1, und S. 327ff.
3) Vgl. Collatz - Wetterling (1966), S. 1o.
4) Die Zulässigkeit einer Basislösung und Satz A 4.6 sind unabhängig von der speziellen Gestalt der Zielfunktionszeile des jeweiligen Tableaus.

bleau, die optimale Basislösung ermittelt werden:

A 4.8 Definition

Seien $\underline{A} = (a_{ij})_{\substack{i=1,\ldots,m \\ j=1,\ldots,n}} \in R^{m \cdot n}$,

$\underline{b} = (b_i)_{i=1,\ldots,m} \in R^m$, $\underline{z} = (z_j)_{j=1,\ldots,n} \in R^n$ und $z_o \in R$ fest vorgegeben.[1]

Als das zugehörige **Maximumproblem** wird das folgende Problem bezeichnet:

Maximiere $Z := Z(\underline{x}) := \underline{z}^T\underline{x} + z_o$ unter den Nebenbedingungen:

$\underline{A}\underline{x} \leq \underline{b}$, $\underline{x} \geq \underline{o}_n$.

Zur Lösung des Maximumproblems A 4.8 werden m nichtnegative Schlupfvariable $y_1,\ldots,y_m$ mit $\underline{y} = (y_i)_{i=1,\ldots,m} := \underline{b} - \underline{A}\underline{x}$ eingeführt und sodann die folgende Methode angewandt:

A 4.9 Zwei-Phasen-Methode[2]

Phase 1: Mithilfe der Dual-Simplex-Methode wird eine zulässige Basislösung gesucht. Existiert eine solche, folgt die

Phase 2: Mithilfe der Simplex-Methode wird, ausgehend von der gefundenen zulässigen Basislösung und dem zugehörigen Simplex-Tableau, eine optimale Basislösung gesucht.

---

1) Hier sind also $\underline{z}$ und $\underline{b}$ beliebig.

2) Diese Zwei-Phasen-Methode unterscheidet sich von der Zwei-Phasen-Methode, die beispielsweise bei Dinkelbach (1969a), S. 63, dargestellt ist und deren erste Phase die Lösung eines Hilfsproblems zur Bestimmung einer zulässigen Basislösung beinhaltet. Die hier vorgeschlagene Methode erscheint insofern als vorteilhaft, als sie nur das Ausgangsproblem behandelt.

A 5 Die Berücksichtigung von Gleichungen als Restrikti-
      onen sowie von freien Variablen und eine Drei-Pha-
      sen-Methode zur Lösung des allgemeinen Maximumpro-
      blems

Mithilfe der Zwei-Phasen-Methode A 4.9 können alle linearen Probleme gelöst werden, die Ungleichungen als Restriktionen enthalten und deren eigentliche Variable
nichtnegativ sein müssen.[1] Diese Probleme wurden als
Maximumprobleme bezeichnet.[2]

Nunmehr sollen auch Gleichungen als Restriktionen und
eigentliche Variable, die beliebiges Vorzeichen haben
und im folgenden als frei[3] bezeichnet werden, zugelassen werden:

A 5.1 Definition

$$\text{Seien } \underline{A} = \begin{pmatrix} \underline{A}_{11} & \underline{A}_{12} \\ \underline{A}_{21} & \underline{A}_{22} \end{pmatrix} = (a_{ij})_{\substack{i=1,\ldots,m \\ j=1,\ldots,n}} \in R^{m \cdot n} \text{ mit}$$

$$\underline{A}_{11} = (a_{ij})_{\substack{i=1,\ldots,m_1 \\ j=1,\ldots,n_1}},$$

$$\underline{A}_{12} = (a_{ij})_{\substack{i=1,\ldots,m_1 \\ j=n_1+1,\ldots,n}},$$

$$\underline{A}_{21} = (a_{ij})_{\substack{i=m_1+1,\ldots,m \\ j=1,\ldots,n_1}}$$

---

1) Eine eventuell zu minimierende Zielfunktion kann
   durch Multiplikation mit -1 in eine zu maximierende
   Zielfunktion, Restriktionen der Art $\sum_{j=1}^{n} a_{ij}x_j \doteq b_i$ auf
   die gleiche Weise in Ungleichungen $\sum_{j=1}^{n} (-a_{ij})x_j \leq -b_i$
   überführt werden. Vgl. S. 332.

2) Siehe S. 337, A 4.8.

3) Vgl. Müller-Merbach (1969), S. 127.

$$\underline{A}_{22} = (a_{ij})_{\substack{i=m_1+1,\ldots,m,\\ j=n_1+1,\ldots,n}}\quad m_1 \leqq m \text{ und } n_1 \leqq n,$$

$$\underline{b} = \left(\frac{\underline{b}^1}{\underline{b}^2}\right) = (b_i)_{i=1,\ldots,m} \in R^m \text{ mit}$$

$$\underline{b}^1 = (b_i)_{i=1,\ldots,m_1} \quad \text{und}$$

$$\underline{b}^2 = (b_i)_{i=m_1+1,\ldots,m},$$

$$\underline{z} = \left(\frac{\underline{z}^1}{\underline{z}^2}\right) = (z_j)_{j=1,\ldots,n} \in R^n \text{ mit}$$

$$\underline{z}^1 = (z_j)_{j=1,\ldots,n_1} \quad \text{und}$$

$$\underline{z}^2 = (z_j)_{j=n_1+1,\ldots,n}$$

sowie $z_o \in R$ fest vorgegeben.

Als das zugehörige <u>allgemeine Maximumproblem</u> wird
das folgende Problem bezeichnet:

Maximiere $Z := Z(\underline{x}) := \underline{z}^{1T}\underline{x}^1 + \underline{z}^{2T}\underline{x}^2 + z_o$ unter

den Nebenbedingungen:

$$\underline{A}_{11}\underline{x}^1 + \underline{A}_{12}\underline{x}^2 \leqq \underline{b}^1,$$

$$\underline{A}_{21}\underline{x}^1 + \underline{A}_{22}\underline{x}^2 = \underline{b}^2,$$

$$\underline{x}^1 \geqq \underline{o}_{n_1}.^{1)}$$

Werden bei den $m-m_1$ Gleichungen keine Schlupfvariablen
eingeführt, so müssen die Simplex- und die Dual-Simplex-
Methode entsprechend modifiziert werden, da dann nicht

---

1) $\underline{x}^2 \in R^{n-n_1}$ enthält die freien Variablen. Daß zunächst
alle Ungleichungen sowie alle nichtnegativen eigent-
lichen Variablen und erst dann alle Gleichungen sowie
alle freien eigentlichen Variablen aufgeführt sind,
läßt sich durch entsprechende Umordnung und Umnumerierung immer erreichen. Ist $m_1 = m$ und $n_1 = n$, so
stimmt A 5.1 mit A 4.8 überein.

notwendig ein Tableau vorliegt, aus dem eine Basislösung
unmittelbar entnommen werden kann. Die Möglichkeit, Basislösungen unmittelbar ablesen zu können, erscheint
demgegenüber als so vorteilhaft, daß im folgenden auch
bei den Gleichungen Schlupfvariable, also insgesamt m,
eingeführt werden. Zu beachten ist dann nur, daß die
Schlupfvariablen, die zu Gleichungen gehören, im optimalen Simplex-Tableau den Wert Null annehmen müssen. Dies
wird mit Sicherheit erreicht, wenn diese - auch als gesperrt[1] bezeichneten - Schlupfvariablen im optimalen
Simplex-Tableau Nebenbasisvariable sind. Die gesperrten
Schlupfvariablen sind jedoch im optimalen Simplex-Tableau zum Beispiel dann Nebenbasisvariable, wenn sie zunächst Nebenbasisvariable werden und wenn in den darauf
folgenden Schritten beachtet wird, daß sie nicht mehr
Basisvariable werden dürfen:

A 5.2   Phase o[2]

> Die gesperrten Schlupfvariablen müssen sofort Ne-
> benbasisvariable werden.[3] In den nachfolgenden
> Phasen 1 und 2 ist dann zu beachten, daß die zu-
> gehörigen Spalten nicht Pivot-Spalten werden dür-
> fen.

Da die gesperrten Schlupfvariablen Nebenbasisvariable
bleiben müssen, können die zugehörigen Zielfunktionskoeffizienten im optimalen Simplex-Tableau auch negativ
sein. Das Simplex-Kriterium gilt also nicht für gesperrte Schlupfvariable.

Ist eine eigentliche Variable frei[4] und unterliegt somit nicht der Nichtnegativitätsbedingung, auf der sowohl

---

1) Vgl. Müller-Merbach (1969), S. 123.

2) Vgl. Müller-Merbach (1969), S. 124.

3) Dies läßt sich durch geeignete Wahl der Pivot-Elemente erreichen.

4) n_1 ist also kleiner als n.

die Simplex- als auch die Dual-Simplex-Methode basieren,
so kann diese freie Variable als Differenz von zwei
nichtnegativen Variablen dargestellt werden;[1] denn es
gilt allgemein:

Sei $x \in R$ beliebig. Dann gibt es y, $z \in R$ mit:
$y \doteq o$, $z \doteq o$ und $x = y-z$.[2]

Hierdurch wird jedoch die Anzahl der Variablen vergrößert. Deshalb soll im folgenden in Anlehnung an
Collatz - Wetterling[3] anders vorgegangen werden.

Ausgangstableau sei das allgemeine Simplex-Tableau
A 2.7.3 zu A 5.1:

A 5.3

$$
\begin{array}{c}
s_1 \quad \cdots \quad s_{m+n} \\[4pt]
\begin{array}{|ccc|c|}
\hline
z_1{}^+ & \cdots & z_{m+n}{}^+ & Z(\underline{s}) \\
\hline
b_{11}{}^+ & \cdots & b_{1\,m+n}{}^+ & b_1{}^+ \\
\vdots & & \vdots & \vdots \\
b_{m1}{}^+ & \cdots & b_{m\,m+n}{}^+ & b_m{}^+ \\
\hline
\end{array}
\end{array}
\;=\;
\begin{array}{|ccc|c|}
\hline
z_1{}^+ & \cdots & z_{m+n}{}^+ & Z(\underline{s}) \\
\hline
 & & & \\
\underline{b}_1{}^+ & \cdots & \underline{b}_{m+n}{}^+ & \underline{b}^+ \\
\hline
\end{array}
$$

I, r und $\underline{P}$ seien wie in A 2.7.4, A 2.7.5 und A 2.7.12
definiert:

$$I = \{i(1),\ldots,i(r)\} + \{i(r+1),\ldots,i(l)\}$$
$$+ \{i(l+1),\ldots,i(m)\}^{4)},$$
$$\underline{P} = (\underline{b}_{i(1)}{}^+,\ldots,\underline{b}_{i(m)}{}^+) = (\underline{e}_{p(1)}{}^m,\ldots,\underline{e}_{p(m)}{}^m) \text{ mit:}$$

---

1) Vgl. Collatz - Wetterling (1966), S. 42.

2) Etwa $y := \max\{x,o\}$, $z := \max\{-x,o\}$.

3) Vgl. Collatz - Wetterling (1966), S. 42f.

4) $l \in \{r+1,\ldots,m\}$ ist so bestimmt, daß $i(l)-m \le n_1$ und
$i(l+1)-m > n_1$. Es gilt also: $\{i(1),\ldots,i(r)\}$ ist die
Menge der Indizes der Basisvariablen unter den
Schlupfvariablen, $\{i(r+1),\ldots,i(l)\}$ die der Basisvariablen unter den nichtnegativen und $\{i(l+1),\ldots,i(m)\}$
die der Basisvariablen unter den freien eigentlichen
Variablen. Da angenommen werden kann, daß die Phase o
bereits durchgeführt ist, sind unter $y_{i(1)},\ldots,y_{i(r)}$
keine gesperrten Schlupfvariablen.

$$s_{i(k)} = b_{p(k)}^{+} \quad \text{oder} \quad b_k^{+} = s_{i(p^{-1}(k))} \quad \text{für } k=1,\ldots,m^{1)}.$$

Ist $z_j^{+} \neq o$ für $j \notin I$ und $j > m+n_1$, $s_j = x_{j-m}$ ist also frei, dann gilt für die Zielfunktion:

$$Z + \sum_{\substack{k=1 \\ k \notin I}}^{m+n} z_k^{+} s_k = Z(\underline{s}) \quad \text{mit } s_k = o \text{ für } k = 1,\ldots,m+n, k \notin I.$$

Demnach ist auch s_j gleich Null. Zu unterscheiden sind nun die beiden Fälle:

$\underline{z_j^{+} < o}$: Z kann vergrößert werden, wenn s_j vergrößert werden kann.

$\underline{z_j^{+} > o}$: Z kann vergrößert werden, wenn s_j verkleinert werden kann.

Sei Spalte j die Pivot-Spalte.

<u>Bestimmung der Pivot-Zeile:</u>

$\underline{z_j^{+} < o}$: s_j soll möglichst groß werden. Zu beachten ist wegen A 5.3 und $s_k = o$ für $k \notin I$:

$$s_{i(k)} = b_{p(k)}^{+} - b_{p(k)j}^{+} s_j \geq o \quad \text{für } i(k) \leq m+n_1$$

beziehungsweise für $k \leq 1$, also:

$$s_{i(p^{-1}(k))} = b_k^{+} - b_{kj}^{+} s_j \geq o \quad \text{für } p^{-1}(k) \leq 1$$

mit $i(p^{-1}(k)) \in I$ oder

$$b_{kj}^{+} s_j \leq b_k^{+} \quad \text{für } p^{-1}(k) \leq 1 \text{ mit } i(p^{-1}(k)) \in I.$$

Wie in A 2.6(r2) folgt hieraus:

$$s_j \leq \frac{b_k^{+}}{b_{kj}^{+}} \quad \text{für alle } k \text{ mit } p^{-1}(k) \leq 1, \ i(p^{-1}(k))$$

$\in I$ und $b_{kj}^{+} > o$.

Diese Bedingung ist auch zu erfüllen, wenn s_j nichtnega-

---

1) Siehe S. 3o2,A 2.7.14.

tiv sein muß. An die Stelle der Auswahlregel (r2) von
A 2.6 tritt also:

A 5.4 Wahl der Pivot-Zeile, wenn $z_j^+ < o$

Ist $z_j^+ < o$ mit $j \in \{1,\ldots,m+n\}$, $j \notin I$, so wird als
Pivot-Zeile die Zeile i gewählt, für die gilt:

$$\frac{b_i^+}{b_{ij}^+} = \min\left\{\frac{b_k^+}{b_{kj}^+} : b_{kj}^+ > o, p^{-1}(k) \leq 1, i(p^{-1}(k)) \in I\right\}.$$

Bei Vorliegen von freien Variablen werden somit die Quotienten $\dfrac{b_k^+}{b_{kj}^+}$ nur für die Zeilen gebildet, deren zugehörigen Basisvariablen nichtnegativ sein müssen und in de-
nen b_{kj}^+ positiv ist.

$\underline{z_j^+ > o}$: Dieser Fall braucht nur noch für $j > m+n_1$ diskutiert zu werden, das heißt, wenn $s_j = x_{j-m}$
freie Variable ist. s_j soll möglichst klein
werden. Auf ähnliche Weise wie im Fall "$z_j^+ < o$"
ergibt sich als Auswahlregel:

A 5.5 Wahl der Pivot-Zeile, wenn $z_j^+ > o$ und s_j frei

Ist $z_j^+ > o$ mit $j \in \{1,\ldots,m+n\}$, $j \notin I$, $j > m+n_1$, so
wird als Pivot-Zeile die Zeile i gewählt, für die
gilt:

$$\frac{b_i^+}{b_{ij}^+} = \max\left\{\frac{b_k^+}{b_{kj}^+} : b_{kj}^+ < o, p^{-1}(k) \leq 1, i(p^{-1}(k)) \in I\right\}.$$

Werden bei der Durchführung der Simplex-Methode die Re-
geln A 5.4 und A 5.5 berücksichtigt, so können anhand
des allgemeinen Simplex-Tableaus A 5.3 zum allgemeinen
Maximumproblem folgende Fälle diskutiert werden:

$1 : z_j^+ = 0$ für alle $j \in \{1,\ldots,m+n\}$, $j \notin I$, $j > m+n_1$

$1.1 : z_j^+ \doteq 0$ für alle $j \in \{1,\ldots,m+n\}$, $j \notin I$, $j \leq m+n_1$

Z[1] läßt sich nicht mehr vergrößern.[2]

$1.2 : z_j^+ < 0$ für ein $j \in \{1,\ldots,m+n\}$, $j \notin I$, $j \leq m+n_1$

$1.2.1 : b_{kj}^+ > 0$ für ein $k \in \{1,\ldots,m\}$, $p^{-1}(k) \leq 1$,

$i(p^{-1}(k)) \in I$

Z läßt sich noch vergrößern durch Anwendung
einer Pivot-Opearation unter Berücksichtigung
der Regel A 5.4.

$1.2.2 : b_{kj}^+ \leq 0$ für alle $k \in \{1,\ldots,m\}$, $p^{-1}(k) \leq 1$,

$i(p^{-1}(k)) \in I$

Z läßt sich beliebig vergrößern,[3] es gibt also
keine (endliche) optimale Lösung.

$2 : z_j^+ \neq 0$ für ein $j \in \{1,\ldots,m+n\}$, $j \notin I$, $j > m+n_1$

$2.1 : z_j^+ < 0$

$2.1.1 : b_{kj}^+ > 0$ für ein $k \in \{1,\ldots,m\}$, $p^{-1}(k) \leq 1$,

$i(p^{-1}(k)) \in I$

Siehe 1.2.1.

$2.1.2 : b_{kj}^+ \leq 0$ für alle $k \in \{1,\ldots,m\}$, $p^{-1}(k) \leq 1$,

$i(p^{-1}(k)) \in I$

$2.1.2.1 : z_s^+ \doteq 0$ für alle $s \in \{1,\ldots,m+n\}$, $s \notin I$, $s \leq m+n_1$

und $z_s^+ = 0$ für alle $s \in \{1,\ldots,m+n\}$, $s \notin I$, $s >$

$m+n_1$, $s \neq j$: Siehe 1.2.2.

---

1) Siehe, auch im folgenden, die Darstellung von Z auf
   S. 342.
2) Vgl. auch S. 32o,A 2.7.21.
3) Vgl. S. 327,A 3.3.

2.1.2.2 : $z_s^+ < o$ für ein $s\in\{1,\dots,m+n\}$, $s\notin I$, $s \leqq m+n_1$,

oder $z_s^+ \neq o$ für ein $s\in\{1,\dots,m+n\}$, $s\notin I$, $s >$

$m+n_1$, $s \neq j$: Siehe 1.2, 2.1 oder 2.2.

2.2 : $z_j^+ > o$
____

2.2.1 : $b_{kj}^+ < o$ für ein $k\in\{1,\dots,m\}$, $p^{-1}(k) \leqq 1$,
____

$i(p^{-1}(k)) \in I$
____

Z läßt sich noch vergrößern durch Anwendung
einer Pivot-Operation unter Berücksichtigung der
Regel A 5.5.

2.2.2 : $b_{kj}^+ \geqq o$ für alle $k\in\{1,\dots,m\}$, $p^{-1}(k) \leqq 1$,
____

$i(p^{-1}(k)) \in I$
____

Analog wie 2.1.2.

Insgesamt ergibt sich somit:[1]

A 5.6 (1) Das allgemeine Simplex-Tableau A 5.3 zum all-
           gemeinen Maximumproblem A 5.1 ist optimal,
           wenn gilt:

           (a) $z_j^+ \geqq o$ für alle nichtnegativen Nebenba-
               sisvariablen mit Ausnahme der gesperrten
               Schlupfvariablen

               ($z_j^+ \geqq o$ für alle $j\in\{1,\dots,m_1,m+1,\dots,$
               $m+n_1\}$ mit $j\notin I$).

           (b) $z_j^+ = o$ für alle freien Nebenbasisvariab-
               len

               ($z_j^+ = o$ für alle $j\in\{m+n_1+1,\dots,m+n\}$ mit
               $j\notin I$).

____

1) Vgl. Collatz - Wetterling (1966), S. 43.

(2) Z kann beliebig wachsen, das heißt, ein end-
liches Maximum existiert nicht, wenn gilt:

(a) $z_j^+ <$ o für eine der Nebenbasisvariablen
mit Ausᴗnahme der gesperrten Schlupfvariablen ($z_j^+ <$ o für ein $j \in \{1,\ldots,m_1,m+1,$
$\ldots,m+n\}$ mit $j \notin I$) und $b_{kj}^+ \leq$ o für alle $k \in$
$\{1,\ldots,m\}$ mit $p^{-1}(k) \leq 1$ und $i(p^{-1}(k)) \in I$.

(b) $z_j^+ >$ o für eine der freien Nebenbasisvariablen ($z_j^+ >$ o für ein $j \in \{m+n_1+1,\ldots,$
$m+n\}$ mit $j \notin I$) und $b_{kj}^+ \geq$ o für alle $k \in$
$\{1,\ldots,m\}$ mit $p^{-1}(k) \leq 1$ und $i(p^{-1}(k)) \in I$.

(3) Ist das allgemeine Simplex-**Tableau** A 5.3 optimal, so sind die Zielfunktionskoeffizienten
aller freien Variablen gleich Null.

Zur Lösung des allgemeinen Maximumproblems A 5.1 bietet
sich somit die folgende aus drei Phasen bestehende Methode an:[1]

A 5.7   Phase o: Gibt es keine gesperrte Schlupfvariablen, das heißt, ist $m_1 = m$, so wird zur
Phase 1 übergegangen. Gibt es mindestens
eine gesperrte Schlupfvariable, so wird
Phase o gemäß A 5.2 durchgeführt.

Phase 1: Ist die Basislösung zulässig, das heißt,
sind alle nicht freien Variablen und alle Schlupfvariablen nichtnegativ, so
wird zur Phase 2 übergegangen. Ist eine
der nicht freien Variablen oder der
nicht gesperrten Schlupfvariablen negativ, so wird die Dual-Simplex-Methode
A 4.5 durchgeführt. Ergibt sich eine zu-

---

1) Vgl. auch Müller-Merbach (1969), S. 129f.

lässige Basislösung, so wird zu Phase 2 übergegangen.

Phase 2: Abschließend wird die im Sinne von A 5.4 und A 5.5 modifizierte Simplex-Methode angewandt, wenn freie Variable vorhanden sind, wenn also n_1 kleiner als n ist.

Gilt n_1 = n, kann die Simplex-Methode A 2.6 insoweit unverändert durchgeführt werden.[1]

---

1) Unter Beachtung von A 5.2. Vgl. S. 340.

Verzeichnis der im Anhang verwandten Symbole

Symbol	Bedeutung	Seite
$\underline{A}$	Koeffizientenmatrix	285
$\underline{x}$	Vektor der n eigentlichen Variablen, Element des R^n	285
$\underline{b}$	Vektor des R^m	285
R	Menge der reellen Zahlen	285
R^n	Menge der n-Tupel aus reellen Zahlen	285
δ_{ij}	Kronecker-Symbol	287
$(\underline{A},\underline{B})$, $\left\|\begin{smallmatrix}A\\B\end{smallmatrix}\right\|$	Aus $\underline{A}$ und $\underline{B}$ zusammengesetzte Matrizen	287
$\underline{e}_i{}^n$	i-ter Einheitsvektor des R^n	287
$\underline{E}_n$	Einheitsmatrix mit n Zeilen und Spalten	288
$\underline{o}_n$	Nullvektor des R^n	288
$L_{hom}(\underline{A})$	Menge der Lösungen des homogenen Gleichungssystems $\underline{A}\underline{x} = \underline{o}_m$ mit der (m,n)-Matrix $\underline{A}$ und $\underline{x}\epsilon R^n$	288
$L_{inh}(\underline{A},\underline{b})$	Menge der Lösungen des inhomogenen Gleichungssystems $\underline{A}\underline{x} = \underline{b}$	288
$rg(\underline{A})$	Rang der Matrix $\underline{A}$	288
$\underline{O}_{mn}$	Nullmatrix mit m Zeilen und n Spalten	289
$\emptyset$	Leere Menge	289
$\underline{z}$	Vektor der Zielfunktionskoeffizienten der n eigentlichen Variablen	291
z_o	Konstanter Bestandteil der Zielfunktion	291
Z	Zielfunktionswert	291
$\underline{A}^T$	Transponierte von $\underline{A}$	291
$\underline{y}$	Vektor der m Schlupfvariablen, Element des R^m	291

Literaturverzeichnis

Adam (1970)   : Adam, Dietrich: Entscheidungsorien-
                         tierte Kostenbewertung, Wiesbaden
                         1970.

Albach (1962)   : Albach, Horst: Investition und Liqui-
                         dität. Die Planung des optimalen In-
                         vestitionsbudgets, Wiesbaden 1962.

Alewell (1970)   : Alewell, Karl: Absatzkalkulation, in:
                         Kosiol (1970), Sp. 1 - 12.

Amey (1968)   : Amey, Lloyd: On Opportunity Costs and
                         Decision Making, in: Accountancy,
                         Vol. 79, 1968, S. 442 - 451.

Ak Hax (1972)   : Arbeitskreis Hax der Schmalenbach-Ge-
                         sellschaft: Unternehmerische Ent-
                         scheidungen im Einkaufsbereich und
                         ihre Bedeutung für die Unternehmens-
                         Struktur, in: Schmalenbachs Zeit-
                         schrift für betriebswirtschaftliche
                         Forschung, 24. Jg., 1972, S. 765 -
                         783.

Banse (1970)   : Banse, Karl: Abschreibung, in: Kosiol
                         (1970), Sp. 26 - 41.

Baugut (1973)   : Baugut, Gunar: Die Kombination der
                         Verfahren Eigenfertigung und Fremdbe-
                         zug bei der Informationsverarbeitung,
                         in: Schmalenbachs Zeitschrift für be-
                         triebswirtschaftliche Forschung, 25.
                         Jg., 1973, S. 229 - 247.

Beckerath e.a. (1961) : Beckerath, Erwin v. - Bente,
                         Hermann - Brinkmann, Carl - Gutenberg,
                         Erich - Haberler, Gottfried - Jecht,
                         Horst - Jöhr, Walter Adolf - Lütge,
                         Friedrich - Predöhl, Andreas -
                         Schaeder, Reinhard - Schmidt-Rimpler,
                         Walter - Weber, Werner - Wiese, Leo-
                         pold v. (Hrsg.): Handwörterbuch der
                         Sozialwissenschaften. Zugleich Neu-
                         auflage des Handwörterbuchs der
                         Staatswissenschaften. Elfter Band,
                         Stuttgart - Tübingen - Göttingen 1961.

Beckmann (1959)   : Beckmann, Martin J.: Lineare Pla-
                         nungsrechnung. Linear Programming
                         (Wirtschaftswissenschaft der Gegen-
                         wart. I: Planungsforschung Operations
                         Research, Bd. 1), Ludwigshafen am
                         Rhein 1959.

Beier (1973)   : Beier, Udo: Aussagen zum Einsatz des
                          absatzpolitischen Instrumentariums
                          eines Konsumwarenproduzenten, in:
                          Schmalenbachs Zeitschrift für be-
                          triebswirtschaftliche Forschung, 25.
                          Jg., 1973, S. 43o - 452.

Bernhard (1968)   : Bernhard, Richard H.: Some Problems
                          in Applying Mathematical Programming
                          to Opportunity Costing, in: Journal
                          of Accounting Research, Vol. 6, 1968,
                          S. 143 - 148.

Berthel (1973)   : Berthel, Jürgen: Determinanten
                          menschlicher Leistungseffizienz im
                          Betrieb - Ergebnisse neuerer For-
                          schungen, in: Schmalenbachs Zeit-
                          schrift für betriebswirtschaftliche
                          Forschung, 25. Jg., 1973, S. 383 -
                          397.

Böhm-Bawerk (1928)   : Böhm-Bawerk, E.: Wert., in: Elster
                          e.a. (1928), S. 988 - 1oo7.

Böhm - Wille (197o)   : Böhm, Hans-Hermann - Wille, Fried-
                          rich: Deckungsbeitragsrechnung und
                          Optimierung, 4. neubearbeitete und
                          erweiterte Aufl., München 197o.

Böhrs (1973)   : Böhrs, Hermann: Ermittlung der be-
                          trieblichen Produktivität, in:
                          Schmalenbachs Zeitschrift für be-
                          triebswirtschaftliche Forschung, 25.
                          Jg., 1973, S. 368 - 382.

Bouffier (1956)   : Bouffier, Willy: Bewertung, Grund-
                          prinzipien der ..., in: Seischab -
                          Schwantag (1956), Sp. 1o68 - 1o72.

Bouffier (196o)   : Bouffier, Willy: Preis, in: Seischab
                          - Schwantag (196o), Sp. 4372 - 4376.

Buchner (1967)   : Buchner, Robert: Zur Kontroverse um
                          die negative Zielvariable in der un-
                          ternehmerischen Planungsrechnung, in:
                          Schmalenbachs Zeitschrift für be-
                          triebswirtschaftliche Forschung, 19.
                          Jg., 1967, S. 35o - 373.

Bühler - Dick (1972)   : Bühler, Wolfgang - Dick, Reiner:
                          Stochastische Lineare Optimierung.
                          Das Verteilungsproblem und verwandte
                          Fragestellungen, in: Zeitschrift für
                          Betriebswirtschaft, 42. Jg., 1972, S.
                          677 - 692.

Büschgen (HWF)   : Büschgen, Hans E. (Hrsg.): Handwör-
                          terbuch der Finanzwirtschaft, Er-
                          scheinung in Vorbereitung.

Buhr (1967)   : Buhr, Walter: Dualvariable, Opportu-
                         nitätskosten und optimale Geltungs-
                         zahl, in: Zeitschrift für Betriebs-
                         wirtschaft, 37. Jg., 1967, S. 687 -
                         7o8.

Busse von Colbe - Eisenführ (197o) : Busse von Colbe,
                         Walther - Eisenführ, Franz: Preis-
                         grenzen, Ermittlung von, in: Kosiol
                         (197o), Sp. 1424 - 143o.

Bussmann (1963)   : Bussmann, Karl Ferdinand: Industriel-
                         les Rechnungswesen, Stuttgart 1963.

Charnes - Cooper (1961) : Charnes, A. - Cooper, W. W.:
                         Management Models and Industrial Ap-
                         plications of Linear Programming.
                         Volume I, New York - London - Sydney
                         1961.

Chmielewicz (197o)   : Chmielewicz, Klaus: Wirtschaftsgut,
                         in: Kosiol (197o), Sp. 1943 - 1952.

Coenenberg (1967)   : Coenenberg, Adolf Gerhard: Möglich-
                         keiten des Wirtschaftlichkeitsver-
                         gleichs zwischen Eigenfertigung und
                         Fremdbezug von Vorratsgütern, in:
                         Zeitschrift für Betriebswirtschaft,
                         37. Jg., 1967, S. 268 - 284.

Collatz -Wetterling (1966) : Collatz, Lothar -
                         Wetterling, Wolfgang: Optimierungs-
                         aufgaben (Heidelberger Taschenbücher,
                         Bd. 15), Berlin - Heidelberg 1966.

Dantzig (1951)   : Dantzig, George B.: Maximization of a
                         Linear Function of Variables Subject
                         to Linear Inequalities, in: Koopmans
                         (1951), S. 339 - 347.

Dantzig (1966)   : Dantzig, George B.: Lineare Program-
                         mierung und Erweiterungen. Ins Deut-
                         sche übertragen und bearbeitet von
                         Arno Jaeger (Ökonometrie und Unter-
                         nehmensforschung, hrsg. von M.
                         Beckmann, R. Henn, A. Jaeger, W.
                         Krelle, H. P. Künzi, K. Wenke, Ph.
                         Wolfe, Bd. 2), Berlin - Heidelberg
                         1966.

Dinkelbach (1969a)   : Dinkelbach, Werner: Sensitivitäts-
                         analysen und parametrische Program-
                         mierung (Ökonometrie und Unterneh-
                         mensforschung, hrsg. von M. Beckmann,
                         R. Henn, A. Jaeger, W. Krelle, H. P.
                         Künzi, K. Wenke, Ph. Wolfe, Bd. 12),
                         Berlin - Heidelberg 1969.

Dinkelbach (1969b)   : Dinkelbach, Werner: Entscheidungs-
                         modelle, in: Grochla (1969), Sp. 485
                         - 496.

Dlugos (1964)   : Dlugos, Günter: Zum Theorem der
                         Grenzkostenkalkulation, in: Grochla
                         (1964), S. 479 - 519.

Dorfman e.a. (1958) : Dorfman, Robert - Samuelson, Paul
                         A. - Solow, Robert M.: Linear Pro-
                         gramming and Economic Analysis, New
                         York - Toronto - London 1958.

Drumm (1972a)   : Drumm, Hans Jürgen: Entscheidungsori-
                         entiertes Rechnungswesen, in:
                         Schmalenbachs Zeitschrift für be-
                         triebswirtschaftliche Forschung, 24.
                         Jg., 1972, S. 121 - 133.

Drumm (1972b)   : Drumm, Hans Jürgen: Theorie und Pra-
                         xis der Lenkung durch Preise, in:
                         Schmalenbachs Zeitschrift für be-
                         triebswirtschaftliche Forschung, 24.
                         Jg., 1972, S. 253 - 267.

Drumm (1972c)   : Drumm, Hans Jürgen: Probleme der Kal-
                         kulation und Bestandsbewertung bei
                         Lenkungs- und Verrechnungspreisen,
                         in: Zeitschrift für Betriebswirt-
                         schaft, 42. Jg., 1972, S. 471 - 492.

Ellinger e.a. (197o) : Ellinger, Theodor - Elsner, H. D.
                         - Eymann, E. - Muscati, M. - Schaible,
                         S. - Sprotte, H. G.: Modelle im Her-
                         stellungsbereich, in: Kosiol (197o),
                         Sp. 1179 - 12o7.

Elster e.a. (1923) : Elster, Ludwig - Weber, Adolf -
                         Wieser, Friedrich (Hrsg.): Handwör-
                         terbuch der Staatswissenschaften, 4.,
                         gänzlich umgearbeitete Aufl., Bd. 5,
                         Jena 1923.

Elster e.a. (1924) : Elster, Ludwig - Weber, Adolf -
                         Wieser, Friedrich (Hrsg.): Handwör-
                         terbuch der Staatswissenschaften, 4.,
                         gänzlich umgearbeitete Aufl., Bd. 2,
                         Jena 1924.

Elster e.a. (1926) : Elster, Ludwig - Weber, Adolf -
                         Wieser, Friedrich (Hrsg.): Handwör-
                         terbuch der Staatswissenschaften, 4.,
                         gänzlich umgearbeitete Aufl., Bd. 6,
                         Jena 1925.

Elster e.a. (1927) : Elster, Ludwig - Weber, Adolf -
                         Wieser, Friedrich (Hrsg.): Handwör-
                         terbuch der Staatswissenschaften, 4.,
                         gänzlich umgearbeitete Aufl., Bd. 4,
                         Jena 1927.

Elster e.a. (1928)   : Elster, Ludwig - Weber, Adolf -
Wieser, Friedrich (Hrsg.): Handwör-
terbuch der Staatswissenschaften, 4.,
gänzlich umgearbeitete Aufl., Bd. 8,
Jena 1928.

Engelmann (1958)   : Engelmann, K.: Einwände gegen den pagatorischen Kostenbegriff. Eine Erwi-
derung, in: Zeitschrift für Betriebswirtschaft, 28. Jg., 1958, S. 558 -
565.

Engelmann (1959)   : Engelmann, Konrad: Vom "Gelddenken"
in der Betriebswirtschaft, in: Zeit-
schrift für Betriebswirtschaft, 29.
Jg., 1959, S. 166 - 17o.

Engels (1962)   : Engels, Wolfram: Betriebswirtschaftliche Bewertungslehre im Licht der
Entscheidungstheorie (Beiträge zur
betriebswirtschaftlichen Forschung,
hrsg. von E. Gutenberg, W. Hasenack,
K. Hax, E. Schäfer, Bd. 18), Köln und
Opladen 1962.

Erwe (1962)   : Erwe, Friedhelm: Differential- und
Integralrechnung. Erster Band: Ele-
mente der Infinitesimalrechnung. Dif-
ferentialrechnung (B. I-Hochschultaschenbücher, Bd. 3o/3oa), Mannheim
1962.

Fettel (1959)   : Fettel, Johannes: Ein Beitrag zur
Diskussion über den Kostenbegriff,
in: Zeitschrift für Betriebswirtschaft, 29. Jg., 1959, S. 567 - 569.

Franke - Laux (197o) : Franke, Günter - Laux, Helmut:
Die Bemessung von Abschreibungen für
Entscheidungsrechnungen, in: Zeit-
schrift für Betriebswirtschaft, 4o.
Jg., 197o, S. 399 - 42o.

Gäfgen (1968)   : Gäfgen, Gérard: Theorie der wirtschaftlichen Entscheidung. Untersuchungen zur Logik und ökonomischen
Bedeutung des rationalen Handelns,
2., durchgesehene und erweiterte
Aufl., Tübingen 1968.

Gälweiler (196o) : Gälweiler, Alois: Preispolitik, betriebliche, in: Seischab - Schwantag
(196o), Sp. 4397 - 44o8.

Garvin (196o)   : Garvin, Walter W.: Introduction to
Linear Programming, New York -
Toronto - London 196o.

Gass (1958)   : Gass, Saul I.: Linear Programming.
                         Methods and Applications, New York -
                         Toronto - London 1958.

Gerth (197o)   : Gerth, Ernst: Nutzenrechnung, in:
                         Kosiol (197o), Sp. 1247 - 1254.

Grochla (1964)   : Grochla, Erwin (Hrsg.): Organisation
                         und Rechnungswesen. Festschrift für
                         Erich Kosiol zu seinem 65. Geburts-
                         tag, Berlin 1964.

Grochla (1969)   : Grochla, Erwin (Hrsg.): Handwörter-
                         buch der Organisation, Stuttgart 1969.

Grochla (1973)   : Grochla, Erwin: Der Beitrag
                         Schmalenbachs zur betriebswirtschaft-
                         lichen Organisationslehre, in:
                         Schmalenbachs Zeitschrift für be-
                         triebswirtschaftliche Forschung, 25.
                         Jg., 1973, S. 555 - 578.

Grochla - Wittmann (HdB) : Grochla, Erwin - Wittmann,
                         Waldemar (Hrsg.): Handwörterbuch der
                         Betriebswirtschaft (4. Aufl.), Er-
                         scheinung in Vorbereitung.

Gutenberg (1965) : Gutenberg, Erich: Grundlagen der Be-
                         triebswirtschaftslehre. Zweiter Band:
                         Der Absatz (Enzyklopädie der Rechts-
                         und Staatswissenschaft, hrsg. von W.
                         Kunkel, H. Peters, E. Preiser, Abtei-
                         lung Staatswissenschaft), 8. Aufl.,
                         Berlin - Heidelberg 1965.

Gutenberg (1969) : Gutenberg, Erich: Grundlagen der Be-
                         triebswirtschaftslehre. Erster Band:
                         Die Produktion (Enzyklopädie der
                         Rechts- und Staatswissenschaft, hrsg.
                         von W. Kunkel, P. Lerche, W. Mieth,
                         W. Vogt, Abteilung Staatswissen-
                         schaft), 15. Aufl., Berlin - Heidel-
                         berg 1969.

Hadley (1962)   : Hadley, G.: Linear Programming, Read-
                         ing, Massachusetts - London 1962.

Hagelschuer (1971) : Hagelschuer, Paul B.: Theorie der
                         linearen Dekomposition (Lecture Notes
                         in Operations Research and Mathemati-
                         cal Systems. Economics, Computer
                         Science, Information and Control,
                         hrsg. von M. Beckmann, H. P. Künzi,
                         Bd. 58), Berlin - Heidelberg 1971.

Hartmann (1966)   : Hartmann, Volker: Zur praktischen An-
                         wendbarkeit der Opportunitätskosten-
                         rechnung, in: Der Betrieb, 19. Jg.,
                         1966, S. 1817 - 1818.

Hasenack (197o)   : Hasenack, Wilhelm: Kostenbewertung,
                     in: Kosiol (197o), Sp. 942 - 952.

Hax (1961)   : Hax, Herbert: Preisuntergrenzen im
                     Ein- und Mehrproduktbetrieb. Ein An-
                     wendungsfall der linearen Planungs-
                     rechnung, in: Zeitschrift für han-
                     delswissenschaftliche Forschung, Neue
                     Folge, 13. Jg., 1961, S. 424 - 449.

Hax (1965a)   : Hax, Herbert: Kostenbewertung mit
                     Hilfe der mathematischen Programmie-
                     rung, in: Zeitschrift für Betriebs-
                     wirtschaft, 35. Jg., 1965, S. 197 -
                     21o.

Hax (1965b)   : Hax, Herbert: Die Koordination von
                     Entscheidungen. Ein Beitrag zur be-
                     triebswirtschaftlichen Organisations-
                     lehre (Annales Universitatis Saravi-
                     ensis, Rechts- und Wirtschaftswissen-
                     schaftliche Abteilung, Heft 17),
                     Köln - Berlin - Bonn - München 1965.

Hax (1967)   : Hax, Herbert: Bewertungsprobleme bei
                     der Formulierung von Zielfunktionen
                     für Entscheidungsmodelle, in:
                     Schmalenbachs Zeitschrift für be-
                     triebswirtschaftliche Forschung, 19.
                     Jg., 1967, S. 749 - 761.

Hax (197oa)   : Hax, Herbert: Modelle im Absatzbe-
                     reich, in: Kosiol (197o), Sp. 1168 -
                     1179.

Hax (197ob)   : Hax, Herbert: Pretiale Lenkung und
                     Rechnungswesen, in: Kosiol (197o),
                     Sp. 143o - 1437.

Hax (1973)   : Hax, Herbert: Preisuntergrenzen bei
                     Ungewißheit über den Auftragseingang,
                     in: Koch (1973), S. 61 - 8o.

Heinen (197o)   : Heinen, Edmund: Betriebswirtschaftli-
                     che Kostenlehre. Kostentheorie und
                     Kostenentscheidungen, 3., verbesserte
                     Aufl., Wiesbaden 197o.

Heinen (1971)   : Heinen, Edmund: Grundlagen betriebs-
                     wirtschaftlicher Entscheidungen. Das
                     Zielsystem der Unternehmung (Die Be-
                     triebswirtschaft in Forschung und
                     Praxis, hrsg. von Edmund Heinen unter
                     Mitwirkung von Dietrich Börner, Wer-
                     ner Kirsch, Heribert Meffert, Bd. 1),
                     2. Aufl., Wiesbaden 1971.

Held (1959)   : Held, Georg: Traditioneller oder pa-
                     gatorischer Kostenbegriff?, in: Zeit-
                     schrift für Betriebswirtschaft, 29.
                     Jg., 1959, S. 17o - 178.

Hentze (197o)   : Hentze, J.: Die Schattenpreise als
                       Entscheidungshilfe für optimale Er-
                       weiterungen der Fertigungskapazitä-
                       ten, in: Zeitschrift für Betriebs-
                       wirtschaft, 4o. Jg., 197o, S. 269 -
                       272.

Hölscher (1971)   : Hölscher, Klaus: Eigenfertigung oder
                       Fremdbezug. Entscheidungsmodelle für
                       den Wirtschaftlichkeitsvergleich (Be-
                       triebswirtschaftliche Beiträge, hrsg.
                       von Hans Münstermann, Bd. 18), Wies-
                       baden 1971.

Holzer (197o)   : Holzer, Peter: Direct (Variable)
                       Costing, in: Kosiol (197o), Sp. 412 -
                       418.

Ijiri (1965)   : Ijiri, Yuji: Managements Goals and
                       Accounting for Control (Studies in
                       Mathematical and Managerial Econo-
                       mics, hrsg. von Henri Theil, Vol. 3),
                       Amsterdam - Chicago 1965.

Jacobs (1962)   : Jacobs, Herbert: Produktionsplanung
                       und Kostentheorie, in: Koch (1962),
                       S. 2o5 - 268.

Joksch (1965)   : Joksch, H. C.: Lineares Programmieren
                       (Schriften zur Angewandten Wirt-
                       schaftsforschung, hrsg. von Walther
                       G. Hoffmann, Bd. 4), 2., revidierte
                       Aufl., Tübingen 1965.

Jürgensen (197o)   : Jürgensen, Harald: Kosten, volkswirt-
                       schaftliche, in: Kosiol (197o), Sp.
                       879 - 883.

Karlin (1959)   : Karlin, Samuel: Mathematical Methods
                       and Theory in Games, Programming, and
                       Economics. Volume I: Matrix Games,
                       Programming, and Mathematical Econo-
                       mics, Reading, Massachusetts - Palo
                       Alto - London 1959.

Kemeny e.a. (1963)   : Kemeny, John G. - Snell, J. Laurie -
                       Thompson, Gerald L.: Einführung in
                       die Endliche Mathematik (Wirtschafts-
                       wissenschaft der Gegenwart. III: Ma-
                       thematische Hilfsmittel, Bd. 1), Lud-
                       wigshafen am Rhein 1963.

Kern (1965)   : Kern, Werner: Kalkulation mit Oppor-
                       tunitätskosten, in: Zeitschrift für
                       Betriebswirtschaft, 35. Jg., 1965, S.
                       133 - 147.

Kern (1970)   : Kern, Werner: Industriebetriebslehre. Grundlagen einer Lehre von der Erzeugungswirtschaft (Sammlung Poeschel: Betriebswirtschaftliche Studienbücher, P 5), Stuttgart 1970.

Kilger (1970)   : Kilger, Wolfgang: Flexible Plankostenrechnung. Theorie und Praxis der Grenzplankostenrechnung und Deckungsbeitragsrechnung (Veröffentlichungen der Schmalenbach-Gesellschaft, Bd. 31), 4. Aufl., Köln und Opladen 1970.

Kilger (1971)   : Kilger, W.: Entscheidungsorientierte Kostenbewertung. Bemerkungen zu dem gleichnamigen Buch von Dietrich Adam, in: Zeitschrift für Betriebswirtschaft, 41. Jg., 1971, S. 405 - 409.

Kilger (1973a)   : Kilger, Wolfgang: Optimale Produktions- und Absatzplanung. Entscheidungsmodelle für den Produktions- und Absatzbereich industrieller Betriebe, Opladen 1973.

Kilger (1973b)   : Kilger, Wolfgang: Schmalenbachs Beitrag zur Kostenlehre, in: Schmalenbachs Zeitschrift für betriebswirtschaftliche Forschung, 25. Jg., 1973, S. 522 - 540.

Kirsch (1968)   : Kirsch, Werner: Gewinn und Rentabilität. Ein Beitrag zur Theorie der Unternehmungsziele (Die Betriebswirtschaft in Forschung und Praxis, hrsg. von Edmund Heinen, Bd. 5), Wiesbaden 1968.

Kloidt (1964)   : Kloidt, Heinrich: Grundsätzliches zum Messen und Bewerten in der Betriebswirtschaft, in: Grochla (1964), S. 283 - 303.

Kloock (1969)   : Kloock, Josef: Betriebswirtschaftliche Input-Output-Modelle. Ein Beitrag zur Produktionstheorie (Betriebswirtschaftliche Beiträge, hrsg. von Hans Münstermann, Bd. 12), Wiesbaden 1969.

Koch (1958)   : Koch, Helmut: Zur Diskussion über den Kostenbegriff, in: Zeitschrift für handelswissenschaftliche Forschung, Neue Folge, 10. Jg., 1958, S. 355 - 399.

Koch (1959)   : Koch, Helmut: Zur Frage des pagatorischen Kostenbegriffs. Bemerkungen zum Beitrag von K. Engelmann: "Einwendungen gegen den pagatorischen Kostenbegriff"., in: Zeitschrift für Betriebswirtschaft, 29. Jg., 1959, S. 8 - 17.

Koch (1962)   : Koch, Helmut (Hrsg.): Zur Theorie der
                       Unternehmung. Festschrift zum 65. Ge-
                       burtstag von Erich Gutenberg, Wiesba-
                       den 1962.

Koch (1966a)   : Koch, Helmut: Grundprobleme der Ko-
                       stenrechnung, Köln und Opladen 1966.

Koch (1966b)   : Koch, Helmut: Zur Kontroverse: "wert-
                       mäßiger" - "pagatorischer" Kostenbe-
                       griff, in: Koch (1966a), S. 48 - 62.

Koch (1972)   : Koch, Helmut: Die zentrale Globalpla-
                       nung als Kernstück der integrierten
                       Unternehmensplanung, in:
                       Schmalenbachs Zeitschrift für be-
                       triebswirtschaftliche Forschung, 24.
                       Jg., 1972, S. 222 - 252.

Koch (1973)   : Koch, Helmut (Hrsg.): Zur Theorie des
                       Absatzes. Erich Gutenberg zum 75. Ge-
                       burtstag, Wiesbaden 1973.

Koopmans (1951)   : Koopmans, Tjalling C.(Hrsg.): Activi-
                       ty Analysis of Production and Alloca-
                       tion. Proceedings of a Conference
                       (Cowles Commission for Research in
                       Economics, Monograph No. 13), New
                       York - London 1951.

Kosiol (1958)   : Kosiol, Erich: Kritische Analyse der
                       Wesensmerkmale des Kostenbegriffs,
                       in: Kosiol - Schlieper (1958), S. 7 -
                       37.

Kosiol (1964)   : Kosiol, Erich: Kostenrechnung (Die
                       Wirtschaftswissenschaften, hrsg. von
                       Erich Gutenberg, 59. und 60. Liefe-
                       rung, Reihe A (Betriebswirtschafts-
                       lehre), Beitrag Nr. 35), Wiesbaden
                       1964.

Kosiol (1970)   : Kosiol, Erich (Hrsg.): Handwörterbuch
                       des Rechnungswesens, Stuttgart 1970.

Kosiol - Schlieper (1958) : Kosiol, Erich - Schlieper,
                       Friedrich (Hrsg.): Betriebsökonomi-
                       sierung durch Kostenanalyse, Absatz-
                       rationalisierung und Nachwuchserzie-
                       hung. Festschrift für Rudolf Seyffert
                       zu seinem 65. Geburtstag, Köln und
                       Opladen 1958.

Krekó (1968)   : Krekó, Béla: Lehrbuch der linearen
                       Optimierung, 3., überarbeitete und
                       erweiterte Aufl., Berlin 1968.

Krelle (1968)   : Krelle, Wilhelm - unter Mitarbeit von
                       Dieter Coenen: Präferenz- und Ent-
                       scheidungstheorie, Tübingen 1968.

Krelle (1969)   : Krelle, Wilhelm - unter Mitarbeit von
                         Wilhelm Scheper: Produktionstheorie.
                         Teil I der Preistheorie, 2. Aufl.,
                         Tübingen 1969.

Krelle - Künzi (1958) : Krelle, Wilhelm - Künzi, Hans
                         Paul: Lineare Programmierung, Zürich
                         1958.

Kruschwitz (1971) : Kruschwitz, Lutz: Eigenerzeugung
                         oder Beschaffung? Eigenverwendung
                         oder Absatz? Zweckmäßige Optimie-
                         rungsmethoden für industrielle Ent-
                         scheidungsalternativen (Grundlagen
                         und Praxis der Betriebswirtschaft,
                         Bd. 25), Berlin 1971.

Künzi - Krelle (1962) : Künzi, Hans Paul - Krelle, Wil-
                         helm - unter Mitwirkung von Werner
                         Oettli: Nichtlineare Programmierung
                         (Monographien zur Unternehmensfor-
                         schung, hrsg. von A. Jaeger, W.
                         Krelle, H. P. Künzi, K. Wenke, Ph.
                         Wolfe, Bd. 1), Berlin - Göttingen -
                         Heidelberg 1962.

Künzi e.a. (1966) : Künzi, H. P. - Tzschach, H. G. -
                         Zehnder, C. A.: Numerische Methoden
                         der mathematischen Optimierung mit
                         ALGOL- und FORTRAN-Programmen (Leit-
                         fäden der angewandten Mathematik und
                         Mechanik, hrsg. von H. Görtler, Bd.
                         8), Stuttgart 1966.

Langen (1954)   : Langen, H.: Zum betriebswirtschaftli-
                         chen Wertbegriff, in: Zeitschrift für
                         handelswissenschaftliche Forschung,
                         Neue Folge, 6. Jg., 1954, S. 538 -
                         542.

Langen (1966)   : Langen, Heinz: Dynamische Preisunter-
                         grenzen, in: Schmalenbachs Zeit-
                         schrift für betriebswirtschaftliche
                         Forschung, 18. Jg., 1966, S. 649 -
                         659.

Lauschmann (1958) : Lauschmann, Elisabeth: Grenznutzen-
                         lehre und Nutzenmaximum, in: Seischab
                         - Schwantag (1958), Sp. 241o - 2417.

Layer (1967)   : Layer, Manfred: Möglichkeiten und
                         Grenzen der Anwendbarkeit der Dek-
                         kungsbeitragsrechnung im Rechnungswe-
                         sen der Unternehmung (Grundlagen und
                         Praxis der Betriebswirtschaft, Bd.
                         1o), Berlin 1967.

Löcherbach   : Löcherbach, Gerhard: Zur Bewertung
                         des Verbrauchs von Faktoren mit pla-
                         nungsneutralen Verrechnungswerten,
                         Veröffentlichung in Vorbereitung.

- 362 -

Lücke (1969)   : Lücke, Wolfgang: Produktions- und Ko-
                      stentheorie, 2., durchgesehene Aufl.,
                      Würzburg 1969.

Lücke (1973)   : Lücke, Wolfgang: Qualitätsprobleme im
                      Rahmen der Produktions- und Absatz-
                      theorie, in: Koch (1973), S. 263 -
                      299.

Lüder (1972)   : Lüder, Klaus: "Entscheidungsorien-
                      tierte Kostenbewertung". Einige Be-
                      merkungen zu dem gleichnamigen Werk
                      von Dietrich Adam, in: Zeitschrift
                      für Betriebswirtschaft, 42. Jg.,
                      1972, S. 71 - 75.

Männel (1968)   : Männel, Wolfgang: Die Wahl zwischen
                      Eigenfertigung und Fremdbezug. Theo-
                      retische Grundlagen - Praktische Fäl-
                      le, Herne - Berlin 1968.

Männel (1971)   : Männel, Wolfgang: Möglichkeiten und
                      Grenzen des Rechnens mit Opportuni-
                      tätserlösen, in: Riebel (1971a), S.
                      2o1 - 245.

Marquardt (1972)   : Marquardt, Klaus: Einige Zusammenhän-
                      ge zwischen Unternehmensziel und Or-
                      ganisationsform (aufgezeigt am Bei-
                      spiel der ARAL AG), in: Schmalenbachs
                      Zeitschrift für betriebswirtschaftli-
                      che Forschung, Sonderheft 1·1972, S.
                      9 - 17.

Marx (1958)   : Marx, August: Der Wert in der Be-
                      triebswirtschaft, in: Zeitschrift für
                      Betriebswirtschaft, 28. Jg., 1958, S.
                      65 - 74.

Marzen (197o)   : Marzen, Walter: Beschaffungskalkula-
                      tion, in: Kosiol (197o), Sp. 137 -
                      146.

Matschke (1973)   : Matschke, Manfred Jürgen: Der Ent-
                      scheidungswert der Unternehmung, un-
                      veröffentlichte Dissertation, Köln
                      1973.

Mattessich (197o)   : Mattessich, Richard: Messung und Be-
                      wertung, in: Kosiol (197o), Sp. 11o5
                      - 111o.

Mayer (1923)   : Mayer, Hans: Konsumtion., in: Elster
                      e.a. (1923), S. 867 - 874.

Mayer (1924)   : Mayer, Hans: Bedürfnis., in: Elster
                      e.a. (1924), S. 45o - 456.

Mayer (1925a)   : Mayer, Hans: Preis. II. Der Monopol-
                      preis., in: Elster e.a. (1925), S.
                      1o26 - 1o37.

Mayer (1925b)   : Mayer, Hans: Produktion., in: Elster
                        e.a. (1925), S. 11o8 - 1122.

Mayer (1928)   : Mayer, Hans: Zurechnung., in: Elster
                        e.a. (1928), S. 12o6 - 1228.

Mellerowicz (1952)   : Mellerowicz, Konrad: Wert und Wer-
                        tung im Betrieb (Betriebswirtschaft-
                        liche Bibliothek, hrsg. von W.
                        Hasenack, Reihe A/III), Essen 1952.

Mellerowicz (1963)   : Mellerowicz, Konrad: Kosten und Ko-
                        stenrechnung. I: Theorie der Kosten,
                        4., durchgesehene Aufl., Berlin 1963.

Mellerowicz (1966)   : Mellerowicz, Konrad: Neuzeitliche
                        Kalkulationsverfahren, Freiburg i.
                        Br. 1966.

Mellerowicz (1968)   : Mellerowicz, Konrad: Kosten und Ko-
                        stenrechnung. II: Verfahren, zweiter
                        Teil: Kalkulation und Auswertung der
                        Kostenrechnung und Betriebsabrech-
                        nung, 4., völlig umgearbeitete Aufl.,
                        Berlin 1968.

Menrad (1965)   : Menrad, Siegfried: Der Kostenbegriff.
                        Eine Untersuchung über den Gegenstand
                        der Kostenrechnung (Betriebswirt-
                        schaftliche Schriften, Heft 16), Ber-
                        lin 1965.

Michel (1964)   : Michel, Hartmut: Grenzkosten und Op-
                        portunitätskosten. Zur Diskussion um
                        das Problem Voll- oder Teilkosten-
                        rechnung, in: Schmalenbachs Zeit-
                        schrift für betriebswirtschaftliche
                        Forschung, 16. Jg., 1964, S. 82 - 93.

Möller (196o)   : Möller, Hans: Preistheorien (Preis-
                        lehren), in: Seischab - Schwantag
                        (196o), Sp. 4416 - 4423.

Moews (1969)   : Moews, Dieter: Zur Aussagefähigkeit
                        neuerer Kostenrechnungsverfahren (Be-
                        triebswirtschaftliche Forschungser-
                        gebnisse, hrsg. von Erich Kosiol, Bd.
                        39), Berlin 1969.

Moews (197o)   : Moews, Dieter: Wertkategorien, in:
                        Kosiol (197o), Sp. 1895 - 19o4.

Montaner (1956)   : Montaner, Antonio: Bedürfnis, in:
                        Seischab - Schwantag (1956), Sp. 563
                        - 564.

Müller-Merbach (1969) : Müller-Merbach, Heiner: Opera-
                        tions Research. Methoden und Modelle
                        der Optimalplanung (Vahlens Handbü-
                        cher der Wirtschafts- und Sozialwis-
                        senschaften, hrsg. von Gerhard Kade),
                        Berlin 1969.

Münstermann (1966a) : Münstermann, Hans: Bedeutung der
Opportunitätskosten für unternehmeri-
sche Entscheidungen, in: Zeitschrift
für Betriebswirtschaft, 36. Jg.,
1966, 1. Ergänzungsheft, S. 18 - 36.

Münstermann (1966b) : Münstermann, Hans: Wert und Bewertung der Unternehmung (Betriebswirtschaftliche Beiträge, hrsg. von Hans
Münstermann, Bd. 11), Wiesbaden 1966.

Münstermann (1969) : Münstermann, Hans: Unternehmungs-
rechnung. Untersuchungen zur Bilanz,
Kalkulation, Planung mit Einführungen
in die Matrizenrechnung, Graphentheo-
rie und Lineare Programmierung (Betriebswirtschaftliche Beiträge, hrsg.
von Hans Münstermann, Bd. 2), Wiesbaden 1969.

Niemeyer (1968) : Niemeyer, Gerhard: Einführung in die
lineare Planungsrechnung mit ALGOL-
und FORTRAN-Programmen, Berlin 1968.

Onsi (197o) : Onsi, Mohamed: A Transfer Pricing
System Based on Opportunity Cost, in:
The Accounting Review, Vol. XLV,
197o, S. 535 - 543.

Opfermann - Reinermann (1965) : Opfermann, Klaus -
Reinermann, Heinrich: Opportunitätskosten, Schattenpreise und optimale
Geltungszahl. Ein Vergleich klassi-
scher und moderner Optimalitätskalkü-
le, in: Zeitschrift für Betriebswirtschaft, 35. Jg., 1965, S. 211 - 236.

Pack (1973) : Pack, Ludwig: Zum Problem statischer
und dynamischer Preisuntergrenzen,
in: Koch (1973), S. 3o1 - 379.

Pausenberger (1962) : Pausenberger, Ehrenfried: Wert und
Bewertung (Sammlung Poeschel: Betriebswirtschaftliche Studienbücher,
hrsg. von Hans Seischab, Reihe I:
Grundlagen, P 13), Stuttgart 1962.

Peschl (1961) : Peschl, Ernst: Analytische Geometrie
(B. I-Hochschultaschenbücher, Bd. 15/
15a), Mannheim 1961.

Petersdorff-Campen (1968) : Petersdorff-Campen, Winand
von: Die Ermittlung von Preisunter-
grenzen unter Berücksichtigung der
Möglichkeiten alternativer Kapazi-
tätsauslastung in Mehrproduktbetrie-
ben, in: Zeitschrift für Betriebswirtschaft, 38. Jg., 1968, S. 553 -
56o.

- 365 -

Plaut (1953)   : Plaut, Hans-Georg: Die Grenz-Planko-
                    stenrechnung. Erster Teil: Von der
                    beweglichen Plankostenrechnung zur
                    Grenz-Plankostenrechnung. Zweiter
                    Teil: Grundlagen der Grenz-Planko-
                    stenrechnung, in: Zeitschrift für Be-
                    triebswirtschaft, 23. Jg., 1953, S.
                    347 - 363 und S. 4o2 - 413.

Plaut (1955)   : Plaut, Hans-Georg: Die Grenzplanko-
                    stenrechnung, in: Zeitschrift für Be-
                    triebswirtschaft, 25. Jg., 1955, S.
                    25 - 39.

Plaut (1958)   : Plaut, H.-G.: Die Grenzplankosten-
                    rechnung in der Diskussion und ihrer
                    weiteren Entwicklung, in: Zeitschrift
                    für Betriebswirtschaft, 28. Jg.,
                    1958, S. 251 - 266.

Poensgen (1973)   : Poensgen, Otto H.: Kapazitätspolitik
                    und Verrechnungspreise, in:
                    Schmalenbachs Zeitschrift für be-
                    triebswirtschaftliche Forschung, 25.
                    Jg., 1973, S. 641 - 672.

Pohmer (1964)   : Pohmer, Dieter: Über die Bedeutung
                    des betrieblichen Werteumlaufs für
                    das Rechnungswesen der Unternehmun-
                    gen, in: Grochla (1964), S. 3o5 - 349.

Pohmer - Bea (197o) : Pohmer, Dieter - Bea, Franz Xaver:
                    Erfolg, in: Kosiol (197o), Sp. 454 -
                    461.

Reichmann (1971) : Reichmann, Thomas: Die Planung von
                    Preisgrenzen im Beschaffungsbereich
                    der Unternehmung, in: Schmalenbachs
                    Zeitschrift für betriebswirtschaftli-
                    che Forschung, 23. Jg., 1971, S. 793
                    - 8o2.

Riebel (1955)   : Riebel, Paul: Die Kuppelproduktion.
                    Betriebs- und Marktprobleme (Veröf-
                    fentlichungen der Schmalenbach-Ge-
                    sellschaft, Bd. 23), Köln und Opladen
                    1955.

Riebel (1959)   : Riebel, Paul: Das Rechnen mit Einzel-
                    kosten und Deckungsbeiträgen, in:
                    Zeitschrift für handelswissenschaft-
                    liche Forschung, Neue Folge, 11. Jg.,
                    1959, S. 213 - 238.

Riebel (1967)   : Riebel, Paul: Kurzfristige unterneh-
                    merische Entscheidungen im Erzeu-
                    gungsbereich auf Grundlage des Rech-
                    nens mit relativen Einzelkosten und
                    Deckungsbeiträgen, in: Neue Betriebs-
                    wirtschaft, 2o. Jg., 1967, S. 1 - 23.

Riebel (197oa)   : Riebel, Paul: Deckungsbeitragsrech-
                      nung, in: Kosiol (197o), Sp. 383 -
                      4oo.

Riebel (197ob)   : Riebel, Paul: Kuppelprodukte, Kalku-
                      lation der, in: Kosiol (197o), Sp.
                      994 - 1oo6.

Riebel (1971a)   : Riebel, Paul (Hrsg.): Beiträge zur
                      betriebswirtschaftlichen Ertragsleh-
                      re. Erich Schäfer zum 7o. Geburtstag,
                      Opladen 1971.

Riebel (1971b)   : Riebel, Paul: Ertragsbildung und Er-
                      tragsverbundenheit im Spiegel der Zu-
                      rechenbarkeit von Erlösen, in: Riebel
                      (1971a), S. 147 - 2oo.

Riebel e.a. (1973) : Riebel, Paul - Paudtke, Helmut -
                      Zscherlich, Wolfgang: Verrechnungs-
                      preise für Zwischenprodukte. Ihre
                      Brauchbarkeit für Programmanalyse,
                      Programmwahl und Gewinnplanung unter
                      besonderer Berücksichtigung der Kup-
                      pelproduktion, Opladen 1973.

Rieper (1973)   : Rieper, Bernd: Entscheidungsmodelle
                      zur integrierten Absatz- und Produk-
                      tionsprogrammplanung für ein Mehrpro-
                      dukt-Unternehmen (Beiträge zur indu-
                      striellen Unternehmensforschung,
                      hrsg. von Dietrich Adam, Bd. 2),
                      Wiesbaden 1973.

Ringleb (196o)   : Ringleb, Friedrich: Mathematische
                      Formelsammlung (Sammlung Göschen, Bd.
                      51/51a), Berlin 196o.

Röper (196o)   : Röper, Burkhardt: Marktpreisbildung,
                      in: Seischab - Schwantag (196o), Sp.
                      3914 - 3923.

Röpke (1958)   : Röpke, Wilhelm: Die Lehre von der
                      Wirtschaft, 8. durchgesehene Aufl.,
                      Erlenbach - Zürich 1958.

Rosenstein-Rodan (1927) : Rosenstein-Rodan, P. N.:
                      Grenznutzen., in: Elster e.a. (1927),
                      S. 119o - 1223.

Roth (1971)   : Roth, Werner: Deckungsbeitragsrech-
                      nung. Mittel zur wirtschaftlichen
                      Sortimentsgestaltung (Wirtschaftliche
                      Programmgestaltung. Empfehlungen für
                      die Praxis, hrsg. vom Rationalisie-
                      rungs-Kuratorium der Deutschen Wirt-
                      schaft (RKW), Heft 6), 3., überarbei-
                      tete Aufl., Berlin 1971.

Ruffner (197o)   : Ruffner, Armin: Rechnung, pagatori-
                      sche und kalkulatorische, in: Kosiol
                      (197o), Sp. 1499 - 15o2.

Samuels (1965)   : Samuels, J. M.: Opportunity Costing:
An Application of Mathematical Pro-
gramming, in: Journal of Accounting
Research, Vol. 3, 1965, S. 182 - 191.

Schildbach (1973) : Schildbach, Thomas: Aufgaben, Struktur und Inhalt der Rechnungslegungs-
instrumente bei Gesellschaften mit
mehreren Beteiligten, dargestellt am
Beispiel von Publikums-Aktiengesell-
schaften. Versuch einer deduktiven
Ableitung aus den Interessen der Un-
ternehmungsbeteiligten, unveröffentlichte Dissertation, Köln 1973.

Schmalenbach (1919) : Schmalenbach, E.: Selbstkosten-
rechnung. I., in: Zeitschrift für
Handelswissenschaftliche Forschung,
13. Jg., 1919, S. 257 - 299 und S.
321 - 356.

Schmalenbach (1947) : Schmalenbach, E.: Pretiale Wirt-
schaftslenkung. Band 1: Die optimale
Geltungszahl, Bremen 1947.

Schmalenbach (1948) : Schmalenbach, E.: Pretiale Wirt-
schaftslenkung. Band 2: Pretiale Len-
kung des Betriebes, Bremen 1948.

Schmalenbach (1963) : Schmalenbach, Eugen: Kostenrechnung und Preispolitik, 8., erweiterte
und verbesserte Aufl., bearbeitet von
Richard Bauer, Köln und Opladen 1963.

Schmidt-Sudhoff (1969) : Schmidt-Sudhoff, U.: Was sind
Opportunitätskosten?, in: Der gradu-
ierte Betriebswirt, 1969, S. 197 -
2o2.

Schneider (1966) : Schneider, Dieter: Zielvorstellungen
und innerbetriebliche Lenkungspreise
in privaten und öffentlichen Unter-
nehmen, in: Schmalenbachs Zeitschrift
für betriebswirtschaftliche Forschung, 18. Jg., 1966, S. 26o - 275.

Schoenfeld (1974) : Schoenfeld, Hanns-Martin W.: Die
Rechnungslegung über das betriebliche
"Human-Vermögen". Eine kritische Betrachtung des Entwicklungsstandes,
in: Betriebswirtschaftliche Forschung
und Praxis, 26. Jg., 1974, S. 1 - 33.

Seischab - Schwantag (1956) : Seischab, Hans -
Schwantag, Karl (Hrsg.): Handwörterbuch der Betriebswirtschaft, 3., völlig neu bearbeitete Aufl., Band I,
Stuttgart 1956.

- 368 -

Seischab - Schwantag (1958) : Seischab, Hans -
Schwantag, Karl (Hrsg.): Handwörterbuch der Betriebswirtschaft, 3., völlig neu bearbeitete Aufl., Band II,
Stuttgart 1958.

Seischab - Schwantag (196o) : Seischab, Hans -
Schwantag, Karl (Hrsg.): Handwörterbuch der Betriebswirtschaft, 3., völlig neu bearbeitete Aufl., Band III,
Stuttgart 196o.

Sieben (1967)   : Sieben, G.: Bewertungs- und Investi-
tionsmodelle mit und ohne Kapitali-
sierungszinsfuß. Ein Beitrag zur
Theorie der Bewertung von Erfolgsein-
heiten, in: Zeitschrift für Betriebswirtschaft, 37. Jg., 1967, S. 126 -
147.

Sieben (1969)   : Sieben, Günter: Bewertung von Er-
folgseinheiten, unveröffentlichte Ha-
bilitationsschrift, Köln 1969.

Sieben e.a. (HWF) : Sieben, Günter - Bretzke, Wolf-Rüdi-
ger - Löcherbach, Gerhard - Matschke,
Manfred Jürgen - Schildbach, Thomas:
Kalkulationszinsfuß, unveröffentlich-
tes Manuskript (erscheint in:
Büschgen (HWF)).

Sieben e.a. (HdB) : Sieben, Günter - Löcherbach, Gerhard
- Matschke, Manfred Jürgen: Bewertungstheorie, unveröffentlichtes Manuskript (erscheint in: Grochla -
Wittmann (HdB)).

Sieben - Schildbach (ET) : Sieben, Günter - Schildbach,
Thomas: Betriebswirtschaftliche Entscheidungstheorie mit Beispielen aus
den Bereichen der Kostenrechnung, Bi-
lanzpolitik, Investitionsrechnung und
der Unternehmungsbewertung, o.O. o.J.

Sieben - Schildbach (KR) : Sieben, Günter - Schildbach,
Thomas: Kostenrechnung, o.O. o.J.

Sommer (197o)   : Sommer, Klaus: Kostenart, in: Kosiol
(197o), Sp. 929 - 933.

Spaetling (1972) : Spaetling, Dieter: Informationskosten
und Zeit in der Theorie der Unterneh-
mung, in: Zeitschrift für Betriebswirtschaft, 42. Jg., 1972, S. 693 -
711.

Sperner (1961)   : Sperner, Emanuel: Einführung in die
Analytische Geometrie und Algebra.
Erster Teil (Studia Mathematica/Ma-
thematische Lehrbücher, hrsg. vom Mathematischen Forschungsinstitut Ober-
wolfach, Bd. 1), 5. Aufl., Göttingen
1961.

Stackelberg (1932)   : Stackelberg, Heinrich von: Grundla-
                       gen einer reinen Kostentheorie, in:
                       Zeitschrift für Nationalökonomie, Bd.
                       III, 1932, S. 333 - 367 und S. 552 -
                       59o.

Steffen (1972)   : Steffen, Reiner: Die Erfassung von
                       Arbeitseinsätzen in der betriebswirt-
                       schaftlichen Produktionstheorie, in:
                       Schmalenbachs Zeitschrift für be-
                       triebswirtschaftliche Forschung, 24.
                       Jg., 1972, S. 8o4 - 821.

Suchowitzki - Awdejewa (1969) : Suchowitzki, Semen I. -
                       Awdejewa, Ligia I.: Lineare und kon-
                       vexe Programmierung, München 1969.

Sundhoff (197o)   : Sundhoff, Edmund: Absatzplanung, in:
                       Kosiol (197o), Sp. 12 - 25.

Swoboda (1973)   : Swoboda, Peter: Die Kostenbewertung
                       in Kostenrechnungen, die der betrieb-
                       lichen Preispolitik oder der staatli-
                       chen Preisfestsetzung dienen, in:
                       Schmalenbachs Zeitschrift für be-
                       triebswirtschaftliche Forschung, 25.
                       Jg., 1973, S. 353 - 367.

Thielmann (1964)   : Thielmann, Kurt: Der Kostenbegriff in
                       der Betriebswirtschaftslehre (Frank-
                       furter Wirtschafts- und Sozialwissen-
                       schaftliche Studien, hrsg. von der
                       Wirtschafts- und Sozialwissenschaft-
                       lichen Fakultät der Johann Wolfgang
                       Goethe-Universität Frankfurt, Heft
                       12), Berlin 1964.

Vischer (1967)   : Vischer, Peter: Simultane Produkti-
                       ons- und Absatzplanung. Rechnungs-
                       technische und organisatorische Pro-
                       bleme mathematischer Programmierungs-
                       modelle (Die Betriebswirtschaft in
                       Forschung und Praxis, hrsg. von Ed-
                       mund Heinen, Bd. 3), Wiesbaden 1967.

Vodrazka (197o)   : Vodrazka, Karl: Materialabrechnung,
                       in: Kosiol (197o), Sp. 1o59 - 1o7o.

Vogel (1967)   : Vogel, Walter: Lineares Optimieren
                       (Mathematik und ihre Anwendungen in
                       Physik und Technik, hrsg. von H.
                       Beckert, G. Pickert, Reihe A, Bd.
                       33), Leipzig 1967.

Wälter (1972)   : Wälter, Fritz: Leitungsorganisation
                       im Großkonzern, in: Schmalenbachs
                       Zeitschrift für betriebswirtschaftli-
                       che Forschung, Sonderheft 1·1972, S.
                       19 - 29.

Walther (1958)   : Walther, Alfred: Grenzkosten, in:
                      Seischab - Schwantag (1958), Sp. 24o5
                      - 241o.

Weber e.a. (1961)   : Weber, Wilhelm - Albert, Hans -
                      Kade, Gerhard: Wert, in: Beckerath
                      e.a. (1961), S. 637 - 658.

Weber (1972)   : Weber, Helmut Kurt: Fixe und variable
                      Kosten, die Probleme ihrer Zurechen-
                      barkeit und Abgrenzung sowie die Be-
                      deutung ihrer Unterscheidung (Göttin-
                      ger Wirtschafts- und Sozialwissen-
                      schaftliche Studien, hrsg. von der
                      Wirtschafts- und Sozialwissenschaft-
                      lichen Fakultät der Georg-August-Uni-
                      versität Göttingen, Bd. 12), Göttin-
                      gen 1972.

Weiermair (1974)   : Weiermair, Klaus: Modellansätze der
                      längerfristigen Personalplanung.
                      Einige kritische Bemerkungen, in:
                      Betriebswirtschaftliche Forschung
                      und Praxis, 26. Jg., 1974, S. 1o7 -
                      122.

Weinhold-Stünzi (197o) : Weinhold-Stünzi, Heinz: Be-
                      schaffungsplanung, in: Kosiol (197o),
                      Sp. 146 - 152.

Weiß (1928)   : Weiß, F. X.: Nachtrag., in: Elster
                      e.a. (1928), S. 1oo7 - 1o17.

Wild (1973)   : Wild, Jürgen: Kosten der Information,
                      in: Betriebswirtschaftliche Forschung
                      und Praxis, 25. Jg., 1973, S. 616 -
                      624.

Wittmann (1956)   : Wittmann, Waldemar: Der Wertbegriff
                      in der Betriebswirtschaftslehre (Bei-
                      träge zur betriebswirtschaftlichen
                      Forschung, hrsg. von E. Gutenberg, W.
                      Hasenack, K. Hax, E. Schäfer, Bd. 2),
                      Köln und Opladen 1956.

Wright (1968)   : Wright, F. K.: Measuring Asset Serv-
                      ices: A Linear Programming Approach,
                      in: Journal of Accounting Research,
                      Vol. 6, 1968, S. 222 - 236.

Zieschang (1969)   : Zieschang, Hans-Oskar: Das Opportuni-
                      tätskostenprinzip - Inhalt, Anwendung
                      und Bedeutung für Entscheidungen über
                      die unternehmerische Handlungsweise,
                      Diss., Münster 1969.

Zimmermann (1972)   : Zimmermann, Dieter: Produktionsfak-
                      tor Information (Wirtschaftsführung-
                      Kybernetik-Datenverarbeitung, hrsg.
                      von Peter Lindemann, Kurt Nagel, Bd.
                      12), Neuwied und Berlin 1972.

Zipse (1973)   : Zipse, Hans W.: Gewährleistung rich-
                       tiger Information durch geeignete
                       Personalpolitik und gezielte Redun-
                       danz, in: Schmalenbachs Zeitschrift
                       für betriebswirtschaftliche For-
                       schung, 25. Jg., 1973, S. 176 - 183.
Zuckerkandl (1925)   : Zuckerkandl: Preis. I. Allgemeine
                       Theorie des Preises., in: Elster e.a.
                       (1925), S. 994 - 1o26.